人类情学研究

主编 周正猷

· 南京 ·

图书在版编目(CIP)数据

人类情学研究 / 周正猷主编. — 南京：东南大学出版社,2021.8
 ISBN 978-7-5641-9655-4

Ⅰ.①人… Ⅱ.①周… Ⅲ.①情感-研究 Ⅳ.①B842.6

中国版本图书馆 CIP 数据核字(2021)第 170636 号

人类情学研究

主　　编	周正猷
出版发行	东南大学出版社
社　　址	南京市四牌楼 2 号(邮编:210096)
出 版 人	江建中
责任编辑	褚　蔚
经　　销	全国各地新华书店
印　　刷	南京玉河印刷厂
开　　本	787mm×1092mm　1/16
印　　张	21.75
字　　数	445 千字
版　　次	2021 年 8 月第 1 版
印　　次	2021 年 8 月第 1 次印刷
书　　号	ISBN 978-7-5641-9655-4
定　　价	150.00 元

本社图书若有印装质量问题,请直接与营销部联系,电话:025-83791830

《人类情学研究》编委会名单

主　编：周正猷

副主编：周峪锌　　丁伟豪　　谢小青　　潘应红
　　　　唐洁清　　熊燕华　　王晓荣　　周宇悦

编　委：孙长鸿　　王耀堂　　龚江玲　　刘　伟
　　　　姚雪明　　万晶晶　　魏　云　　周向荣
　　　　杨雁玲　　李　诚　　林　如　　董　薇
　　　　唐引荣　　常　喜　　侯爱民　　刘伟民
　　　　黄小浪　　杨晓莉　　任卫忠　　周得顺
　　　　张　冰　　正　心　　钱　建　　卢　敏
　　　　陈漫芸　　黄晓静　　胡春兰　　姚啸宇

前言

由本人主编的《人类爱情学》一书不久前出版了,回过头来看看,我仍然觉得有不少的感慨。爱情学是把爱放在前面,说爱就自然多。爱和情换个位置,就是情爱。情爱是爱情的灵魂,但它只是爱情的三元素(性爱、情爱、心爱)之一,只是爱情的三分之一。爱和情到底哪一个更重要?

"情是何物,直教生死相许。"这是金代文学家元好问的名言,是作者对大雁殉情故事的一句感叹。而人世间男男女女殉情的故事也多啊!情系何物,为何如此贵重?

按词典上的注释,"情"是对人或对事物的关心和牵挂的一种状态。但这一解释也并未说清"情"的本质和内涵,难道仅仅"关心和牵挂"就会教人生死相许?这并未道清情之真谛啊!世界上有许许多多的情爱故事,也有许许多多相爱的恋人为情而终。人类为"情"爱得死去活来,为何?

众所周知,中国古人所谓"七情六欲"就是现代人常常说的情感、情绪等等。"情"字在中文语言中的应用太广泛了,有许多带"情"字的词或句子,不用情字但表达"情"意思的词或句子也很多,但就是没人把"情"说个清楚。我们撰写的这本《人类情学研究》,就是想拓开情学研究的大门。

从植物到动物再到人类,不同的时空,不同的群体,不管哪里都是"情"满满。许多人都说情是人类的专利,其实,人类只不过是情的表演最拿手的动物。人类有丰富的精神生活,所以人类的情是地球生物中最丰满的,人类的情感生活是最丰富多彩的。悲欢离合,让人百感交集。如果对情的研究还沿用所谓"七情六欲"的说法,只会使人糊涂,我们提出对情加以分类,主张把跟情相关的概念分为情源、情感、情绪和情欲四大类。

所谓"情为何物",情,它肯定是物。那情是物的哪一面?是粒子性的一面,还是场(波)性的一面?一方身上存在的并在发散的情,不管它是光子的、电子的,还是夸克的,肯定是物质的。对方接受了,产生出相应的情感,表达出相应的情绪,或者还诱导出相应的情欲……于是我和他(她)之间产生了情感的互动。不只是人与人之间,人与宠物之间也会产生出涉及情感的互动。例如,主人对他的宠物狗情意满满,那么小狗对它的主人呢?难道它仅仅是想多吃点食物、多受点宠爱和保护而已吗?主人看小狗如此,那么小狗看主人又如何?世上有许多宠物舍命救主人的故事,能说那只是动物无情无义的本能的冲动吗?

若有人问情从何来,我们会告诉他——情与命相伴,与命同在。低到花粉和柱头的情,小到精子和卵子的情,静到冷血动物的情,忠到热血鸟儿们的情,繁到人与人之间的情……情是生物的一部分,情也是生命力的新体现。情自然会遵循达尔文所说,走生物进化之路。人,从精子卵子激情结合为受精卵,经历桑葚胚、囊胚,再发育为胎儿。胎儿足月之后,娩出子宫,主要由母亲抚养成人。从精子卵子结合为受精卵发育到人的过程,称为个体发育。个体发育是系统进化的缩影,即个体发育重演了系统发育的过程。同样,从精子卵子最原始的情,经历从原始动物发展到人类的进化巅峰,情也随着生命完成系统进化的漫长历程,发育为人类的情。所以要在精子卵子结合为受精卵,胚胎发育到胎儿,新生儿发育到成人的个体发育全过程,根据孩子不同发育(进化)阶段情的不同特点,施予科学的情教育,以促进孩子情的健康发育和发展。

茫茫人海,芸芸众生,除了很多的病患者,还有更多的人,他们的情并不健康,他们存在各种各样的与情相关的状态或问题,有许多不愉快或烦恼或不同程度的痛苦感受。准母亲们就能感受到胎儿的不愉悦、烦躁不宁等等坏情绪,说明从胎儿开始一直到人的弥留之际,人类情的方方面面的状态和感受受到内外环境,尤其是婚恋家庭、人际关系和文化环境的影响特别大。我们要强调情的健康,提高人们情健康的水平,既需要致力于改善人们的身体质素、心理素养,培养人们健康的情能力;也要努力改善人们的婚恋家庭和邻里单位的人际关系,崇尚健康的情文化,渲染情愉悦的社会文化;需要普及科学的情学知识,加强情感咨询和科学情感生活指导,及时帮助有情问题的人或情感障碍者,摆脱情感困扰,找回快乐生活的美好时光。

同样,全社会不仅要像重视儿童心理保健,促进儿童身心健康发育和成长一样,重视儿童情的科学教育,促进儿童情的健康发育和成长;还要重视青年、中年、老年各个年龄段,不同职业人群,不同婚恋群体,以至全社会的科学情教育,为人们建立健康的情感生活做出努力。

我们从事婚恋情感和心理咨询几十年,最深刻的体验是:一个人的个人成长、文化生活、社会境遇、人际关系,尤其是婚恋家庭和情感生活,对其身心健康的影响太大了,对其实现幸福生活太重要了。也因此,我们早在十多年前就准备创建"婚恋和情感理论体系",新建情学、爱情学和婚姻学三大学科,为人们的情感脱贫打下理论基础。本书是这一理论体系的收官之作。

本书的目的就是想提醒人们、提醒社会,关注情学研究,构建情学的学科理论,强化人类情健康的新的理念,建设健康情文化,实施终身科学情教育,努力实现全民情健康,并为不断提高情健康水平而努力探讨。尤其是当前处于我国改革开放的大势与传统文化强烈冲突的特殊历史阶段,社会矛盾、文化矛盾,人们的情感与现实之间的冲突,损害着人们的情健康,减少了人们对情感快乐的享受,降低了人们对现代生活的幸福体验。努力提倡婚介工作的数据化、智能化运作,从源头上建立更多有爱情基础的又是"绝配"的好婚姻,从根本上提高人们的婚姻质量,提高人们的情感生活体验,对建立更多幸福家庭、加速社会和谐进程意义重大。如此才更有利于强民强国,有利于加速实现中华民族复兴的梦想。这不仅是政治家应该关注,社会学家应该重视,心理学家应该行动,而且是全社会都应该关注的大事。

本书语言通俗易懂,虽然是学术著作,但人人都能读懂。因为情与爱是与每个人都密切相关的平常事,也是终身的大事。我们同时建议社会开办爱和情学院,建议大学开设婚姻系、情学系,对情学、爱情学、婚姻学设立专业学科,并推行专业教育和专业研究。

本书仅仅是抛砖引玉,许多观点尚未成熟,学术理论不够严谨,热烈欢迎同道们批评指正,希望有更多的人参与情学讨论,参加情学研究,共同努力构建包括情学、爱情学、婚姻学的"婚恋和情感理论体系",并努力推向世界,为全人类的情感生活带来福祉。

本书的出版得到中国婚恋家庭研究会和中国婚恋文化传媒有限公司的学术支持,对此表示诚挚的谢意!

周正猷
2018 年 1 月 8 日于南京

目录

第一章　情学的基本概念 ……………………………………………… 1
　第一节　情是什么 ……………………………………………………… 2
　第二节　情在哪里 ……………………………………………………… 22
　第三节　情的种类和品质 ……………………………………………… 28
　第四节　情的传递 ……………………………………………………… 34

第二章　情的理论探讨 ………………………………………………… 38
　第一节　人类对物质的研究 …………………………………………… 39
　第二节　人体场和辉光 ………………………………………………… 47
　第三节　情和人体场变化 ……………………………………………… 56
　第四节　情的物质本质 ………………………………………………… 62

第三章　情的系统进化 ………………………………………………… 68
　第一节　情的生物进化概论 …………………………………………… 69
　第二节　植物的情 ……………………………………………………… 73
　第三节　动物的情 ……………………………………………………… 79
　第四节　人类的情和情感 ……………………………………………… 87

第四章　情的个体发育 ………………………………………………… 95
　第一节　情的个体发育概论 …………………………………………… 96
　第二节　胎儿的子宫情 ………………………………………………… 100
　第三节　新生儿的母子情 ……………………………………………… 105
　第四节　婴幼儿期情和情感的发育 …………………………………… 108
　第五节　学龄前期和学龄期儿童情的发展 …………………………… 117
　第六节　青春期情的发育 ……………………………………………… 124

第五章　男女的情和情感差异 — 132
第一节　男女个性心理的差异 — 133
第二节　男女性欲性心理差异 — 141
第三节　男女情和情感需求的差异 — 149
第四节　男女情体验的感知 — 157

第六章　爱情中的情学 — 163
第一节　爱和情的一般概念 — 164
第二节　情爱在生活中的变化 — 170
第三节　情爱和性爱心爱的相互关系 — 178
第四节　有缘真情何线牵 — 188

第七章　情的健康和情绪调适 — 195
第一节　儿童情的健康成长 — 196
第二节　影响情健康的因素 — 201
第三节　母亲情绪问题及调理 — 211
第四节　儿童情绪问题及调理 — 220
第五节　成人情绪问题及调控 — 234

第八章　情学教育和健康情文化 — 244
第一节　胎教和早教 — 245
第二节　终生的性和爱情教育 — 251
第三节　终生的情学教育 — 260
第四节　特殊人群的情学教育 — 277
第五节　健康情文化的缔造 — 284

第九章　情学理论和研究展望 — 289
第一节　中国人的情学 — 290
第二节　情学学科体系的建立 — 307
第三节　情学测量 — 313
第四节　情学研究的意义和展望 — 324

参考文献 — 331

编后记 — 333

第一章 情学的基本概念

上下五千年的文明,华夏文明是世界最古老的文明之一,中国是世界公认的文明古国,也是礼仪之邦。中文中的"情"多如烟海,几乎和爱并列,充斥于媒体,充斥于人世间。可惜,许多人对"情"不理解,至今还不知道情为何物?也还没有人写出什么情学的专著。说起情来,大家都懂,问起情为何物来,又都说不出来。本章的任务就是要想办法说清楚这"情"到底是什么。对于情的方方面面,先从基本概念上做些尝试,做些初步的阐述。尤其是对情的源头(能量)的释放、运行、传递、感知、接受、相应表达及对意志行为影响等心理过程做一定的描述;特别提出情与情感、情绪的区别,情的分类和情的品质的概念等等。这些概念搞清了,情学的概念也就能自明。

第一节 情是什么

一、情的定义

1. 传统的情含义广泛

情的基本字义有以下五种：

①因外界事物所引起的喜、怒、爱、憎、哀、惧等心理状态，如：感情，情绪，情怀，情操，情谊，情义，情致，情趣，情韵，情性，性情，情愫，真情实意，情投意合，情景交融等。

②专指男女相爱的心理状态及有关的事物，如：爱情，情人，情书，情侣，情诗，殉情，情窦初开(形容少女、少男初懂爱情)。

③指对性的欲望，如：性欲，情欲，发情期。

④指私意，如：情面，说情。

⑤指状况、情境，如：实情，事情，国情，情形，情势，情节，情况。

中国人对情的描述也不少，仅举以下几例："情者，人之欲也。""人欲之谓情。""情非制度不节。""何谓人情，喜、怒、哀、惧、爱、恶、欲，七者弗学而能。""民有好、恶、喜、怒、哀、乐。""性生于阳以理执，情生于阴以系念。"

情虽然一字，但是它让人捉摸不透！

古语云："楚狂身世恨情多，似病如忧正是魔。""失路情无适，离怀思不堪。""从来只有情难尽，何事名为情尽桥。""高远不胜情，时逐渐风起。""两情若是久长时，又岂在朝朝暮暮。""人非草木，孰能无情。"……

"情是何物，直教生死相许。"这是金代文学家元好问的一句名言，是作者对大雁殉情故事的一句感叹。人世间男男女女殉情的故事也多啊！情系何物，为何如此贵重？

"感情"是人类所共有的，是人与人之间沟通的纽带，人因为有情，所以才品味出了酸甜苦辣；因为有情，所以才学会了如何去爱，去感恩，去创造美好的明天。情，有许多许多种，爱情、亲情、友情……情的存在决定了世界的多姿多彩……

中国文字的"情"，包含的意义较多，本书所说的情仅指与生物，尤其是人类的情和情感相关的心理活动。

2. 情的生物学定义

情是生物的生命活动产生出来的一种能量，能为自己或别的生物体感知，并产生与情相关的反应或行为。单细胞生物通过细胞膜与外环境进行物质、能量和信息的交换，其中必然包含了与情相关的过程。卵子对精子有巨大的吸引力，精子、卵子结合形成受精卵;植物的柱头只对同种植物花粉有亲和力;雌性动物发情时散发的性外激素,导致同种雄性动物的发情、打斗、性挑逗和性行为;鸟类的鸣叫,孔雀的开屏;猫儿叫春;猿猴理毛;情人相拥,母子抚抱;等等,全都是生物学意义上的情。

3. 情的心理学定义

按词典上的注释,情是对人或对事物的关心和牵挂的一种状态,但这一解释也并未说清"情"的本质和内涵,难道仅仅"关心和牵挂"就会教人生死相许？世界上有许许多多的爱情故事,也有许许多多相爱的恋人殉情而终。人类为"情"爱得死去活来,为何？

既然把情确定为心理活动,它必然具备认知、情感和意志行为的心理过程,即对自己的情的感知和体验,对别人情的了解和感觉,产生情感,表达相应情感的语调姿态和表情等称为情绪,产生相应的欲望,导致相关的意志行为。我们感知自己的情,了解并感觉到别人的情,应该说情是一种心理的物质、心理的能量。产生情能量的源头我们称之为"情源"。我们把产生情能量的情源,情能量的传递、感知、体验,情感的体验及情绪的表达,与情相关的意志行为以及对情相关的需求和欲望等等心理活动统称为"情"。

4. 人类情的新解

"情",本意是对人或事物关心和牵挂的一种状态,包含的意义较多,本书所说的情仅指与生物情感,尤其是人类情感相关的心理活动。为了研究的方便,本书把与生物情感相关的情的概念进行新的分类。把"情"细分为"情源""情感""情绪""情欲"四大块。

情源是产生情能量的源头,不同的情源产生不同的情能量(物质),引导出相应的情感,导出情绪,或表达欲望的生物学存在。进化和发展最完备的是人类的情源,它主要包括两大类,一类是良性情源,另一类是非良性情源。

情感是情的感觉,或者感觉到的情。古人有"七情六欲"一说,七情以喜、怒、忧、思、悲、恐、惊为具体内容,六欲以眼、耳、鼻、舌、身、意为具体内容,虽然各家说法不一,但基本意思大同小异。

情绪是指人有喜、怒、哀、乐、惧等心理体验,这种体验是人对客观事物的态度的一种反映。情绪具有肯定和否定的性质,能满足人的需要的事物会引起人的肯定性质的体验,如快乐、满意等;不能满足人需要的事物会引起人的否定性质的体验,如愤怒、憎恨、哀怨等。与需要无关的事物,会使人产生无所谓的情绪和情感。积极的情绪可以提高人的活动能力,而消极的情绪则会降低人的活动能力。

情欲是情的一种欲望。东汉哲人高诱对此做了注释:"六欲,生、死、耳、目、口、鼻也。"可见六欲是泛指人的生理需求或欲望。人要生存,怕死亡,想活得有滋有味、有声有色,于是嘴要吃、舌要尝、眼要观、耳要听、鼻要闻,这些欲望与生俱来,不用人教就会。有人把这概括为"见欲、听欲、香欲、味欲、触欲、意欲"六欲。我们认为新的六欲:信息欲、物质欲、安康欲、尊重欲、爱情欲、成就欲。

5. 情学的概念

情学就是研究情的物质(能量)产生、传递,被感知(情感),被表达(情绪),产生与情相关的欲求(情欲),即情源、情感、情绪、情欲,相关的生理和心理的过程及相关应用的知识。本书的情学有别于"情感学""两性情感学""婚姻情感学""情感社会学""情感心理学""情感哲学""人生情感学"等等。比如《数理情感学》一书中是以"统一价值论"为理论基础,提出了情感的本质就是"人脑对于价值关系的主观反映",并从价值论的角度对情感进行了数学定义和数学运算,在此基础上推导出情感强度三大定律和意志强度三大定律,根据情感与价值的对应关系,分析了情感分类、情感模式、情感动力特性等。

我们把情分为情源、情感、情绪、情欲四大块,习惯上人们常常以"情感"代表全部,单纯就这一点而言,任何"情感"的书籍都不可能代表本书所说的"情学","情学"为本书首创。

二、情的客观存在

1. 情与命同在

中国有个特别的词——"性命",性命与生命通用,但显然比生命的内涵更加丰富而深邃。性和命连在一起,融合在一起,有命才有性,有性才有命,但到底先有谁? 没有答案,结论只有一个:性与身(命)俱来。中国人造"性命"这个词应该有上千年了吧,而弗洛伊德在 100 多年前才提出来。甚为可惜的是,到现在还没有多少人认识到性与命的关联性,可以说就连专门做性学研究的也不重视这个,他们始终承认的只是有性激素发动的生殖器官的性才是真正的性,而对生物进化,对人类和人类的性是由生物和生物的性进化而来保持无知。

情和性其实一样,性命同在,情命也同在。做性学研究的人对性命同在无知,同样做情学研究的人也缺少"情命同在"的认识。倘若是普通大众,你跟他们说"情命同在",肯定会遭到嘲笑。

说性大家还容易懂,因为每个人都有相应的性器官,成年后都会有性的需求,或亲身经历性行为,加上性文化、性知识,每个人都从小就耳闻目睹,比比皆是。但说起情来,情况大不一样,情只是一种感觉、一种体验,玄乎玄乎的,既看不见,又摸不着,谁也说不清到底是啥样,历史上很少有人能把情说清楚,只是说过"七情六欲"。

情是客观存在的,它是物质的或者是能量的,虽然看不见摸不着,但是每个人都能明确地感觉到、体验到,实实在在。情与爱一样,伴随我们的一生,每个人都需要情、需要爱,每个人都不可能生活在没有情没有爱的世界里。

2. 情决定生活质量

人的一生有太多的困惑,归结起来,无非两大类,借用佛家的话说,便是色与空。色代表情感的困惑,包括爱与孤独、男人与女人、欲与情、爱情与婚姻这一类问题。空代表生命意义的困惑,包括生与死、幸福与苦难、肉体与灵魂、世俗与神圣这一类问题。这两类问题,人们想来想去,到头来还是困惑,得不出一个清楚的结论。不过,想的好处是,在困惑中仿佛有了方向,困惑中的寻求形成了人的精神生活。因为色的诱惑,男人走向女人,女人走向男人,走进彼此的心灵,由色入情,于是有了爱。因为爱的疑惑,人类研究世界之本相,呼唤神,由空入悟,于是有了哲学和宗教。人的精神生活正是在这两个方向上展开的:一是情感生活,它指向人,其实质是人与人之间的精神联系,使我们在尘世扎下根来;另一是沉思生活或信仰生活,它指向宇宙,其实质是人与宇宙之间的精神联系,使我们有了超越的追求。

一个无情的世界,是没有伴侣,没有爱人,没有恋人,没有情人,没有亲人,没有宗亲,没有恩人朋友,甚至人与人之间,人与动物、植物,人与万物、与天与地都无情无义。所有情,包括物情、种情、友情、恩情、宗情、亲情、性情、恋情、钟情、爱情、伴侣情、己情等等,色与空全不存在。一个人生活在无情无义的世界就像是在真空里,那他能活吗?

现代社会的人们温饱不愁,安全、健康均有保障,情感、精神方面的享受成为大家普遍的追求。随着人们经济上的脱贫,奔小康,图富裕,随之而来的却是精神、情感上的贫困。寻找真爱,享受情感,自然成了人们的努力方向和追求。我们提倡人类的爱学、情学、爱情学,正是迎合人们的需求,适应全社会的需要,让更多的人们能在自己有限的生命里享受人类真正的爱和情的生活,在满满的爱、满满的情,真正的人类爱情的甜蜜中度过自己的一生。

3. 丰满的情更是现代人的向往

在我们讨论爱的时候,我们会说爱是最重要的,而我们在讨论情的时候,又说情是最重要的,到底爱和情哪个更重要呢?其实,说它们都是最重要的也没错呀!因为爱虽然是双向的,既爱对方,也接受对方的爱,但是从当事人的主观感觉而言,更注重于付出的爱,希望把自己当作强者,付出爱似乎更应该、更高尚。可见爱主要是付出的一种能量,付出得越多,满足感或愉悦感越强烈。情其实也是双向的性质,但情似乎是自我的,常有被动产生的一种意思,如触景生情、一见钟情等等,都有一个"动情"的原因存在似的。情也是一股能量,只有被感知了,人们才有了情感和情绪。单纯的讨论爱和情谁更重要没有多少现实意义。网络上也有许多的观点,认为爱比情重要的更多,很多人认为,爱是专一的,爱一个人是不变的,内心的爱和表现出来的爱是一样的;但是情就比较弥散,飘忽不定,让人琢磨不透。

当爱和情结合在一起的时候就是爱情啦,人们把爱放在情的前面,一来可能说明爱更重要,二来说明爱是因,由爱而生了情。当然爱情中的爱应该是相互赋予的一种真心实意的爱,爱到肉里去、爱到心底里去的一种爱,这种爱我们称之为爱情的真谛;相应的,有了相互赋予的心爱,双方产生了真情,我们把这种由相互的心爱引导出来的真情称为情爱,它是爱情中的灵魂。没有真谛的两性关系,自然不会有情爱的灵魂。真爱和真情结合,并建立在性爱的基础之上,是我们说的真正的人类爱情。也就是说,两个人相互赋予的是最真挚的爱,相互产生决心做终身伴侣的情,又能共同享受终身的性乐趣,他们的生活是人类生活的最高品味,是幸福的人生。

三、人类的情源

情源是产生情能量的源头,存在于脑的相应的区域,对相应的内部或外来的刺激进行综合分析之后,产生相应的情能量(物质),传导至情的感觉中枢(或接受由别人的情源产生的情信息),产生情感,再通过相关的生理和心理机制表达为相应的情绪。情源也是表达欲望的中心区域。在生物世界,进化发展最完满的是人类的情源。它主要包括两大类,一类是良性情源,给人以正能量,引导出良好的情感和情绪;另一类是非良性情源,给人以负能量,引导出非良好的情感和情绪。良性情源主要是:物情、种情、友情、恩情、宗情、亲情、性情、恋情、钟情、爱情、伴侣情、己情;非良性情源主要是:无情、矫情、喜情、怒情、忧情、思情、悲情、恐情、恶情、仇情。

(1) 物情

除人类之外的有生命和无生命的一切,包括除人类之外的一切生物和生命现象;各种各样无生命的物质层次和磁场、地理、风光、月球、太阳,直至浩瀚的大宇宙,甚至虚幻或意向都有物情存在。一个人对国家,对大自然,对动物,对周围的一切,都充满着热爱和情感。人群中各式各样爱好都有:集邮的,爱画的,喜欢古玩的……更普通的是养宠物的。养小猫小狗者随处可见,养昆虫,养乌龟,养鳄鱼,蟒蛇,毒蛇者也大有人在。宠宠小猫小狗、海豚等等,通常认为多少还有一些感情上的回报,饲养那些冷血动物,时时还得倍加小心,免得被咬上一两口,也有致伤、致命者。然而对这些养宠物者而言,人与宠物之间情感的互惠才是真正的图报啊!

(2) 种情

植物的柱体对异种花粉是不接纳的,说明植物存在种情。对于同种植物的花粉,柱体才接纳,才会有精卵的结合,才能生育下一代。在人类,所谓的人情是人与人之间的情,是人类中不分民族的大爱之情。

(3) 友情

友情是朋友之间的一种情,一般是指人与人在长期交往中建立起来的一种特殊的情谊,互相拥有友情的人叫作"朋友"。友情是友谊的同义词。它是一种很美妙的东西,可以让你在失落的时候变得高兴起来,可以让你走出苦海,去迎接新的人生。它是一种你无法说出,又可以感到快乐无比的东西。只有拥有真正朋友的人,才能感受到它真正的美好之处。

友情之爱大多具有民族的、地域的、文化的相似性,尤其是同乡、同学、同事,又有共同的价值观、理想目标一致、兴趣爱好相投,更容易做上朋友,产生友谊。友情不断发展、升华、深化而带有恋情或亲情性质,或者发展为爱情关系,或者成为终身朋友,酷似亲人,或者就是亲人。

(4) 恩情

朋友之间或陌生人之间一方为另一方提供了巨大的帮助,甚至自己做出了巨大的牺牲。得到帮助的一方,既有强烈的感激之情,同时也想到如何报答对方的施恩。例如一方溺水,另一方冒着生命危险施救成功,被救者终身感激,一生图报。再如孤儿遇到好心的养父母,长大后视养父母恩重如山,也是恩情呀!常有的故事是英雄救美人,美人感恩,以身相许,做了夫妻。有人说夫妻之间也有恩情,夫妻相处几十年,一方得到另一方过多的关照,滋生感恩之心。恩情可以是爱情的情爱之组成,但若受恩惠者始终图报,亦无爱情可言。

(5) 宗情

宗情是大到国家、小到家族人(本家人)之间的情,可以是无血缘关系或者是血缘关系较远(三代以上)的家族人之间的情。相比友情,宗情有其相对的牢固性。尤其是旧时代,宗族文化盛行,宗族与宗族之间的来往比较少,族人与族人之间比较亲密、团结。一些帮派、集团等的形成,都可能存在类似的宗情。显而易见,宗情比亲情有明显的淡化倾向。

(6) 亲情

亲情是亲人之间的那种特殊的感情。亲情是一种微妙的感觉,一丝不经意间的牵挂、惦记,一种有生命的动物都会拥有的本能反应、原始能力。有人说亲情是一种本能,不管对方怎样也要爱对方,无论贫穷或富有,无论健康或疾病,甚至无论善恶。正因为是本能,才使我们在危险、灾难面前那么强大,那么执着,那么坚强,那是一种不需要刻意去制造的强大执着与坚强。地震中多少父母用自己的身体挡住崩塌的房屋,为孩子构建安全的空间。洪水来袭时,多少父母用自己的身体做支架,托起孩子生存的一片天。在那个时候,没有哪个父母是经过考虑后做出的决定,房屋猛然坍塌、洪水突然袭来时保护好孩子是他们唯一闪现的念头。亲情中血缘关系越近的亲情关系越牢固,非血缘关系的友情升华的亲情和间接血缘关系的亲情关系,牢固性相对要差。

(7) 性情

性是一种欲望,也是一种爱和情的需要。在植物花粉和同种植物的柱体间就存在一种吸引,存在一种情,我们称为同种的性情。它是与生物生育繁殖后代的本能密切相关的。这种关系,在动物我们称为性(情)吸引,在人类我们称为性情。生殖期男女之间都存在这种原始的性情感。许多人在自己的一生中,只有人类的男女之间的性爱和性情满足的关系,就认为自己有了爱情了。其实这种男女有正常的性关系,又有性情的一定满足,还只是一种性伴侣的关系而已。即是说只有性情的男女两性关系(一般人的婚姻关系)只是一般的两性关系。我们也常常说只有性情满足的人类婚姻,只是接近于动物的两性关系。

(8) 恋情

恋情一种为爱慕的感情,如相处久了,两人产生了恋情。另一种为留恋的感情,如他对故乡的恋情始终无法忘怀。

恋情即带有留恋或爱恋的感情,它的范围比爱情更广阔,但是也包含了爱情的内核在内。恋情并非是所谓没有目的、没有方向的,或者单纯是朦胧和暧昧。在很多语境下,恋情和爱情的含义几乎相似。

(9) 钟情

钟情指对人(或物)用情很深,对人感情专注,特指爱情专注。钟情只是突出专注,没有确定的目标,可以是人,抑或是物。钟情也未确定时间是否久远,例如"一见钟情"可能短暂,一生钟情就长达几十年了。

(10) 爱情

爱情是相爱的人类男女的性爱、情爱和心爱的结合、互动、提升,达到身心融合的极致体验状态。亦可简单理解爱情是男女双方性、情、(心)爱的圆满的结合。有人认为爱情也可能会随着时间而淡化,我们认为在现实中爱情仍会有程度上的差异。例如一个人在遇到其真正的爱恋对象之前,可能存在数位爱恋的程度不一样的异性。爱情本身是正能量的,因为爱是单一的,不是双向的。若是带负能量就不叫爱,而称为恨了。情则不同,是双向的,可以是正能量的良性的情,也可以是带负能量的非良性的情。所以爱不可能与负能量的非良性的情结合。

(11) 伴侣情

有情人经历了长时间实际生活的检验,双方对爱情深信无疑。爱情的情爱中本来就包含了浓郁的亲情替代,一起生活的朝夕相处中又培养了新的亲情,爱情和亲情的叠加又使情更浓郁极致。多年的共同生活,相爱的两人不分你我,无意离别,相伴终身,白头偕老。

(12) 己情

自己对自己的一种情,与自爱相伴而生的对自我的一种情能量,过度者可能"自恋"。有心理学家提出"影子人格"的概念,影子人格是指人自身的隐形人格特征,对外表现并不明显,但是会促使人喜欢上具有自己"隐形"人格的异性。心理学家认为,造成情人间强烈吸引的原因之一,就是为了追寻完整的自我,因为和拥有自己"影子人格"的人相恋能够促成自身人格的完整性。其实这个影子就是自己的童年生活,与亲人共同生活的最美好的时光。拥有自己影子的恋人就是自己潜意识中最亲的亲人的替代。

(13) 无情

无情指虚伪不实,没有情义,没有感情。可能就是无爱、无情、无心之人,或者是情源、情感、情绪、情欲功能丧失的人,如脑瘫患者、植物人等。

(14) 矫情

矫情原指扭捏、害羞,多用来形容女性的词汇。用到人物性格里,应该解释为做作,虚假不讲理,无理辩三分的意思。

(15) 喜情

喜情指高兴、欢喜、心情愉悦向上的情态,适度的喜情应该是正能量。但中医有"喜伤心"一说,若把握不好,欣喜过度而伤心,则有害健康,有时负能量还特别大。例如范进考举人多年,中举后因过分欣喜而癫狂。

(16) 怒情

怒情指发怒、愤怒。怒是每个人都会发生的生理反应,当遇到不合理的事情,或因某事未能遂心愿,而出现的气愤不平、怒气勃发的现象。可以是对自己愤怒,也可以是对事、对物、对别人发怒、愤慨,甚至引发两人之间的强烈冲突。怒伤肝,对自己的身体有伤害。

(17) 悲情

悲情指悲哀、悲伤、哀痛、伤心的一种情态。表现为面色惨淡、神气不足、偶有所触及即泪如雨下,悲痛欲绝。或短暂,或持久,伤害可能很大。

(18) 忧情

忧情指忧虑、忧愁、忧伤、担忧、担心、焦虑的情态。古人所讲的郁闷,实际上是忧的意思,是忧愁而沉郁。表现为忧心忡忡,愁眉不展,整日长吁短叹,垂头丧气。时间可长可短,持久的伤害有可能导致"焦虑症"、抑郁状态,甚至"抑郁症"。悲伤忧愁过度会伤肺,有碍健康。

(19) 思情

思情指沉思、思考、思索、思虑、思念的情态,思考是集中注意力想问题的意思。

我们平时常说的"若有所思"中的"思"就是这个意思。思考也强调一个度,过度则伤害身体。中医理论有思伤脾一说,不利于脾胃健康。

(20) 恐情

恐从字面意思上看就是害怕的意思,常指因精神极度紧张而造成的胆怯。表现为面露害怕的神情,做事畏首畏尾。惊,常指因某些突发事件而导致的精神上的突然紧张,例如,突然遇险恶、骤然而临危险、目击异物、听到巨响等。惊恐常常并存,无以分辨。恐伤肾,经常有惊恐体验,会伤及肾脏,导致肾阳不足,肾气亏损。

(21) 恶情

恶情指厌恶、讨厌的情态。厌恶是一种反感的情绪。不仅味觉、嗅觉、触觉或者想象、耳闻、目睹会导致厌恶感,人的外表、行为甚至思想都会导致同样的结果;即使对自己,有时也生恶情,对自己的外表、能力、处境、业绩等等;对事、对人、对国家、对社会、对自然、对宇宙等等,同样都会产生恶情。

(22) 仇情

仇情指因利害矛盾而产生的很深的怨恨和强烈的敌意。可以发生在人与事物、人与动物、人与人之间,社团之间、国家之间的仇情可以衍变为相应成员之间的仇情,甚至引发人世间的灾难。

四、人类的情感

(一) 情感的定义

感情,是人内心的各种感觉、思想的一种综合的心理和生理状态,是对外界刺激所产生的心理反应,以及附带的生理反应。如喜、怒、哀、乐等,感情是个人的主观体验和感受,常跟心情、气质、性格和性情有关。

《心理学大辞典》中认为,"情感是人对客观事物是否满足自己的需要而产生的态度体验"。同时一般的普通心理学课程中还认为,"情绪和情感都是人对客观事物所持的态度体验,只是情绪更倾向于个体基本需求欲望上的态度体验,而情感则更倾向于社会需求欲望上的态度体验"。但实际上,这一结论一方面将大家公认的幸福、美感、喜爱等等,较具有个人化而缺少社会性的感受排斥在情感之外;而另一方面又显然忽视了情绪感受上的喜、怒、忧、思、悲、恐、惊,和社会性情感感受上的爱情、友谊、爱国主义情感在行为过程中具有的交叉现象,例如一个人在追求爱情这一社会性的情感过程中随着行为过程的变化同样也会有各种各样的情绪感受,而爱情感受的稳定性和情绪感受的不稳定性又显然表明了爱情和相关情绪是有区别的。基于这两点,将情感和情绪以基本需要、社会需求相区别,或者是将情感和情绪这两者混为一谈都显然不合适。

上述情感的定义源于唯物的哲学理念,如何超越传统的时空维度来探讨人类情感更贴切的意义和深邃的内涵,值得人们深思。

情感也有更泛化的概念,包含了跟情绪、情感有关的方方面面,也包含了生物情感进化的不同维度,就像人类的性是生物性进化的顶峰一样,人类的情感也是生物情感进化的顶峰。情感既是人类的一种需求,也是一种付出,而且也会表达不同进化维度的特点。例如,人都需要爱,也需要付出爱,需要的、付出的爱可以是幼稚的,也可以是成熟的、高雅的等等。众所周知,人类的爱情和动物的爱情,人类的母爱和动物的母爱,既相似又不同,目前我们还只能冠以"人类"或"动物"加以区分,当然也可以说人类的爱(情)是由动物的爱(情)进化而来,那么同样,人类的情感是由动物的情感进化而来。

其实,我们研究情学,更主要的是研究情(能量)本身,当然也包含这情所引起的心理生理反应,以及相应的身心活动和情欲满足的追寻等等,是一个心理活动的过程。

本书所说的情感是对情(能量)的一种感觉、知觉,是人在感觉、认知情能量的过程中产生的一种主观感受。而情绪是情感的表达,是对情能量的认知和感受以相应的生理、心理反应表现出来。心理学定义的情感是在认知的基础上产生主观感受,应该是意识层面的心理过程。而本书情感的定义仅指对情能量的一种感觉,这种感觉更多的是源于幼年的经验,即早年形成的处于潜意识层面的所谓的"内部工作模式"。例如新生儿与母亲之间的情交流,成年男女眉目传情,其相互对情的感觉和知觉,同样是以潜意识层面的感觉为主,是几乎不需要意识参与的心理过程。所以本书中的情感与哲学、心理学、社会学所说的情感,更与公众理解的情感意义有别。

但需要说明的是,人们更习惯于以"情感"一词来代表我们所说的情的方方面面,人们常说的"情感世界"差不多代表情学研究的主要领域,与本书仅指对情(能量)感知的心理过程相差甚远。一方面我们要理解不同学科对情感的理解不一样,另一方面也要知道情感还有广义和狭义之分。本书对情感一词应用的精准度不够,提请各位阅读本书时注意。

(二) 情感的作用

情感是对自己或者别人传递给自己的情能量的感知或判断,并主要通过情绪的变化反映出来。所以要说情感的重要作用实际上说的就是情感和情绪的作用。主要表现在五个方面:第一,情感是人适应生存的心理工具;第二,情感能激发心理活动和行为的动机;第三,情感是心理活动的组织者;第四,情感是人际交流的重要手段;第五,情感是对自我的或外来的情(能量)的一种判断,也是自己对情的感知能力的一种衡量。

人非草本,孰能无情?每个人在交往中都会产生情感情绪(以下简称"情感"),不同的情感会对交往产生不同的影响。了解情感在交往中的作用,有利于在交往互动中获取他人的情感信息并把握自己的情感,并运用自己的感情,分析他人的感情。当自己的行为引起对方情感激动时,会怀疑是不是自己做得太过分了。此时应注意分辨是自己确实太过分了,还是对方情感过敏了,或是对方故作激动等,然后调整自己的行为。愤怒往往能使对方丧胆而让步。在社会交往中,要敢于见义勇为,敢于同恶人做斗争。如小偷在公共汽车上行窃,人们见义勇为,小偷往往会被群众震慑而图谋难逞;而有人软弱退让,小偷得寸进尺,抢了钱还要抢金首饰。大到政治交往也是如此,对不讲理的人,态度强硬一些,对方往往会退让,更有利于事情的解决。在现实中较多使用的情感策略有以下几种:

1. 心平气和,以静代劳

这是比较常用的情感策略,尤其是面对他人爆发的激烈的情感,能够处变不惊、心平气和,体现自己的成熟和风度,往往令人尊敬。如作为领导和管理者,当下级因故发泄脾气或个别人胡搅蛮缠时能坦然面对,可防止问题激化,留下回旋的余地。

2. 情感冷漠法

实际上是以退为进。一般说来,"来而不往非礼也",但是在有些情况下,当不需要这样的交往时,态度冷淡是中止交往的最好办法。

3. 营造恐惧亲近法

在冒险中或艰难的跋涉中,双方更容易培养感情,做朋友,成恋人,因为艰难或恐惧能将人们的心拴在一起,应激环境中尤其如此。生活中,当恐惧事件将人们联系在一起时,大家急中生智,果断地寻找应变措施。

4. 坦诚和坦白法

社会交往中,真诚地表达、诚实地承认错误往往胜于强词夺理,而狡辩令人讨厌并使问题更加复杂。毫不掩饰曾经的错误,常常能得到谅解。谈恋爱时,坦诚地告诉对方自己的坎坷经历,或者明言自己曾失身或失足,有时可引起对方同情、理解而获得爱情。

5. 黑脸白脸唱双簧

这也可以称为双簧法,该法在多轮谈判当中巧妙应用常能取胜。先由一个唱黑脸,再由另一个唱白脸,如唱黑脸者先提出一些强硬的条件和要求,经过多个回合,再换唱白脸者做出某些"缓和"与"让步",对手会认为现在比黑脸方案要好而最终接受白脸方案。

6. 大智若愚装糊涂

故意装成不懂行的门外汉,也常能得到对方更多的让步。常见于买东西和商业谈判中,装作不懂规则行情,提出傻乎乎的问题来讨价还价,让对手觉得自己笨拙可爱而做出让步。

7. 喜欢法

当你喜欢某人时,你就会自动撤除障碍,去接近他,爱屋及乌,包括赞扬他的观点和所作所为,或者有求必应;反之,你会隐蔽自己,建立藩篱,远离你不喜欢的人。

8. 流泪法

故作伤心流泪有时能够换得对方的同情。《水浒传》中有一则故事:李鬼冒充李逵打家劫舍,遇到真李逵,李鬼垂泪称家有老母需供养而获得宽恕。交往中,流泪加忏悔之辞,往往使听者心软,大事化小、小事化无。当然,应注意分辨是真诚的眼泪还是所谓鳄鱼的眼泪。

(三) 情感成熟

情感成熟指人在个人需要无论是否得到满足的情况下,能够自觉地调节情感和情绪使之适度。如需要得到满足而不狂喜,需要未满足而不怒不卑。情感成熟标志着一个人的人格是成熟的、心理是健康的。每个人都应该使自己"情有节",陶冶情操,尽快使自己的情感情绪成熟。情感成熟包括以下几个方面:

1. 对情的感知能力

对自己的情和对别人的情,都能有相对准确的感知能力。既不过于敏感,过分夸大；也不过于迟钝，甚至不能感知。

2. 对情的品质和能量评测相对准确

对良好的情和非良好的情的判断准确。对情能量的强度能有相对准确的评测。只有相对准确的评测，才能有相对恰当的生理、心理反应。

3. 对情感相应反应的管控能力相对健全

情的感知必然产生相应的生理、心理反应，表达出相应的生理变化和行为特点，即人们通常说的积极情绪或消极情绪。

4. 能够使紧张的情绪化解到无害的方面

人的情感是有两极性的，两极性情感可能损害自身健康，消极性强的情感如愤怒、暴躁等，还可能伤害他人。要增强情绪的调控作用，化解和防止产生过度的情绪，转化被压抑的情绪，使情绪具有社会感、责任感。

5. 能够保持健康

自己可以管理好自身的健康，长期不懈地坚持锻炼身体，有效防止因身体疲劳、睡眠不足、头痛、消化不良等疾病引起的情绪不稳。当有疾病时，具有战胜疾病的乐观心理。

6. 能够适应社会环境

个人行为要受社会环境约束，克服想干什么就干什么的我行我素的思维方式。个人利益不能违背集体利益，个人行为要符合行为规范，不能出口伤人、脏话连篇、一触即跳、打架斗殴、小偷小摸等。

7. 洞察和理解社会

洞察和理解社会可使人的智力不断增长，社会经验不断积累。社会不是以自我为中心，而是以大家为中心、以集体利益为中心。洞察和理解社会，会使自我更加自律、更加宽容、更加融合，情感更加成熟，与集体同呼吸共命运。

概而言之，情感情绪成熟就是心理成熟，它要求每位即将或已经成人的年轻人，告别在家靠父母、完全依赖父母的生活方式，逐渐进入社会，依靠自我独立和自身修养，在社会风风雨雨的大课堂中摔打自己、锻炼自己，在工作、学习、生活中学会自我管理，同时也要学会管理他人（如成为部门的领导），组织建立家庭并教育好自己的子女，从社会的单一消费者成为社会的合格建设者、生产者。

（四）情感模式

人们根据情感的对应物或目标指向的不同，把人的情感表达模式分为对物情感、对人情感、对己情感以及对特殊事物的情感四大类。再根据情感作用的结果，即良好作用（正价值）或非良好作用（负价值），引导出情感类型，反过来理解人类的情感模式。当前流行的情感模式如下：

1. 对物情感

一般事物对于人的作用（价值）是一个变量,它有两种变化方式:一是价值增加（包括正价值增大或负价值减小）;二是价值减少（包括正价值减小或负价值增大）。对应着每个价值变化方式还有四种变化时态:过去、现在、将来和过去完成。根据事物价值的不同变化方式和变化时态,对物情感可分为以下八种具体形式,见表1-1。

表1-1　对物情感的八种具体形式

时态	价值增加	价值减少
过去	留恋	厌倦
过去完成	满意	失望
现在	愉快	痛苦
将来	企盼	焦虑

2. 对人情感

对他人的情感不仅与他人价值的变化方式和变化时态有关,而且还与他人的利益相关性有关。根据他人价值的不同变化方式、变化时态和利益相关性,对人情感可分为以下十六种具体形式,见表1-2。

表1-2　对人情感的十六种具体形式

利益相关性	利益正相关		利益负相关	
	增加	减少	增加	减少
过去	怀念	痛惜	怀恨	轻蔑
过去完成	佩服	失望	妒忌	庆幸
现在	称心	痛心	嫉妒	快慰
将来	信任	顾虑	顾忌	嘲笑

3. 对己情感

人对自己的情感取决于自我判断的自身价值的变化方式和变化时态。根据自身价值的不同变化方式、变化时态,对己情感可分为以下八种具体形式,见表1-3。

表1-3　对己情感的八种具体形式

时态	价值增加	价值减少
过去	自豪	惭愧
过去完成	得意	自责
现在	开心	难堪
将来	自信	自卑

4. 对特殊事物的情感

日常生活中,人们也常常遇到各种事物,以致引发某种特殊情感。

1) 对他人不同评价产生的情感

当他人以语言、文字、表情、行为等方式对自己过去、现在和将来的思想、行为和生理状态等进行评价时,根据别人的良好或非良好评价,人将产生特定的情感。

①惭愧与委屈:当利益正向相关的他人对于自己的评价高于实际水平时,会产生惭愧的情感;反之将产生委屈的情感。

②别扭与羞辱:当利益负向相关的他人对于自己的评价高于实际水平时,会产生别扭的情感;反之将产生羞辱的情感。

2) 对不同的交往活动产生的情感

①施恩与负疚:当与利益正向相关的人进行交往时,如果自己所付出的价值大于对方所付出的价值,会产生施恩的情感;否则将产生负疚的情感。

②屈辱与解恨:当与利益负向相关的人进行交往时,如果自己所付出的价值大于对方所付出的价值,会产生屈辱的情感;否则将产生解恨的情感。

3) 遇到一些不确定事物产生的情感

①关注、冷漠与警惕:当事物可能产生正向、零值和负向价值时,分别产生关注、冷漠和警惕的情感。

②崇拜感、神秘感与恐惧感:当事物有着正向不确定、零值不确定和负向不确定的价值时,人将产生崇拜感、神秘感与恐惧感。

4) 对自身不同状态产生的情感

①安全感、孤独感与危机感:当自身的价值对于他人有正向价值作用、无价值作用和负向价值作用时,分别产生安全感、孤独感和危机感。

②责任感与依赖感:当他人的价值受制于自己的价值时,人将产生责任感;相反,当自己的价值受制于他人的价值时,将产生依赖感。

③归属感与失落感:当自己的价值依附于他人或社会的价值时,人将产生一种归属感;相反,当自己的价值从他人或社会的价值中分离出来时,人将产生一种失落感。

④认同感:当自己的价值与他人的价值同属于一个更大的价值系统时,将产生认同感。

⑤荣誉感:当自己的价值隶属于一个更大的价值系统并得到它的承认和重视时,将产生荣誉感。

⑥无奈感和无聊感:当自己的价值处于负值状态、零值状态而又无法改变时,人将产生一种无奈感和无聊感。

⑦羞涩感与尴尬感:当利益正相关、利益负相关的他人对于自己进行价值评价、价值选择和价值作用时,将产生羞涩感和尴尬感。

以上的情感模式分类是基于情感的哲学本质,即情感是人类主体对于客观事物的价值关系的一种主观反映。人们常常更习惯于接受这样的情感模式。

(五) 对不同情感的其他表达

1. 表达个人情绪情感状态的

心情,中国人的心并不是专指心脏,更多的是指与大脑活动相关的心理、精神,甚至心灵层面的状态,似更偏向体现情绪特点,如好、坏、一般等等。

性情,似更偏向跟性格有关的情绪状态,如性情暴躁等等。

温情、热情、柔情,更偏向于表达在交往中跟性格、态度相关的情绪或情感状态。

2. 表达交往中相互关系的

友情、爱情、亲情、真情、浓情、淡情、虚情、无情、绝情,表达人与人之间的一种情感状态。如友情表达朋友关系,亲情表达亲人关系,真情、爱情表达恋人关系,其他是偏向于表达一般人之间的情感关系。

3. 对不同性质情感的表达

激情、温情、热情、柔情,体现对情感性质的分类。

4. 不用情字而表达情感的

如喜、怒、忧、思、悲、恐、惊等等。

五、人类的情绪

(一) 情绪的定义

情绪是内在情感的表达或外露,是喜、怒、哀、乐、惧等心理体验的反映,这些体验也是人对客观事物态度的一种反映。情感是对情能量的感知,良好的情是正能量的情。非良好的情是负能量的情,与情感相应,情绪具有肯定和否定的性质。

相应情感的情绪是以主体的需要、愿望等倾向为中介的一种心理现象。情绪具有独特的生理唤醒、主观体验和外部表现三种成分。符合主体的需要和愿望,或者说是正能量的良性的情会引起积极的、肯定的情绪;相反,就会引起消极的、否定的情绪。相应的,积极的情感情绪可以提高人的活动能力,而消极的情感情绪则会降低人的活动能力。

主观体验是个体对不同情状态的自我感受。每种情有不同的主观体验,代表了人的不同感受,如快乐还是痛苦等,构成了情绪的心理内容。情体验是一种主观感受,有时很难确定产生情体验的客观刺激是什么,而且不同的人对同一刺激也可能产生不同的情绪。

情绪的外部表现,通常称为表情。它是在情绪状态发生时身体各部分的动作量化形式,包括面部表情、姿态表情和语调表情。面部表情是所有面部肌肉变化所组成的模式,如高兴时额眉平展、面颊上提、嘴角上翘。面部表情模式能精细地表达不同性质的情绪,因此是鉴别情绪的主要标志。姿态表情是指面部以外的身体其他部分的表情动作,包括手势、身体姿势等,如人在痛苦时捶胸顿足,愤怒时摩拳擦掌等。语调也是表达情绪的一种重要形式,语调表情是通过言语的声调、节奏和速度等方面的变化来表达的,如高兴时语调高昂、语速快,痛苦时语调低沉、语速慢。

(二) 情绪的作用

情或情绪的发展和变化是因人因时因地因事而产生的。情或情绪在制约人,也在成就人,还在损害人,拥有不同的情或情绪的人有着不同的生活。我们要管理好情或情绪,拥有我们自己需要的情或情绪,使情绪获得应有的表达和展示。所以,我们必须对情或情绪做到真正的了解,知道它的种类和对人的利害。

我们不仅需要积极的情或情绪,还需要消极的情或情绪;不仅需要克制,还需要发泄;不仅需要防御,还需要利用。情和情绪是我们为人做事乃至人生成败的重要因素,我们只有挖掘积极的情和情绪并善待消极的情和情绪,才能更好地把握和管理自己,做情和情绪的主人。

行为在身体动作上表现得越强,就说明其情或情绪越强,如喜时会手舞足蹈、怒时会咬牙切齿、忧时茶饭不思、悲时会痛心疾首等等,就是情或情绪在身体动作上的反映。反过来,情绪的表现和变化又受已形成的情和情感的制约。当人们干一项工作的时候,总是体验到轻松、愉快,时间长了,就会爱上这一行;反过来,在他们对工作建立起深厚的感情之后,会因工作的出色完成而欣喜,也会因为工作中的疏漏而伤心。

由此可以说,情绪是情感的外部表现,情感是情绪的本质内容,两者又都是受情能量的生理和心理作用使然。

(三) 情绪产生的生理机制

情绪的面部表情是情绪表现的主要形式。面部表情模式是在种族遗传中获得的,面部肌肉运动向脑提供感觉信息,引起皮层下的整合活动,产生情感体验。表情对儿童认知和社会性发展以及对成人的交际具有重要的意义。

生理唤醒是指情或情绪产生的生理反应,它涉及广泛的神经结构,如中枢神经系统的脑干、中央灰质、丘脑、杏仁核、下丘脑、蓝斑、松果体、前额皮层,及外周神经系统和内、外分泌腺等。生理唤醒是一种生理的激活水平,不同情或情绪的生理反应模式是不一样的:如满意、愉快时心跳节律正常;恐惧或暴怒时心跳加速、血压升高、呼吸频率增加,甚至出现间歇或停顿;痛苦时血管容积缩小等。中枢神经系统对情感情绪起调节和整合的作用。

大脑皮层对有关感觉信息的识别和评价,在引起情绪以及随后的行为反应中起重要作用。网状结构的激活是活跃情感情绪的必要条件,边缘系统的结构与愤怒、恐惧、愉快、痛苦等强烈情感情绪有关,自主神经系统与情感情绪的身体—生理反应密切相关。

(四) 情绪分类

1. 按现代情绪理论分类

现代情绪理论把情绪分为快乐、愤怒、悲哀和恐惧这四种基本形式。一些心理学家则用不同的维度来描述情绪。例如,施洛斯伯格(H. Schlosberg)从"愉快—不愉快""注意—拒绝""高激活水平—低激活水平"这三个维度来描述情绪,每一种具体情绪都按照这三个维度分别处于其两极的不同位置上。

2. 按一般习惯分类

从不同的角度可以将情绪分为以下六类:

第一类是原始的基本情绪,往往具有高度的紧张性,如快乐、愤怒、恐惧、悲哀。快乐是盼望的目的达到后,紧张被解除时的情绪体验;愤怒是愿望目的不能达到、一再受阻、遭受挫折后积累起来的紧张的情绪体验;恐惧是在准备不足、不能处理和应付危险可怕事件时产生的情绪体验;悲哀是与所追求、热爱的事物的丧失,所盼望的事物的幻灭有关的情绪体验。

第二类是与感觉刺激有关的情绪,如疼痛、厌恶、轻快等。

第三类是与自我评价有关的情绪,主要取决于一个人对于自己的行为与各种标准的关系的知觉,如成功感与失败感、骄傲与羞耻、内疚与悔恨等。

第四类是与别人有关的情绪,常常会凝结成为持久的情绪倾向与态度,主要是爱与恨。

第五类是与欣赏有关的情绪,如惊奇、敬畏、美感和幽默。

第六类是根据所处状态来划分的情绪,如心境、激情和应激状态等。

3. 按七情来分类

喜情绪,指高兴、欢喜、欢乐、愉快、愉悦的情绪。

怒情绪,指发怒、愤怒的情绪。

忧情绪,指忧虑、忧愁、忧伤、担忧、担心、焦虑的情绪。

思情绪,指沉思、思考、思索、思虑、思念的情绪。

悲情绪,指悲伤、哀痛、伤心的情绪。

恐情绪,指恐惧、害怕、惧怕的情绪。

惊情绪,指惊恐、紧张的情绪。

4. 其他分类

也可以根据情源、情感的品质或情的分类方法来分类,因为相应的情感必然会引导出相应的情绪,情感是内在的感知和相应的体验;情绪是体验的外露、表达,有什么样的情感,自然就有什么样的情绪(除非是有意识的隐藏或伪装),或者说通过情绪的分析,又能评判内在的情感状况。

(五) 情商和情绪评估

1988年,心理学家Baron第一个使用"EQ"这个名词,并编制了世界上第一个标准化的情绪智力量表。美国哈佛大学心理学博士丹尼尔·戈尔曼在1995年出版了《情绪智商》,书中提出"情绪智慧",或称"情绪智力",通常称为"情商"或EQ,是与智力和智商相对应的概念。它主要是指人在情绪、意志、耐受挫折等方面的能力。最新的研究显示,一个人的成功,只有20%归诸智商,80%则取决于情商。说明情商是决定人生成功与否的关键。

情绪智商包含五个主要方面:

1. 了解自我:监视情绪时时刻刻的变化,能够察觉某种情绪的出现,观察和审视自己的内心世界体验。它是情绪智商的核心,只有认识自己,才能成为自己生活的主宰。

2. 自我管理:调控自己的情绪,使之适时适度地表现出来,即能调控自己。

3. 自我激励:能够依据活动的某种目标,调动、指挥情绪,它能够使人走出生命中的低潮,重新出发。

4. 识别他人的情绪:能够通过细微的社会信号敏感地感受到他人的需求与欲望,能认知他人的情绪,这是与他人正常交往,实现顺利沟通的基础。

5. 处理人际关系:调控自己与他人的情绪反应的技巧。

应当注意:情绪智商和本书中的情绪概念还有一定的不同,需适当区分。

六、情感和情绪的异同

1. 情绪和情感的区别

1) 情绪是人心理认知和体验的表达;情感则是人对情能量的认知、感受和心理体验。

2) 情绪是人和动物共有的;情感是不是人类所独有,目前还有争议。

3) 情绪是不断变化的一时状态,带有情境性和易变性的特点,情感只是相对带有稳定性和内稳性,实质上还是情感变在先,情绪变在后。

4) 从个体心理学的发展上看,表面上情绪出现较早,而情感则出现较迟。在个体发展中,情绪反应出现在先,但是无法证明情感体验发生在后。例如在母子交往中,母亲哺乳引起婴儿食欲满足的情绪,母亲的爱抚引起婴儿欢快、享受的情绪。有人说,当婴儿与母亲形成依恋时就产生情感了。我们在本书中已经明确说过,胎儿与母亲早就有情感联系了。其实,情绪就是情感的表达,有了情绪表现,自然已经证明了情感的存在,只是胎儿和新生儿的情感还处在动物的进化阶段而已。

5) 情绪带有全人类的性质,而情感则受到个性心理和民族、区域、文化的影响。情感是通过情绪得到体现的。人类的情感自然、真实,又是丰富多彩的。情绪相对比较简单、比较普通。情绪又容易受到内外因素的干扰,例如情绪作假或者是歪曲真实情感的情绪表达,比如心底苦闷的人故作轻松、强颜欢笑等等。

2. 情绪和情感的联系

情绪依赖于情感,情绪的各种不同变化都要受到已经形成情感的制约,情绪是情感的外在表现。情感也依赖于情绪,情感总是在具体的情绪中得以表现,离开了情绪,情感不能孤立表达,但情感是情绪的本质内容。

情绪和情感虽然不尽相同,但却是不可分割的,因此,人们时常把情绪和情感通用。一般来说,情感是在情能量的认知、体验的基础上形成的,并通过情绪表现出来。例如母亲哺乳引起婴儿食欲满足的情绪,母亲的爱抚引起婴儿欢快、享受的情绪,婴儿的良好情绪又激发了母亲的爱心,相互的影响逐渐使婴儿与母亲形成了依恋的情感。良好的情绪表达越多,依恋的情感自然逐渐增强。

3. 情感和情绪都是重要的心理过程

情感是对情能量的感知,是态度这一整体中的一部分,它与态度中的内向感受、意向具有协调一致性,是态度在生理上一种较复杂而又稳定的生理评价和体验。情感包括生理、心理上的自我感知,一般的感情和相应的情绪还包括道德感和价值感等方面,具体表现为美感、好感、愉悦、亲切、爱情、幸福、仇恨、厌恶等等。

情绪是人对外界刺激所产生的心理体验,以及附带的心理和生理反应。如喜、怒、哀、乐等,常跟心情、气质、性格和性情有关。

情感和情绪虽然稍有差别,但是在很多地方都有共同点,可以说个体的情感体验和情感表现或情绪的变化实际上大多是互通的,同时它与认知推理的理性思考也有一定的联系。

1) 情感体验与情感表现和理性的关系

人们的日常生活中缺少不了情感体验和情感表现,大部分人认为人的思维是独立的,不受情感所影响。这就像在发生事件时,大家都会劝解不要意气用事,不要受感情影响,要客观思考。但实际上,思维和情感是相互伴随、相互影响的。正是因为有了独立思考的理性,具有自身本质的规定性,能力才能够通过情感体验控制自己的情感表现。这就是理性思考,能使情感不能单独构成行为动机,但也确实有许多控制不了的时候,即产生所谓的意气用事。

2) 情感也影响认知推理

情感体验和情感表现与理性之间的问题一直是研究的热点问题。通过行为学和神经学科的研究表明,情感和认知具有相互作用。其实我们也很容易发现,正面积极的情绪会提高认知程度,但是大多时候情绪的波动过大会对认知推理产生抑制作用。虽然情感和认知是表现在不同的层面上,但也不能完全说明情绪对于人的认知没有影响。所以不管是从柏拉图式理解来说,还是从联结网络理论方向去考虑,情绪反应确实能够随时中断或者影响当前的认知,并且重新导向目前情感最关注的问题,再影响到个体认知。

3）情感体验和情感表现可属于内化的行动

虽然人们可以随时保证理性思考，但是研究表明，情感和情绪的变化是可以促进或者抑制认知推理的一个过程，通过情感和身体系统以及大脑的共同作用，达成一种心理和精神的活动方式。所以说情感影响是一个极其微妙的机制，虽然大家都对情感有所依赖，但并不代表我们缺乏理性的思考，而是让我们提高对自己内心世界情感体验和情感表现的关注，懂得如何利用它们提升自己的生活状态，更好地爱护自己。

其实情感更多是与早年形成的所谓的"内部工作模式"有相依存的关系，可以说孩子在依恋期形成的"内部工作模式"是成年后思维模式和应对模式的基础，影响还是挺大的。其中，常常让人们感到头痛和学术上比较棘手的事情，就是感性与理性、潜意识与意识的关系问题。

七、人类的情欲

情与欲是不能分开的，没有情哪来欲？没有欲又哪来情？没有情，没有欲，六根清净，四大皆空，不食人间烟火，没有儿女情长，没有悲欢离合，这样的人不是神仙就是鬼怪。

情与欲又是有区别的，情毕竟不等于欲。情主要是指人的情感体验和情感表现，属于人的心理活动范畴；而欲主要是指人的生存和享受的需要、欲求，属于生理活动的范畴。有一句谚语说：情太切伤心、欲太烈伤身，说明情与欲分别属于"心"与"身"两个联系密切但又不同的领域。同时，情与欲又互动互补，相辅相成，情可以生欲，欲也可以生情。欲的满足需要感情的投入，而情的愉悦也有赖于欲的满足。

在我们生存的世界里，可以把一切分为矿物、植物、动物三大类。矿物是没有生命的；植物有生命，就有对物质、对信息、对生长发育和生殖繁衍的需要；动物有生命有欲望，而且知道"感受"。人是动物，当然具有求生存的基本欲望。所以孟子说："人之异于禽兽者几希。"但人毕竟不是禽兽，而是高等动物，是"万物之灵"，比起禽兽的欲望当然要高级得多。也就是说，人类不仅能接收信息、感受信息，而且还能因授受信息而感动、激动、冲动，并理智地加以节制或处理。人能把动物的欲望发展到情感和理智的高度，而普通动物的欲望和感受只停留在它们进化的过程上。

从某种意义上来说，文学艺术就是表现人的七情六欲的艺术。看一件文艺作品的精粗、雅俗与高下水平，有一个重要标志，就是看作品表现人的七情六欲时，是否达到了与时代相适应的情感和理智的何种程度或高度。

东汉高诱对六欲的注释："六欲，生、死、耳、目、口、鼻也"，可见六欲是泛指人的生理需求或欲望。但佛家的《大智度论》的说法与此相去甚远，认为六欲是指色欲、形貌欲、威仪姿态欲、言语音声欲、细滑欲、人想欲，基本上把"六欲"定位于俗人对异性天生的六种欲望，也就是现代人常说的"情欲"。今所用"七情六欲"一语，即套用佛典中之"六欲"，泛指人之情绪、欲望等。后人又将六欲总结为：见欲（视觉）、听欲（听觉）、香欲（嗅觉）、味欲（味觉）、触欲（触觉）、意欲。

　　古人把六欲理解为感觉器官的需要，或者单纯理解为对色（性）的需要。这当然也没错，但至少不全面，把人全部感觉器官的需要理解为只是为了满足性的需要，是很片面的！实际上这些器官包括皮肤上的触、痛、温、凉，耳内的平衡的感觉，大脑对全身的如肌肉关节的酸、麻、胀、痛相关感觉，以及心慌胸闷、头昏目眩等等各种各样身体内外信息的感知和摄入，满足人体的各种信息的需要。此外，人还有更多更重要的不同层次的需求，比如对营养物质、水、氧气和能量的需求，对性和生殖繁衍的需求，对安全、交往和爱的需求，对归属感、尊重感和自我实现感的需求，等等，都应该属于人的欲望范畴。

　　由此，我们提出情欲的新的概念，在原六欲基础上参考马斯洛人类需要的五个层次的理论，增加了相关内容，重新把人类的欲望归纳为"新六欲"，即信息欲、物质欲、安康欲、尊重欲、爱情欲、成就欲。

第二节　情在哪里

一、情在心里（心情）

　　情字有个竖心旁"忄"，情从哪里来？情从心里来。

　　我们知道，西方医学尤其是解剖学、生理学都认为管制人的是大脑和神经系统。神学认为主宰世界的是神，人体的最高统治者是神（神经系统）。而我们中国古人认为"心主神明"，心是最高管理者。"心醉神迷"说的是同样的意思，心醉了，神也就迷糊了、不清晰了。心既然管神、管全身，是最高统治者，情和情感、情绪、情欲当然也是由心来管理！

　　在情志活动的产生和变化中，心与肝发挥着更为重要的作用。心藏神而为五脏六腑之大主，主宰和调控着机体的一切生理机能和心理活动。各种情志活动的产生，都是在心神的统帅下，各脏腑精气阴阳协调作用的结果。

　　人们常说情由心生、心随情动，但这两个词有区别，情由心生说的就很清楚了，是心生情。所谓"心主神明"，中国人的心，至高无上，也是情源、情感、情绪、情欲的管理者、掌控者。情存在于心，出自心，受制于心，表白于心，辨别于心，利害于心……全由心定。心情也是描述一个人身心状况，尤其是心理状态最为常用的指标，更是个人的情学特征的主要标志。

　　心管神、管全身，所以由心而生的情，可以在一定程度上代行心的"大国功能"。例如心情好的时候，神经系统和全身的状态肯定很好！相反，心情是非良性的时候，神经系统和全身肯定也是不好！例如冤情由心生了，自我感觉冤屈得没完，自然不可能有很好的状态！

影响一个人心情变化的因素，只有两种：

内在——个人因素的影响，包括个体条件、情结信息、情感、思想、观念、心境、意念的掌控、心理与生理的需求等等。

外在——环境因素的影响，包括感觉器官接收的信号——色彩、声音、时间、地点、事件的引发，以及生理方面——化合物、气味或药物对体内器官的作用等等。如：颜色会影响心情。心理学家们研究发现，人类的心情与色彩之间有着十分密切的关系。一个人对色彩的选择，隐含着个性方面的许多信息。

内外环境的信息既然会影响我们的心情，说明人类的真情源于心，藏匿于心。只有能动心的事情，才能动情；不能让其动心的事，也动不了情。真正地赋予对方发自心底的爱，才能激发对方藏匿于心底的真爱真情，有真爱真情的两人才拥有真正的人类爱情。

二、情在脑里（神情）

神情是人内心活动从面部显露出来的表情，基本解释是面部表露出来的内心活动，表情是情绪的外部表现，前面已经说了表情分为面部表情、言语表情和身段表情。

表情和神情的区别是神情比表情更抽象，因为表情比较容易表现出来，如笑、哭等。神情是靠感觉出来的，比如说话的语调变化、眼神变化、动作的变化等，所以神情是经过各项观察总结出来的。例如："他今天穿了一件黑色旧大衣，双手紧攥着，面目苍白，双唇紧闭，目光紧紧盯着大桥，在那站了一个上午。"

人的颌面部肌肉可分为咀嚼肌及表情肌两类。表情肌多起于颜面骨壁，止于面部皮肤，分布在口、眼、鼻周围，不仅具有表情功能，而且参与语言、咀嚼和口、眼的张闭等功能。面部表情肌由面神经支配，故面神经损伤或麻痹时即出现口眼歪斜等症状。面神经在颅内又存在着面神经核，面神经核又受到大脑皮层的控制和其他神经，比如三叉神经、面神经、外展神经、动眼神经、滑车神经等来支配。

不管是面部表情，还是言语表情和身段表情，具体的表达都是要受到脑和神经系统的活动的控制。心里的情必须通过脑和神经系统来表现或表达，或者可以理解为脑和神经系统也是情源系统，是接受心的情源系统调节和控制的下一级情源系统。一般情况下，脑和神经系统的这一级情源系统不会自行表达情源，若是与心的情源不一致，甚至完全相反，在医生的眼里就属于病态了。

神情可以理解为是脑子里想出来的，经过思维的过程产生出来的；可以认为是意识层面的，理性的成分更多，受外部条件尤其是文化的影响更大，虚情假意的成分会偏多，可信度、忠诚度肯定不够。西方人强调大脑是心理的器官,情感又是心理的过程,自然是在大脑的控制之中。但如果让一个人用脑子想出什么情来,肯定不如由心(底)而生的情那么自然、那么真实。同样,我们在强调真爱的时候也是特别强调是由心而生的爱,我们特别称呼为心爱,即由心而生的爱和由心而生的真情的结合,才是真正的人类爱情。任何只通过大脑思考的情和爱就不可能是真正的人类爱情!

三、 情在性里(性情)

性情一般注释为人的禀性和气质、思想感情、性格、脾气等等人格方面的特点。个人的性情总是表现为个性与社会共性两方面的结合,因此性情是受社会环境与文化影响的。不同历史时期人的共性性情表现相差很远。应该说一切生命体都有自己的一定的性情,每一个人都是生活在性情中的。那么我们为什么又称某些人为性情中的人?这里就是一个引申意义了:这类人把自己的性格、生活习性、癖好、思想情感不因外界环境而改变或隐藏,指那些突显真实本性的一类人,从言行很真实地反映着自己的个性与社会的共性。性情中人随其本性而情感外露、率性而为,对自己的喜好有着鲜明勇敢的追求,往往是敢爱敢恨,比较真实地反映了自身的本性。其言行不考虑或不受外界影响,拥有社会共性方面较少,而一般人的性情表现都会受周围环境影响做些隐藏或放弃或改变,拥有社会共性较多。随着社会的发展,民主的进步,个性化、人性化的成分越来越多,就越让人真实反映自我了。而远古的道德规范深深地影响着人们的性情往社会共性方向发展,最后返璞归真的个性就越来越少了,如由于三从四德等封建文化对女性性的压抑,带来女性一生情和情感生活的压抑状态。

人的性情是由先天遗传、后天生活环境、教育程度等几个因素影响的。一般人成长到某个阶段就很难改变。但不是说人的性情就是人自身不可调节的,通过人的自律也可以改变一些不好的性情,当然会有一些难度。随着社会的发展,人的性格、习性、行为、爱好都在多元化发展。追求自我的人会越来越多,性情中人也会越来越多。

因为人爱好、习性的多元化,几乎很少有人的爱好是全部相同的,所以爱好将会作为性情最主要的组成部分,来对人性情的加以区分。比如洁癖、恋物、同性恋、异性恋、双性恋、虐恋、嗜酒、好色等,这些嗜爱癖好都属于人们性情的元素。所有描写性格的词也是人性情的描述,性格是从属于性情的。这以上说的性情是心理学或者是一般人对性情的定义和理解,与我们说的情在性里还有区别。

本书所说的性情是更偏向于与性爱相关的情和情感问题。我们在前面出版的《人类爱情学》一书中提出了人类的性是生物的性进化的巅峰,具有生物性进化的全部拷贝,可以在性进化的任何阶段停滞或固着。除了弗洛伊德说的口腔、肛门、生殖器的欲望,我们还加了皮肤的欲望,鼻子、尿道和眼睛、耳朵的欲望等等。人类的生命是生物界进化的最顶端,自然是最复杂、最优越,无可比拟的。同样,人类的性既是最优秀,也是最复杂的。与性相伴而生的性情、性情感、性情绪和性情感高潮体验等等,自然也是多元化的,这也是我们研究人类情和情感现象的基础。

由于人类的性包含了生物性的进化历程的全部拷贝,性的器官、性别、性取向、性行为、性体验和性高潮都存在多元化的现象,所以与性相关的情、情感、情绪和情欲也必然存在多元化的现象。因此不要千篇一律地看问题,而要分辨情况,分别对待。例如一对异性恋者的"一夜情",一对同性恋者的"一夜情",一对精神恋爱者的"一夜情",等等,他们与性相关的情、情感、情绪和情欲以及性高潮体验等等,自然是不可能同样的。

个体对性情欲的需求和性生理的欲求都是不一样的,从性厌恶到色情狂,体现了生理性欲的巨大差异。同样,包含在性里面的情也有着相应的差异,我们认为,过低或过高都是变态或病态,适度偏高的一个状态才是健康的状态。

性情跟禀性和气质、思想感情、性格、脾气等等人格方面的特点密切相关,不同人格特点的人对性和性行为的感受肯定是不一样的。受旧的性文化的影响和接受新的性文化程度有很大差异的人,性的感受也会有明确的差异,性情的变化也会显而易见。

四、情在爱里(广义的爱情)

提到爱大家都知道,文化尤其是对母爱的歌颂登峰造极。世上最重的是亲人之间的爱,自然伴随着亲爱的亲情也是世界上最重的情。亲爱之中母爱最深沉,相应的母子亲情最深沉。这个道理大家都懂。但人类的爱和情一样是个挺复杂的事情,不同的爱中会包含有相应的情,还需要作一些具体的分析。

1. 关于爱的释意

用行动表达由心发出的爱的能量,通常见于人或动物。爱可以是一种衍生自亲人之间的强烈关爱、忠诚及善意的情感与心理状态,如母爱;可以是衍生自两性之间基于性而高于性的情感,是两性由于对彼此的欣赏而自愿付出的高尚情感;亦可以是衍生自尊敬与钦佩之情,例如朋友之间彼此重视与欣赏;此外,还可以是对于国家、集体的发自内心的感情。

"爱"字在中文里有着许多解释,由某种事物给予人满足(如我爱吃这些食物)至为了爱某些东西而愿意牺牲。其可以用来形容爱慕的强烈情感、情绪或状态。在日常生活里,其通常指人际间的爱。可能因为其为情感之首位,所以爱在美术中更是极普遍的主题。

爱是一种精神状态,一种美的享受。爱是一个抽象的概念,其具体精神或心理体验是感情。爱作为精神状态,是一种甜蜜的、柔润心灵的情感。

人以自身为对象的爱是本质意义的爱,心灵的相互影射交融是爱的源泉。这种爱同以自然等他物为对象的爱的本质差别在于,这不是一种可有可无的爱,这种精神享受是人的精神生活的基础和主要内容;缺乏这种爱或感情,人的精神状态就会处于痛苦或不正常的状态,甚至影响身体的发育和健康。

2. 和情相关的爱的分类

爱和情都是人的心理活动产生的以物质场的形式释放出来的一种心理能量,参照情的分类,我们把爱相应的分成以下四大类别:

爱源:物爱、人爱、友爱、恩爱、宗爱、亲爱、性爱、恋爱、钟爱、挚爱。
爱感:欣怡、愉悦、喜欢、快乐、感恩、挚爱、激情爱。
爱绪:欣、愉、喜、乐、恩、爱、情。
爱欲:物爱(欲)、自爱(欲)、美爱(欲)、性爱(欲)、情爱(欲)、心爱(欲)。

爱既是一种情感,又不完全属于情感,否则"爱情""情爱"就该写成"情情"了,"性爱""心爱"写成"性情""心情",词意也完全不一样了。

爱又紧紧地与情相伴,但因为爱是正能量,不管是付出的爱还是获得的爱,都是正能量,所以只能与良性的情相伴,而不会与非良性的情相伴。

广义的爱情和一般的爱中,情更是非常普遍的存在。有爱就有情,有情哪会没有爱?爱和情总是形影相随,无法分离。爱和情在一起,就是爱情。情相伴于爱中,到天涯,至海角,仍永远。两个人之间同时相互感受到性爱、情爱、心爱的最丰满的体验状态,即是人类的爱情。情爱是爱情的灵魂,是不可或缺的。

3. 爱和情的丰富内涵

爱是一种爱和被爱着的感觉,一种心灵的默契,一种刻骨铭心的思念,一种无须回报而心甘情愿的付出,一种为爱人的幸福努力去打造一片天空的执着,一种对得到关怀、尊重、理解与包容的渴望,一种相依为命和善待彼此的过程,一种心动(思念时)、心跳(相见时)、心痛(离别与伤害时)的感觉。

喜欢一个人是没有理由的,对于无悔的付出,无论怎样都认为是值得的,只要能和相爱的人在一起。其实我们的身边都有一些这样的人,只是我们还没发现。最懂你的人,总是会一直在你身边守护你,不让你有一丝的委屈;真正爱你的人,也许不会说许多爱你的话,却会做许多爱你的事。

这个世界上,每个人都有个想要寻找的人,一旦错过了,就再也不会回来。如果爱上,就不要轻易说放弃。如果放弃了,可能使你后悔一辈子。经历过爱情的人生才是美好的,经不起考验的爱情是不深刻的。美好的爱情使人生丰富,符合"爱之图"的、经得起考验的爱情才是完美的……真挚的爱恋之中蕴含着真诚相伴的柔情,一生一世。真心相爱的夫妻白头偕老的伴侣情是人世间最高品味的爱中情!

其实,真情和真爱都源自心呀!

五、情在友谊里(友情)

友情,是一种只有付出了才可以得到的东西。它和亲情、爱情一样,全是一种抽象的、令人捉摸不透的。

没有人能说清楚友情到底是一种什么东西。那它到底是什么呢？——是你只有付出关爱，付出真诚才能得到的东西；它既是一种感情，也是一种收获。想要知道它到底是什么，那你只有自己去亲身体验了！

多少笑声都是友谊唤起的，多少眼泪都是友谊擦干的。友谊的港湾温情脉脉，友谊的清风灌满征帆。友谊不是感情的投资，它不需要股息和分红。广义的友情是一个人全部履历的光明面，却不管多宽，都要警惕邪恶，防范虚伪，反对背叛；严格意义的友情是一个人终其一生所寻找的精神"驿站"。在没有寻找到真正友情的时候，只能继续寻找，而不能随脚停驻。因此，我们不能轻言知己。一旦得到真正的友情，我们要倍加珍惜。

真正的友情是：对方开心时为对方高兴，对方痛苦时为对方难过。朋友在你悲伤无助的时候，给你安慰与关怀；在你失望彷徨的时候，给你信心与力量；在你成功欢乐的时候，分享你的胜利和喜悦。在人生旅途上，尽管有坎坷、有崎岖，但有朋友在，就能给你鼓励、给你关怀，并且帮你度过最艰难的岁月。朋友这个概念真的好大啊，用不同人的思想可以勾画出不同的朋友轮廓。朋友是相互的，朋友在需要帮助的时候，你就要挺身而出，"为朋友两肋插刀"就在于朋友的相互关心。给朋友以关心，给朋友以帮助，让朋友远离孤单，让朋友忘却忧郁，不让朋友郁闷。

友情的程度可以仅是一般般，也可以刻骨铭心，胜似亲人。

六、情在时空里

家里有情，情还最浓郁，所以家是人的港湾；学校有情，每个人都会对母校留恋一辈子；单位有情，是人在社会的一个归属，一个单位的是同行、同事；还有民族情，国家情，同胞情，爱国情……

现代的旅游业高度发达，节假日各地景区人满为患，一些公园、景区强制限制游园人数，表达人们对大自然美好风光的观赏热情。面对风光景色，人人都会心旷神怡，精神抖擞，甚至欣喜若狂。爱物、恋物的情（物爱、物情）充满在旅途中，人们欢声笑语，处处都洋溢着愉悦、兴奋，时空里充满着爱和情的正能量。

每个人沐浴在充满情和爱的氛围中，人和自然和谐，人和人之间和谐，天地合一，时空合一，天人合一，人人合一。爱和情就满满地充填在这时空里，天地间，悠闲、温暖、美妙，情深义重，让人流连忘返，感慨万千！

努力于构建家庭的、社区的、全社会的、全世界的和谐，就是在追求人类的共同目标——全世界和平，永远没有战争的充满着情和爱的人类大家庭。

七、情在生活里

生活里处处都有情,不仅有良性的情,即与喜欢和爱相伴;也有非良性的情,如不开心、不顺利、不喜欢的时候,产生悲戚、焦虑、懊恼、愤怒,甚至仇恨、敌视等情绪。

人与物之间:如山山水水、花草树木、动物植物、爱物宠物、房子、车子、金钱、地位、饮食美味、时装饰物、荣誉奖惩等等;人与人之间:好人坏人、恩人仇人、生人亲人、友人情人、生母养母、生父继父、同学同事等等;人与群体:家庭家族、学校单位、团体社区、民族国家等等,情和情感在生活中无处不在。

第三节　情的种类和品质

一、情的分类

人的情复杂多样,可以从不同的观察角度进行分类。我们把情理解为一种能量,从它的产生、传递,到人(自我或他人)对它的感知、感觉、体验和生理心理反应,以及相应的表达(情绪、态度),并导致相应的意志行为的改变,根据这个心理过程的不同特点进行分类。

(一)按情的心理过程分类

本书所说的情仅指与生物情感尤其是人类情感相关的情,是人类的心理活动,可看作一个心理过程。按情的心理过程进行分类,把"情"细分为"情源""情感""情绪""情欲"四大块。

1. 情源。情产生的源头,情的心理过程的起始、原动力,从这个地方开始产生了对应于各种内外刺激的情(能量)。产生各种不同的情的源头称为情源,常见的情源共分22种,又分良好的情源12种,非良好情源10种。不同的情源接受刺激就产生相应的情(能量),可以由自己感知,也可以经由各种传递形式,让对应方感知,而引导出相应的情感、情绪或态度,产生相应的意志、行为。

2. 情感。情感是对情能量的感知和体验。情能量的存在是前提,在认识情能量的基础上产生相应的感觉和体验,并启动相应的生理、心理反应,出现情感表达的情绪状态。我国的先民们早有"七情六欲"一说,七情是喜、怒、忧、思、悲、恐、惊;六欲是眼、耳、鼻、舌、身、意。虽然具体内容各家说法不一,但基本意思大同小异。情者,喜、怒、哀、乐、忧、思、惧、好、恶、爱、憎欲也,也是一种说法。

3. 情绪。情绪是人对情的能量产生的感知和体验的一种表达,即与人的喜、怒、哀、乐、惧等心理体验相关的情绪表达,也是人对客观事物的态度的一种反映。能满足人的需要的事物会引起人的肯定性质的体验,如快乐、满意等情绪;若不能满足人需要的事物会引起人的否定性质的体验,如愤怒、憎恨、哀怨等情绪;与需要无关的事物,则会使人产生无所谓的情感和情绪。人们总是希望有更多积极的情绪体验。情绪的表达可能是如实的、恰如其分的;也可能是夸大的或缩小的,甚至是完全压抑的不表达。

4. 情欲

情和欲是不能分开的,没有情欲,人类既不能生存,也不能繁衍。根据马斯洛的人类需要的层次理论,我们提出新的六种情欲,即信息欲、物质欲、安康欲、尊重欲、爱情欲、成就欲。

(二)根据情能量的产生部位不同分类

1. 性情。本书中的性情指与性相关,由性而生,可以理解为在性行为中产生的或者是跟多元化性的概念相关的情况产生出来的一种情。

2. 心情。产生于心的一种情,表现为心情平和,安详,善意。心情能影响全身状态。

3. 神情。大脑的活动表达出来的一种情。是安详还是暴怒?观其神情便知。

4. 爱情。与爱相关的一种情,具体说是与性爱、情爱、心爱都相关的情。

(三)根据情能量的目标指向分类

1. 物情。对物之情,包括对非人类的一切,植物、动物、矿物、山山水水、人工作品等所产生的喜欢、厌烦等等。

2. 私情。对自己的爱和评价,评价低则自卑,评价高则自恋、自豪等等。

3. 他情。对别人的情感,包括一般人、族人、友人、恩人、恋人、情人、亲人,当然还包括仇人、恶人、小人等等,或者爱戴,或者仇恨、嫉妒等。

4. 群情。对家庭、集体、社群、国家、社会等等的大爱之情。

(四)根据情能量的作用不同分类

1. 良性情。携带正能量,让人产生愉快、信任、感激、庆幸等体验。

2. 非良性情。携带负能量,让人产生痛苦、鄙视、仇恨、嫉妒等体验。

(注:少数是良性非良性兼有,如"喜",适度喜是良性,过度的喜则是非良性。)

(五)根据情能量的强度和持续时间的不同分类

1. 温情。温情是指强度较低但持续时间较长的情,它是一种微弱、平静而持久的情,如绵绵柔情、闷闷不乐、耿耿于怀等。

2. 热情。热情是指强度较高但持续时间较短的情,能引导出一种强有力的、稳定而深厚的情感,如兴高采烈、欢欣鼓舞、孜孜不倦等。

3. 激情。激情是指强度很高但持续时间很短的情,能引导出一种猛烈的、迅速爆发的、短暂的情感,如狂喜、愤怒、恐惧、绝望等。

(六) 根据情的品质的优劣分类

1. 真情。真情是真真实实、诚心诚意,发自于心底的、真诚的情感。
2. 善情。善情是心慈、行善、友好、善良的情感。
3. 美情。美情是美妙、动人、愉悦、美满的情感。
4. 虚假情。虚假情是矫情、恶情、仇情等等,给人负能量的情感。

(七) 根据情能量作用时期的不同和动态变化的特点分类

1. 追溯情。追溯情是指人对过去事物的情,包括遗憾、庆幸、怀念等。
2. 现实情。现实情是指人对现实事物的情,包括愉快、满足、幸福等。
3. 期望情。期望情是指人对未来事物的情,包括自信、信任、绝望、期待等。
4. 确定情。确定情是指人对确定性事物的情。
5. 未来情。未来情是指人对价值不确定性事物的情,能引导出向往感、迷茫感、神秘感等。

(八) 根据情的使用对象不同分类

1. 情意。指带有亲昵色彩的、情人或夫妻之间的情感,男女之间相悦的情感。既可以指人与人之间有很深的感情,还可指人对国家的感情。
2. 情义。多指亲属、同志、朋友之间的感情。如和多年好友之间的情义;多限定在有一定感情基础的人之间,一般不用于单位和单位、国与国之间。
3. 情谊。一般用于朋友、战友、同学之间的感情,多指人与人、国与国之间相互关切、爱护、照顾、帮助的感情,彼此之间刚认识或不一定认识。侧重于友谊,指朋友间有深厚或亲密情感的意愿,相互关切、敬爱的感情和恩情。

(九) 根据情的内涵(情源或情愫)来分

1. 良性情。主要是物情、种情、友情、恩情、宗情、亲情、性情、恋情、钟情、爱情、伴侣情、己情(都是与爱相伴的)。
2. 非良性情。主要是无情、矫情、喜情、怒情、忧情、思情、悲情、恐情、恶情、仇情。

(十) 根据情感体验来分

1. 良性愉悦的情感体验。对良性情源的感知引导出的各种类型的不同程度的良性愉悦的情感体验,例如轻松感、幸运感、愉悦感等等。
2. 非良性的情感体验。由非良性情源的感知而引导出的喜、怒、忧、思、悲、恐、惊等相关情感。

(十一) 根据情绪表达的可控性程度来分

1. 合理有序情感表达。对情能量和情内涵的准确感知,启动心身互动机制,产生相对准确的生理反应,有序准确表达相应的情感。

2. 爆发失控情感表达。对情能量和情内涵的感知过分敏感,小刺激大反应,出现情绪爆发,甚至失控状态。体现为情绪发育不成熟,管控能力不到位。

3. 迟钝无序情感表达。是上述爆发失控情感表达的另一个极端,对能量或情愫的感知迟钝,大刺激小反应,是情绪发育迟滞的表现。

(十二) 根据情的进化层次来分

1. 细胞情。植物、动物以及人的精子和卵子都是有情的。既然情和生命同在,细胞是生命的最小单元,自然也就是情的最小存在。

2. 植物情。植物是细胞自组织的较低层次,情的进化层次相对较低。

3. 动物情。从低等动物到高等动物是一个进化的序列,情也自然会出现相应的进化层次上的差异。人们都能感觉到冷血动物和热血动物尤其是宠物的情的差异。

4. 人类的情。生物进化的顶峰,自然也是情进化的最高级的层次。

(十三) 根据情的需要层次来分

1. 信息欲。人体的视觉、听觉、嗅觉、味觉,皮肤上的触、痛、温、凉觉,耳内的平衡觉,大脑对全身的如肌肉关节的酸、麻、胀、痛相关感觉,以及心慌胸闷、头昏目眩,或者全身的舒适感、愉快感,等等,各种各样身体内外相关信息的感知和摄入,能满足人体对各种信息的需要。

2. 物质欲。指正常人体对营养物质、水、氧气和能量的需求;代谢产物排出时的舒畅。物质的过多或匮乏,或代谢异常,废物排出不畅,欲求随之增强。

3. 安康欲。安全与健康类情感包括舒适感、安逸感、快活感、恐惧感、担心感、不安感等。

4. 尊重欲。自尊类情感包括自信感、自爱感、自豪感、尊重感、友善感、思念感、自责感、孤独感、受骗感和受辱感等。

5. 爱情欲。发生自潜意识层面的,能激起童恋和初恋体验的,性爱、情爱、心爱都丰满的人类爱情的一种渴望和追求。得到了会有极致的幸福感、愉悦感、满足感,失去会有巨大的失落感、沮丧感、孤独感等等。

6. 成就欲。自我实现类情感包括抱负感、使命感、成就感、超越感、失落感、受挫感、沉沦感等。

这六种情欲实际上包含了人的所有的需求方面。

二、情的品质

1. 与爱伴行的情是有品质的情

人们现在不停地去追求品质生活,这包括物质上的富足、情感上的丰富、精神上的满足。情感品质包括人的情商、智商、心商等的综合水平。有品质的情感生活让人喜悦,充满乐趣。比如说,两个真心相爱的人,男方风流倜傥、才华横溢、体贴浪漫,女方美丽温柔、善良忠诚、体贴细腻,两人在一起有好多好多的话说,有好多共同的爱好、共同的活动。更主要的是情和情感上的一种默契,一种心心相印的感觉,只有两个人能看懂的眼神和动作,相互之间很微妙的一种心灵感应,等等,这就是情感品质。

真正有爱情的夫妻,他们都无条件地从心底里挚爱对方,一心一意白头偕老,给予对方的都是最高品味的伴侣情,这一对夫妻的爱情自然是爱情中的最高级别,他们的生活是真正的人类的爱情生活。他们夫妻之间的爱情,是人世间高品质的情,是人们追求的一种情感生活、精神享受。

但更多的夫妻,两人不一定有很高品质的爱和情,比如说只有性爱或者只是性情、性吸引,他们只是单纯的一种性关系,或者属于动物层面的那种婚配模式,爱和情都很平淡。一起生活的时间长了,或者生了孩子,可能有一些亲情,但不管什么情加在一起,也只能是品质不高的情。不管是他们的情感生活,还是他们的精神生活都是缺少品味的,质量低下的。倘若再有很多的婚姻问题、婚姻矛盾,吵架打架,没完没了,还有啥情?

与爱伴行的情是有品质的情,伴行的爱品质越高越浓郁,情的品质就越高越贵重。给自己和对方带来的正能量越多,情感生活、精神生活的品位就越纯洁越高雅。

2. 携带的负能量越多的情,品质越低

有11种非良好的情源发出的非良性的情,给自己和别人都带来不同程度的负能量,这一类的情品质低下,不利于自己和别人的身心健康。

3. 各类情的感知和表达不准确影响情的品质

同样一件事不同人的认知、知觉、情感、情绪、意志行为,都是有差别的,与多数人(常模)的差异越大,情感、情绪等的品质越低下。

4. 与情和情感的倾向性有关

情感的倾向性是指一个人的情感指向什么和为什么会引起,它和一个人的世界观、人生观有着密切的联系,也和一个人的人生态度有关。比如憎恶的情感,如果它指向危害国家利益,破坏国家财产的人和事,那这种情感就是高尚的情感;如果把这种情感指向批评过自己缺点的人,或在能力和人品上都超过自己的人,那这种情感就是低下的情感。评价同样一种情感,要分析其倾向性。

5. 与情和情感的深刻性有关

情感的深刻性是指一个人的情感涉及有关事物的本质程度。能深入地渗透到一个人生活的各个方面的情感就是深刻的情感。人的情感越是接近事物的本质,就越具有深刻性,而由表面现象引起的情感则缺乏深刻性。具有艺术修养的人在欣赏舞台上的时装表演时所产生的情感,即美感,就是一种深刻的情感;而缺乏艺术修养的人只是图新鲜、凑热闹来看演出,这时他表现出的情感即使是快感,也是一种肤浅的情感。两个人经历了风风雨雨并相濡以沫的情感是深刻的情感；而萍水相逢或酒肉朋友之间的情感，则是肤浅的情感。同一种情感能深入地体现一个人生活的各个方面，这也是一种深刻的情感。真正的情要经历时间的考验。

6. 情和情感的稳固性

情感的稳固性是指情感的稳固程度和变化情况。只有在科学的世界观、人生观指导下产生的情和情感才是稳固的情感。具有这种情感的人，无论在工作、学习中，还是在生活中，都具有自觉、积极和始终如一的态度。现实生活中，一对男女有相似又能完全契合的恋父母情感，有经久不减的"一见钟情"的缘分，和和美美，白头偕老。这种源于童恋的、相伴终身的情，是最高品位的人间真情。

7. 情和情感的效果性

感知什么样的情，会产生出相应的情感。情感的效果性是指一个人的情感在其实践活动中发生作用的程度。情感效果性高的人，任何情感都会成为鼓舞其进行实际行动的动力。不仅愉快的、满意的情感会鼓舞其以积极的态度去工作和生活，即便产生了不愉快、不满意的情感，也能被转化为力量，激励自己。相反，情感效果性低或者没有情感效果性的人，虽然也常常产生一些情感体验，这种体验有时还很强烈，但也仅仅是停留在"体验"上，对于实际行动却没有任何积极的作用。

8. 评价情的品质还有一些具体的情况

一般而言，情的品质高，相应的情感、情绪的品质也高；反过来情感、情绪的品质高，行为效果又非常好，也能说明情的品质高；倘若情感情绪和行为效果都不怎么样，一般可以说情的品质不高。但要区别情况，寻找个体是否有情商、智商、心商等方面的问题或原因。

9. 情的数字化比较

对情能量引导出的内部心理反应（情感）和内外心理、生理变化（情绪），设计情测量的自评问卷或者是情的计算机测量技术，进行情的科学测量，并与常模比较，一般情况下以分值高低代表情的品质的高低。

第四节　情的传递

一、以物传情

以物传情，或以物定情，这在情人之间是习以为常的。作家在爱情小说里面用得比较多的笔法就是以物传情的方式。比如说女方故意丢下手帕，男方送个玉佩什么的，情也就传过去或者定下来了。人与人之间，亲属之间，单位之间，甚至国家之间以物为礼，哪怕是给孩子买个玩具，也都是以物传情。

现代人谈恋爱，习惯给对方送很多浪漫的礼物来传达爱和情意。在古代人们的思想虽然传统封建，但是暗生情愫的男女之间也是会给对方送定情之物的。古代女子如果喜欢一位男子，她会用什么东西来表达自己的爱慕之意呢？古代女子如果遇到心仪的男子，一般会送给他心爱的手帕，或送给对方自己亲手缝制的香囊……

一方手帕、一把折扇，或是一个香囊、一根发簪，都是美好姻缘的缔结者。在那些含蓄的年代，这些并不罕见的小物件替无数人传达了来自他们内心深处的最真切的思念和爱意。

时代在进步，人的思想也在不断地进步，人们崇尚自由，也越来越自由。现代能传情的物品太多了，例如，你可以送他一本手工本，并随手工本附上你的思念；你可以送他一把如意伞，在你不在他身边的时候替你为他遮风挡雨；你还可以送他一支铜书签，感受书中的内涵，文化的厚重；你也可以送他一盒茗茶，给他一场心灵上的洗涤与放空；当然，还有大漆珠串……不同的系列是不同的心意，代表着不同的祝福、不同的寄语等等。寄情于物，物便有了生命，有了腔调。

"以物传情"是一种古老的传递信息的方式，在帕米尔高原的塔吉克族中至今仍保留着这种古老的传统习俗。青年男女相爱了，往往采取送荷包的方式，里面除了石头子、火柴棍外，还有杏仁（表示忠心或掏出心让你看）、盐（表示你和盐一样重要，天天离不开你）等许多表达情感的东西。

人们通过来往的信物传情，表白的是双方的爱慕之心。

二、信息传情

信息传情的方式大家更不陌生，如《红楼梦》中贾宝玉和林黛玉以诗传爱情。我国唐宋时代有一则红叶传情的爱情故事，《流红记》记载：儒生于佑见御沟中漂一脱叶，拾起一看，上有题诗："流水何太急，深宫尽日闲。殷勤谢红叶，好去到人间。"他心想这一定是宫人作的,因思成病,于是在另一红叶上题了两句:"曾闻叶上题红怨,叶上题诗寄阿谁。"他将叶丢进御沟的上游,让它流入宫中。后于佑寄食于贵人韩泳门馆,韩泳待他很好,将宫中放出的宫女韩夫人许与其为妻。婚后韩夫人在于佑箱中发现题诗的红叶,大惊,说这是她题的诗,并说她也在沟中拾得一题诗的红叶,拿出一看,正是于佑所题。此美好的故事一时传为佳话。

文字传情,用手写的文字传情达意,真是一件浪漫至极的事。手写的文字是有生命的,看到喜欢的人写给自己的字,有触人心弦的感觉。文字传情,美则美矣,但重要的事情还是要当面讲,错过实在遗憾。过去文字传情形式最多的是书信的形式,现代人语言的交流更便捷,微信视频对话应该是用得最多的了吧。

一般人之间的传情方式是各种各样的,凡能表达情的一切信息,或者能为对方接受的一切信息都可以负载相应情,实施传递。过去人们使用最多的是情诗、情书、情话、情歌等等。

如今已经进入5G时代,也是信息化时代,信息传情早已经是主流时尚,手机成为人人必备,信息来源五花八门,传情方式丰富多彩。人的见欲(视觉)、听欲(听觉)、香欲(嗅觉)、味欲(味觉)、触欲(触觉)、意欲,包括皮肤上的触、痛、温、凉,耳内的平衡的感觉,大脑对全身的如肌肉关节的酸、麻、胀、痛相关感觉以及心慌胸闷、头昏目眩等各种各样身体内外信息的感知和摄入,满足人体的各种信息的需要。各式各样情都可以相应的能为以上感觉器官接纳的信息,广泛传递。眉目传情是人类最早应用的靠面部表情及肢体语言传递情的信息;5G时代信息的种类及传递速度和距离空前的发展,信息量暴涨,使信息传情始终成为情传递最主要的途径。

信息传情不仅是感觉器官接收到信息,还有所谓的"第六感觉",也包括近距离的"心心相印"和远距离的"心灵感应",其中传递的信息是已知的粒子还是未知的粒子(暗物质),是已知的波(场)还是未知的波(场)(暗能量)?这些都是比较复杂的话题。

三、花语传情

人们用花来表达人的语言,表达人的某种感情与愿望。不同数量的花,赋予不同的含义;不同的花也赋予不同的花语。

1. 数字花语

1朵:你是我的唯一(一见钟情);2朵:世界上只有你和我(你浓我浓);3朵:我爱你;4朵:誓言;5朵:无悔;6朵:顺利;7朵:喜相逢;8朵:弥补;9朵:坚定的爱;10朵:完美的你,十全十美;11朵:一心一意;99朵:长相厮守、坚定;100朵:白头偕老、百年好合……

2. 星座花语

牡羊座(3/21-4/20)星辰花;雏菊;满天星[热心;耐心]

金牛座(4/21-5/21) 黄玫瑰;康乃馨;金慧星［温柔;踏实］

双子座(5/22-6/21) 紫玫瑰;卡斯比亚;羊齿蕨［神秘;魅力］

巨蟹座(6/22-7/22) 百合;夜来香［感性;柔和］

狮子座(7/23-8/22) 粉玫瑰;向日葵;禅菊;熊草［高贵;不凡］

处女座(8/23-9/23) 波斯菊;黄铃兰;白石斛兰［脱俗;洁净］

天秤座(9/24-10/23) 非洲菊;火鹤花;海芋［自由;爽朗］

天蝎座(10/24-11/22) 嘉德利亚兰;红竹;文竹［热情;非凡］

射手座(11/23-12/21) 玛格丽特花;素心兰［活泼;开朗］

摩羯座(12/22-1/20) 紫色郁金香;紫丁香［坚强;积极］

水瓶座(1/21-2/19) 蝴蝶兰;蕾丝花［智慧;理性］

双鱼座(2/20-3/20) 爱丽丝;香水百合［浪漫;开放］

3. 详细的花语

丁香花花语:光辉,拥有天国之花的美誉,祝福人们拥有光辉的人生。

雏菊花语:活力,是一种生命力极旺盛的花,象征着旺盛的生命力。

茉莉花花语:你是我的,茉莉花香味迷人,制成的香水和茶的香味极浓,魅力迷人。

蓝色妖姬花语:清纯的爱和敦厚善良,在美丽里透着妖艳与恶毒,却让人着迷。

樱花花语:生命、幸福。樱花热烈、纯洁、高尚,代表命运的法则就是循环。

玫瑰花语:爱情、爱与美、容光焕发。

……

以花传情也不仅仅局限于传递性和爱或者是爱情的情感,朋友相见或离别,欢迎客人或送别,看望亲人或病人,参加婚庆或寿庆,迎接生者或送别死者等等,以花传情的事情也遍布生活之中。纸质、塑料等手工制作的花也常常用于传递情感,例如用大红花表示喜庆,用小白花表示哀悼等等。

在人们心目中,花代表美好、代表爱和情,这些以花传情的寓意,也许对花与情相关性有兴趣的读者有所帮助。

四、以情传情和以爱传情

表情、神情,温情,恶情,色情,爱情,温和、急躁,亲善,敌意,尊重、厌恶等等各种情感都可以通过相应的情绪表达和传递。配合语言如语调、语速、语意的变化以及表情和肢体、动作等,传递会更趋准确。

良性的情传递时常常是复合的,是多种情能量的一种混合状态,比如疼和爱的情混合叫疼爱。抚摸恋人的时候,抚摸本身满足对方的皮肤饥饿,同时传递了异性相恋的情(性情、恋情)等等。

有些亲人,或者是爱到心底里的恋人之间,可以远距离地以情传情,几百里甚至上千里之外,把自己的信息传递给对方,或者敏锐地感知对方传递过来的信息,或者两个人同时在思念着对方等等。此即所谓的"心灵感应"。同卵双胞胎之间、母子之间心灵感应尤其明显,可能因为他们之间有同频的情波发生和接受机制,所以千里之外,心灵互通。有心灵感应者,更是真情真爱。

爱都是正能量,所以与爱伴行的都是良性的情,既有爱和被爱的感受,又有良性情的滋润,接受的全是正能量。只要有爱的付出或接纳,就必然有良性情的感受。广义的爱情和真爱真情的人类爱情都有真情的付出和接纳。

五、以心传情

人能感知虚情假意还是真情实意,这是许多人都具有的一种能力。既然能被感知,便也说明它存在。发生于心底的真爱和真情既然存在,又能轻易被感知,自然有它特别的传递方式。

人们对"心"的理解常常受到解剖学的影响,其实中国人说的"心"是一种独特的境界,不仅代表心脏,代表大脑和神经系统,代表心理心灵层面的方方面面,还代表了深邃复杂的人类特有的情和情感,无处不在。

发自心底的爱,例如母爱,博大而深沉,具有更多心爱的成分,人类的母亲对孩子的关心和用心已经绝大部分超越了孩子生存的需要。而且人类亲子之间的心爱持续一生。

与性爱相伴的真情自然同样与真爱相伴着传递,心爱可以通过相关的各种各样的途径传递,但对释放者或接受者而言,更主要的是以心传递,用心去感受。具有血缘关系的亲人之间,真爱真情的以心传递是最典型的。其他的传递形式常常不能圆满地传递真情真爱,或者可以说,从心底里产生出来的,又真正是从心底里感知到的情,肯定是真情啊!

人们常说的心心相映(心心相印)就是这个意思了。由心直接产生又由心直接感知到的情和爱,才是人世间最真的情和最真的爱,才是我们说的人类情中的极品,人类爱中的真挚,真正超越生命的人类爱情!

其实,爱是从心底发出的,爱的任何形式都是包含着情在其中,所以只要有爱的传递形式存在,情都是可以随行而传递的。爱的能量(场)愈大,传递的情愈浓郁。相应的爱也同样可以随着情而传递,当然仅仅限于良性的情。真正的人类爱情就是发自心底的爱和最良性的、同样发自心底的情交互在一起,捆扎在一起,白头偕老,永不分离的一种状态。远距离的心灵感应,也应该属于以心传情。

第二章 情的理论探讨

前一章我们对情作了初步的分析,从个人而言有心情、性情、激情和喜、怒、忧、思、悲、恐、惊等等不同的情和情感;人与人之间的情有人情、友情、恩情、亲情、己情、恋情、爱情、恶情、仇情等等。虽然情存在的生物学形式非常的复杂多样,看似有很大的区别,但是作为情学的本质仍有其共同之处,情的本质肯定是物质的。不管是从物理学的层面、化学的层面,还是生物学的层面上,它都应该是物质的。从物理学和生物学的层面理解和研究情的本质,应该是情学理论探讨的主要方向。

本章以人类科学发展的现状为依托,对情的物质的本性进行初步论证,对其形式的粒子性还是波(场)性质进行初步探讨。

第一节　人类对物质的研究

随着科学技术的发展，人类对物质的研究也取得前所未有的进展。了解物质研究的现状，对我们认识和研究情的物质性很有帮助，也是必需的基础知识。

一、我们身边的世界

我们所能看得到摸得着的现实世界是物质的，眼花缭乱的宏观世界。在我们的宏观世界里，物质除了我们熟悉的固态、液态、气态，这三种状态外，还有以下的物质形态。

超固态：超固态是原子与原子核被挤在一起，如白矮星。

等离子态：在几千摄氏度以上的高温中，气态的原子抛掉电子，叫作"等离子态"。

中子态：在巨大的压力下，质子和电子结合成为中子，叫作"中子态"，如中子星。

从物质的内部结构去考虑，还有结晶态、玻璃态（非晶体）、液晶态、超导态、超流态、金属氢态、超子态、反常中子态、黑洞等等，还包括尚不知具体结构的广泛存在的暗物质和其他的能量形式。

生命更是物质世界的另一个奇观，生物世界是一个更纷繁的领域，从生命前期的有机大分子（如单链的核糖核酸）、病毒前体、病毒，到细胞、单细胞生物、多细胞生物，直至生物中的庞然大物，河马、大象，等等；从一般动物到高度理智化的人类，进化的程度太大了。多姿多彩的生物世界，尤其是人类的智慧和美妙灿烂的精神生活，更是宇宙进化中生命物质自组织系统的绝妙的杰作。

我们身边的世界真奇妙！

二、宇宙的博大无垠

当我们放眼远眺，更惊叹无边无际、浩瀚无垠的大宇宙。太阳系是以太阳为中心，有行星、卫星和数以亿计的太阳系小天体，包括小行星、柯伊伯带的天体、彗星和星际尘埃。太阳系范围约 2 光年，银河系则是包含太阳系在内，共有大约 2 500 亿颗恒星的巨大星系，直径约 10 万光年，厚度约 1 万光年。已观察到的宇宙中发现大约有上千亿个像银河系这样的星系，现在能发现的离地球最远的星球超过 130 亿光年。真是天外有天，无边无际。

据科学家推算，我们发现的宇宙里有 3×10^{23} 颗恒星，比地球上的所有海滩和沙漠里的总沙粒数更多。何止如此！宇宙中充满着大大小小的星球，无边界啊！

130 亿光年之外是什么？是另一个宇宙，许许多多的宇宙，这些宇宙之外还有更多更多的宇宙……有限的人脑装不下无垠的大宇宙啊！

宇宙大爆炸一说尚无定论，宇宙既无"诞生"之日，也无终结之时，宇宙的时空无垠无限；宇宙中充满物质和能量，明的、暗的、大的、小的，有无穷的存在形式、瞬变的运动和无休止的演变和进化，真是博大神奇，深奥神秘。

三、微观世界更深奥

微观的探索更是我们认识世界的前沿，当我们回觑周围的事物，一分为二，二分为四，无穷分下去的时候，物理学自然把我们带进了微观世界。过去人们比较熟悉的组成物质的最小单元就是原子（离子）、分子的层次。现在是越来越细化了，至少也能分三个层次吧。

1. 分子、原子（离子）的层次

分子是能独立存在，并保持物质特有化学性质的最小粒子。原子是参加化学反应的最小单元。

带电荷的原子叫离子。带正电荷的是阳离子，带负电荷的是阴离子。

2. 质子、中子、电子的层次

人们认为质子和中子构成原子核，原子核和电子则构造了自然界的一切原子和分子。

中子和质子是同一种粒子的两种不同电荷状态，虽然原子的化学性质是由核内的质子数目确定的，但是如果没有中子，由于带正电荷质子间的排斥力，就不可能构成除氢之外的其他元素。粒子加速器可以把中子打碎成质子，也可把质子打碎成核子。

电子直径是质子的0.001倍，质量为质子的1/1836，目前无法再分解为更小的物质。电子排列在各个能量层上，围绕原子核做高速运动。

3. 夸克和更小粒子的层次

1963年盖尔曼·兹维格提出中子、质子等是由更基本的粒子"夸克（Quark）"所构成的，并提出三种夸克，即上夸克、下夸克、奇夸克。例如，质子是由两个上夸克与一个下夸克及胶子组成。夸克并不会独立存在，只有当粒子（电子或质子）以极高的速度（接近光速）发生碰撞时，才有可能产生夸克。第四种夸克叫"粲夸克"，第五种称为底夸克，第六种叫顶夸克。

比夸克更小的粒子还有很多，人们习惯于把这些基本粒子（和反粒子）分为4类：光子、轻子、介子、重子。由于重子和介子都参加强相互作用，又统称为强子。轻子只参与弱力、电磁力、引力作用而不参加强相互作用，要注意轻子的质量，有的很重，如τ子的质量是电子的3000倍，但它不参与强相互作用，所以仍属于轻子，称为重轻子；根据作用力的不同，粒子也可分为强子、轻子和传播子三大类。

质子、中子的大小，只有原子的十万分之一。而轻子和夸克的尺寸更小，还不到质子、中子的万分之一。粒子质量范围很大。光子、胶子是无质量的，电子质量很小，π介子质量为电子质量的280倍。中微子的质量非常小，已测得的电子中微子的质量为电子质量的七万分之一，已非常接近零。

现代人热议所谓暗物质、暗能量。从暗粒子到暗宇宙，是暗能量在稳定着从粒子到无限大世界的有序和进化。

四、物质的相互作用

1. 粒子的相互作用

微观世界的粒子具有双重属性：粒子性和波动性。描述粒子的粒子性和波动性的双重属性，以及粒子的产生和消灭过程的基本理论是量子场论。量子场论和规范理论十分成功地描述了粒子及其相互作用。

随着原子核物理的发展，发现在相当于原子核大小的范围内除了引力相互作用、电磁相互作用之外，还存在比电磁作用更强的强相互作用和介于电磁作用和引力作用之间的弱相互作用，前者是核子结合成核的核力，后者引起原子核的 β 衰变。对于核力的研究认识到核力是通过交换介子而产生的，并根据核力的电荷无关性建立起同位旋概念。

中子由三个夸克构成。根据标准模型，为了保持重子数守恒，中子唯一可能的衰变途径是其中一个夸克通过弱相互作用改变其味。组成中子的三个夸克中，两个是下夸克，另外一个是上夸克。一个下夸克可以衰变成一个较轻的上夸克，并释放出一个W玻色子。这样中子可以衰变成质子，同时释放出一个电子和一个反电子中微子。

同样的衰变过程在一些原子核中也存在。原子核中的中子和质子可以通过吸收和释放π介子互相转换。有千分之一的自由中子会在生成质子、电子和中微子的同时，释放出 γ 射线。

有极少量的自由中子（大概百万分之四）会发生所谓的双体衰变。在此反应中，电子在产生后未能获得足够的能量脱离质子，于是和质子生成一个中性的氢原子。

在原子核外，自由中子性质不稳定，寿命约为15分钟。中子衰变时释放一个电子和一个反中微子而成为质子（β 衰变）。

逆 β 衰变。质子可以转变为一个中子，同时放出一个正电子和一个电子中微子。质子还可以通过电子俘获转变成一个中子，同时放出一个电子中微子。

因原子核内的中子受到其他因素的制约，稳定性和自由中子不尽相同。比如，如果核内一个中子衰变成质子，核内正电荷的斥力就会增大。这个斥力的势能就变成中子衰变的一个势垒。如果中子不能突破这个势垒，它就无法衰变。这也可以解释在自由状态下稳定的质子有时会在束缚态中转变为中子。

中子的重要特征是不带电,不存在库仑势垒的阻挡,这就使得几乎任何能量的中子同任何核素都能发生反应。在实际应用中,低能中子的反应起更重要的作用。中子核反应主要有:

①中子裂变反应。某些重核如235U俘获中子发生裂变,裂变同时还放出2~3个瞬发中子,并释放很大的裂变能,这种中子的增殖可使裂变反应持续不断进行,形成裂变链式反应,这是获取核能的重要途径。

②中子辐射俘获。中子被核俘获后形成复合核,然后通过放出一个或多个γ光子退激,此反应是生产核燃料、超铀元素等的重要反应。

中子核反应在研究核结构和核反应机制及核能利用中占重要地位。

氘-氚(DT)聚变反应产生能量较高的中子,因为聚变中子不是引起裂变就是散裂,它难以被其他核吸收。氢弹核武器正是利用了这一特性。聚变反应产生高能量中子,不可裂变材料(比如铀-238)在这些中子的轰击下发生裂变,释放能量。

在原子核外围,电子可以处在不同的能级。当激发电子时,例如,给电灯通电加热钨原子,电子就会吸收能量跃迁到更高的能级。然而,这种状态是不稳定的,电子会跃迁回原来甚至更低的能级。当大量的电子同时向低能级跃迁时,就会发出大量的光子,所以钨丝灯可以发出亮光。

光是电磁波,光子被描述为电磁场的激发。根据麦克斯韦电磁场理论,激发电场,反过来又会激发磁场,接着又会重新激发电场,如此反复。

20世纪原子物理学和量子物理学的研究导致了裂变和聚变的发现和实验成功。人类能够将一个元素的原子转换成另一个元素的原子。核聚变就是小质量的两个原子核合成一个比较大的原子核,核裂变就是一个大质量的原子核分裂成两个比较小的原子核,在这个变化过程中都会释放出巨大的能量,前者释放的能量更大。

由两个氢原子合为一个氦原子,就叫核聚变,太阳就是依此而释放出巨大的能量。大家熟悉的原子弹则是用裂变原理造成的,目前的核电站也是利用核裂变而发电。核裂变虽然能产生巨大的能量,但远远比不上核聚变。裂变堆的核燃料蕴藏极为有限,不仅产生强大的辐射,伤害人体,而且贻害千年的废料也很难处理。核聚变的辐射则少得多,核聚变的燃料可以说是取之不尽,用之不竭。

2. 物体的相互作用

(1) 物理作用

不同的质子数构造了各种元素,质子数相同,中子数不同构成了同位素,相同的或不同的原子结合为分子,小分子或不同元素的分子结合成大分子,同种或不同种元素的分子结合成各种各样、形形色色、眼花缭乱的纷繁世界。从简单到复杂的宏观世界中,既有微观世界的各种成员,如光子、电子等等,也有原子、离子、分子,无机的大分子,各种形态的物质、物体,甚至有机大分子、低级生命、高级生命等等。

热核聚变概念是在研究恒星能源时提出的。由于地面条件的限制,某些物理规律的验证只有通过宇宙这个"实验室"才能进行。20世纪60年代天文学的四大发现——类星体、脉冲星、星际分子、微波背景辐射,促进了高能天体物理学、宇宙化学、天体生物学和天体演化学的发展,也向物理学、化学、生物学提出了新的课题。

物质宏观演化和微观演化协同进行,总星系(目前观测所及的宇宙)和最"基本"的粒子和力,具有共同的起源。物质科学最大的研究对象和最小(基本)的研究对象在起源上联系在一起,构成了物理学的前沿。在宇宙创生后,伴随着超星系团、星系团、星系的形成,出现了轻元素;伴随恒星及行星的演化过程,重核、重元素和分子产生。岩石和晶体处于宏观和微观演化的交叉点,这便是物质的凝聚态问题。超导和超流等凝聚态问题的研究构成现代材料科学的前沿。

超新星在产生宇宙中的重元素方面扮演着重要角色。红巨星阶段的核聚变产生了各种中等质量元素(重于碳但轻于铁)。而重于铁的元素几乎都是在超新星爆炸时合成的,它们以很高的速度被抛向星际空间。此外,超新星还是星系化学演化的主要"代言人"。在早期星系演化中,超新星起了重要的反馈作用。星系物质丢失以及恒星形成等可能与超新星密切相关。宇宙中的中子星相撞发生特大爆炸,释放巨大能量,还形成许多奇异物质,例如奇异夸克团等等,并具有巨大的破坏力。

人们已经认识的元素共118种,目前已能人工制造28种,自然界里存在的90种元素,可以是组成地球的物质本身就含有的,也可以是地球形成以后不断捕获的,当然如果地球在形成的早期也有经历恒星的演变过程,尤其是处在恒星的主序星阶段,热量、压力及形成各种物质的其他相关条件具备的话,相应的元素就会源源不断地生产出来。

(2) 化学反应

化学反应是指分子破裂成原子,原子重新排列组合生成新分子的过程。在反应中常伴有发光、发热、变色、生成沉淀物等。判断一个反应是否为化学反应的依据是反应是否生成新的分子。

化学反应按反应物与生成物的类型分四类:化合反应、分解反应、置换反应、复分解反应;按电子得失可分为:氧化还原反应、非氧化还原反应。氧化还原反应包括:自身氧化还原,还原剂与氧化剂反应。原子是化学变化中最小化的粒子,化学反应我们也可以看作是原子的重新组合,在反应前后元素种类和原子个数是保持不变的。

(3) 生物作用

从基本粒子有序自组织成原子、分子,自组织成大分子;自组织的有机大分子中有可以复制的有机大分子,例如病毒前体、病毒等;包含有复制能力的有机大分子有序自组织成生命的基本单元——细胞,不同功能的细胞自组织成纷繁的生物世界,并通过简单和复杂的生命活动,改造着物质世界。包括摄入构建自身的物质,通过代谢产生能量能支持生命活动的物质,排泄有毒或无用的物质等等。

五、场的概念

1. 量子场论

场指物体在空间中的分布情况。场是用空间位置函数来表征的。在物理学中,经常要研究某种物理量在空间的分布和变化规律。如果物理量是标量,那么空间每一点都对应着该物理量的一个确定数值,则称此空间为标量场,如电势场、温度场等。如果物理量是矢量,那么空间每一点都存在着它的大小和方向,则称此空间为矢量场,如电场、速度场等。场是一种特殊物质,看不见摸不着,但它确实存在,比如引力场、磁场等等。

经典场论是描述物理场和物质相互作用的物理理论。

粒子物理标准模型是关于目前已知的基本粒子的物理学理论,标准模型认为目前已知的物质都是由该模型中的基本粒子构成。量子场论是粒子物理标准模型的数学基础和理论框架,基本粒子的动力学和相互作用可以用量子场论来描述。这是物质研究的两个方面。

可以说量子力学是研究微观粒子的运动规律的物理学分支学科。它提供粒子"似-粒""似-波"双重性(即"波粒二象性")及能量与物质相互作用的数学描述。它和经典力学的主要区别在于:它研究原子和次原子等"量子领域"。量子力学的进一步研究课题为:宏观物质在十分低或十分高能量或温度才出现的现象。量子力学用量子态的概念表征微观体系状态,深化了人们对物理实在的理解。

量子场论(Quantum field theory)是量子力学和狭义相对论相结合的物理理论,已被广泛地应用于粒子物理学和凝聚态物理学中。量子场论为描述多自由度系统,尤其是包含粒子产生和湮灭过程的过程,提供了有效的描述框架。非相对论性的量子场论又称量子多体理论,主要被应用于凝聚态物理学,比如描述超导性的BCS理论(常规超导体微观理论)。而相对论性的量子场论则是粒子物理学不可或缺的组成部分。自然界目前人类所知的有四种基本相互作用。除去引力,另三种相互作用都找到了适合满足特定对称性的量子场论来描述。强作用有量子色动力学,电磁相互作用有量子电动力学,弱作用有费米点作用理论。后来弱作用和电磁相互作用实现了形式上的统一,通过希格斯机制产生质量,建立了弱电统一的量子规范理论模型。量子场论成为现代理论物理学的主流方法和工具。

量子场论中,粒子就是场的量子激发,每一种粒子都有自己相应的场。在量子化过程中,玻色场满足对易关系,而费米场满足反对易关系。粒子之间的相互作用和动力学可以用量子场论来描述。

2. 电磁场

电磁场是有内在联系、相互依存的电场和磁场的统一体的总称。随时间变化的电场产生磁场,随时间变化的磁场产生电场,两者互为因果,形成电磁场。电磁场可由变速运动的带电粒子引起,也可由强弱变化的电流引起,不论原因如何,电磁场总是以光速向四周传播,形成电磁波。电磁场是电磁作用的媒介,具有能量和动量,是物质的一种存在形式。电磁场的性质、特征及其运动变化规律由麦克斯韦方程组确定。

随时间变化着的时变电磁场与静态的电场和磁场有显著的差别,出现一些由于时变而产生的效应。这些效应有重要的应用,并推动了电工技术的发展。

电磁波是电磁场的一种运动形态。然而,在高频率的电振荡中,磁电互变甚快,能量不可能全部返回原振荡电路,于是电能、磁能随着电场与磁场的周期转化以电磁波的形式向空间传播出去。电磁波为横波,电磁波的磁场、电场及其行进方向三者互相垂直。电磁波的传播有沿地面传播的地面波,还有从空中传播的空中波。波长越长的地面波,其衰减也越少。电磁波的波长越长也越容易绕过障碍物继续传播。中波或短波等空中波则是靠围绕地球的电离层与地面的反复反射而传播的(电离层在离地面50~400千米之间)。振幅沿传播方向的垂直方向做周期性变化,其强度与距离的平方成反比,波本身带有能量,任何位置的能量、功率与振幅的平方成正比,其速度等于光速(每秒30万千米)。光波也是电磁波,无线电波也有和光波同样的特性,如当它通过不同介质时,也会发生折射、反射、绕射、散射及吸收等。在空间传播的电磁波,距离最近的电场(磁场)强度方向相同,且量值最大的两点之间的距离,就是电磁波的波长 λ。电磁波的频率 γ 即电振荡电流的频率,无线电广播中用的单位是千赫,速度是 c。根据 $\lambda\gamma=c$,求出 $\lambda=c/\gamma$。

电可以生成磁,磁也能带来电,变化的电场和变化的磁场构成了一个不可分离的统一的场,这就是电磁场,而变化的电磁场在空间的传播即形成了电磁波,所以电磁波也常称为电波。1864年,英国科学家麦克斯韦在总结前人研究电磁现象取得的成果的基础上,建立了完整的电磁波理论。他断定电磁波的存在,推导出电磁波与光具有同样的传播速度。

1887年德国物理学家赫兹用实验证实了电磁波的存在。之后,人们又进行了许多实验,不仅证明光是一种电磁波,而且发现了更多形式的电磁波,它们的本质完全相同,只是波长和频率有很大的差别。按照波长或频率的顺序把这些电磁波排列起来,就是电磁波谱。如果把每个波段的频率由低至高依次排列的话,它们是工频电磁波、无线电波、微波、红外线、可见光、紫外线、X射线及 γ 射线。

3. 弦理论

弦理论,是理论物理的一个分支学科,弦论的一个基本观点是,自然界的基本单元不是电子、光子、中微子和夸克之类的点状粒子,而是很小很小的线状的"弦"(包括有端点的"开弦"和圈状的"闭弦"或闭合弦)。弦的不同振动和运动就产生出各种不同的基本粒子,能量与物质是可以转化的,故弦理论并非证明物质不存在。弦理论里的物理模型认为组成所有物质的最基本单位是一小段"能量弦线",大至星际银河,小至电子、质子、夸克一类的基本粒子都是由这占有二维时空的"能量线"所组成。弦论是现在最有希望将自然界的基本粒子和四种相互作用力统一起来的理论。超弦理论可以解决和黑洞相关的难题。

较早时期所建立的粒子学说则是认为所有物质是由只占一度空间的"点"状粒子所组成，是目前广为接受的物理模型，也很成功地解释和预测相当多的物理现象和问题。但此理论所根据的"粒子模型"却遇到一些无法解释的问题。比如，在靠近粒子的地方的引力会增加至无限大。比较起来，"弦理论"的基础是"波动模型"，因此能够避开前一种理论所遇到的问题。

更深的弦理论学说不只是描述"弦"状物体，还包含了点状、薄膜状物体，更高维度的空间，甚至平行宇宙。

4. 暗物质、暗能量的新理念

人类在研究基本粒子和无垠宇宙的同时，提出了暗粒子、暗宇宙和暗能量的新理念，虽然人类还没有找到暗物质和暗能量，但相信的人可是越来越多。

5. 物质的双重存在

物质和能量的互相演换，一个有质量的粒子和它的反粒子可以湮灭成能量，并且这样的正反粒子对可由能量产生出来。

苏联科学家 B. N. 雷德尼在其专著《场》中写道：越来越深邃的粒子内层反映着越来越广阔的宇宙范围！我们世界中的每个粒子都同整个宇宙紧密地联系着，在自己的结构上带有宇宙的宏大形象的烙印。而反过来，整个宇宙的性质也是那么牢不可破地同它的结构或粒子的性状和结构联系着。理解这种小中见大和大中见小的这一世界辩证性质的本质，也带来巨大的思维上的困难。中国《易经》则将这种"场"概括为简单的八个字："其大无外，其小无内。"

物理学界已经有一种共识，波和粒子是硬币的正反面，是光量子的两个不同的属性，你可以得到它的波的一面，也可以得到它的粒子的一面，但无法同时得到波和粒子。波和粒子是一对互斥互补的概念，互斥的概念可以同时存在于一个事物上，但不能同时被感知。光具体表现出什么性质与具体的实验操作有关。因此问光是波还是粒子没有意义，在干涉实验面前，光是波，在光电效应面前，光是粒子，离开了实验，光无所谓波或粒子。物质由粒子和它们之间相互作用的四种力（场）所构成，描述物质，研究物质既是粒子也是场，缺一不可。

宇宙万事万物，信息同源，程序相同，节奏相应。那么，人与天地之间是通过什么东西相互感应的呢？现代科学的回答是"场"。物理学研究表明，物质存在着两种形态：一种是由基本粒子组成的实体；一种是感官不能觉察的场态。场和形体是同一事物的两种不可分割的存在形式，并且，在一定条件下，场与形可以互相转化。如中国风水学所说："聚则成形，散则化气。"

第二节　人体场和辉光

一、物体场

物理"场"是指能量较为密集而有序分布的空间区域。如磁铁周围的磁场，电源附近的电场，热源附近的温度场，地球的磁场、重力场，星际之间的星际场，等等。微观的粒子也有自己的场，原子、分子、大分子、无机物体、有机物体、细胞和生物体等等，都有它们各自相应的场。

二、生物场

与有生命的生物相关的场（波）统称为生物场。美国有位生物学家发现：在植物嫩芽发出时，它的四周有一圈光环，随着植物的成长，光环的比例同叶子的成长相吻合。于是他进一步观察研究，发现这种现象不仅植物有，而且动物等一切生物都有。这些动植物体都以波的形式每时每刻同宇宙交换着能量，组成生物场能的就是：光、电、声、气等等。

每位信鸽饲养者的人体生物场直接影响着信鸽生物场，它同其生活在这一地区的地磁场有密切联系。所以，信鸽一换地方，它就感到不舒服，急于想寻找适合自己的老地方——生养它的家和它的主人。

生物场与一般意义上的物质场（如：电磁场、力场等）没有明显的不同。人类及各种生物的最基本的触觉，就是一般物质间的力场传递时空作用时导致物质结构形变的反应；视觉就是生物对太阳光的电磁场作用的反应；亲情之间的远距离感应也是如此，这是亲情之间生物结构相似而导致的远距离传感；梦境也是来源于生物的生物场，是对客观事物的结构场的检验与预测。

当生物场与"产生"它的生物体（与一般物质毫无区别的空间实体）互动式作用而产生思维和记忆时，生物就具有了自主生命信息的处理功能，生物因此就有了传统意义上的生命属性。在此基础上，生物不断地生存、发展、繁衍。

生物在生存、发展和繁衍的过程中，自主信息的功能日趋完善，结构日趋复杂、完美，当具有了专门处理生存信息的结构组织——大脑及神经系统之后，生物就具有了意识和意志。

生物的意识和意志将进一步促进思维和记忆的发展和发达；同时，发达的思维和记忆又有力地推动着意识和意志往更深层次变化进步，这就形成了生物的生存进化。这一进化过程,以思维、记忆、意识和意志为标志,实现了生物由低级向高级的进化。而且,生物存在和发展的结果完全取决于生物对生存信息的自主功能,生物自主信息的自主功能关键取决于生存环境对生物的生物场的作用。

三、人体生物场

1. 人体场的概念

生物体周围因辐射生物波而形成一种能量和信息相对密集的空间可称为生物(信息)场。生物波(Biowave)是人体及一切生物体自身发出的一种生物信息场,它也是电磁波的一种形式,发射的是一种能量。中医所谓的"气功"也就是人体发出生物波的特定方式,是生物体向外界传播"能量"与交换信息的一种形式。

人体场是自然界最复杂的一种生物场,其实光波、电波在人体内运行的光场、电场,均属于电磁场;声波在人体内的运行可称为声场,温度(包括热斥力线和冷吸引力线)在人体内运行的温度场(热场或冷场),味波在人体内运行的味场,经络在体内运行,中医学的精、气、神在体内的运行和其他未定名称的生物波在人体内运行也产生相应的生物场。

我们知道人体都会有一种气味,或者说人体都有味场。某部队培训过一只缉毒犬,它能嗅出经过20层塑料包裹后再用铁皮罐头包装的毒品。如果说气味是分子的运动,分子无法逸出层层塑料包裹和铁皮的封闭,只能说明这训练过的缉毒犬对毒品的味场有特别感知的能力。

人体的生物场是个复杂的大系统,由各种各样的生物波在人体内运行形成。人体有各种感觉器官(能接受视、听、嗅、味、触、痛、温、凉等等信息的相应器官),将各种光波、电波、声波、味波、热力线、磁引力线,以及尚未定名的射线或波,吸收到人体内。人体自身的各种器官也不断制造各种生物波,生物红外光、生物电、生物味波、生物引力波等等。

人体中含有宇宙中的所有物质层次,如生物层次、化合物层次(包括有机物与无机物)、元素层次等。自然界为人体提供了生存的条件,人体进行的新陈代谢,就是和自然界交换物质、能量与信息的过程。它贯穿内外,形成了有机联系的和谐整体。

人的生物体的组成成分十分复杂,包括人的皮肤、肌肉、血液、毛发、筋、骨、髓、五脏、六腑以及构成这些人体部件的细胞,都由若干元素按各种各样的高分子结构组成。人体生物场的组成成分也十分复杂,单是我们已经列举的光、电、磁、温、声、味这6种生物波而言,它们的混合形式即可有36大类型之多。还有很多没有名称的生物波,很多波因为波长不一样又分为若干类型,电磁波中的光波就有7种;又叠加在从粒子到原子、分子、无机大分子、有机大分子,到细胞、多细胞生物等,不同层次的物质场,还有生命物质的复制、细胞的新陈代谢和分化、器官功能的执行、生命的整体的运行,这些还仅仅只是形成人的生理场。

万物皆有场,人体生物场最为复杂,它不仅有生理场还有心理场。生理场比较简单,也相对比较稳定。心理场就复杂了:喜怒哀乐、想东想西、患得患失、谈古论今、展望未来……场的形状和频率都随着你的思想变化而改变。睡觉的时候还会做梦,安静的时候不是无聊就是走神……总之,就是神不守舍、心绪不宁,造成心理场和生理场不能良好地叠加。

20 世纪,包瑞克和里标尔特证实人类有一种能,它在一定距离内可使个人与个人之间相互作用。他们指出,一个人,只要在现场,就能对别人产生健康的或不健康的作用。这种在一定距离内可授予和施加作用的特性,意味着可能存在一种某些方面与电磁场类似的"场"。

20 世纪 60 年代,伯尔和诺思拉普在美国耶鲁大学继续深入研究指出:存在着一个电磁能引导场,称为生命场。它在人类和一切生物的机体结构方面发挥指导组织功能。

人体的场因与人体状态,包括人的意识状态有密切关系,因此不能将它归为简单的物理场,而应称之为人体生物场。

2. 人体电磁场

1939 年就有人测出细胞膜两侧的电位差为 $10 \sim 100$ mV,可兴奋的细胞(神经与肌肉)膜两侧的电位差为 $60 \sim 100$ mV,相当于 10^7 V/m 的强电场。如此大的场足以使很多无机材料被击穿。在人体的新陈代谢过程中物质的运输(如离子等跨膜运输)、能量转换(呼吸链中的电子转移传递)和信息传递(动作电位,钙位)等等都是电子转移和离子电流。还有心电、脑电和肌电等生物电在人体中的变化,又会产生磁场。所以在人体中存在着各种电场、磁场和生物电,它们的综合作用就形成了人体的一种场。

人体生物磁场是如何形成的?其来源有三:

其一,是由生物电流产生。人体生命活动的氧化还原反应是不断进行的。在这些生化反应过程中,发生电子的传递;而电子的转移或离子的移动均可形成电流,称为生物电流。人体脏器如心、脑、肌肉等都有规律性的生物电流流动。根据毕奥·萨伐尔定律,运动着的电荷会产生磁场,从这个意义上说,人体凡能产生生物电信号的部位,必定会同时产生生物磁信号。心磁场、脑磁场、神经磁场、肌磁场等都属于这一类磁场。

其二,是由生物磁性物质产生的感应场。人体活组织内某些物质具有一定的磁性,例如肝、脾内含有较多的铁质就具有磁性,它们在地磁场或其他外界磁场作用下产生感应场。

其三,外源性磁性物质可产生剩余磁场。由于职业或环境原因,某些具有强磁性的物质如含铁尘埃、磁铁矿粉末可通过呼吸道、食道进入体内,这些物质在地磁场或外界磁场作用下被磁化,产生剩余磁场。

人体生物磁场强度很弱。人体生物磁场在适应宇宙的大磁场的情况下,才能维持机体组织、器官的正常生理，否则就会出现异常反应或生病。

关于磁场的生物效应，国内外学者进行了大量实验研究，证明了磁场对疾病治疗有多种作用，创立了磁疗学，先后出现许多磁疗器械、设备，解除了许多病人的病痛之苦。

人体不同部位的磁场相应称为：脑磁场、心磁场、肺磁图、眼磁场、肌磁场、人体穴位的磁场、头发毛囊磁场等。心脏的磁场比大脑磁场强5 000倍，而且范围可以从人的身体延伸出去很远。

人们使用磁场治病的历史悠久，那么磁疗的原理是什么呢？是不同的磁场强度对生命的影响，包括极微弱磁场对生命的影响。例如："益眼者无如磁石。以为盆、枕，可老而不昏。"白细胞在磁场作用下，格外活跃，吞噬能力增加3~4倍。适量的外加磁场对机体内胰蛋白酶、胆碱酯酶等多种酶，均能起到激活作用。磁场无论对血液循环的增强，还是神经体液的调节，都能起到良好的作用。磁疗对神经系统特别是镇静安眠上，有良好作用。此外，磁疗还有明显的消肿、止痛的作用。

以上仅仅列举磁场对人体产生的良好作用，实际上人体产生的场物质是十分复杂的。充分利用各种生物场对人体生命活动的影响，将大大提高人类的健康水平。如古代就有的熨烫疗法、灸法等，现代流行的频谱治疗仪、代替针灸的激光治疗仪、气功外气治疗仪、红外治疗仪等等，随着科技的进步，这类仪器种类将越来越多，越来越先进。

人体的其他生物场对人体的健康影响十分复杂，随着科技高速发展，这方面的研究和应用肯定对人类的健康做出更多的贡献。

四、人体辉光

1. 人体辉光现象

在中国古代的一些宗教画中，人们往往发现那些被崇拜的圣人头顶总是笼罩着一层薄薄的光辉。

在西方，早期的基督徒也用美丽的光环来描绘他们神圣的始祖——耶稣。这种光环在其他一些国家古老的宗教徒画中也会看到。那么，这种神圣的光环存在吗？它究竟是什么？

现代科技为我们揭开了这一层迷雾。科学家们借助现代科学仪器发现，在我们每个人的身体表面都会发出一种彩色的辉光，只不过我们平时未能留意或感觉到它的存在罢了。

人体辉光现象是1911年英国伦敦一位叫基尔纳的医生发现的。这一天，医院的理疗暗室里漆黑一片。基尔纳正透过双花青素染料刷过的玻璃屏，观察病人的治疗情况。突然，一个奇怪的现象产生了，只见裸体病人的体表出现了一圈15毫米厚的光晕。它色彩瑰丽，忽隐忽现，宛如缥缈的云雾，又像凝聚的气体，使人感到神秘莫测。这就是人体辉光。

基尔纳医生描述,沿着全身周围看到了鲜明的"雾",分为三层:最靠近皮肤的是四分之一英寸厚的暗色层,它外面是两英寸厚的颜色较淡的一层,最后,再向外是一圈外廓不清,大约六英寸厚的外部弱光。基尔纳发现,"雾气"的出现因人而异,取决于被测者的年龄、性别、智力、健康情况。某些疾病表现为"雾气"的斑点及不规则性,这就使基尔纳发明了一种以"雾气"包层的颜色、纹理、体积和外观为根据的诊断体系。这与中国中医的"切脉望诊"相类似。而后,德拉沃尔又借助仪器探测发自生物组织的辐射,利用人体生物场的变化而诊断疾病。

1939年,苏联科学家基里安模仿当年理疗室的环境,在高频高压电场中,成功地将人体辉光拍摄成了照片。这种特殊的技术后来被称作"基里安摄影术"。这一发现引起世界众多国家科学家的注意。20世纪80年代后,日本、美国等相继对人体辉光现象做了探索和研究。

科学工作者们发现有些人的皮肤是会发光的。1696年,丹麦名医和解剖学家巴尔宁就报道过一个意大利妇女的身上会发光。著名英国科学家席利斯特里在他的著作《光学史》里,也记载过一个患甲状腺病的人身上的汗腺会发光。那个人在剧烈的体力劳动之后,皮肤发光特别强烈,在黑暗中,他的衬衣好像被火焰笼罩着似的。

前苏联生物学家库尔维契认为,一切机体(从微生物到人)在它们的生命活动中,都能放出一种微弱的、肉眼看不到的紫外线。它能促进细胞的有丝分裂。在机体或试管里进行的酶反应,都会伴随产生这种射线。最强的有丝分裂射线源是血液。

中国科学家根据大量实验结果证实:人的细胞能够发光,并可以被仪器接收;人体细胞发光是细胞活性氧自由基在细胞中运动的结果,它体现了细胞的氧化功能和活性,因此人的细胞发光的强弱与人体的健康状况有很大关系。

科学家认为,"人体辉光"很可能是人体发出的二次辐射与空气电离产生的荧光现象。因为温度处于绝对零度以上的物体,均能发射辐射波,只不过是这种辐射波极其微弱,并且它们的波长不能被肉眼识别而已。人当然也会产生辐射波。人在发出辐射波的同时也在接受包括来自宇宙空间的可见光、紫外线,以及来自地球本身的X射线等辐射。

研究发现,人、动物、植物、矿物、岩石等都有一个固定的能量吸收带,该吸收带一旦在比较特殊的电磁场里受到电磁能量的激发,就会产生比原来所吸收的辐射波波长更长的二次辐射。这种二次辐射的辐射波能使空气发生电离,形成有色离子,大量有色离子的汇聚就会发出可见光。那么,人体发出的极其微弱的冷光到底有多少微弱呢?就好比我们在黑夜里点亮一只1瓦的小电灯。也正因为如此,"人体辉光"的发现需要比较特殊的环境和苛刻的条件,在一般的情况下,人们很难看到"人体辉光"。

2. 人体辉光的现代研究

综上所述,人体具有自己的"场"态,已是不争的事实。只不过是这种"人体场"的全部内涵,还需科学发展的最后证实。然而,对于"人体场"的认识,已使人类认识到:人与物质、人与自然、人与宇宙具有相关关系,"场"是它们的媒介,使得人类更加注重人的社会活动与自然系统的相互协调。虽然对人体辉光的产生有各种各样的解释,我们认为人体辉光是解释人体场的一种反映,一种表达。人体辉光看起来是光,但实际上它是场,它包含了人体场的所有的内涵。比如说,人体场肯定包含了人体电磁场,其实人体辉光本身还是电磁波呀,所以人体辉光与人体场一样是各种各样的十分复杂的生物能量的一种综合形态。

苏联科学家柯利尔用高频电场照相术,已把笼罩在一些人身体周围的彩色辉光拍摄下来。这种辉光十分奇妙,它能随人的部位和情绪的变化而改变颜色。通常,手臂周围呈青绿色,屁股周围是橄榄色;人在发怒时,辉光颜色会加深且转为红色,恐慌时则转为蓝白色。更奇妙的是,这些有辉光的人在男女指尖接触时,女人指尖的辉光会向前伸展,而男人指尖的辉光却向后退缩。

美国科学家发现了这样一种有趣的现象:人体头部的辉光呈浅蓝色,手臂的辉光呈青蓝色,手脚部位的辉光亮度比胳膊、大腿和躯干部位的强;人在情绪平稳时,辉光呈浅蓝色,发怒时则会变成橙黄色;不同饮食的人,发出的辉光也不尽相同;北欧人的辉光比北美人的辉光要强;等等。

科学家利用专门的仪器对不同年龄、性别、职业和健康状况的人进行了数万次测试,结果无一例外地测出了每个人体表的每个部位都在发出极其微弱的可见光。这种光不是红外线,也和人的体温无关,而是一种蓝色的类似萤火虫发出的超微弱冷光。科学家的研究还证实,每个人自呱呱坠地直至离开人世,始终都在发射这种冷光。有趣的是,人体体表各部位发出的冷光强弱不同。比如,手指尖发出的光比虎口强,虎口发出的光又比手心强。伴随人的年龄增长和健康状况的变化,以及饥饿、睡眠等生理变化,冷光也会发生相应的改变。一般来说,青年人发出的光强度比中老年人要强,体质强壮的人发光强度也大于体质较弱的人。更值得一提的是,人体有经穴的地方,比没有经穴的地方发光强度要大。不同机体有不同的发光强度。身体愈强壮的人,发光愈强;体力劳动者或喜好运动的人比脑力劳动者发光强;青壮年发光强度比老年人强一倍多。

苏联研究人员曾对酗酒者进行"人体辉光"追踪拍摄,他们发现饮酒者在刚刚开始端杯时,环绕在手指尖的辉光清晰、明亮。当人喝醉酒之后,指尖光晕会变成苍白色,同时他们还发现光圈无力并且向内闪烁着收缩,变得黯淡异常。他们对吸烟者也做了类似的测试:一天只吸几支烟的人,其辉光基本上保持正常状态;当吸烟量逐步增大时,人体辉光便会呈现出跳动和不调和的光圈;如果是位吸烟上瘾的人,辉光就会脱离与指尖的接触而偏离中心。

健康人的体表左右两侧相应部位的超微弱光的强度是一一对称的,即处于平衡状态;而不同的疾病患者会出现一个至几个和疾病相关的、特有的发光不对称点,称为病理发光信息点。这些有特殊诊断意义的病理发光信息往往出现在经穴上,它与左右两侧的发光强度相差约一倍。这样,客观地测量被检查者体表各个发光信息点的发光是否左右对称,就可诊断他有没有病。再根据发光不对称信息点即病理发光信息点出现的部位,可以分析得了什么病。例如,肾炎患者的发光不对称点出现在脚心涌泉穴的部位;肝病患者的病理发光信息点往往出现在足趾的大敦穴上或是在足窍阴穴上。病情愈重,病理发光信息点上发光不对称状态愈显著;如果经治疗病情好转,这种不对称状态又会向对称状态转化。各国科学家正试图将对人体辉光的研究应用到健康保健、疾病治疗、体育竞技、刑事侦查等众多领域。科学家坚信,如果人类能完全揭开人体辉光之谜,那将会创造出更多的人间奇迹。

科学家预测,人体辉光还可应用于其他方面。如运动员比赛前,可以进行辉光体能预测。教练可以及时了解运动员的竞技状态和体内状况,尤其是足球、排球、篮球运动员关键替补上场时,更好地发挥场上运动员的"主力军"作用。更有科学家把人体辉光运用到犯罪学中去。因为人体辉光会随着大脑思维方式、行为意向的变化而发生不同的晕圈。如一个想行凶作案的歹徒,他的指尖便发出红色旋光,而预感将要受到侵犯的人,身上则会骤然出现蓝白色的光晕。

对犯人也能进行人体辉光监控,如审问时犯人企图说谎,身上的辉光便会出现几种色彩斑点的交替闪耀跳动。另外,精神病人犯罪案件,鉴定"真假病人"时,可以借助辉光做病理分析上的参考等。

人体辉光的研究相对而言还是个新的课题,国际潜科学与医学界有人设想把它用到人体保健等方面,如设立人体辉光档案,家庭里采用电脑监测装置,通过电子计算机进行遥控保健咨询等等。

但人类还没有完全识破人体辉光的奥秘。虽然最新研究成果是白细胞发光,但是白细胞发光的生化反应、能量质传和体能机制怎样?同样年龄、同等健康,辉光何以不一样?这些至今还是自然之谜。

特别是人体辉光产生的原因,至今科学家们各抒己见:认为辉光现象除了人体白细胞之外,还可能是人体体表某种物质、射线与空气复合产生,或是一种水气和人体盐分与高频电场作用的结果?还是人体的光导系统——经络系统显示它的"庐山真面目"呢?

所以,破译"生命之光"负载的身体活动的密码,揭开其中的奥秘,将为诊断保健和治疗疾病开拓出崭新之路,也将使人类重新认识自身,推动人体潜科学进程,以寻找康乐长寿带来的诱人前景。

虽然已经发现情感情绪的变化有相应体表辉光的改变,但是否就能证明辉光就是情的一种能量,或者是情绪表达的一种类型?

五、心灵感应

1. 心灵感应现象

心灵感应的故事很多人都听说过,也有不少人是亲身经历过,几百里甚至上千里以外的亲人生病了,或有其他意外发生了,似乎存在遥感技术,正常一方能有感知。人们常称这种现象为心灵感应。

"心灵感应"又称"传心术"或"读心术",是"第六感"(或"超感知")的一种。按照张春兴《现代心理学》上的定义,第六感是指"在五种以生理作用为基础的感官之外,人有第六种不靠有形感官为管道,即可像无线电一样,接收到周围世界中的讯息"。而"心灵感应"则是指"两人之间不经由任何沟通工具或管道(语言、手势或表情等)而能彼此传打讯息的过程"。举个例子,两人之间隔以数百里,不通过打电话等沟通工具,其中一人却能感知另一人的此时此刻的想法或感觉。当然这两人事先并没有什么约定,也不靠别人来传达信息等等。

古今中外都有有关"心灵感应"的传闻,相信我们都听说过一些例子。心灵感应现象较多发生于亲人之间和近似于亲人的恋人之间,尤其多见于同卵孪生子之间。

媒体曾报道过一对出生于美国俄亥俄州的孪生兄弟,在出生后不久就被两个完全不同的家庭收养,从此断了音讯。40多年后他们重逢时发现,他们都叫吉姆,都是身高约1.83米(6英尺)、体重约81.6千克(180磅),有着相同的容貌和身材、相同的笑声和嗓音,举手投足都几乎一模一样。而且他们的生活经历也颇多相同,无论是职业生涯,还是爱情、婚姻生活情况都差不多。

这些相同之处可能可以这样解释,孪生兄弟毕竟继承了较多的相同遗传因子,使得他们生理上、心理上非常相似,这些促成了他们相似的经历。可是,令人费解的是,他们的前妻都叫琳达,他们现在的妻子都叫贝蒂,他们为儿子的取名均为艾伦,给自己养的狗取名为托伊……这难道仅仅是巧合吗?

其实,这对孪生兄弟的故事并不是唯一的,世界上孪生子之间心灵相通的事件在生活中也常听说。而对于孪生子之间的"心灵感应"人们也有很多的好奇。

早在20世纪70年代末,美国明尼苏达大学的心理学家托马斯·鲍查德就潜心研究孪生子的"心灵感应"现象。鲍查德领衔组建了一个由心理学家、精神病学家、药物学家孪生子科研小组,对20对孪生子(其中包括一胎三胞的孪生子)进行了跟踪研究。研究证实,即使孪生子们从出生后就生活在完全不同的环境里,接受了根本不同的教育,他们在不同的文化熏陶下,几十年来经过了各自不同的生活历程,但丝毫不会影响他们之间惊人的相似。

在广泛的科学调查后发现,某些孪生子之间存在着明显的心灵相通现象。例如,双方分别生活在两地,远隔万水千山,一方突发病痛或生活剧变而情绪一落千丈,而另一方却能感知。这种"遥感"现象虽然并不普遍,但确实存在于一部分孪生子之间,也许在他们的一生中会"遥感"到若干次。

2. 心灵感应机理的研究

这些具有心灵感应的孪生子之间是靠什么传递信息的呢?这是目前的科学无法解答的问题,但我们应该相信,随着科学技术的不断进步,总有一天人类能够解开这个生命的奥秘。

双胞胎之间存在着心灵感应现象,目前这一观点已被国际医学生理界普遍接受。有事实表明,心灵感应现象仅仅出现在同性双胞胎之间,而这些双胞胎中以同卵双生双胞胎占绝大多数。这是怎么回事呢?

很显然,双胞胎的心灵感应现象与他们共有的遗传性、相同的生理生化基础密切相关。同卵双胞胎的肤色、身材、智力、性格、爱好等都非常相似,甚至在其生活环境相似时,会同患一种病。遗传学家米伦斯科认为,遗传病的患病概率与心灵感应现象的出现概率的变化趋向是基本一致的。

如何解释这种现象呢?1977年在华盛顿召开的第二届研究双胞胎问题的国际大会上,与会者就此进行了探讨。他们认为,受精卵分裂的时间,是决定同卵双胞胎分子相似到何种程度的非常重要的因素。如果一个受精卵分裂成两个相同的受精卵的时间越短,则彼此的独立相似性程度就越大。

另一种解释则认为,心灵上的彼此感应现象,是一种比普通遗传学更为复杂的四维时空现象的基因,它有长度、宽度和高度等三维空间结构;尽管同卵双胞胎的遗传因素完全相同,异卵同胞大部分基因相同,亲子之间一半基因相同,如果再加上相同的时间因素作用,那么将更容易出现这种心灵上的感应现象。

双胞胎和其他基因相似亲人之间的心灵感应现象,可能是因为遗传基因和基因表达条件的相似性程度高,相互生物信息的产生、释放和接受的生物结构和功能就有很高的相似性,信号(生物电磁波)的发放和接受同频、同步的概率增高,所以相互身体尤其是大脑和神经系统的活动所产生的生物信息容易发生相互感应。非同卵双胞胎或基因及表达条件相似程度低的亲人,相互生物信息的产生、释放和接受的生物结构和功能的相似性程度不高,信号(生物电磁波)的发放和接受同频、同步的概率较低,所以相互身体尤其是大脑和神经系统的活动所产生的生物信息不容易发生相互感应。心灵感应的发生概率自然很低,但相比于非亲人关系或基因相似性很低的两人之间,心灵感应发生概率虽然极低但还有偶发。

双胞胎在生理和心理上的息息相通也经常被人们用"心灵感应"来解释。同卵双胞胎同时生病的情况十分常见。但是出现这种状况的原因是,双胞胎(特别是同卵双胞胎)的生理周期(包括智力周期、体力周期、情绪周期)较为一致。

此外,很多双胞胎都有这样的经历:二人虽然身处异地,可是他们的情绪状况却常常很相似。有些时候，连他们自己都会怀疑是不是他们之间真的有"心灵感应"。其实这只是因为他们情绪周期的高潮和低谷总是同时到来。但如果双胞胎中的一人得知另一个人情绪低落或者高昂，一般会很快受到对方情绪的感染，这一点更容易从心理学角度来理解。

当然，生命的很多奥秘人类还不能够解释，生活中的许多现象我们还无法理解。正如人类基因之父克里克所说，科学对一切未知的东西并不轻易否定。但是，时至今日，我们仍没有直接的证据证明"心灵感应"的存在，或者不存在。

苏联科学家科罗特科夫还做了远程意念传输实验。他发现，人的意念可以对远处的人，甚至远处的感应器产生影响。当一个人在一个城市，向另一个城市、甚至世界另一端的感应器发出意念，感应器都能够接收到，并做出反应。

科罗特科夫说，这种现象或许只能从量子层面来解释，并且在现阶段只能提出假说。我们已经有了一些想法，但是我们需要更多的实验来证明产生这种现象的原因。

这种远程的信息互应是否跟量子纠缠现象有共同的原理，这就是我们在前面讨论的物质的另一面"场"的概念，我们在地球上已经能看到130亿光年远，曾经报告我们的天文望远镜接收到了离我们地球70亿光年的某个星球发来的光，可以这样说吧，我们地球在70亿年前的某星球的光场中，空间、时间都好远啊！那个时候地球还没有出生呐！其实心灵感应也可能就是一种生物场的效应。

第三节　情和人体场变化

一、不同情绪时的生物能量改变

1. 人类不同意识显示的能级

所谓意识，就是人对于外界事物和自身思维、情绪等的感知。苏联科学家康斯坦丁·科罗特科夫（Konstantin Korotkov）教授和他的团队利用数位克里安照相术——气体放电显像术（Gas Discharge Visualization，GDV）能观察到人体散发的光子能量，以及人的能量场在不同状态之下的变化。科罗特科夫发现，人们的精神和情感状态，能够对人体的能量场产生影响。通过GDV照相术，可以观察到人在不同情绪下身体能量场的变化。譬如，当一个人发出积极情绪的时候，比如高兴、开玩笑，他的能量场会增强。科罗特科夫在墨西哥参与了一项实验，测量看喜剧对人的能量场的影响。结果显示，当参与者在看完一部喜剧电影后，所有人的能量场都增强了。

而生气、妒忌、憎恨这些负面情绪，会使能量场缩小、缺损，甚至消失。更严重的是，持有负面情绪的人不仅会削减自身的能量场,还会影响其他人的能量场。研究发现,当一个人出现憎恨情绪的时候,他周边的人的能量场会受到很负面的波及。

科罗特科夫还研究了外界环境和事物对于人体能量的影响,包括水、食物、不同材料,还有音乐对人体的影响也是巨大的,其中摇滚乐和古典乐对能量的影响形成巨大反差。2014年,彼得罗夫肿瘤研究所和俄罗斯放射与外科技术研究中心做了一项大型调查研究,对比不同创意型职业人士的平均寿命。该研究调查了来自视觉艺术、音乐、文学和学术领域的4.9万名代表人物。结果显示,无论是男性还是女性,平均寿命最低的职业是摇滚音乐家,分别为男性43.6岁,女性37.6岁。

为什么会出现这种现象?科罗特科夫通过实验研究不同音乐对于人体的影响。他发现,当人听摇滚音乐的时候,会使人的能量场短暂提升到一个高峰,然后开始不断下降,跌至低于起始的数值。科罗特科夫说,根据年龄和对音乐的喜爱程度不同,能量在最初提升的时间也有所不同,但无论如何,最终都会不可避免地下降。

相反,古典音乐会对人的能量场产生正面的影响,并能够提升人的健康。科罗特科夫猜测,这可能是因为古典音乐的频率在某种程度上与人的脑波的频率相合,因此能够对人体起到正向作用。

他将中医的"人体经脉"理论运用到GDV照相术中,研制出人体能量的测量、分析系统。针对人体最敏感且最容易测量的部位——手指,测10个手指发出的光。根据中医的经脉理念,不同的手指联结身体不同的脏器系统。GDV照相机将手指发出的辉光图像拍摄下来,转化为和人体物理特性有关的数据,并通过这些能量数据,来评估人体不同脏器系统的内在能量,以及整体的能量状态。

在GDV的电子图像中,健康或平静的人,能量场很强,且场的周边很圆润;情绪激动的人,能量场的周围会出现火花一样的尖峰;而当一个人身体出现问题、甚至病症时,他的能量场就会出现破洞、缺口等异常。不同的能量异常对应着不同的脏器系统,所以能够反映出问题的源头所在。

科罗特科夫认为,通过这种观察方式,可以使人们保持在健康状态中,及早发现身体的问题,甚至潜在的问题,并针对问题的本质去改善。这就如同中医的理念,目的在于将身体始终保持在健康的状态,而不是像西医那样出现疾病后再治疗。科罗特科夫强调,自己并不反对西医,他的妻子和很多朋友都是医生,他认为应该将中医和西医的理念结合在一起,达到更完善的效果。

心理学家霍金斯长期对人类意识能级进行研究,他对人类意识能级做了如下的分级:

开悟正觉:700—1 000;宁静极乐:600;平和喜悦:540;仁爱崇敬:500;理性谅解:400;宽容接纳:350;主动乐观:310;信任淡定:250;勇气肯定:200;骄傲刻薄:175;愤怒仇恨:150;欲望渴求:125;恐惧焦虑:100;忧伤无助:75;冷漠绝望:50;内疚报复:

30;羞耻蔑视：20及以下。

经过另外一些科学家的大量试验,得出了如表2-1所示的人类意识能级分布表。

表2-1 人类意识能级分布表

神性观点	生命观点	水平	能量级	情绪	过程
真我、梵	存在	开悟	700—1 000	不可说	纯意识
一切生命	完美	平和	600	天佑	启发
禅、单独的	完全	喜悦	540	平静	变形
有爱的	和蔼	爱	500	敬重	揭示
贤明的	意义	明智	400	谅解	提炼
仁慈的	和谐	宽容	350	宽恕	卓越
受鼓舞	有望	主动	310	乐观	意图
能动的	满意	淡定	250	信任	豁免
许纳的	可行	勇气	200	肯定	能动
无关紧要	苛求	骄傲	175	嘲笑	膨胀
复仇	敌对	愤怒	150	憎恨	侵略
否认	失望	欲望	125	渴望	奴役
惩罚	惊恐	恐惧	100	忧虑	退隐
轻蔑	悲剧	悲伤	75	遗憾	失望
谴责	绝望	冷漠	50	绝望	退让
报复性	罪恶	内疚	30	责备	破坏
轻视	悲惨	羞愧	20	羞辱	破坏

各类情感的能量等级的具体说明如下(括号中的数字表示能量级)：

羞愧(20及以下)：羞愧的能量级,几近死亡,万念俱灰。**内疚**(30)：内疚感以多种方式呈现,比如懊悔、自责、受虐狂,以及所有的受害者情节都是。**冷漠**(50)：这个能量级表现为贫穷、失望和无助感。世界与未来都看起来没有希望。冷漠意味着无助与绝望,让人成为生活中各方面的受害者。**忧伤**(75)：这是悲伤、失落和依赖性的能量级。无论从内心方面还是外在生活状态,这都是一个孤立无援的无力和消沉状态。**恐惧**(100)：从这个能量级来看世界,到处充满了危险、陷害和威胁。**欲望**(125)：欲望让我们耗费大量的努力去达成我们的低级目标,去取得他们渴求的回报。**愤怒**(150)：愤怒常常表现为怨恨、嫉妒、愤世嫉俗和报复心理,它是易变且危险的状态。**骄傲**(175)：骄傲是具有防御性和易受攻击性的,因为它是建立在外界条件下的感受。**勇气**(200)：到了200这个能量级,生命动力才初显端倪。勇气是拓展自我、学习技能、获得成就、坚忍不拔和果断决策的根基。**淡定**(250)：到达这个能级的人的能量都变得很活跃了。来到这个能级,意味着对事物各种结果的超然应对能力,一个人不会再深陷挫败和恐惧。**主动**(310):在主动层次的人,通常会出色地完成任务,并极力获得成功。**宽容**(350):在这个能级,一个巨大的转变会发生,那就是了解到自己才是自己命运的主宰者,自己才是自己生活的创造者。**理智**(400):知识和教育在这里成为主要资历。属于这一能级的人最大的爱好就是关注咨询、坚持学习、大量阅读。这是优秀的科学家、诺贝尔奖获得者、有影响力的政治人物、杰出的企业家、行业领袖和高级法律、教育、工程、技术等领域高级专家人士的能级。**仁爱**(500):上升到500层级,对于任何领域的人来讲,都是一个巨大的、极其难得的、甚至是神圣的能级跃迁。达到这个层级的人,开始把付出仁爱作为生命的目标之一。抛弃了人类社会世俗奋斗目标的人,在高于500的水平上,自身的精神觉醒和促进他人觉醒成为人生使命的显著特点。世界上只有0.4%的人曾经达到这个意识进化的层次。**喜悦**(540):达到540并由此往上,就是很多圣人。他们具有很强的耐性、超常的平和、自然的慈悲,以及对一再显现的困境具有持久的乐观态度。**宁静**(600):达到这个能级的人会成为人们永久的精神导师。到了600及600以上的人,探索生命的真正目的和意义,追求自身能量层级的不断提升,帮助更多人觉醒和走上心灵成长之路,将成为人生的主要使命。达到这个层级的人非常稀有。**开悟**(700—1000):这是历史上所有创立了精神模范,让无数人历代跟随的开悟伟人的能级。这是强大灵感的能级,这些人的诞生,形成了影响全人类的引力场。在这个能级不再有个体与个体之间的分离感,取而代之的是意识与神性的合一。

2. 人体辉光的色彩与人格特征

科学家用卡尔良相机拍摄时发现,不同人格特征的人身体辉光的色彩有明显的不同。各种彩光色彩所反映不同的人格特征如下:

红色彩光:欲望,活力,威力,赢的渴望,成功,高峰的经验,行动,运动的热爱,挣扎,竞争,意志力,领导力,力量,勇气,激情,性亢奋,现实,务实,占有欲,冒险性,求生本能。大部分年轻的孩子,青春期的孩子,尤其是男孩具有明亮的红色。

橙色彩光:创造力,情绪,自信,人际关系,友情,社交,人群互动等能力。许多营销人员,企业家和从事公共关系的成功人士属于橙色。

黄色彩光:阳光,热情,开朗,幽默,乐观进取,有智识,开放,温暖,轻松,快乐,具有组织能力,充满希望和灵感,愿意支持鼓励他人,同时有化繁为简的能力。

绿色彩光:坚持,忍耐,不屈不挠,固执,有耐心,服务心,奉献心,有责任感,赋予工作和事业高度的价值,对崇高的理想和个人成就具有极大的企图心,具有专注和适应的能力。绿色彩光代表学习成长,父母,社工人员,咨询师,是属于心理学家以及专注于为世界带来正面改变的人。

蓝色彩光:深度的感觉,奉献,忠诚,信任,渴望沟通,重视人际关系,喜欢梦想或是艺术,以他人的需要为先,常常深思冥想,活在当下,敏感,直觉,内敛,独处,渴望和平宁静和亲切的人际关系。具有蓝色彩光的人会是艺术家,诗人,音乐家,哲学家,好学生,心灵追求者,寻求生命真理正义和美的事物。

紫色彩光:魔术,原创,超越,拥有超感能力,特殊个性和魅力,实现梦想的能力,转化能量为物质的能力,带来欢乐,和高度意识联结,轻松幽默,包容,敏感,慈悲柔软,活在自己所营造的梦想世界。具有紫色彩光的人会是电影明星,影艺人士,梦想家,革命家。

白色彩光:心灵导向,对宇宙神性开放而接纳,和宇宙意识合一,超然于世俗琐事,内在的感悟,宇宙的智慧,年轻孩子,能量工作者,经常深思冥想者,多是属于白色彩光。

二、情和辉光的改变

1. 亲情的辉光

在GDV电子图像下,能看到示爱时能量的传递。科罗特科夫发现,人们能够感应到"背后的人"。

在一次实验中,研究人员让参与者坐在座位上,让另一个人从他的背后靠近,在这个过程中观测座位上那个人的反应。结果显示,当从背后接近的是一名陌生人,多数情况下,座位上的人能量场没有变化。而当他们的家人、恋人从背后靠近时,他们的能量场会立即增强。科罗特科夫说,这是人和人之间能量场的相互作用。我们散发能量场,不只是发出去就完事了,而是通过能量场来触碰并感知周围的环境。他认为,这是人的"直觉"的一部分。

古时候的人就有感知紧张氛围的能力,能够感受到气候、环境的变化,感知到周围的人。但现在人的这种能力已经退化了,对于环境已经不像过去人类那么敏感。科罗特科夫说,但我们大脑的潜意识,还是会对周围的环境做出反应。GDV照相术通过真实的实验证实了这一点。

母爱是世间上最伟大的爱,母子之间的爱使得他们的光辉变成粉红色。

2. 爱情辉光

最近,科学家通过一种特殊的X射线观测微光仪发现,人们的爱情也会产生辉光。如在情侣的约会中,当男子出现时,女子身上的光亮度就会倍增。还发现一男一女会面时光的变化:如果是两个相互同情的人接近,光会明显活跃;若是两人的心灵在"撞击",就会出现放焰火似的绚丽多彩的爱情火花。

在男女交际中,人体辉光还是爱情成功的标志。美国学者在一家照相馆利用一种高科技微光检测仪对一些拍摄订婚照、结婚照的男女进行了观测,发现手挽手情侣拍照时,女性指尖上的光圈特别明亮,会向男方的指尖延伸过去,而男子的指尖光晕却会略微后缩以顺应女性的光圈。每当两性真情拥抱接吻时,彼此的辉光奇妙地交织在一起,且变得分外明亮。

更为有趣的是,人体辉光还能够衡量爱情的程度。科学家们认为,利用观察到的人体光,就可以检查出未婚青年或准备结婚的人,相互间是否真诚相爱以及组成家庭的可能性。

当你和你的恋人食指相触时,指尖发出的辉光会产生闪电般绚烂的联结;当你对着亲密的另一半说"我爱你"时,一团物质能量随即从你的胸口释出,飞向另一个人——这听起来像魔幻电影般的场景,却是实实在在的物理现象。在过去的几十年里,人体能量的研究已经发展到令人惊叹的程度。

科罗特科夫说:"爱是人类最强烈的情感。"这种感情可以对爱与被爱的两个人身体产生很大的影响。科罗特科夫通过两种不同的实验方法,观察了两个相爱的人能量场的相互作用。

他让参与者两两一组,分别把各自的手指放在一起。他发现,当两个人是互相爱慕的关系时,在克里安照相术下,他们指尖发出的能量场是相互交融的,两人的能量场延伸出闪电一样的辉光,连在一起(见右图)。而若两个人对对方没有任何情感,他们的能量场就是隔开的。

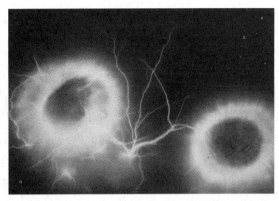

两个相爱的人指尖能量场发出闪电一样的辉光

在另一种方法中,他使用 GDV 系统,观察参与者全身能量场的电子图像。实验中,当一个人向另一个人表达爱意的时候,在图像里可以看到一团清晰的能量物质,从示爱者的心脏部位,飞向被示爱者的心脏部位。

科罗特科夫表明,这种"能量传递"不只是想象中的,而是真实存在的"物质能量团"的传递。这个能量团中包含了电子、光子、次声波等多种能量物质形式。这就是为什么当一个人生病时,如果有恋人在身边支持和陪伴,病会痊愈得更快。

当一对恋人拥抱接吻时,两人的辉光都会向对方伸去,彼此交织在一起,显得分外明亮。两个恋人在接吻的瞬间,辉光变成灿烂的橙红色;而两人嘴唇离开后,红色逐步减淡,渐渐恢复了原来的色调。

3. 真情真爱的甄别

人们发现,单恋的人遇到对方时,两人的辉光正相反,会一弱一强,一暗一亮。因而科学家们得出结论,恋人是否真心相爱或能否组成家庭,利用人体辉光即可以检测出来。

一位婚恋分析者描述过这样一个有趣的故事:"就在前几天,经我介绍的一个男孩千里迢迢从北京到深圳相亲。他们两人已认识半年,情感很火热,只是没见过面。第二天见到他们,我发现女孩的色晕显示情意浓浓,而男孩的色晕相对清淡。我就对别人说:'女孩对男孩很满意,男孩别有想法。'果然男孩私下跟我谈了对女孩子的略感不足之处。客观地说女孩的容貌和身材比不上男孩，这正是让大家担心的。没想到第三天再见到时，男孩的色晕开始浓烈，女孩的色晕倒略有减退，但两人色晕终归还是和谐融合在一起了。我说，'两人行了，情意投合了。'第四天女孩送男孩上车回家，两人后面还订了婚约。"过去人们常说："春天的云，少女的心。"由此故事可见，其实男孩也一样。

第四节　情的物质本质

一、情的粒子假说

较早时期建立的粒子学说则是认为所有物质是由只占一度空间的"点"状粒子所组成，也是目前广为接受的物理模型，很成功地解释和预测相当多的物理现象和问题。不管说情是生物力场、生物电场、生物磁场、生物能场还是人体辉光（光场），表达不同情绪、情感的能量可以是电子、光子（可见、不可见）或者是其他粒子，甚至也包含水分子及其他分子，或是不同层次物质粒子的有序的混合状态等等。情肯定是物质的。

根据人们对亲人、恋人之间的心灵感应现象的观察和研究，人们更偏向于认为传递感觉信息的是电子（光子）信息。情和情感的传出、情和情感的接受也可能是电子（光子）所为。亲人之间因为共同基因决定的脑结构极高的相似程度，又有早期脑发育阶段与亲人心灵频繁沟通的条件，成就了一生相互心灵感应的潜在能力。既然亲人之间的情感可以借助于电子（光子）表达和接受，当然可以说情是物质的，是粒子的。

文学家们在描述男女产生恋情时的感受，在他和她靠近坐在一起，或者第一次手拉手，或者第一次拥抱等时候，常常会说对方的温暖像电流一样，通遍了全身。似乎让人们觉得是电子在传递恋情。

人体辉光现象的形成应该说主要还是各种粒子组成的混合体。前面说到的恋爱对象身体接触或者接吻时身体辉光的变化，可能说明情的本质是一种粒子流，说情是一种能量与情的粒子性特点也并不矛盾。

再说"眉目传情"更是情的粒子理论的有力支持。眉目传情主要就是目光传情，传情的是光，光子是粒子这是众所周知的。有情者目光相遇便能即刻感觉到对方的深情，从而相互产生出"一见钟情"，无须说白，无须证明，全部都存在于相互的目光（的光子）之中。古往今来，几乎是没有人不相信眉目传情的现实。

其实眉目传情还能传递其他差不多的情，除了爱还有恨、高兴、愤怒、烦恼、悲痛等等，都可以由自己的感觉（情感）来证明，或者是别人的感觉（情感）来验证，是主要通过目光来表达或传递的。

至于光子如何激发相应的情源,产生相应的情能量,让自己或别人产生相关的情感觉,携带什么样级别能量,具有何等特性的光子,或者是和其他什么样的粒子协同表达出相应的情,等等,相关微观世界的诸多机制,现在当然还无从知晓。

二、情的场理论假说

大家早已经熟悉的电磁波(包含可见光)对信息的传输作用,不仅是画面、场景的传输,视、听、嗅、味、触、痛、温、凉,几乎所有的感觉信息都可以传输。现在的光导、量子通信等等,古老的"目光传情",现在的身体辉光表达的爱情,心灵感应的真情,发情者情场的震动(情波),传至对方,产生感应,接纳无疑。这就是我们说的情的场(波)理论假说,通过人体场的改变,表达我们情愫、情感、情绪和情欲的变化。

中国早就有"情场"一词,虽然一般人都以谈情说爱的场合为解释,但在我们这里用情场还是更偏向于人体生物场中的情场,泛指表达情或情感的生物场。情是一种场,是一种波,表达者心中有数,接受者也心知肚明。它可以是光波,眉目传情;也可以是电(磁)波性质,感受者会有"触电样的感觉";也可能是热力线,接受者会有"温流心窝"的感觉;也可能两人同时感应到对方对自己的亲情和爱,心灵感应,双双进入充满亲情和爱的幼年生活幸福场景中。当然情波或者情场也是很复杂的一种多元素的组成,眉目传情好像只是光波,实际上不完全是,但是因为接受的器官是眼睛,眼睛是靠接受情的光波来体验情的。若同时用皮肤去感受,"触电样的感觉""温流心窝"的感觉都会有的,可见此时的眉目传情的情波中可能是既有光波、电波、热力线等等,完全是一种许多成分混合的一种场,或者一种波。

其实在真正的爱情里面光有眉目传情和"触电样的感觉""温流心窝"的感觉还是远远不够的,这还属于一般的"异性效应",基于动物的两性吸引而产生的。我们很看重"心灵感应",发自心理深层的潜意识层面的真正心心相印的相互爱慕的情感,才是人类的真情、真爱。

现实生活中,当我们走进喜气荡漾的婚宴大厅,立即融进了愉悦喜庆的氛围;相反,当你走进沉痛、肃穆的悼念大厅,立即融进了悲凉、怜惜的氛围。为何如此?场效应!强大的情场迫使在场的每个人产生相同的情感和类似的情绪,从而形成了群体的氛围。是欢乐?是悲哀?是庄严?还是肃穆?取决于起主导作用的情场。

量子纠缠的原理实际上就是量子场的一种表现。

爱因斯坦在一次实验中发现,物质世界的基本原素——粒子,其中两颗被分隔在不同的空间,当一颗粒子磁场受影响时,另一颗没有受影响的粒子也同时发生相同的改变。

量子纠缠是一种相当烧脑的现象,它指的是一对或者一组粒子的相互作用,这种相互作用使得这些粒子可以违反经典力学法则。即使两个物体并没有物理连接,甚至它们之间的距离如宇宙长度般遥远,也能同时相互产生影响。

假设一个零自旋中性 π 介子衰变成一个电子与一个正电子。这两个衰变产物各自朝着相反方向移动。电子移动到区域 A，在那里的观察者"爱丽丝"会观测电子沿着某特定轴向的自旋；正电子移动到区域 B，在那里的观察者"鲍勃"也会观测正电子沿着同样轴向的自旋。

量子纠缠是指不同地方的量子能相通的关联着，以两颗向相反方向移动但速率相同的电子为例，即使一颗行至太阳边，一颗行至冥王星边，在如此遥远的距离下，它们仍保有关联性(correlation)；亦即当其中一颗被操作（例如量子测量）而状态发生变化，另一颗也会即时发生相应的状态变化。如此现象导致了鬼魅似的超距作用之猜疑，仿佛两颗电子拥有超光速的秘密通信一般，似与狭义相对论中所谓的定域性原理相违背。这也是当初阿尔伯特·爱因斯坦与同僚玻理斯·波多斯基、纳森·罗森于 1935 年提出的 EPR 佯谬来质疑量子力学完备性的理由。

被爱因斯坦描述为"鬼魅般的超距作用(spooky action at a distance)"的纠缠现象是量子力学的基础，这门学科描述极其微小的物体所具备的奇异物理现象。在如量子计算机等革命性的技术中，量子纠缠也担当了重要的角色。

要通过科学实验来展现量子纠缠这种现象极其困难，即便是最微小的环境干扰也有可能打断所研究粒子间的联系。所以到目前为止，人们只成功用光子或与之大小相近的原子在极其微小的范围内展示过这一现象。

然而，在 Nature 杂志刊登的一项新研究中，一个由来自不同高校的科学家组成的国际团队完成了一次创举——在大规模量级的实验中实现了量子纠缠现象。这个实验将有助于扩展人们对于量子力学的认知。这些科学家分别来自澳大利亚的新南威尔士大学、美国的芝加哥大学和芬兰的两所高校——阿尔托大学和于韦斯屈莱大学。该团队通过对电路施加微波，让安装在一枚硅质芯片上的两个铝制鼓膜发生高频振动，并成功使两个鼓膜的运动产生纠缠现象。这两个鼓膜只有约 15 微米，大约与人类头发的宽度相当，但是它们包含了数十亿计的原子，以量子尺度来看是巨大的。与之前纠缠实验的对象相比，它们要大很多很多。

芝加哥大学分子工程学院的教授 Aashish Clerk 表示："我们的系统中有两个很小的振动鼓膜，如果只观测其中一个，你会觉得它的运动是完全随机的。但是如果同时观测这两个鼓膜，你会发现两者的振动模式是极其相关的，比方说一个鼓膜向上运动时，另一个就会向下运动。"他还说："如果从经典物理的角度来看，两个鼓膜的振动是不会出现如此强烈的相关性的，这种纠缠现象正是爱因斯坦所说的'鬼魅般的超距作用'，也是一直令他迷惑不解的现象。"

研究者们消除了各种环境干扰，并让实验在零下 273.15 ℃（接近绝对零度）的温度下进行。令人吃惊的是，他们的实验方法使得纠缠状态持续了相当长的时间，差不多快半个小时。

这个新发现意味着我们有可能在较大的物体中人为"制造"纠缠状态,而这种可能性在多个方面都有着重大的意义。

　　人们对场的本质的认识还是很不够的,有些人甚至借用场的理论去解释玄学、伪科学,强化数千年人类被文化的误导。场实际上是伴随物质而存在的,它只是物质存在的一种形式,只是物质的形体存在才有它的场,有人会把一个人的味场、声场、辉光等等完全代表这个人的人体场,尚难定论。有人说一个人离开了这个地方,这个地方还有这个人的味场,训练过的犬还能确定这个人在这儿待过。有人还相信在某些特定的气象条件下,滑铁卢战场的景象可以完全重现。当然物质不灭嘛!过去的事和物是否仍然存在,我们的观点是肯定,但如何证明?依然需要探讨。

　　我们说的情是人和情场同时的存在,并不存在时间和空间的巨大差异。物质是不同的层次结构,把粒子(电子)当成量子,构成了量子场(电子场)。电子经过特殊的处理,它们可以在相隔千里之外扮演量子纠缠。同理,一对孪生子(大量子),分开于千里之外,演绎出心灵感应(大量子纠缠)。由此,我们推导出这样的一个原理,从量子纠缠现象寻找孪生量子,从"心灵感应"现象寻找孪生姊妹(兄弟),相应的,也能以"量子纠缠"原理找到有"心灵感应"的亲(恋)人,并提出了"量子纠缠寻找真情真爱"的主张。

三、情的物质本源

　　科学可说明世上有类似于灵魂的生命信息存在,量子力学研究发现人的意识对量子可产生作用,这叫作测不准原理。中国科学技术大学前校长、中国科学院朱清时院士说:"意识是量子力学的基础,物质世界和意识不可分开的。"物质在量子这里,意识和量子是不可分的,你感知它就有意识参与作用,这种作用式就是心理场的一个种类。万有引力告诉人们万物有场。人有人体场,人体场对人周围的场态有影响,这与先前不一样了的场是个存在。人体场有意识作用,它形成这人人体上的心理场和他人人体上的心理场与众人相连起来的人体心理场,形成一个大的以协约求生图存的心理场。大自然存有规律,宇宙充满秩序,分子原子也是如此。心理场是物质,是微物质产生的物质,这心理物质不可能是个例外。中国的阴阳学说在分子原子中体现阴阳原理,对心理场怎样存在想来也合阴阳规律。科学只表明人活着有生命信息,有这人心理活动可作用那人的心理。人死后这心理场能产生什么效应?科学还没研究出它是个什么样子。不过佛教认为人死后心理场转成鬼魂,鬼魂可转世再投胎。我们虽然不认为是鬼魂或是变成鬼魂,但我们也承认它(生前心理场)的存在,因为它存在过。其实可以以一个现实的例子来旁证它的存在:一对男女在一起生活,相互所给予的情一天一天集存下来,各自都会明确地感觉出来对方所给予自己的"情"和"爱",情越浓,爱越深,一天一天的增加实际上就是情场存在的一种证明!

　　我们在前面说明了宇宙中物质的双重存在,物质和能量的互相演换,一个有质量的粒子和它的反粒子可以湮灭成能量，而且正反粒子对同样可由能量产生出来。倘若人们认识了暗物质和暗能量以后，再来解释这些现象就更容易了。

物理学界有一种形象的说法，把波和粒子比喻为硬币的正反面，是物质两个不同的属性，例如光子，你可以得到它的波的一面，也可以得到它的粒子的一面，波和粒子虽然同时存在，但却无法同时得到波和粒子。波和粒子是一对互斥互补的概念，例如，光在干涉实验时是波，在光电效应面前是粒子，离开了实验，光既是波也是粒子。描述物质，研究物质既是粒子也是场，缺一不可。物理学研究表明，物质存在着两种形态：一种是由基本粒子组成的实体，一种是感官不能觉察的场态。场和形体是同一事物的两种不可分割的存在形式，并且在一定条件下，场与形体可以互相转化。

我们说的情是物质的，即是说它既是有形的，是粒子或者是各种各样的粒子混合而成的；也是无形的，是一种场。当然我们说的情，还有其专指的生物属性。所以说情是什么？可以说它是生物性的情粒子（物质）或者是生物性的情场。本书常常使用"情能量"来代表情的本质。质能互换是物理学常识，物质有场，能量和场的意义更近。用"情能量"来代表情，可能更确切，也很通俗，容易理解。

当然就这么简单用"情能量"来代表情，不免还很敷衍。波和粒子是一对互斥的概念，是不能同时得到的。当你感觉它是粒子的时候，就不可能同时感觉到它是场，同样当你感觉到情场存在的时候，能否感觉到它是有形体的？例如我们前面说到的"眉目传情"的现实状态，到底是充满生物情和爱的光子，还是充满生物情和爱的光子的另一面——充满生物情和爱的"情波"或情场？可见对情的物质本质的进一步研究和了解，仍是我们人类情学研究的重大任务。随着科学技术的迅猛发展，尤其是物理学、生物学等学科的日趋进步，对情学本质的研究更会有新的突破。

四、情和情学的概念

我们说的情既是物质的本源，又具有生物学的属性，是生命物质的一种功能。当然有人会说，植物人还有没有情呢？我们说还有的呀！如果从人的物质自组织的最高层次——人的整体而言，看上去他(她)已经毫无反应，他(她)也不可能向亲人们发出任何的爱或亲的情能量，至少所有的亲人都已经感觉不到他(她)发出的爱和情了呀！但是虽然他(她)的大脑和高级神经系统已经死亡，下属的低级神经系统还在工作呀，除了脑细胞死亡之外，全身的细胞还是有生命的呀，这些细胞的不同层次的自组织的器官和系统还是存活的呀，它们有没有情呢？根据我们前面讨论的意见，单细胞有情，植物有情，动物有情，最低级的命（细胞）到最高级的命（人类）都有情呀！脑死亡成了植物人，全身死亡才叫死人，是有本质区别的呀！我们一再强调的情是生命的功能，产生于生命活动的过程之中。

有人也许会问，人与大自然，人与珍稀宝物之间不是也有情吗？是有呀，那是单向的,是物和大自然之美引发了人的关注和兴趣,爱美之心人皆有之嘛,人向物和美丽的大自然发出了爱和情的能量,而同时自己感觉到了这种爱和情,从而体验到了美的享受,愉悦的情感和良好的情绪,诱导了对大自然和珍稀宝物的珍惜和爱护。

人与植物之间的情和爱已经有了最原始的一些交流,正如我们在"植物的情"一节里面所列举的许多实验,虽然这些实验的说服力还很不够,但至少也是一种提示吧。

人与冷血动物之间的情和爱,也还更主要是一种单向的,但至少要比人和植物之间的情和爱的交流更有进步。

人与热血动物之间的情和爱的交流已经有很大的进步,嗜血成性的狼、老虎、豹子与从小饲养它们的人相处非常的和谐、亲密,它们和饲养它们的人员之间情和爱的交流已经有了跨越,至少当事者双方心知肚明。

人与宠物之间的情形呢,情和爱的交流就更明朗化了。一个眼神,一声召唤,一个动作,对方都会感知,已不仅是心知肚明,而是心领神会了。你能说还只是人对宠物的单向的情和爱,宠物对人是没有情和爱的?虽然叫宠物说不出来,叫宠物的主人说呢,他(她)会斩钉截铁地说"没有"?

前面说的是人对物和动物的情,虽然不能确切地说出物或动物对人的情,虽然当事者也能感觉出来。即使我们人与人之间的情,大家都会说这可是每个人都能相互感觉得到的,甚至也完全能说出是什么样的情,情能量的大小,情感的浓烈程度,等等。

现实中还有很多的情况,触景生情这是大家最熟悉的成语了,重返过去最富情感的场景之中,人们便会回归那旧时情感的体验。这景可以是自然或人工的场景。还有一种说法是见物如见人,见到亲人或恋人的物品(或信物),常常感慨万千,过去的情感涌上心头。我们也称其为体验回归。一位成年男人与相隔多年的慈母相见,母爱浓郁的童年生活画面萦绕心头,挥之不去。倘若遇到一位像母亲,又比母亲年轻的女人,与母亲相见同样美妙的童年体验,让他对她竟然一见钟情。多巧,对方也发现他又酷似她的弟弟,她见到他,同样的姐弟朝夕相处的童年体验让她对他一见如故,亲密无间,情不自禁抱住了他。哇,多好的一对!相互一见钟情的一对!原来这些情都可以储存在脑子里,又能在以后的现实中,再被激发出来、表达出来。其实这也就是时代所造就的我国"姐弟恋"盛行的原因,也是我们提出男女情感类型科学匹配,从而提高婚恋质量的潜意识研究。

可以说情不仅是一种粒子或者能量场,而且还需要以粒子或场的形式和特定的瞬息的变化,来表达极其复杂深邃的情源的内涵,情愫的广博。

说到这儿,我们已经讨论了情的本质、情的来源、情的分类、情的过程、情与生命,情的方方面面,大家自然也就知道了为什么我们要写这本书,为什么我们要建立情学的学科体系,为什么要提倡情健康、健康的情教育和健康的情文化等等。解决了这些问题,大家也就很清楚了,探讨和研究与情相关的方方面面就应该叫情学!人类对与情相关的方方面面的探讨和研究自然就叫"人类情学研究"。

第三章 情的系统进化

　　与"意识是从哪儿来、精神是从哪儿来"的提问一样,情是从哪儿来的呢?——是由生物的进化而来!进化越低等的生物,情越低级;进化越高等的动物,情越丰富多彩,越浓郁感人;进化到了人类,尤其是伴随着心理、性心理发育的成熟,人类的情才真正升华到了生物情的巅峰。这也是本书讨论的主题,并因此打开人类情学研究的大门。

　　本章通过单细胞生物、植物、冷血动物、热血动物、人类在不同生物进化阶段情和情感生活的观察和研究,客观地呈现生物的情和情感生活随着生物进化之旅前行,一直达到地球生物进化的顶峰,从而说明人类丰富多彩又至高无上的情、情感、情绪和情欲都有其生物学的根源,提醒人们在研究人类情和情感问题时要更多关注人类情感的物质性的本质和生物学的属性;也告诫大家如何科学对待别的生物,去研究、去体验它们的情和情感世界,并学会保护它们;也提醒我们自己,在人类纷繁的情感世界里,如何去寻找真爱、去体验真情……

第一节 情的生物进化概论

一、情的生物物质本性

我们说的情是生物的本性，是生物的结构和功能，是一种能量，是纯物质的。与情感和情绪的意义不完全一样。对情感和情绪，我们理解只是情的一个感觉、认知以及表达、表现的形式，是可变性很大的心理过程。虽然它们也是在情的基础上产生的，但是它们受社会文化、环境条件和个人的教育成长等等因素的影响太大，不能真实反映情的生物学本质和其功能的进化。

第二章中我们已经详细讨论了情的物质本质，它是具有产生情能力的物质运动的一种特殊的模式，既包含粒子到物体的不同自组织层次，也包含与之相应的场。包含情的由粒子到物体的不同层次及其相对应的为自我或他人接纳产生相应的情感或情绪，成为心理活动过程的一个重要的方面。我们说的情是产生情感情绪的一种源头，而非情感情绪本身。这么一种情的粒子和场存在于具有情能力的物质运动形式中。地球上，只有在有生命的物体（生物体）中才存在情的物质或能量（粒子及其场）。

达尔文认为，人类机体状态与生物机体的发展是一个不断进化的过程，具体表现为生物种类不断分化而增多，细胞结构不断复杂而有序，组织功能不断深化而加强。人类的情是生物情进化的巅峰，就生物结构、生物机能进化的整体而言，与情相关的结构和情的机能的发展也必然是一个不断进化的过程。具体表现为：情的生物物质结构、情的丰富内涵和情的表现形式不断分化而增多，生物结构层次不断提高，情的传递速度和精确性的不断提高，情的接纳、认知和精准表达的层次不断复杂而有序，情的行为驱动功能和准确应对行为的实施功能的不断完善和加强。

由此可见，情的形成与发展同生物的形成与发展一样，是一个逐渐进化的过程，其发展方向表现为情的结构形式越来越复杂、层次越来越高、灵活性越来越强、准确性越来越精密、前瞻性越来越好。人可以针对各种复杂的价值关系来及时地、灵活地、准确地调节自己情反应的方向、大小、形式与层次，从而准确无误地指导自己的行为与思想，恰如其分地回应他人的情和情感。

情的系统发育的进化过程会在进化的生物个体的发育过程中反映出来，过去称其为生物重演律。我们从人类儿童的情的发育发展的过程可以在一定程度上了解情在生物系统发育过程中的进化发展的痕迹，更主要的是，我们可在观察研究现成的不同进化阶段的植物和动物的情结构、情表达和情接受及情感情绪的方方面面来了解情的系统进化的漫长历程。

二、现代流行的情感进化理论

心理学家喜欢把情以情感和情绪来表达，但是它们都反映了一种心理过程，是一种心理活动，并不能代表情的真正内涵。现在流行的人类情感的进化模式跟我们本章讨论的情的进化仍有很大的区别，我们说的情是生物的物质本性的东西，而情感进化其前提是把情感定义为人脑对于价值关系的主观反映，所以情感进化的发展方向在根本上取决于人类社会的价值关系的发展方向。

由于情感是人对于价值关系的主观反映，所以情感的进化在根本上起源于、甚至取决于价值关系的进化，即人类价值关系的进化推动着人类情感的进化。那么，要分析人类情感的进化过程，首先必须着手研究人类价值关系的进化过程。统一价值论指出，人类的反应方式包括认知方式和评价方式（即情感方式）两个方面。因此人的情感也必然相应地经历以下五个自然进化阶段，并相应地出现五个不同层次的情感类型。

趋性情感（或单因素情感）：这是一种最简单的价值评价方式，很低等的生物只能对具有单一物理化学特性的价值关系进行评价，并产生一种选择倾向——逃避或趋近，或者以光为标准、或者以热为标准、或者以水为标准、或者以土为标准，等。因此，趋性情感已经形成了对于单因素价值的选择倾向，因而也称之为"单因素情感"。如草履虫对于草酸的趋近。

刚性情感（或多因素情感）：这是一种较为简单的评价方式，动物能够通过若干形式的无条件反射来感知具有复合的物理化学特性的价值关系。不过，这种情感需要经过长期进化才能建立起来，而且不容易改变，不存在任何灵活性，不能根据环境的变化来灵活调节。刚性情感已经形成了对于多因素价值的选择倾向，因而也称之为"多因素情感"。具有这种情感的生物有鱼类、昆虫类、鸟类动物等。

弹性情感（或可变性情感）：这是一种较为复杂的评价方式，动物能够通过一级或若干级的条件反射来感知和学习多种价值关系的变化，并灵活调节情感反应的强度，使之与价值关系的变化相对应。弹性情感已经形成了对于可变性价值产生可变性的选择倾向，因而也称之为"可变性情感"。具有这种情感的生物有哺乳类动物等。

知性情感（或多样性情感）：这是一种多样化的评价方式，较高等动物能够区分各种各样的有利事物和各种各样的有害事物，从而形成多种形式的情感。知性情感已经形成了对于多样性价值产生多样性的选择倾向，因而也称之为"多样性情感"。具有这种情感的生物有灵长类动物等。

理性情感（或多层性情感）：这是一种最高级的评价方式，人类借助语言对各种价值关系进行归纳与抽象，并形成相应的价值形象或价值概念，再对价值形象或价值概念进行判断和推理,全面地、准确地、辩证地认识各种价值关系的内在本质与规律性,探索各种价值之间在多个层次、多个角度、多个方向上的相互联系与相互影响,从而形成具有多价值层次的、辩证统一的、高度理性的情感。在理性情感的引导和控制下,人类懂得了低层次价值应该服从高层次价值,也懂得了价值关系是个辩证统一的关系,即负向价值往往隐含着正向价值,正向价值又往往隐含着负向价值。理性情感已经形成了对于多层性价值产生多层性的选择倾向,因而也称之为"多层性情感"。具有这种情感的生物只有人类。

因为人类价值关系的发展过程既有缓慢的量变,也有快速的质变,它是一个漫长的、曲折的、自然的、分层次、分阶段的进化过程,所以人类情感的发展过程也必然既有缓慢的量变,也有快速的质变,也是一个漫长的、曲折的、自然的、分层次、分阶段的进化过程。把情感看成人类的独有物,这是不科学的、唯心的;把情感简单地分为本能式情感和能动式情感两大类,也是机械的、教条的。

情感进化的发展方向还可以表现为情感与认知的不断分化与整合:在趋性情感阶段,认知与情感完全混为一体;在刚性情感阶段,认知与情感仍然混为一体,不过有逐渐分离的趋势;在弹性情感阶段,认知与情感进一步分离;在知性情感阶段,认知与情感各自可以独立发展;在理性情感阶段,认知与情感不仅可以独立发展,而且可以进行新的整合。

不管怎么样,情感是人脑对于价值关系的主观反映,情感进化的发展方向在根本上取决于价值关系的发展方向;或者也可以说情感进化的发展方向取决于生物进化的发展方向。

随着当今社会的一体化,哲学家们认为,感情和利益这两方面就好像一架天平的两个托盘,不是哪个重要、哪个不重要的问题,而是看你的思想和认识会偏向哪个。如果你偏向感情,那么你在感情托盘里加一个砝码,天平就会立马倒向感情。但人们觉得利益也是自己生命的需要,这是由于现代人的审美观和价值观改变了,他们不再认为有梦想就了不起,也不再寻求生命的深度意义,他们寻求的就是现实生活的生存。由于这种追求已经现实得不可以再现实了,因此人们变得低俗、愚昧、疯狂。这是人类发展必然要经历的阶段,也是社会的必经途径。

其实人类追求的心理、精神甚至心灵层面的极限体验是真正无价的。单纯以经济学的观点或者是哲学的观点和方法来研究情感问题是很不全面的,因为情感是大脑高级神经活动的产物,是比智力活动更难以表达的一种过程,完全用利和害给予完整的表达是不科学的。正因为人类的情感是生物情感进化的顶峰,又包含着生物情感进化过程的全部信息,如何描述得恰到好处,实在是不容易,更何况目前对人类情感的研究还很不够。

我们说的情是生物生命的一部分,是一种生命的能量,是人的大脑对这种情能量

（自己的或他人的）的感觉和认知而产生情感，从而进入意识层面的（认知、情感、行为）心理过程，所以哲学意义上的情感进化跟本书情学意义上的情感进化还并不是一个完全相同的概念。这点我们在第一章《情学的基本概念》中已说得很清楚，本书的情和情感与经济学哲学及其他学科的情感概念是很不相同的。

三、人类的情之源

仅就人类狭义的情概念而言，不同进化水平的细胞，或同一种细胞而来自不同组织层次，其情的表达和接纳都是千差万别的。说植物具有人类的情模式，当然不可以！但可以说，不同的植物有它们自己所特有的情模式。情具有生物进化的特质。受精卵的情模式与其发育至成人后的情模式虽有天壤之别，但却体现了随着受精卵自组织层次的进展，情模式重复着向成年人的情模式进化的历程。因而可以说，成人不可能表达受精卵的情模式，但成人却是人类情模式进化的全息，包含了人类的受精卵甚至是生物最原始的单细胞的情模式进化至成熟人类情模式的历程。

说到情，很多人都认为那仅是指人类而言，动物是谈不上什么情。当然，从严格的意义上来说，情已经是人类特性的专有名词。心理学对情感的定义是：情感是人对客观事物是否满足自己的需要而产生的态度体验，它反映了客观事物与个体需要之间的关系。凡是能满足人的需要或符合人的愿望、观点的客观事物，就使人产生愉快、喜爱等肯定的情感体验；凡是不符合人的需要或违背人的愿望、观点的客观事物，就会使人产生烦闷、厌恶等否定的情感体验。然而就一般意义而言，情感反映的更广的意义是生物的特性，活着的人都是有情感的。人与动物之间，人会付给动物以情感，动物会不会回报人类以情感呢？大多数人都说：会！还有人说：那要看是什么动物。饲养单细胞动物、蠕虫、蚂蚁等等，能否产生什么情感，谁也无从知晓，但饲养了蛇或鳄鱼、乌龟之类，主人就会有情的感觉了，饲养鸟类，尤其是哺乳类动物，动物的情感表达就毋庸置疑了。

根据自然界的全息理论，整体与细胞、高等动物与低等动物、动物与植物都存在全息的关系。就情的最通俗、最一般的意义而言，能否也来讨论一下动、植物的情的问题呢？既然大家公认人类是地球生物进化的顶峰，人类的生命的结构和生命的功能都是生物进化而来，那么自然地人类的情和情感也是生物的情和情感进化而来。

本章试图从动、植物的情模式的研究和比较出发，来了解人类情的本质和源头，尤其是了解情模式中最大也是最重要的成分——亲情的本质及其在人的一生中的重要意义。

第二节　植物的情

一、植物的感觉能力

关于植物有没有情感的问题早就引起过人们的关注,有人叙述过捕蝇草、茅膏菜、含羞草等植物引人注目的运动,一位叫玻色的学者称他在藻类甚至菌类中也观察到了类似的现象。所以,人们认为植物虽不具备神经系统,但是对外界刺激同样也有反应。

既然细胞是基本的也可以说是独立的生命单元,那么由细胞自组织而成的各种各样的生物体与细胞之间应该是一个全息的关系。是否可以说,广义的情概念包含在一切的生命体中？

捕蝇草是怎样知道闭拢叶子的时机的？它真的能感觉到昆虫微小、细长的腿吗？樱花树又是怎样知道何时应该开花的？它们真的能记住天气吗？几个世纪以来,我们不断惊异于植物的多样性和形态。著名生物学家丹尼尔·查莫维茨在《植物知道生命的答案》这本书中,对植物如何体验世界给以严谨而引人入胜的介绍,包括它们所看到的颜色、它们所遵守的时刻表。书中作者带领我们走进植物的内在世界,把它们的感觉和人类感觉做对比,揭示出如下事实——我们和向日葵及栎树的共同之处,比你目前所知道的多得多。

作者在书中展示了植物如何分辨上和下,如何知道邻近的同类已经遭到了一群饥饿甲虫的侵害,是否能够欣赏你一直放给它们听的齐柏林飞艇乐队的音乐,或者是否更偏好于巴赫那旋律优美的连复段。通过对植物触觉、听觉、嗅觉、视觉以至记忆的考察,作者促使我们不得不去思考:植物会不会对周围环境有意识？

对于植物来说,感觉极其重要。与动物不同,植物既不能为寻找食物而四处奔走,也不能主动逃避虫害的肆虐,更不会挪动位置找寻可遮风避雨的"居所"。任凭风吹雨打、烈日曝晒,植物只能逆来顺受,因此,植物更需要灵敏的感觉来"察言观色",以便应对瞬息万变的外界环境。

1. 植物的"视觉"能力

植物在它们的茎干和叶子里有光感受器。那么,植物看到了什么？最简单的答案就是:植物看到了光。植物的光感受器能识别出红光和蓝光,甚至人类肉眼不能看到的光波,如光谱中的紫外光。通过这些光感受器,植物还能识别光源的方向,准确判断光线强弱,调节生理活动来适应光照周期。

达尔文的后期研究成果向人们展示了植物的趋光性（向光性）,即植物往往会偏向于强光一方,以获取更多光能进行光合作用。植物的趋光性主要源于细胞内的一类光感受器——向光素。向光素对蓝光很敏感,分布于植物茎尖处。当植物向光的茎干一侧感受到蓝光,就会产生信号连锁传导,终止植物生长素的活动。与此同时,背光处的茎干细胞继续生长,这样就使植物向光强的方向弯曲生长。

另一类光感受器叫光敏色素,它能感受红光和远红光。在不同的光谱下,光敏色素有两种可相互变换的类型,即红光吸收型和远红光吸收型,主要是方便植物吸收不同波长的光源来进行生理活动。

我们已经知道,植物拥有的向光素和光敏色素就是它们的"光控开关",可探测到光线的明暗变化,天黑下来后,植物就开始"休息",太阳升起后,植物就"苏醒"过来,进行光合作用。植物的向光素和光敏色素与动物眼中的光感受器并不相同,但动物和植物共享一种叫作隐花色素的光感受器,动物利用它来调整生物钟和生物周期节律,植物利用它感受到的光信号来调整叶片方向和进行光合作用。近年来,农业科学家发现,用红光照射农作物,可以增加糖的含量;用蓝光照射植物,则蛋白质的含量增加;紫色光可以促进茄子的生长。所以,根据植物对颜色的喜好和具体的生产需要,农作物种植者可以给植物加盖不同颜色的塑料薄膜。同样,在培育观赏植物的过程中,也可以利用植物喜好颜色的习性。有一些生物科学家开始研究植物喜好颜色的习性,并由此形成了一门"光生物学"的学科。

2. 植物的"嗅觉"能力

当我们闻东西的时候,我们感觉到一种混合在空气中的挥发性化学物质,然后以某种方式对这种气味做出反应。所有植物都能感知气味,植物可利用嗅觉与同伴进行沟通。研究表明,植物对某些化学物质的气味非常敏感。

菟丝子是植物世界的"嗅探犬",这种植物不能进行光合作用,它必须吸取其他植物的含糖树液才能获得食物和营养,只能依靠其他植物生存。当菟丝子的籽苗破土而出并找到宿主时,它便从茎上生长出一种吸器,刺入宿主植物的维管系。此后,菟丝子的根便完成了使命,很快枯死。菟丝子正是利用嗅觉来捕获"猎物"的。菟丝子可以检测由邻近的植物释放在空气中的微量的化学物质,并且将挑选感觉最合口味的。在一次典型的试验中科学家证实,菟丝子更喜欢番茄的味道。菟丝子既能根据气味辨别食物来源,找到最喜欢的食物,同时还能根据气味分辨食物的优劣,避免缠上不健康的其他植物。

其他植物也都能感知气味。早在20世纪20年代,美国研究人员就已经证实,让未熟的水果"闻"乙烯气体,就会诱使其成熟。成熟的水果本身也会散发乙烯气味,这种气味散布开来,可以加快附近水果"邻居"的成熟速度,正是这种反应让水果们一起成熟。此外,植物还能通过散发气味来互相进行交流,比如一棵树遭到大批毛虫侵袭,它就会发出化学气味向附近的树木示警,附近闻到这种气味的树木会迅速产生一些让自己的叶子变得难吃的化学物质,从而避免受到毛虫的伤害。

3. 植物的"听觉"能力

关于植物对音乐的喜好,人们众说纷纭:植物喜欢古典乐,讨厌摇滚乐;喜欢轻音乐,讨厌重金属音乐;喜欢舒缓平和的乐曲,讨厌欢快激昂的乐曲。奇怪的是,音乐对植物生长有益的观点却惊人地一致。

植物学家史密斯用玉米与大豆做实验。在温度、湿度相同的两个育苗箱里分别播上雷同的种子。让一个箱子24小时听美国作曲家格什文的《蓝色狂想曲》,而在另一个箱子里静悄悄的、什么声音也没有。结果是明显的:让听曲子的种子发芽早、秆也粗、绿色也浓。史密斯还把听音乐和不听音乐的苗割下来称量,结果无论是玉米还是大豆,均是听音乐的一方品质大。另外,加拿大渥太华大学的研究人员让小麦种子听频率5 000赫的高音,发现小麦苗成长加快。

玉米和大豆"听"了《蓝色狂想曲》,似乎也会"心情舒畅",发芽特别快。不同的植物对音乐的欣赏也是很挑剔的,胡萝卜、甘蓝和马铃薯偏爱音乐家威尔第、瓦格纳的音乐,而白菜、豌豆和生菜则喜欢莫扎特的音乐。有些植物宁愿不听音乐,也不愿意听不喜欢的音乐,为了表示厌恶,它们会付出死亡的代价。比如玫瑰这种高雅的植物在听到摇滚乐后就会加速花朵的凋谢,而牵牛花更为"刚烈",听到摇滚乐四个星期后就完全死亡。

藤本植物酷爱优美的古典音乐,它长得又快又壮,而且朝着音乐传来的方向慢慢爬去;金盏花听了柔和典雅的东方乐曲,根系长得粗壮发达。而给它们听时髦的摇滚乐曲时,这些植物都向相反的方向长,唯恐避之不及,甚至不幸地死去了。

为什么植物能欣赏音乐呢？原来音乐的声波能使植物表面气孔增大,从而促进了植物的生命活动。因为气孔的扩大有利于二氧化碳、氧气及水分进出,从而加强了光合作用和蒸腾作用。

4. 植物的"味觉"能力

植物的嗅觉与味觉关系紧密,最明显的例子就是植物对虫害或病原菌的应激反应。在受到外界侵害时,植物通过释放大量挥发性气体,为同伴发出警告,其中最主要的一种成分是茉莉酮酸甲酯。尽管茉莉酮酸甲酯是一种高效的空气传递的信号分子,但它在植物里没有活性。相反,当它通过叶面上的气孔向外发散时,就会变成水溶性的茉莉酮酸,吸附在细胞内特定的受体上,引发叶子的抵御反应。如同人类舌头上分布着功能不一的味蕾细胞一样,植物也有不同类型的可溶性分子受体。

植物的味觉不仅可以感受危险和干旱的来临,还能识别亲缘类群。由于味觉负责识别可溶性化学物,植物的大部分味觉反应都在根部悄悄进行。2011年的一项研究表明,植物能利用根际间的化学信号来识别周围与自己有亲缘关系的类群。在没有亲缘关系的相邻植物中,根际间也有信息交流。另一项最新研究发现,当一排植物集体遭遇干旱时,只需1小时就可将信息传递给5排之外的植物,提醒它们关闭气孔,减少水分蒸发。不过,虽然身为邻居,没有根际间交流的植物却没有这个应激反应。

味觉对大部分植物来说是至关重要的。英国科学家已经发现,植物体内有一种特殊的基因,使得它们的根须具有"品尝"土壤的功能。比如一种叫作 ANBI 的基因,可以使它们的根部品尝土壤,让根优先伸向营养物质和铵盐(植物需要这种物质来固氮)最丰富的地方移动。

科学家发现,很多植物,除了感觉灵敏外,它的味觉还能够品尝得出叶子上的东西是否可以吃。例如毛毡苔,如果你给它开个玩笑,放一粒砂子在它的叶片上,那些绒毛照样会卷曲起来,但是它很快就发现受骗了,于是马上把绒毛张开,吐掉砂子,再伺机捕捉可食的动物。

5. 植物的"触觉"能力

自然界树枝在风中轻摇,昆虫轻轻爬过树叶,藤蔓凭着感觉搜寻和攀附其他植物……所有这些,植物都能感觉到。人们总有一个疑问:为什么在海风经常吹拂的地方,植被生长往往都不旺盛的原因,原来经常触摸或晃动植物就足以抑制其生长。

植物学家早已经发现,所有植物都能在一定程度上感受到机械力的影响。其中对触觉敏感度最高的是捕蝇草和其他食肉的植物,当苍蝇、甲虫甚至小青蛙爬上其形态特别的叶子时,它们会立即感知到,然后出其不意地突然闭合,将猎物收入囊中。这些食肉植物知道什么时候该闭合它们的带刺的叶片。只要猎物一进入它的"陷阱",它就能凭借触觉立即感知到,并在不到 1/10 秒的时间内迅速关闭叶子,困住猎物。

当然大多数植物的触觉反应比不上捕蝇草,但它们感知触觉刺激的方式与捕蝇草等相似。令科学家最感兴趣的是,植物和动物利用其触觉来感知外部世界用的是同样的蛋白质。触碰受体深植于细胞膜内,当受到外界压力或变形时,它会通过细胞膜释放带电离子,形成细胞内外的电位差,从而产生电流。这些触觉反应能保证植物对外界变化做出特定、适合的应对策略。

6. 植物的"紧张情绪"

科学家们发现,当空气严重污染,空气湿度太大或太小、火山喷发、动物啃吃植物的树叶或大量昆虫蚕食植物时,植物同样也会因生命受到威胁而紧张。植物在紧张时,会释放出一种名为乙烯的气体。一种气相层析仪可以测出植物释放出的极少量的乙烯。研究人员利用气相层析仪进行乙烯的测量,来发现和判断植物紧张的程度。科学家们还发现,经常受到威胁而紧张的植物,它们的生长速度会因受影响而减慢,甚至会枯萎。

人有喜怒哀乐的情感表现,可是你能想象植物也有情感吗?然而科学家们也已经证实植物也有情感,所以它和人们一样,也会痛苦。这是英国的一位植物学家得出的结论。他设计了一种专门研究植物的仪器,并且制造了出来。这种仪器能将植物的"心理活动"测试出来,当植物受到风雨等自然的袭击时,它就发出低沉和混乱的声音,类似一个人在痛苦时发出的呻吟一样。这就是植物的痛苦。

你也许会不相信,植物还会激动呢。在苏联的普斯金博士曾经做过一个实验:他请来了一位催眠师,并让这位催眠师对一名妇女施行催眠术,在催眠师和妇女之间放上一盆百合花。普斯金博士在百合花的小径上固定着一个装有脑摄像仪的传送器。由于催眠的作用,这位妇女一会儿欢笑、一会儿忧郁,与此同时,百合花也相应表现得十分"激动",因为它在荧光屏上所显示的线条就像九级风浪一样,正在"奔腾咆哮"。这说明了植物会激动。

1966年2月的一天,美国中央情报局的测谎专家克里夫·巴克斯特一时心血来潮,把测谎仪接到一株牛舌兰的叶片上,并向它根部浇水。当水从根部徐徐上升时,他惊奇地发现:在电流计图纸上,自动记录笔不是向上,而是向下记下一大堆锯齿形的图形,这种曲线图形与人在高兴时感情激动的曲线图形很相似!当他准备进行一次威胁行动并在心中想象叶子燃烧的情景时,更奇妙的事情发生了:他还没动手,图纸上的示意图就发生了变化,在表格上不停地向上扫描。随后他取来火柴,刚刚划着的一瞬间,记录仪上再次出现了明显的变化。燃烧的火柴还没有接触到植物,记录仪的指针已剧烈地摆动,甚至记录曲线都超出了记录纸的边缘。牛舌兰出现了极强烈的恐惧表现。而当他假装要烧植物的叶子时,图纸上却没有这种反应。植物竟然还具有辨别人类真假意图的能力!假装的动作骗得了人却骗不了植物。巴克斯特和他的同事们在全国各地的其他机构用其他植物和其他测谎仪做类似的观察研究,得到的是相同的观察结果。

植物有喜有怒,有哀也有惊。生物学家用开水烫了一下蔬菜的叶子,灵敏的仪器上立刻可以反映出植物在不停地发着痛苦呻吟的信号。如果给植物放上一段毛骨悚然的声音,仪器也能告诉你,植物是怎样地惊惧、害怕。若是把枝条或是叶子猛地撕扯下来,仪器上立刻会出现猛烈的电位差跳跃,好像人的肢体在突然受伤后所遭受的猛烈痛苦一般。这个实验反映出植物是有"痛感"的。如果马上给它施一点氯甲烷来麻醉它,它就会立即平静下来。

二、植物的特殊能力

做植物方面研究的人们,除了发现植物具有以上的一些感觉能力之外,还通过一些相关的实验,提出植物可能具有更高一些情感能力的设想。当然要确定植物是否真的具有这么多的特殊能力,还必须有更精细的实验和更深入的研究。

1. 植物的"超感"能力

巴克斯特曾经设计过这样一个实验:他在3间房子里各放一株植物和一种新设计的仪器,让植物与仪器的电极相连,当着植物的面把活蹦乱跳的海虾投入沸水中,并用精确到0.1秒的记录仪记下结果,然后他锁上门,不允许任何人进入。第二天,他去看实验结果,发现每当海虾被投入沸水的六七秒钟后,植物的活动曲线便急剧上升。根据这些,巴克斯特认为海虾死亡引起了植物的剧烈反应,这并不是一种偶然现象。几乎可以肯定,植物之间能够有交流,而且,植物和其他生物之间也能进行交流。

在美国耶鲁大学,巴克斯特将一只蜘蛛与植物置于同一屋内,触动蜘蛛使其爬动,人们发现仪器记录纸上出现了奇迹——早在蜘蛛开始爬行前,植物便产生了反应。显然,这表明了植物具有感知蜘蛛行动意图的超感能力。

2. 植物的"记忆"能力

为研究植物的记忆能力,巴克斯特设计了一个实验:将两棵植物并排置于同一屋内,让一名学生当着一株植物的面将另一株植物毁掉,然后他让这名学生混在几个学生中间,都穿一样的服装,并戴上面具,一个一个向活着的那株植物走去。当"毁坏者"走过去时,植物在仪器记录纸上立刻留下极为强烈的信号指示,表露出对"毁坏者"的恐惧。类似验证植物具有记忆力的实验还有很多,例如,有人曾把测谎仪接在一盆仙人掌上,一个人把仙人掌连根拔起,扔在地上,然后再把仙人掌栽到盆里。当那个人再次走近仙人掌时,测谎仪上的指针马上抖动起来,显示出仙人掌对这个人很害怕。

巴克斯特还发现,当植物在面临极大危险时,会采取一种类似人类昏迷的自我保护方法。一天,一位加拿大心理学家去看巴克斯特的植物实验,第一棵植物没反应,第二棵,第三棵……前五棵都没有反应,直到第六棵才有反应。巴克斯特问这位心理学家是否在工作中伤害过植物?心理学家说他有时把植物烘干称出质量做分析。看来植物遇到这位令它们感到恐惧的心理学家,便会让自己晕倒来回避死亡的痛苦。在这位老兄走了以后,这些植物又开始在巴克斯特的测谎仪上恢复了知觉。

3. 植物"善辨真伪"的能力

巴克斯特也对一位记者做过同样的实验,他要求这位记者在植物面前不管事实如何只做否定回答。巴克斯特开始询问记者的生日,一连报出7个月份,其中一个与记者生日相符。尽管记者均予以否定,但当那个正确的日期说出口时,植物立刻做出明显的信号反应。纽约若克兰德州立医院的医学研究部主任阿里斯泰德依塞博士重复过这个实验:让一名男子对一些问题给出错误的回答,结果他从小苗养大的那棵植物一点没有包庇他,把错误回答都反应在了记录纸上。

人们通过各种形式表达出对植物拥有情感的猜测。越来越多的研究正在揭示植物与植物或植物与动物之间可能存在的各种神秘联系。当然如何去证实这些联系,目前还有难度。

三、植物也有"爱和恨"

本世纪以来,美、日等国科学家在进行大量植物实验后认为,植物也有"头脑",不仅会表露情感,还能忍受痛苦、饥饿,并且具有同情心。苏联莫斯科农学院的实验人员在把植物根部放到热水里时,"听"到仪器立即传出植物绝望的"呼叫"。植物的"爱",使它们可以共生：洋葱和胡萝卜、大豆和蓖麻、玉米和豌豆、紫罗兰和葡萄,不但可以"和平共处",而且还能造成互为有利的生态环境。植物的"恨",又使它们"水火不容"：卷心菜和芥菜、甘蓝和芹菜、黄瓜和番茄、荞麦和玉米、高粱和芝麻、白花草木樨和小麦、玉米、向日葵……都是"冤家对头"。

绿色开花植物为了繁衍后代,是要"恋爱"和"结婚"的。不论是自花传粉也好,还是异花传粉也罢,植物一般都是由雄蕊的花粉传到雌蕊的柱头上,通过受精结成胚珠,发育成种子。在百花竞放的自然环境里,花粉自由传播。雌花"情窦敞开",它们之间的"恋爱"虽然很自由,然而各种植物的"成亲"总是有"规矩"的,例如,水稻和棉花不"婚配",玉米和大豆不"成亲",高粱和烟草不"相爱"等等。它们奉行"族内婚"。

有人甚至认为植物和人交流情感,植物会感受人类的情绪。如果你是一个开朗、乐观的人,料理得当,那么你养的植物会生长得很好;可是如果你总是哀愁悲伤,心情沮丧,即使料理得当,你养的那盆花也总不好。

根据植物感情的特点,科学家为了让植物增产,常常给它开"欣赏课"。有些国家采用一种超过了人类听觉范围的超声波来刺激马铃薯、麦类、蔬菜、苹果等等,结果表明,超声波可以杀死植物身上的细菌。现在,有许多"农业音乐家"正在摸索各种庄稼不同生长时期的爱好,用各种符合它们"欣赏力"的美好音乐使它们生长得更棒,它们仍然拥有自己的视觉、听觉、味觉、嗅觉和触觉,而且植物的感官世界与我们人类并没有本质上的不同。

有人会说,我们把植物说得那么好,证据也并不充足呀！当然,我们也有类似的感觉,但是我们坚持一种信念：细胞是生物的基本单元,细胞是全能的,情与生命同在,情的源头在细胞之中,细胞的任何自组织层次都包含情源。生物的进化就是细胞自组织过程和执行相应生命功能的进化。我们希望人们以学术的观念研究和探讨情的进化理论,对植物是否也有情和情感的问题能有更多关注和相关的研究。

第三节　动物的情

一、单细胞和精子卵子的情

众所周知,细胞是独立的生命体,是组成生物的基本单元,细胞自组织的不同层次,构成了纷繁复杂的生物世界。细胞与外部世界的联系,物质、信息的交换活动都是通过细胞膜来完成的。那么没有细胞完整结构的、但一旦进入细胞便可以无限复制的病毒,甚至病毒前体也有复制能力,它们有没有情啊?

前面也说了植物的繁殖模式是"族内婚",不同种的植物柱头(卵子)是不接纳花粉的,精子和卵子之间没有结合力,植物的杂交需要人为干预。同样,同种动物的精子和卵子之间肯定有结合力,它们之间可以说有情吗?理论上肯定可以说是有啊!这世界上只有狮子老虎、马和驴等等相近的物种之间,精子、卵子可以结合,繁殖新的物种。

雌性动物的卵子成熟了,在内分泌激素的调控下,动物进入发情期,通过外阴的红肿充血,性外激素,特别的气味,鸣叫、奔跑,特别的行为动作或其他发情期的表达方式,促使雄性动物发情,吸引雄性动物的注意、追逐,发生性接触和性交行为,射精,完成精子卵子结合的过程。单从精子卵子而言,成熟的卵子排出卵巢,从腹腔进入输卵管,在输卵管的壶腹部等待精子。精子射在阴道的后穹窿,需要洄游到宫颈口,穿过宫颈管的黏液栓进入子宫腔,寻找卵子在的一侧输卵管开口,沿着输卵管前行,找到卵子,穿破卵膜,进入卵子,实施受精。遥远而又艰难的旅程,是何种巨大的力量在吸引精子奋力趋向于卵子?答曰:亲情和性情。它们是同一个宗亲的精子和卵子,宗亲越近,亲情越浓郁。若主人是相爱的一对男女,这也是一对具有真爱真情的精子和卵子。

二、冷血动物的情

1. 冷血动物真的冷血吗?

冷血动物是指变温动物,体温随着周围温度的变化而变化,从而减少新陈代谢,以减少用于抗寒所损失的能量。具体的例子很多,比如乌龟,鳄鱼,娃娃鱼,某些蛇等等。因为冷血动物不需要用自己的能量来取暖或降温,相比温血动物,同样重量的冷血动物只需要 1/3~1/10 的能量过活,因此也只需要相对少的食物。因为它们比较容易积累足够的能量,冷血动物繁殖期也比较短。

我们人类常无缘无故地把热血动物称为感情动物,而把冷血动物都想象成冷酷杀手,其实是没有任何道理的。人们一直以来对冷血动物的偏见,完全归结于人类对陌生的不熟悉的危险事物天生的排斥心理和防御手段,是刻在灵魂深处的恐惧感。在远古时期,人类尚未成为万物灵长,还只处于食物链的中低端水准时,天生拥有体型和力量优势的蟒蛇猛兽,拥有致命毒液的各种爬虫,对古人类来说都是十分危险的。这种恐惧早已刻进骨子里,被一直遗传至今。这就是为什么现在人们一看见蛇就会汗毛竖立,害怕不已。即便是面对一条吐着信子正在护蛋的蛇,人们也不会谈论它的母爱,而总是会说:看吧,这就是冷血动物。但是人们忘了,鱼也是冷血动物,没有人会指着一条正在吐泡泡的金鱼对自己的孩子说:看,它是冷血动物。

冷血动物并不冷血,它们有自己的一套生存法则,它们有记忆,也有感情,会舍命护崽,也认识主人,可以与主人互动,甚至记住自己的名字。

2. 冷血动物的母爱

鳄鱼看起来十分凶狠,但是鳄鱼妈妈对自己的卵孵化出来的小鳄鱼呵护疼爱有加。小鳄鱼一孵化出来,鳄鱼妈妈就把小鳄鱼含到自己的大嘴巴里,送到水域安全之处,一直看护到小鳄鱼能独立生活。

大家都知道的鲑鱼和大马哈鱼等鱼种,小时在海洋里长大,成熟以后要洄游到原出生地产卵,繁殖下一代。回乡之路漫长而艰辛,有瀑布和浅滩,有棕熊的猎食和人类捕捞,经历千里征程精疲力竭,抵达产卵地,产卵受精以后死去,再以自己的肉身,养育下一代。

章鱼对待"敌人"凶狠残忍,对待自己的子女却百般地抚爱,体贴入微,甚至累死也心甘情愿。雌章鱼一生只生育一次,产下数百至数千个卵(大型的数量少,越小越多),藏于自己的洞穴之中。在孵化期间(不同的品种需要不同的时间,通常是4~6周),雌章鱼寸步不离地守护着洞穴,不吃不睡,不仅要驱赶猎食者,还要不停地摆动触手保持洞穴内的水时时得到更新,使未出壳的小宝贝们得到足够的氧气。小章鱼出壳的那天,母章鱼也就完成了自己一生的职责,精疲力竭而死去。

乌鳢也叫黑鱼,生殖季节,亲鱼会成对地活动于产卵场,非常活跃,常常会跃出水面,在水草丛中营筑产卵的巢,在此间雌鱼和雄鱼均腹部向上排卵和排精。乌鳢属于一次产卵类型。产卵后一对亲鱼或仅雄鱼潜伏在产卵巢附近守护幼卵,不让别的鱼类或蛙类靠近,以免它们代受到伤害。鱼卵孵化后,当幼苗长至3厘米左右时,活动范围开始扩大,此时亲鱼与幼鱼群聚在一起,成鱼在鱼苗周围跟随保护。经历20天左右的守护,仔鱼发育到稚鱼阶段开始散群,亲鱼才停止其护幼行为。

养过热带鱼的人都知道,斗鱼、七彩神仙、马拉维慈鲷都对它们的后代关怀备至,呵护有加,丝毫不比我们照顾后代的行为逊色。

3. 冷血动物的情

人们主观认为血热、心也热,好像心热了就会有感情。有科学常识的人都知道,有没有感情跟血液温度没有太大关系,再说冷血动物的血也并不是冷的,只是它们的血液温度会随着外界温度的变化而发生变化而已。

像群居蝙蝠,是冷血动物,他们会彼此照顾,在同伴没有血吃的时候把自己的血分给同伴一部分。再比如鳄鱼妈妈照顾小鳄鱼的母爱,这难道不是感情吗?

乍看起来,冷血动物似乎是没有感情的,但是有些冷血动物可以记住主人的样子,比如某些品种的蟒、蜥蜴。鱼类在生物学意义上是属于冷血动物,鱼类中的地图鱼也有这种能力,如果是主人走到鱼缸附近,它们就会聚拢过来,如果是陌生人走近,它们就毫无反应地游开。人们把鳄鱼、蛇、鱼类等作为宠物来养,如果说这些冷血动物对其主人从无丝毫的情感产生,恐怕这些主人也一定不会认可。

三、热血动物的情

1. 动物的亲情

热血动物的体温是恒定的,即使外面是寒冬腊月,仍保持体温恒定。热血动物的优势是生长成熟比冷血动物快。热血动物将体温保持在一定的范围内可使体内的酶最大限度地发挥作用,并使身体的生长对于外界环境相对独立。虽然冷血动物把食物转化成生长的效率比热血动物高,但热血动物可以连续生长(冷血动物的生长会在食物极其短缺或温度很低的情况下停止)直至达到成年大小。热血动物高效活动可以维持身体对食物的高需求。热血动物可以花更多的时间寻找食物和交配对象,并在较早的年龄达到性成熟。

100多年前,伟大的英国科学家查尔斯·达尔文就指出:"较低级的动物,也能像人一样明显地感觉到快乐与痛苦,幸福和悲伤。"

冷血动物对后代的关注、为后代所做的牺牲,足够说明冷血动物亲情已经浓郁。同时也已经有了同种及异种(如与饲养人的关系)动物之间的情,相怜、相助的一种情谊,少数动物已有感恩之情的表达。

动物同宗的亲情、血缘的亲情、性情、友情、恋情、感恩之情等等,差不多人类该有的情,在热血动物尤其是灵长类哺乳动物中基本上都已经具备。只是在浓郁的程度、进化的层次上,与人还有明显的差异。

几个世纪以来,动物行为学家对动物情感的探索并未停止。人们对于非人类的情感问题,普遍持否定态度,但是在《海豚的微笑——奇妙的动物情感世界》一书中,来自世界各国的50余位科学家,他们都是各自领域里赫赫有名的科学家,有动物行为学家、行为生态学家、心理学家、社会学家和人类学家,经过长达几十年的艰苦细致的野外科学考察,在这个颇具争议的问题上,提供了大量令人信服的第一手的证据,并找到了相应的神经生理学依据,生物学界关于情感是人的专利的看法开始发生转变。事实上,人们发现许多动物在失去孩子、遭遇敌人、选择配偶、受到欺骗或面临挑战的时候,其情绪反应的基本状况与人类极其相似。所以不少人有这样的观点:人与许多动物间的情感差异只是程度上的,而不是性质上的。甚至,我们熟悉的种种情感还令人难以相信地发生在鸟类、爬行类、鱼类等更低等的动物身上。

美国作家杰弗里·马森和苏珊·麦卡锡在他们合著的《大象流泪的时候》一书中就对此做了一些记述。作者认为,动物有愤怒和害怕的情感是十分自然的事情,咆哮的狮子和凶恶的狗也有夹起尾巴溜之大吉的时候。动物王国里也有嫉妒和爱,有养猫经验的人都知道,如果对一只猫抚爱太久,那么它就会受到其他竞争者的攻击。苏黎世的灵长目动物研究专家汉斯·库默尔对动物有感情这一点深信不疑,但是他指出:"动物情感的基本特性仍未得到彻底揭示,但它和人类的情感有着明显不同"这一点是确凿无疑的。

乔伊斯·普尔是肯尼亚大象研究项目的负责人。有一次,她看到50多头大象重逢在一起,它们欢快地高声鸣叫,疯狂地拍打耳朵,相互绕着转圈,所有成员一起发出巨大的隆隆声和吼叫声。她相信这些大象正沉浸在极度兴奋的情绪中,它们发出的隆隆声和吼叫声表达了这样一层意思:"喂!伙计,遇见你真是太高兴了!"哺乳动物的感情世界要比昆虫和处于更低进化阶段的鱼类丰富和鲜明得多。例如,当两头大象意外相逢的时候,它们便相互朝对方飞奔而去。在会合之后它们会把头高高扬起,让长长的大鼻子相互缠在一起,互相抵碰长牙,两只大耳朵也扇动不止,同时不停地跺脚和嘶叫,来表达它们再次见面的高兴。

2. 动物的悲情

许多科学家都曾报道过动物之间的怜爱之情,尤其是当它们失去配偶、父母、子女或亲密伙伴时。比如,当一头雌海狮看到自己的孩子被虎鲸吃掉时,常常会凄凉地悲号不已。人们发现大型猿类、猴子,甚或狗熊、驼鹿、羚羊和鸟类等常常站在死亡家庭成员的尸体旁守夜,有时它们自己会因悲伤过度而患病甚至死亡。

动物生态学者康拉德·洛伦茨通过对灰雁的研究证实了这一点。他的研究表明,如果一对灰雁夫妻中有一只不幸死亡,另一只会受到沉重的打击。这只可怜的"未亡雁"会伤心欲绝,消沉,无精打采,整日耷拉着脑袋,两眼呆呆地出神,沉湎于过去的美好时光而不能自拔。它们像人一样懂得悲伤和痛苦。

许多哺乳动物也难以接受和伴侣永诀的事实。曾有人看到一只黄猫和一只黑猫在路旁玩耍,突然黄猫被一辆疾驰而过的汽车给撞死了,司机开车跑了。那个黑猫默默地守候在死去的伙伴身边,凝望着黄猫,不愿离去。

人们都知道,除了类人猿,大象是情感最为丰富、复杂的动物之一。普尔和其他科学家曾记录过许多大象默默地站在死亡的同伴身旁为其默哀的事例。它们偶尔伸出鼻子轻轻碰触一下同伴早已僵硬的尸体,有时还用鼻子将其长牙和骨骼卷起来,带出很远一段距离,然后用泥土或树叶遮盖起来。普尔经常说:"大象针对死亡的行为让我毫不怀疑它们的确正处在深深的悲痛之中,这说明它们对死亡有一定程度的理解。"

灵长类动物的悲情表达的程度更深沉。简·戈达尔是灵长类动物专家,最让她感动的是她亲眼目睹的小黑猩猩母亲死后的悲痛情绪。这只雌黑猩猩50岁,它的儿子8岁。雌黑猩猩死后,它的儿子整整一天都守候在它毫无生气的尸体旁,偶尔去拉拉母亲的手,然后就呜呜地哭泣。在以后的几周里,它变得萎靡不振,不吃不喝,最后离开了群体。在母亲死后三周半,这只曾经健康活泼的小黑猩猩也死了。戈达尔认为它未遇到其他意外,显然是死于悲伤过度。

其实,很多动物都会毫不掩饰地表达出自己的情感。只要肯用心观察,任何人都会发现,这些外在的表现表达了它们内心的所想和所感。动物们也是有情感的,情感对它们的重要性并不亚于人类情感对人类的重要性。

3. 动物的"性情"和"恋情"

动物行为学家发现,至少鸟类和哺乳类动物是有性情和恋情的。动物的爱不仅存在于父母和孩子之间,年轻的雄性和雌性动物之间往往也有一种超越性吸引和繁衍后代关系的情感。比如天鹅等雁亚科动物,雄性和雌性之间普遍存在着相互的爱抚和依恋之情,而虎皮鹦鹉则是动物界中让人羡慕不已的爱情伴侣。许多动物夫妻在共同抚育后代的过程中,丰富的情感表达让人感动。

肯拉德·勒伦兹是一位动物行为学家,他曾描述过一只雄鹅的丧偶之痛。事情是这样的,一天晚上,一只名叫苏珊娜·伊丽莎白的雌鹅被狐狸咬死了,它的伴侣一直静静地站在其残体旁,似乎不忍离去。在以后的几天里,这只雄鹅一直佝偻着身子,脑袋无力地下垂着,眼睛变得模糊不清,显得无精打采。由于没有心情抵御其他雄鹅发起的攻击,它在鹅群中的地位一落千丈。直到一年后,它才从这种悲痛情绪中渐渐恢复过来,重新找了一只雌鹅作伴侣。

一位长期与鸟类生活在一起的著名动物行为学家,在《乌鸦的心》一书中写道:"因为乌鸦有长期的配偶关系,所以我认为它们像人类一样具有爱情,因为一种长期的配偶关系是需要心灵感应和情感才能维系的。"而其貌不扬的乌鸦则是从一而终的,它们不会对自己的爱产生不忠的行为。

企鹅夫妻在它们整个一生中绝对忠诚。一只企鹅生病或受伤,它的伙伴绝不会离开,即使在危险的情况下也是如此,直至康复或死去。人们常常会看到这样动人的情景:企鹅成双成对地死在一起,因为它们中的任何一个都不愿意抛弃另一个。可见对爱情的忠贞,一些动物绝不亚于人类。

还有雌雄鹦鹉的配偶关系也是人们常常歌颂的。美洲鹦鹉不仅长得美丽,而且是动物界最温柔的情侣。在漫长的岁月里,雌雄鹦鹉忠实地生活在一起,在任何情况下都互相帮助,绝不乱来。它们都能同甘共苦,白头偕老。大雁和鸳鸯更是中国人心目中最忠实于爱情的鸟类。尤其是对鸳鸯的赞美,甚至常常用鸳鸯来比喻人类的美满姻缘。

伯尔尼·沃希格是美国得克萨斯大学生物学家,他一直将生活在阿根廷沿岸的露脊鲸作为研究对象。一天,他看见一群雄鲸正追着一头雌鲸求爱,而这头挑剔的雌鲸经过精挑细选,最终选出了它的"意中人"。两头鲸鱼在交配后,并排着在海面上嬉戏,用鳍状肢相互触摸对方,然后翻滚在一起,看上去就像拥抱在一起一样。最后,当两头鲸鱼缓缓游开时,它们仍不时地用身体触摸对方,还步调一致地同时潜入和浮出水面。美国生物学家贝科高称,在北洋区生活的"巨无霸"露脊鲸,是动物中的"大情人",他们观察到远在17千米处的露脊鲸,在交配前必定会互相摩擦亲热3分钟,然后才会双双去"共赴巫山云雨"。

霍普·赖登是一位自然学家,他通过长期观察发现,草原狼夫妻的婚姻牢固,它们经常相互拥抱在一起,并会做一些优美、温柔的动作相互致意,比如摇尾巴和舔对方的脸。有时两只狼会一唱一和地嚎叫,叫完后就进行交配。交配后,雌狼常常会用脚掌拍雄狼的脑袋,还舔它的脸。最后,它们会缠绕在一起睡觉。这看上去非常像人类的浪漫爱情。在动物界,草原田鼠也是著名的一夫一妻制动物——它们会形成一生一世的情感连接。当然绝大多数的动物还是在乱交中遵循性选择。

动物进化到灵长类动物阶段,例如和人类关系密切的猩猩则刚好相反,它们常常具有人类在爱情方面的一些特点。但雄性猩猩不喜欢对异性做任何的爱情承诺,它们在"得手"一次之后就会立马变心,另寻新欢,不会再与同一只猩猩求爱或性交。倭黑猩猩是最花心的动物,它们更注重群体的凝聚而忽略爱和情的专注。

人们认为,人类之间的爱情和动物之间的爱情,从本质上来说有一定的相似性,只是生物进化过程的阶段不同,但又有质的区别,从动物进化到人类,有了质的飞跃。人们习惯以鸳鸯来歌颂人类的爱情,可以说是对人类的侮辱,因为鸳鸯只是鸟类,就其进化的层次而言,比人类低太多了!

4. 对动物情感的不同看法

我们对动物有情感是持肯定的观点,在讨论"植物的情感"的时候就已经很明确了。我们赞同的进化论观点,是达尔文在19世纪中叶提出的,在某种形式上已被几乎所有的科学家所接受。这一理论认为,地球上的生命呈现出连续性,这意味着人类和许多其他动物在智力、身体和情感方面有关联。这位伟大博物学家曾说过:"低等动物像人类一样,显然能够感觉到快乐和痛苦、幸福和悲伤"。他相信,我们和我们的动物近亲,以及许许多多非人类物种之间的情感差异只是程度上的,而不是性质上的。

关于动物情感的实验只能是通过大量的观察和感受,而不是控制实验的基础上得到的。虽然有些动物是否有感情迄今未能证实,但从动物也懂得恐惧、防卫、孤寂、失望、伤心、流泪、悲哀、嫉妒、愤怒、侵略、敌对、报复、友好、同情、羞愧、浑然忘我以至期待等等的表情和行为中,我们也没有理由怀疑动物能够有想象或梦想未来的能力。动物或许缺乏表达希望的语言,但隐藏下的感情却可能是人和动物共有的。剑桥大学的贝特森教授亦指出,尽管我们未能进入动物的脑袋,但从它们的行为表现来看,可以相信人类和动物对痛苦等的感觉,是没有很大的分别的。

情感不是人的专利这一观点已逐渐为越来越多的人所接受了。然而,人与动物的情感有没有区别呢？科学家们认为,两者的对比就像彩色画与黑白画的对比一样——没有本质上的区别,但前者比后者复杂得多。长期以来,人们一直认为感情是人类的专利,动物的一切行为靠本能和条件反射。但大量的事实表明,动物也有感情,也有喜怒哀乐,能憎能爱,是通人性的。

也有人认为,动物就是动物,是畜生,动物没有情感,动物没有意识、没有思想、没有精神生活,它们体会不到人类的关怀。这些人对待非人类情感问题的普遍态度是:"不,动物没有感情,或者即便它们有,我们也不能证明,而无论如何,这也不太要紧,因为它们只是动物"。

研究动物的情感世界有什么意义呢?那就是让我们人类在与动物共同拥有的情感天地之中,反思我们对待动物的态度,并建立一种崭新的人与动物的平等和互爱的关系,人类应该学会爱护和关爱动物。其实,研究动物情感也是了解人类情感的基础。

5. 人与动物的情谊

1989年一艘航行在南太平洋的小客轮触礁沉没。20岁的瓦努阿图人罗斯抱着木块在海上漂流了近20个小时后已筋疲力尽。这时一条大鲨鱼朝他游来,不但没有伤害他,反而潜入水中捕捉一条条鲜鱼甩到木块上供他果腹,与他相伴十几个小时,直到援救飞机飞临才离去。在菲律宾海边,当6岁的黑德不幸落水,大家正在焦急时,一条大鲨鱼口中含着昏迷的黑德朝岸边游来,将孩子轻轻放在浅水处就游走了。这种不合鲨鱼本性的行为,令人们百思不得其解,即使是偶然事件。美国亚利桑那州索诺伊农场一个叫贝斯的女孩子与一只狼友好相处了12年。贝斯5岁时,因把一只奄奄一息的狼误认为是狗,抱回家医治抚养。这只狼以后就没有离开牧场,并担任警卫任务,12年来忠心耿耿。可见人有报恩、复仇的心理,动物也能分辨出谁是恩人谁是仇人。尽管狼是一种残忍、嗜杀成性的野兽,可它也知道报恩啊!

关于海豚,人类的评价都不错。海豚不仅能救人于危难之际,而且是个天才的表演家,它能表演许多精彩的节目,如钻铁环、玩篮球、与人"握手"和"唱歌"等等。更重要的是,海豚都有自己的"信号"叫声,这"信号"能让同伴知道它是谁和它所在的位置,便于彼此相互联络。鉴于这些发现,许多科学家们认为海豚是地球上智力最高的动物之一,并称其为海中智多星。

说到底,人本来就是动物,只是各种动物传达感情的方式,只有同种的动物才知道,别的动物也不懂。我们不了解动物的感情正像动物不了解人类的感情一样。造物主创造了这些生命原来是要组成一个和谐共存的世界,由于恶劣的环境和生存的需要才导致了互相厮杀。我们生活在同一个地球上,不仅要与动物和谐共存,人类自己也同样需要沟通与和平。

现代人们饲养宠物成风,增进了人对动物的了解,培养了人对动物的情感,加强了人与动物情感的交流,为建立人类与动物之间更良好的关系、与动物更和谐地相处、实施对动物更有效的保护打下了基础。

第四节 人类的情和情感

一、人类的情和情感源于进化

我们支持生物进化论的观点,所有的生命都是有情的,我们一直主张性伴命而生,所以有"性命"一词。有性就有情,情自然也伴命而生,生命进化的同时,情也随着进化。

情和情感不是人类特有,就跟人类的生理心理以及心灵和精神层面都是源于进化,源于生物细胞的自组织过程的发展一样,而且进化和发展也不会停止,只是时空维度上的某一个阶段而已。

(一) 人类的亲情登峰造极

1. 各类型的亲情

人类的亲情已经不仅是有血缘关系的人之间存在的感情,也指亲密、感情深厚的人之间的情义。父母和孩子之间的感情、兄弟姐妹之间的感情,这些都是有血缘关系的亲情;还有非血缘关系的亲情和血缘间(父亲和母亲间)的亲情。具体分类如下:

```
       ┌ 血缘亲情 ┬ 上辈亲情:子亲(子母,女父亲情)
       │         ├ 同辈亲情:同胞(兄妹,姐弟亲情)
       │         └ 下辈亲情:亲子(父女,母子亲情)
亲情 ──┤
       ├ 血缘间亲情:孩子出生后,夫妻之间的亲情
       │
       └ 非血缘亲情 ┬ 友情深化
                   ├ 爱情延伸
                   └ 亲情替代
```

(引自《人类爱情学》)

亲情与其他各情一样都有亲疏之分,一般而言,血缘亲情亲密于非血缘亲情。血缘亲情一般又与代际的远近有关,越近则越亲。亲情也跟其他的情一样,与接触的密疏有关,尤其是早期的接触越密切,亲情越浓郁,孩子与奶妈、保姆或养父母的亲情常常会超越生身父母的亲情。可见亲情的产生,除了遗传、个体间的相似和观念上的原因之外,更主要的是早年的认同、早年的相帮相助,同苦同乐,相依为命。在生命脆弱的早年,孩子最大的需要是生存,是生命的安全和保障,俗话说"有奶便是娘",亲情也就自然而至。

人类的亲情有两个特点:一是互相的,不是单方面的,母爱是亲情,爱母也是亲情;二是立体的,不是专指母女情,也不是专指父子情,如父子(父女)情、母子(母女)情、手

足情(兄弟姐妹)、祖孙情(祖辈与孙辈),甚至朋友之情,都可以是亲情。"亲情"重在"情"字,不是亲人也可以有亲情,有血缘关系也不一定有亲情。

父母对子女的亲情是爱其强,更爱其弱,一个断了腿或又瞎又聋的孩子,父母爱他会更加倍。而爱情就不然,爱情乃爱其强,不爱其弱。父母对儿女爱护的时间太久、太久,从儿女呱呱落地到长大成人,一直延伸到儿女的下一代、再下一代,所以亲情中最主要的应是父母对子女及其后代的感情。这是持之最久、爱之最深,也是最真心的一种情感。其他的情得到升华后也都会成为亲情。

非血缘亲情是指没有血缘关系但有亲人关系,非血缘关系的亲人间也可以培养出亲情,如寄(抱)养子女与继父母之间的亲情情感,还可以是友情的深化发展,或者是爱情的延伸等。另一种情况是在夫妻有了孩子以后,形成另一种特殊的亲情关系,我们称其为"血缘间亲情"。这些非血缘关系亲人之间的情谊深重,与亲情无异,甚至有过之而无不及。

婚恋关系中有一种特别的亲情,我们称其为"亲情替代",虽然不是亲情,但感觉上就是亲情,相处时亲密无间,体验是亲人一般的温暖。亲情能否被替代,必须有两个条件:其一是像亲人,因为对方像亲人,很自然就会激活小时候与亲人相处时的亲情感觉,重返幼年的体验之中;其二是对方赋予的情感与亲人赋予的情感相似,会自然通过这种体验联系到自己幼年的亲人。两个条件若同时具备,则是完满的亲情替代,若只具备一条,则是一种不完满的亲情替代。

亲人的相似、情感的相似,程度各异,替代的程度差异可以很大。越相似,感觉就越亲;相似程度越差,感觉自然越不亲,或越疏远。

2. 亲子亲情

1)母爱和母子依恋

母爱是人类最纯洁、最无私、最珍贵的情感,每一个孩子无不享受着母亲给予的幸福和快乐。长长的人生之路,因为有了母亲的教育、引导、扶持,而变得那么自信和顺利,无论你走到哪里,她都伴你延伸、顺畅,那悠悠的牵挂、那谆谆的叮咛,为你指点迷津,护你一路远行。

儿童心理学家把学前儿童的心理发育分成依恋期(0~18个月)、探索期(分离期)(18个月~3岁)、自我的确认和能力的形成期(3~7岁)三个阶段。孩子在这三个阶段中受到父母的不同对待和不同的环境影响,就会形成不同的人格特点,影响其一生,尤其是对成年后的情感生活影响甚大。早期母子的依恋关系,决定了孩子将来成年后的情感类型,也决定了孩子成年后在婚姻中的依恋类型。

2)父女亲情

在恋父情感的主使下,父女之间的亲情常常有超过母女亲情之势。父女亲情和母子亲情一样会极大地影响子女日后的爱情生活。我国传统的婚姻模式中,男女的年龄差异是男大女两三岁,在一定程度上体现了女人普遍的恋父情感的因素。在老少配合的婚姻中,男大于女的模式占绝大多数,也是女人需要父女亲情的证明。

人类的亲情持续终身,坚如磐石,是人一生中最持久、最牢固、最珍贵的情和情感,也是无敌的。任何情和情感要跟亲子之间的亲情较量,差不多都会以失败而告终。

植物为了花粉顺利受精也做了很多努力,例如开出鲜艳的花,分泌甜甜的花蜜,吸引昆虫、鸟儿或其他动物帮助授粉;动物章鱼的护卵,黑鱼、鳄鱼和其他动物的护子行为,尤其是高等动物对后代的抚育、保护和教育培养,甚至苦苦地陪伴幼仔许多年,也确实感人。

(二) 人类的性情和恋情

1. 人类的性情

生物进化从植物开始就有了与性相关的情,动物由于性吸引普遍实施乱交,一旦性对象趋向于固定,我们认为就有了性爱。就性生理、性心理而言这是一种进化,是人类的性爱成长为人类爱情的基础。不少动物夫妻相互忠诚,一生一世不移情,有人说那就是爱情。当然我们也没有理由完全否定这种说法,但要说动物的爱情能爱到心里头,像人类一样爱得死去活来,爱到心灵的深层,我们持疑。动物,尤其是鸟类动物,大脑和神经系统的容量和进化的层次是很不够的,绝对不可能达到人类的进化和大脑发育的水平。所以就动物的爱情表达的现象而言,说动物的性情和性爱也就很适当了,硬要勉强说动物有爱情,那也只能是爱情的雏形。当然有些人还不能接受这样的观点。

若人类进化只停留于动物的性情或性吸引,就不可能拥有真正的爱情生活。只为了性满足或只是为了生育孩子,那寻找性伴侣或者是并无爱情的一般般的婚姻,也就可以了。

2. 人类的恋情

我们在前面已经说了,恋情即带有留恋或爱恋的感情,它的范围比爱情更广阔,但是也包含了爱情在内。恋情并非没有目的、没有方向的,或者单纯是朦胧和暧昧,在很多语境下,恋情和爱情的含义几乎相同。恋情一词亦有可能表达了对某个客体(通常是物)的怀恋和依恋。

恋情也可以在亲情的基础上产生或派生。儿子恋母是基于母子亲情的过于浓重;女儿恋父,自然在有强烈父爱体验的基础上产生;兄妹、姐弟相依为命,亲情浓烈,依恋之情自生,于是形成了兄妹恋情、姐弟恋情等等。

真正的人类的恋情是在一见钟情的基础上产生出来的。它跟儿时的亲人之恋密切相关,是心理深层的一种真实的恋情,即在童恋基础上产生的一种成人恋,是一个人一生恋爱的基础,一生真正爱情生活的基础。

恋情亦可以由友情而升华。青梅竹马的同学或同事而成恋人者,大多起初就具有童恋的影子，而后成为朋友，友谊发展了、深化了，很自然产生恋情，而成为情人或夫妻。

友情深化发展，升华为恋情，有时也呈现出一些异化现象，如与同性的友情升华为恋情，以及恋老、恋童、恋兽（包括宠物）等，可能是因为有异常行为的学习，或有相似的环境或刺激因素的影响，从而有性行为或性欲强弱上的异常变化等。

二、真情真爱的人类爱情

人类的爱情是源于生物又超越于生物，既保留了动物的性爱和情感，更具有人类自身极大的超越和发展。在人类爱情原有研究的基础上，我们提出中国人的爱情三元素理论，即性爱、情爱和心爱，并对爱情三元素的相互关系和相应的组合模式做了进一步的探讨，提出广义的人类爱情生活的新理念。人类的性与生命同在，人类的爱情同样与生命相伴。爱情经历童恋、初恋、成年恋和黄昏之恋的漫长岁月，陪伴着每个人的一生。

我们认为，爱情是相爱男女的性爱、情爱和心爱的结合、互动、提升，达到身、心、灵融合的极致体验状态。人们会问这种体验是什么，我们说只有体验过的恋人才会真实地告诉你，那就是裴多菲所言的爱情，那就是梁山伯与祝英台、罗密欧与朱丽叶的爱情写照。

爱情体验是一个高级别的、暂时还找不到合适的文字来确切形容的一种"许多良好感觉综合的极致体验"。我们认为要彻底改变人类认识爱情的误区，探索、研究从潜意识的更深层面寻觅爱情之源，致力于把成年后的性欲、情欲重建于原欲和原始亲情（童恋）满足的基础之上，也就是让现时欲望的满足与童年幸福美满的体验融合在一起，成为人类特有的身、心、灵愉悦体验的极致状态。

爱情是人与人之间的强烈的依恋、亲近、向往，以及无私专一并且无所不尽其心的情感。它通常是情与欲的对照。这无疑与童年和亲人之间有的一种真实的情感相关，没有这一个潜意识的情感基础，是很难培养出如此深邃的情愫来的。

真正的人类爱情把相爱的两个人凝结在一起，就是要强调爱的链接。单纯的性跟动物的性，甚至跟植物的性是同一回事；单纯的情，只是人之常情，可能是人与人之间比友情还淡然的一种情感；单纯的性和爱链接成性爱，只能构建性伴侣的关系；单纯的情和爱的链接成情爱，只能是精神恋爱的心理基础。只有性爱、情爱和心爱的链接，才能建构真正人类的爱情基础。

爱情关系发展到一定的阶段，各种情感升华融合，形成亲密伴侣之间牢不可破的一种终身的情感，类似于恋情更重的一种血缘亲情，使夫妻关系类似于一种亲人关系，更加牢不可破，更加亲密无间，使夫妻可以白头偕老、终身相伴。这就是我们说的基于爱情又高于爱情的"伴侣之情"。

三、人类的需要

(一) 马斯洛的人类需要的层次理论

需要是人对客观事物的要求在脑中的反映。机体为了生存和发展,必须与客观事物保持积极的平衡,这种平衡被破坏引起紧张的状态,反映到脑中就产生需要的主观体验。需要可以是对需要对象的缺乏或丧失——剥夺的体验,也可以是对需要对象的期望的体验。需要可转化为欲望或欲求。

我们在前面把人类的欲望归纳为"新六欲",即信息欲、物质欲、安康欲、尊重欲、爱情欲、成就欲,其实也就是或者近似于马斯洛提出来的人类的需要层次理论。

人本主义心理学创始人马斯洛在 1954 年提出了"需要层次论",他认为,人类的需要依照由低到高不断递进的顺序分为若干个层次,层次越低的需求,其强度越大;层次越高的需求,其强度越弱。

1. 生理上的需要

这是人类维持自身生存的最基本要求,包括饥、渴、衣、住、性和信息的方面的要求。如果这些需要得不到满足,人类的生存就成了问题。

2. 安全上的需要

这是对安全和健康的一种欲求。身体的、心理的健康是生命存在的安全保障。

3. 归属与爱的需要

我们说的"爱情欲"包含了这方面的需求。一是一般情感上的需求,即需要在一个融洽互尊互爱的群体中有良好的归属感;二是人人都希望得到爱情,希望爱别人,也渴望接受别人的爱。

4. 尊重的需要

即我们说的"尊重欲",尊重的需要又可分为内部尊重和外部尊重。

5. 自我实现的需要

我们说的"成就欲"包含了一个人的事业成就、名誉地位,尤其是自我价值的最完满的实现。这是最高层次的需要。

(二) 人类的情需要

1. 普通人的分类

关于感情的需要,这是一个复杂的问题,从需求层次角度来讲,情感需求分三个阶段:

第一个阶段:温饱需求。在这个阶段人的情感需求是一种渴望交流和认可的一种状态。人在无助的时候和在接触新环境的时候,这种情感最强烈。

第二个阶段：社会需求。作为一个个体来讲，在社会中有他的社交圈，和外界的沟通同时就是一种情感的释放。这种释放当外界给予肯定时，情感就为正，心情就好，反之就不好。

第三个阶段：自我实现的需求。在这个阶段的人基本是控制情感的，因为他们对情感有了更深的认识，在这个认识的基础上去帮助其他人去平衡因情感引发的一些问题。

这三个阶段是随着外界的条件和个人自身的修养等而随时转换的，不论身份地位，有钱人或是穷人，因为需求不同，每个人的情感也不会相同。可见情感的表达会有不同的维度。

2. 哲学家的分类

哲学家根据价值的层次的不同，把情感分为以下四大类：

温饱类情感：包括酸、甜、苦、辣、热、冷、饿、渴、疼、痒、闷等；

安全与健康类情感：包括舒适感、安逸感、快活感、恐惧感、担心感、不安感等；

人尊与自尊类情感：包括自信感、自爱感、自豪感、尊佩感、友善感、思念感、自责感、孤独感、受骗感和受辱感等；

自我实现类情感：包括抱负感、使命感、成就感、超越感、失落感、受挫感、沉沦感等。

（三）人类对爱的需要

在弗洛姆的《爱的艺术》里，爱是广泛的，有博爱、母爱、性爱、自爱和神爱，爱不仅限于狭隘的男女爱情。但有趣的是，人们看到"爱"这个字眼时，通常自动或者本能的反应多半是"爱情"，就如同《爱的艺术》里，前言以及第一章都用了较重的笔墨来阐述"爱情"一样。

爱是一种精神状态，一种美的享受。爱是一个抽象的概念，其具体精神或心理体验是感情。爱作为精神状态，是一种甜蜜的、柔润心灵的情感。

爱的对象一般为自然、人、动物等。自然是哺育人类的摇篮，人类对自然的爱是一种本能的情感。人以自身为对象的爱是本质意义上的爱，心灵的相互映射交融是爱的源泉。这种爱同以自然等他物为对象的爱的本质差别在于：这不是一种可有可无的爱，这种精神享受是人的精神生活的基础和主要内容。缺乏这种爱或感情，人的精神状态就会处于痛苦或不正常的状态，甚至影响身体的发育和健康。

精神生活的目的是追求精神享受或欢乐，欢乐与痛苦相依存。最基本的爱作为精神享受，具体表现为感情的寄托。把感情寄托在爱的对象身上，爱和被爱在同一个体身上相互联系而存在，相互有基本的精神关系的人互以对方为自己的感情寄托对象，爱和被爱是一回事。

人类的血亲之爱中母爱是最基本和不可或缺的精神享受，一种永恒的感情寄托，没有享受过母爱（包含养父母）的人在其一生中心灵总是笼罩着一种难以消除的阴影，始终容易处在一种焦虑的氛围之中，这是一种精神创伤。精神创伤往往导致非常的行为，这是孤儿最易做出违反社会秩序行为的原因。

爱既是一种情感，又不完全属于情感，否则"爱情""情爱"就该写成"情情"了，"性爱""心爱"就可写成"性情""心情"，意义完全不一样了。当爱和情叠加——爱情，才是人一生的追求，永恒的追求。

（四）新的六种情欲的需求

古人说，人的一生为"饮食，男女"，简化为"食色，性也"。饮食是为生存，男女是为快乐，有了它们才算是"性命"，才有了自己的人生。

我们综合马斯洛的5个层次的需要和中国传统的"饮食，男女""七情六欲"等内容，重新把人类的欲望归纳为新"六欲"，即：信息欲、物质欲、安康欲、尊重欲、爱情欲、成就欲。

信息欲完全可以归物质欲，古人说"六欲，生、死、耳、目、口、鼻也。"可见，六欲是泛指人的生理需求或欲望。人要生存，怕死亡，要活得有滋有味，有声有色，于是嘴要吃、舌要尝、眼要观、耳要听、鼻要闻，这些欲望与生俱来，不用人教就会。后来有人把这概括为"见欲、听欲、香欲、味欲、触欲、意欲"。这六欲也体现生物欲望进化的一个过程，单列更好。

物质需求容易理解，营养物质和氧气是生理需求，温饱需求也是健康需求。现代人很重视营养，研究如何得到最丰富、最适合、搭配最合理、摄取最容易的营养素，为机体提供物质和能源。

安全和健康需求也很好理解，人人需要安全感，健健康康，有好身体，自然感觉更安全。人人怕疾病，怕死亡，都希望有安安全全、健健康康的生活。

尊重欲。每个人都需要自己的尊重，也需要别人的尊重，得到群体的尊重和认可才会更有归属感，更有自信感。

爱情欲。每个人天生需要付出爱，需要得到爱；需要付出情，也需要得到情，而且越浓郁越好。每个人更需要追求人类爱情，共享爱情甜蜜。爱情里面包含性爱、情爱和心爱，这是比古人说的"男女"更为全面、更为高雅、更为幸福快乐的一种人生追求。

成就欲。这是对自己人生的意义、生命的价值、个人的期望达到一个满意的状态。心理学家、哲学家、人文学家都有此共识。

过去人们常说人生两大需求——食和色，即饮食、男女。我们又加了一条自我价值，一共三个方面。饮食与健康相关，细化为饮食、体象、保健、康复四个方面，简称为"食形健康"；男女与情感相关，细化为婚姻、恋爱、性需、情感四个方面，简称为"婚恋性情"；自我价值与工作奉献相关，细化为工作、娱乐、仁爱、奉献四个方面，简称为"工娱仁献"。

三大欲求实际上也包含了新的"六欲"，包含了一个人一辈子方方面面的需求。其实分来分去，人最基本的需求也就是"饮食、男女、自我实现"。

四、情和情感的系统进化

　　人类情的进化是人类自身进化的一部分,即是与人类的进化同步,成为生物界情进化的顶峰。情的本质是物质的,不管它是粒子的,还是波或场的,同样遵循宇宙物质的演化规律,不管是大到无垠或是小到无微,总之都有它固有的规律。虽然,人们还没有认识到什么样的程度,但肯定是一种客观的存在。当人们提出粒子(夸克)、原子、分子等物质的细微结构的模式,自然地联想大到太阳系、银河系、宇宙甚至更大的无垠的时空境界,都是类似于原子分子的结构模型,可见整个世界就是无穷小的粒子,按照一定的规律(力)自组织成的无穷层次。

　　人类的情和人类的情感情绪是由生物情的进化发展而来。生命的情感和智慧的进化和发展,还有无限的时间和无垠的空间……

第四章 情的个体发育

我们在上一章节讨论了情的系统进化的问题。尽管有人认为情是人类特有的高级精神活动,是人类有别于动物的进化特质,人类的情和情感高级于动物的情感,是物质变精神的生物机能的质的飞跃。我们仍然肯定地说,情的本质是物质的,它仍然要遵循生物进化的历程,从简单到复杂,从低级向高级,不断完善,不断发展。类同于我们人类个体,从精子、卵子到受精卵、胚胎、胎儿、新生儿,到成熟的人类个体的发育过程一样,情是生物的存在,也是大脑活动的产物。人类的神经系统的结构和功能随着个体的发育而发展,情也自然遵循这个发育过程,发育成熟为人类特有的情。

与人类个体和大脑要遵循系统发育的历程一样,个体情的发育也完整地缩影了情的生物(系统)进化的全过程。本章以人类个体发育的现知过程来回溯和验证情的生物(系统)进化的历程。

第一节　情的个体发育概论

一、情发育的概念

1. 大脑结构与情发育

我们把情分为情源、情感、情绪和情欲四大部分，情是一个生物进化到人类后才特别完善的心理过程，既然是心理过程，肯定与大脑的结构和功能密切相关。说到心理过程的发育必然包含相关的感觉器官、信息传递系统、大脑结构和相关功能的健康发育，其中相关脑区的结构和功能的健康发育更重要。

根据现代的研究我们知道，情绪情感反应很大程度上取决于下丘脑、边缘系统和脑干网络结构的功能，其中大脑皮层对认知、情感和各类感觉信息的接受、综合分析，并对皮层下中枢的活动起调节作用。

下丘脑与情绪和动机有密切关系，是情绪和动机产生的重要脑结构。奥尔兹等人发现下丘脑等部位存在着"快乐中枢"和"痛苦中枢"，刺激这些部位，动物会产生愉快或不愉快的情绪体验。脑干网状结构对情绪的激活也有重要的影响。网状结构的功能在于唤醒，它是情绪产生的必要条件，是情绪表现下行系统中的中转站，也是上行警觉激活系统的中转站。由于脑干网状结构的这一特点，人的注意也受到它的影响。边缘系统是情绪体验的重要区域，例如，切除杏仁核可以降低动物凶暴的情绪反应。

可见，相关的感觉器官、信息传递系统、大脑结构的健康发育与情的健康密切相关。如果感觉器官对相关信息的接受既敏感又准确，传递系统对信息的传递既快速又稳定，大脑和相关脑结构对情源功能调节，情能量的产生、释放和传递，对自己的和他人的情信息（能量）的接受、分辨、认识、感知、体验、适度的情感反应、情欲和情绪表达以及相关的生理反应、心理行为等功能健全，即可以说情的发育健康成熟。

2. 情健康发育的促进因素

人们都知道，器官结构的发育从属于人体的整体发育，其促进因素有加强营养、加强卫生保健、体育锻炼等等。促进相关功能的健康发育，就是以"用进废退"为原则，在使用中促进，在训练中提高。不仅要注意相关组织结构的健康发育和完善，更要以功能多用来促进组织结构的发育和功能不断完善。这对情的发育而言更加重要。

二、情源的发育

1. 情源和精子卵子的情

做婚恋情感咨询几十年来我们发现,父母婚姻不好的孩子长大以后的婚姻大部分也不好。父母离婚,他们的孩子将来也可能会离婚,老百姓常常有这么个说法:离婚也能遗传。我们也总想找个原因、讨个说法,难道婚姻也跟遗传有关?

我们研究情,提出了情源这么个词,它的来源在哪?每个人成年以后的情和爱都是不同的,除了早期环境和教育的影响,还有一个根本所在,那就是遗传的物质基础,这遗传物质毫无疑问存在于精子和卵子中!所以,我们鼓励人们尽力寻找爱情,不仅是为自己和配偶的一生能有美好的婚姻生活,同时也是考虑为将来的孩子能有健全的人格基础,是一个情和爱都健康、丰富的男人或女人,同样也希望他们的将来也能有自己美好的爱情生活。

我们前面说了植物就有情,情随着命而生,精子、卵子也有情。人类的卵子成熟后,由卵巢排入腹腔,进入输卵管的壶腹部等待精子。精子射在阴道的后穹窿,需要洄游到宫颈口,穿过宫颈管的黏液栓进入子宫腔,寻找卵子在的一侧输卵管开口,沿着输卵管前行,找到卵子,实施受精。是何种力量在吸引精子?是亲情和性情,它们之间存在异性吸引力。相爱的一对男女,又是拥有真正人类爱情的一对亲人、情人、恋人,同样也拥有一对有真爱真情的精子和卵子。一对恋人会"千里有缘来相会",同样,源之于他们的精子、卵子也有强烈的趋向结合的需求。情浓爱浓的男女结合产生爱情,情浓爱浓的精子卵子结合成受精卵。你能说受精卵无情无爱?

受精卵肯定有情有爱,而且它的情和爱取决于精子和卵子所具有的情和爱,相应的就应该取决于精子和卵子提供者的情和爱。若准父母是挚爱和伴侣情的结合,他们的受精卵则已经具有最高品味的情(源)和最真诚的爱(源),相应的,以后情感、情绪、情欲的发育就有了最良好的一种基础;倘若只是性情和性爱的结合,受精卵的情源、爱源以及日后情感、情绪、情欲发育的基础都是一般般,没有浓情蜜意;倘若是最低等的爱,如原始的人爱、物爱和厌恶、仇恨等负面的情源的结合,受精卵的情源、爱源以及日后情感、情绪、情欲发育的基础就是更低的层次,或者更差了。当然,这里说的仅仅是基础,就跟受精卵本身的发育一样,很大程度上与自身的遗传基础有关,还与母亲子宫的内外环境密切相关。

2. 情能力的锻炼

情源是产生情信息或情能量的源头,其中枢应该在脑组织里面。我们知道生理、心理的组织结构和相关功能都遵循"用进废退"的发展原则,人们都知道要身体健壮必须进行体育锻炼;要有坚强的毅力必须经历些挫折教育;要培养特殊能力必须早期发现、专项培养等等。同样,情源有好的物质基础,没有早期的良好环境和教育,情能力的发育和发展都会受到不良影响。这一点事实上人们早已经注意到,就是没有说清楚。例如,人们很重视亲子情感的培养,从胎教的时候就提出要加强母子之间情感的交流,婴儿期的教育特别注意母子关系的培养。尤其是在孩子一岁半以前的儿童依恋期,尽量避免母子分离的时间,尽量减少孩子分离焦虑的发生。当然这些都是正向的。那么这个阶段的挫折教育怎么做,如何也给孩子一定的反面的影响?关键是如何科学把握好!父母都接受一些专门的训练可能会更好一点。例如,孩子的哭泣,表达了孩子某些方面的饥渴或需求,孩子饿了或马上喂,或迟一点喂;孩子需要点成人的关爱,可以马上去抱或者迟一点抱等等。把握得好,对孩子的人格发育和情能力的发育、发展都是很有利的。

3. 早期家庭环境的影响

婴儿早期的家庭环境影响着孩子的感觉器官的发育。除了视、听、嗅、味觉器官的发育,大家都知道孩子还会有皮肤饥饿,需要经常有人逗逗他、抱抱他、抚摸抚摸他。显然,家庭环境主要是父母所缔造,即父母的人格、行为、个性,亲子关系,父母的婚姻,父母之间的关系,父母和子女的交往,其他家人和孩子父母的交往、和孩子的交往,家人之间的交往,家人各自的文化、品行和相互关系等等,所缔造的家庭文化对孩子的情的产生、释放和传递,对孩子对父母和其他亲人传递来的情和爱的接受、感知和分辨、体验,并做出反应的能力以及不断提高的过程都会产生影响。

4. 情源需要一个健康的发育和成熟的过程

仅就情源的健康发育而言,情源的组织结构的健康发育更为重要。虽然目前并不知道情源在大脑的什么部位,但整个大脑和神经系统的健康发育是前提,是基础。相关的认识能力、感觉能力、分析综合能力等等,各方面的健康发育都对情源的健康发育有重要影响。注意感觉器官、大脑、神经系统的组织结构和相关功能的健康发育,才能保证情源的健康发育和成熟。

三、情感的发育

我们所说的情感仅指对情的接受、分辨、认识、感知、体验的心理过程。众所周知的"眉目传情"是通过眼睛接受了携带情能量的光线,经过相关脑区的分析认识其中的情能量及其性质。例如跟性有关的性情,跟亲人有关的亲情,跟朋友有关的友情,并为产生相应的情反应(即回应的情能量)或者相应情感表达(情绪)做准备。可见情感也是一个需要不断的发育并不断成长、不断趋向成熟的过程。

我们在第一章里讨论过哲学对情感的理解是与价值密切相关的,但是哲学家们对情感的进化分期也源于生物进化的理念,在这一点上与我们的观点相似。当然我们讨论的情感发育是仅指对情的接受、分辨、认识、感知、体验的心理过程,自然涉及相关感觉器官、感觉能力、大脑神经系统,特别是相关脑区结构和功能的发育。我们从植物、动物到人类的系统进化和本章人类的个体发育过程就可以看到人类情感的发育遵循了系统发育的过程。

四、情绪的发育

情感是内在的体验,表达出来的就称为情绪。人最常处在意识层面,对情感的调节最主要体现在对情绪的调控方面。所以可以说情绪的发育是否健康主要看情绪的调控能力是否成熟、是否有力。能经常有效地调控好自己的情绪,减少负面情绪对自己的伤害,增加积极情绪给自己带来健康的情感生活,能给自己带来事业上更多的成功,带来社会上更多的肯定,也给家庭、单位和社区带来更多的和谐,当然也给子女树立了良好榜样,良好的情绪教育有利于他们良好的情绪调控能力的培养。

情感主要是脑的功能,完成对情能量的接受、分辨、认识、感知、体验的心理过程。情绪主要也是脑的功能,但是涉及的下级中枢、神经调节器官较多且广泛,协调机制也比较重要,还容易受到意识层面的干预,因此促进情绪的健康发育要注意的方面相对比较复杂而广泛。

在情绪的表达能力方面,很重要的是程度的把握。负面情绪要适度地节制,过分节制会出现抑郁的表现,还要有适度的宣泄。有时候兴奋的情绪也需要适度地节制,不能放纵,过分高兴往往表达为躁狂,甚至发生异常行为。情绪不仅是对情感的精准表达,更要有适度而有益的意识的调控。情绪的成熟,不仅体现情的成熟,也极大地体现个人的品行、风貌,体现个人人格的成熟。

情感是人内部的心理体验,受小时候形成的所谓"内部工作模式"的影响比较多,即感觉(潜意识)的成分比较多。情绪是这种体验(情感)的外显或表达,受文化和环境的影响相对较大,受意识的调控比较多。情绪的发育自然也就代表了情感的发育。通常人们把情绪的发育分为四个阶段:

情绪发育的第一阶段是体验阶段,即情绪体验。这是婴儿期(0~1岁)孩子接受外来刺激后,会产生的相应的情绪反应。

情绪发育的第二阶段是调节阶段,即情绪调节。幼儿期(1~3岁)的孩子会走路了,常常会被一些好玩的东西吸引,便会主动接近。遇到自己不喜欢的场景会主动离开,或者会主动去寻找妈妈爸爸,寻求安全。此时的情绪调节有本能的意味,还比较简单。

情绪发展的第三阶段是思考阶段,即情绪思考。学前期3~5岁的孩子学会了语言,能思考情绪。孩子能表达自己的情感情绪,而且能够通过观察判断他人的情绪。这个阶段是情绪发展的关键阶段,是从情绪他控走向自控发展的阶段。

情绪发展的第四阶段是管理阶段,即情绪管理或情绪控制。这一阶段在儿童5岁以后,持续于整个小学阶段。孩子的认知发展水平到了一定阶段,其情绪发展与认知发展是同步进行又是相互作用的,此时孩子能反思自己的情绪、思考他人的情绪,而且能意识到怎样控制自己的不良情绪,适当发泄自己的负面情绪。

学龄期的儿童不仅会产生更多的情绪体验,情感内容也会不断丰富,同时也会产生高级情感,如道德感、责任感、集体荣誉感等。

五、情欲的发育

我们提出情欲的新的概念,参考了马斯洛人类需要的五个层次的理论,在原六欲基础上增加了相关内容,把人类的欲望归纳为新"六欲",即信息欲、物质欲、安康欲、尊重欲、爱情欲、成就欲。新"六欲"满足人体的各种信息的需要,满足人们对营养物质、水、氧气和能量的需求,对性和生殖繁衍的需求,对安全、交往和爱的需求,对归属感、尊重感和自我实现感的需求等等,都是人的正常需求。

对于人类的正常需求,应该给予合理的满足。不要压抑,因为得到基本的满足,才能保证基本的健康状态。得不到基本的满足,就是不健康状态,但也不能过分放纵。过分放纵了任何一种欲望都会产生相应偏好甚或癖好,例如产生秽语淫癖(听)、窥阴癖(视)、摩擦癖(触觉)、恋痛癖等等。相应的欲望过分低下也不好,例如,厌食症患者讨厌进食,焦虑症患者缺乏安全感,社交恐惧症患者回避交往,性恐惧、婚姻恐惧者回避拒绝爱情,疑病症患者否定健康,抑郁症患者眼前一片黑暗……情欲恰到好处、平衡发展,才能有利于情健康,有利于身心健康。

人类的情源、情感、情绪、情欲即情的健康发育和人的身心发育一样,需要良好的遗传基础,丰富的营养物质,适宜的环境条件和科学的教育引导才会使包括情在内的整体的身心发育更加健康和完善。如果没有良好的发育条件,又存在不良环境和教育因素的干扰,或者导致生理心理的发育迟滞,或者导致功能的不足、障碍,甚至产生相应的疾病;就心理学层面而言,可以导致人格发展不健全、各种能力(包括精神)发育迟滞、心理障碍乃至疾病。例如情感情绪的失控或者反常的表达,常常是疾病的表现。

第二节 胎儿的子宫情

一、胎儿有情的生理基础

1. 胚胎发育过程

精子和卵子成功地结合了,合子开始分裂形成一个小球称作胚种。3天后,这个小球中大约有60个细胞。这个胚种充满液体,随后分成3个不同的层:上层或外胚层,后来发展成为表皮、指甲、头发、牙齿、感官及神经系统;内胚层,将发育成消化系统、肝、胰脏、唾液腺和呼吸系统；中胚层，最后成为真皮、肌肉、肌腱、循环系统和排泄系统。

约受孕后一周，胚种附着在子宫壁上。再一周后，移植的胚种发育为胚胎。

胎盘就在母体和胚胎间形成。通过胎盘，母亲给胚胎供氧和营养物质，胚胎也可以把它血管中的废物送还给母亲。在胎盘中，有来自两个循环系统的上千个小血管，只要很短的时间，血液就可以分散到分支小血管。物质可以穿过血管壁自由漂浮，但母体中的许多有毒化学物质和药物很难渗透，伤害不了胚胎。

胚胎通过脐带与胎盘相连。胚胎阶段的发展展示了一个从头到脚、由近及远的发展模式。在胚胎期，心脏已经形成，胚胎内也已形成一个小的消化系统和神经系统。

在第8周末，羊膜囊发展了。囊是一个不光滑的充满咸液体的袋子，它完全围绕着胚胎并给它以保护。胚胎安详地漂在其中直到胎儿降生。

8周以后的胚胎叫胎儿，开始了手指、指甲、眼睑、眉毛等的发育过程。眼睛在这个阶段完成它们的主要发展。在第26周时，大部分生物特征也变得更像人。

第3个月末，胎儿已能同时移动他的头、腿和脚了。在第4或5个月，母亲可以感受到胎儿的活动，或在她子宫中的移动。第7个月时，胎儿会哭喊、呼吸、吞咽、消化、排泄、移动等。第8个月时，胎儿开始长脂肪，增加体重。

2. 胎儿有感官和大脑发育的基础

既然精子、卵子和受精卵都是有情的，胚胎也应该是有情的，只是目前还没有人去做这方面的研究，也确实不知道如何去观察去研究胚胎的情。作为情源，或者说今后表达情、情感、情绪、情欲的组织基础是存在的，能量、运行、表达和接受的机制及程序等发育的始点也都是存在的，只是还没有具体的方法和指标予以观察、研究和取证。

胎儿深居子宫内，并不是闭目塞听的混沌一团，他的神经系统和各种感觉器官在出生前已经趋于完善，因而能够对母体内外的各种刺激做出反应。

现已证实，胎儿大约在6个月的时候就具备了听声音的所有条件。胎儿经常听到的是：血液出入胎盘的湍流声，母亲心脏的跳动声，肠道气体的咕噜声，母亲说话的声音，以及外界的各种乐音和噪音……这所有的声音构成了一组别具一格的交响曲，使胎儿做出一定的反应，使母亲感到胎动的变化。

据观察，孕妇与人吵架，胎儿也会"激愤"起来，在娘肚里"拳打脚踢"，其实这是胎动的增加。母亲行走在繁华的大街上，强烈的汽车喇叭声会使胎儿感到不舒服，引起胎儿剧烈的胎动，予以"抗议"。在音乐会上，当孕妇沉溺于悠扬动听的轻音乐中时，腹中的"小听众"也被诱发出柔和而有节奏的动作；而观众席上爆发出的雷鸣般的掌声，却往往引起胎儿受惊般地躁动不安。

到了第4个月时胎儿对光线已经非常敏感。研究者曾用手电筒一闪一闪地有节奏地照射孕妇的腹部，发现胎儿会睁开双眼，把脸转向有光亮的地方，胎儿的心跳也随之发生有规律的变化。从胎儿的脑电图上可看出大脑对光的闪烁产生的反应。

胎儿的触觉甚至早于听觉。研究者用胎儿镜观测发现,如果用一根小棍触及胎儿的手心,他马上就能握紧拳头。根据超声波图像,子宫内的男性胎儿阴茎居然能够勃起。这些充分证实了胎儿触觉功能的存在。

胎儿当然也有味觉。在妊娠4个月时,胎儿舌头上的味蕾已发育完全,可以津津有味地品尝那稍具咸味的羊水。新西兰科学家艾伯特·利莱用一个简单的实验证明了这一点。他在孕妇的羊水里加入糖精,发现胎儿以高于平时一倍的速度吸入羊水;而他向子宫注入一种味道不好的油时,胎儿立即停止吸入羊水,并在腹内乱动,以表示他的不满。

既然胎儿能对母体内外的各种刺激做出相应的反应,那么,母亲的居住环境、言谈举止、耳闻目见、喜怒哀乐,都应该给胎儿以有益的影响,不要以为胎儿无知无觉而不加约束。同时,还要充分利用胎儿有各种感觉的特征,自觉地提供有益的熏陶和教育,积极促进胎儿身心的健康发育。

怀孕后仅仅16天,胎儿的神经板块就形成了(可以说是形成婴儿大脑和脊髓,也就是中枢神经系统的基础),紧接着神经管会成形,在怀孕6~7周时孵化出脑的雏形,即我们所说的前脑、中脑、后脑三个部分,连接后脑的脊髓也会逐渐形成。此时各类神经元的交触发展就会创造出宝宝的早期胎动。

孕中期(13~27周)时宝宝的神经已经被正在持续生长的髓磷脂所覆盖,这能够更好地保护和加速神经细胞之间的信息传递。在孕中期的末尾阶段,小宝宝的脑干会基本发育成熟。胎儿会眨眼睛,听到外界声音,甚至有些宝宝已经开始做梦了(大部分婴儿的睡眠脑波动在怀孕28周后显现)。

孕晚期:(28周~出生)时可以说是胎儿脑功能发育最为迅速的时期。各类神经元积极生长和彼此联结。脑的重量也会加速上升,在最后13周内整脑的重量会增加3倍,达到约0.3千克。脑的外观也由较为光滑而变得越加凹凸不平。

与此同时,控制肢体运动的小脑也在飞速成熟,在最后的16周内面积会增加约30倍。这也有利于负责高阶功能运作的大脑皮层的快速发育。

怀孕的最后阶段对于人类大脑皮层的充分发育最为关键,而这个部位的成熟所带来的好处会在婴儿出生后逐渐显现。

二、胎儿情的活动

胎儿的情当然存在,因为有准母亲们明确的感知、胎教工作的长期实践、科学家们仔细的观察和细腻的研究,对胎儿有情已无异议。

由于感官和大脑及神经系统的良好发育,胎儿对内外界信息的接受、综合和反应能力不断提高,相应对情和爱的表达、接受及情感、情绪的产生过程都不断发展,越来越趋向于成熟。

对于胎儿有没有思想活动,有各种各样的说法。孕妈在怀孕期间有诸多注意事项,以免影响胎儿神经系统的发育。那么胎儿什么时候有思想呢?

要把情感或感觉转换为情绪,需要有一个感知过程,而且要求大脑皮质具有复杂的"心算"能力。胎儿在6个月以后,开始具有明确的自我,并能把感觉转换为情绪。这时,胎儿的性格才逐渐通过母亲的情绪信息传递得以形成。随着胎儿识别能力的提高,理解情绪的能力也会不断增强。胎儿就像一台不断被存入程序的计算机,最初只能解开极其简单的情绪方程式,但是,随着记忆和体验的加深,渐渐会解开更复杂的"思维线路"。胎儿6个月以前,所受到的影响,虽然不能说是全部,但大部分都是躯体上的。在这一期间,胎儿的意识很少受到应激反应的影响。这是因为胎儿的大脑尚未成熟到将母亲的情感信息转换为情绪的地步。比如说,发怒是原始的情感。这一情感,只有当胎儿在大脑更为高级的中枢中捕捉到鲜明表象和特征时,才会转换为复杂的情绪,若想产生出复杂的情绪,胎儿必须首先感知母亲的情感,并对其加以分析,然后才能做出适当的反应。

三、胎儿情绪的表达

1. 胎儿会哭会笑

孕妈在十月怀胎的过程中,肯定不止一次在想:自己的宝宝在做什么?他会有什么样的情绪?是否健康呢?其实,宝宝在肚子里面的时候就有自己的作息时间,会自己玩耍,同样也会有各种各样的情绪。科学家首次使用4D超声波成像系统进行胎儿试验时发现,婴儿在出生前数周就已经会大哭不已了。

研究专家认为,胎儿哭大多发生在妊娠末期或临产之前。他们可能在还没有出现在分娩室前,就已经在子宫里哭过第一次了。胎儿哭有很多的原因,可能是因为胎儿的视觉神经和听觉神经逐渐发育后,受到了外界的刺激,感觉到了不舒服,所以才会用哭泣来表达自己的不满;如果羊水太少,造成缺氧的情况,不适感也会导致胎儿用哭泣来向妈妈求救;胎儿在玩闹时有一些不顺心,也会选择哭泣。

胎儿在出生前数周就学会了微笑。科学家在使用4D彩超时,已经捕捉到难得一见的胎儿出生前微笑的画面,而且还看到他们会眨眼。有时,在做B超时,也会看到胎儿的笑脸,特别可爱。

胎儿为何会笑?胎儿在玩耍过程中或者与妈妈互动时,都会有开心的情绪。专家认为这是一种情绪或生理反应,是为帮助胎儿出生后适应外面的世界所做的准备。但出生后数周的婴儿为什么却不会笑?对此研究专家解释为,这种现象可能意味着胎儿在子宫中时是无忧无虑的,不受到什么干扰,而出生后数周内因置身于一个全新的陌生环境中,受到了一些"创伤",所以他们就不会笑了。

2. 胎动和发脾气

胎儿在子宫里生活,不仅心血管和胃肠道的肌肉经常处于有节律的活动中,其他肌肉也会有频繁的活动,身体尤其是肢体的活动也是比较频繁的,人们称其为胎动,准妈妈一般都很熟悉自己胎儿宝宝的胎动。在孕期,胎儿宝宝和孕妈是最亲密的两个人呢,彼此之间任何的异动对方都可以感知出来,胎动的减弱或增强都会引起孕妈的注意。其实胎动的情况与胎儿的情绪很相关,不要觉得子宫里什么都看不见,就没有情绪,实际上他也会有喜怒哀乐的情绪,不过胎儿的情绪大都是受孕妈的情绪所影响的。如果孕妈情绪不好或者生气的话,那么体内的肾上腺素就会飙升,从而使血压升高,胎盘血管就会收缩,胎儿宝宝感知到后也会做出相应的变化,最明显的就是胎动突然加快。胎儿的情绪好坏,其实从胎动就可以看出来了,所以孕妈要尽量保持好心情,这样胎儿宝宝的情绪也会很好,有助于他的发育。

说起胎儿会发脾气,肯定让很多人觉得匪夷所思,但事实上确实如此。研究发现,胎儿在妈妈子宫里时,就能对母亲十分细微的情绪变化或不同情绪做出反应。妈妈的不良情绪,对胎儿的情绪影响是最大的。

3. 母亲和胎儿之间相互影响

古语云:母孕宁静,子性和顺。十月怀胎,宝宝天天待在妈妈的子宫里,母子之间的感应作用很强烈。不少孕妈都有过这样的体验:当听着自己喜欢的悠扬音乐,看着优美的散文时,宝宝也在有节奏地活动身体;而当自己特别紧张或者生气时,宝宝就会"拳打脚踢"地反抗。看来胎儿虽然深居"宫"中,却并非"两耳不闻宫外事"。

都说母子连心,这句话不是没有道理的。别看胎儿还小,其实他的感知能力特别强,所以孕妈情绪的起伏变化,对胎儿是有影响的。如果孕妈开心的话,身体机能就会处于比较稳定的状态,促进血液循环,胎盘就能正常地给胎儿提供氧气和营养物质,所以胎儿就会又快又好地发育着。

胎儿3个月时,虽然看起来几乎不会受到"双重型""冷淡型"母亲复杂的情绪信息的明显影响,但可认为胎儿会在原始的水平上感受到不快,而且这恐怕会对胎儿的今后发展产生极为深刻的影响。

目前有人仍认为,怀孕6个月以前,母亲对胎儿的影响大多数是身体上的。怀孕6个月以后,这种影响多是精神上的。这是由于胎儿6个月后大脑发育趋于成熟,开始有明显的自我意识,并能把感觉转换为情绪,能感知母亲的喜怒哀乐。当受到外界的压迫时,他会猛踢子宫壁,以示抗议;听到讨厌的声音后,他会因为不愉快而躁动,或拼命吸吮手指。我们认为整个的孕期都是一样的重要。

在长达9个月的胎儿期内,由原生质这种小得几乎无法辨认的"点",演变成具有复杂的大脑、神经组织以及躯体的人体。与此相同,胎儿的精神也是由无意识的存在,发展为能够记忆和理解错综复杂的情感和情绪的存在,与母亲的情和情感联系进一步加强,为母子的情感依恋打下良好基础。

第三节　新生儿的母子情

一、新生儿的身心发育

1. 新生儿的生理特征

软弱、娇嫩是新生儿解剖生理上的突出特点。但是他生长发育非常迅速,我们仅从与心理活动有密切关系的几个方面来看。

幼儿出生时身高约为 50 厘米,体重约为 3～3.5 千克。出生几天后,体重略有减轻,第二周开始恢复,之后体重迅速增长。

新生儿的皮肤比较细嫩,很容易受伤。新生儿的骨骼非常柔软,构造与成人不同:所含无机盐少,水分多,血管丰富,所以弹性较强;硬度不足,不易折断,但易弯曲,很难支持身体动作,甚至支持不住头的重量。新生儿的内脏器官也没有发育成熟。总之,新生儿需要成人的精心照料,对他们的饮食起居应该特别细心安排。

2. 神经系统的特点

胎儿六七个月时,脑的基本结构已初具雏形,但结构比较简单,功能很不完善。新生儿动作混乱,没有秩序,有些新生儿两眼球的运动也不协调,有时一眼看左,一眼看右,呼吸、心跳、肠胃活动也往往不规则。

所以刚出生的幼儿适应变化了的环境,主要依靠低级中枢实现的本能活动——无条件反射。

二、新生儿的感官发育

新生儿就已具备视觉、听觉、触觉、味觉、嗅觉各种感觉,但这些感觉基本上是为无条件反射服务的。随着神经系统,特别是大脑机能的发育,在日益多样的、丰富的环境刺激影响下,各种感觉迅速发展起来。

1. 皮肤觉

新生儿的皮肤觉很早就开始出现。在触觉方面,新生儿从很小的时候起,就能对于跟身体接触的褴褛或被褥的任何不舒服的刺激表示强烈的反应,特别敏感的是嘴唇、手掌、脚掌、前额、眼帘等处。例如,在物体接触嘴唇的时候,就立刻把物体抓握等等。在温冷觉方面,感受性也是比较敏锐的。新生儿刚出生的时候,由于外界环境较冷,因而大叫起来,如果放在温暖的地方,就不哭了。在洗澡的时候,如果水太冷或太热新生儿也会大哭起来。吃奶粉的新生儿,如果奶粉太冷或太热,他甚至会因而加以拒绝。在痛觉方面,目前还不十分明确,但儿童遇到痛刺激以后,就能立刻引起全身的或局部的反应。

心理学家提出乳儿的"皮肤饥饿"理论,认为新生儿在很小的时候,皮肤具有"饥饿感",只要成人轻轻抚摸或抱起来,他就会感到安全和解除"饥饿感"。这就是为什么通常当小孩子哭的时候,把他们抱起来,哭声即止。

2. 嗅觉和味觉

嗅觉和味觉也发生得较早。嗅觉在儿童寻找母乳时起一定作用。根据研究材料:约在儿童出生后第一个月末,经过23~24次的结合就可以形成用香味引起的食物性条件反射。新生儿时期就能对不同的味觉物体发生不同反应,新生儿生来就喜欢甜的味道,对甜的味道有积极的反应,而对苦和酸的东西产生一种特有的消极的表情:皱脸、闭眼、张嘴等等。

3. 视觉

视觉和听觉在新生儿心理发展中具有重要的意义。

在新生儿出生后的两三周内,常常可以看到其两眼的不协调运动。如一只眼睛偏左,一只眼睛偏右,或两眼对合在一起,同时,一遇光线,眼睛就眯缝着或闭合着。这就说明新生儿集中的视觉活动还未形成。约在两三周之后,新生儿两眼不协调运动就消失了,并且可以开始看到新生儿对光线或物体有视觉反应,但不能长久地把视线集中在一个物体上。例如,新生儿能注视燃着的火柴,但不能随火柴的移动而长久地注视。

4. 听觉

新生儿出生后,因耳内羊水还未清除干净,因而听觉不甚灵敏。当羊水完全排出后,听觉就有了显著的改善,例如,对强烈的声音可以发生震颤、抽搐及眨眼等表情。

三、新生儿的模仿和运动能力

1. 最初的模仿能力

心理学家研究发现,宝宝呱呱坠地时他就能模仿成人的行为。只要你反复做同一个动作,如张嘴、伸舌、生气、微笑、噘嘴等,你的宝宝就会蠕动小嘴,模仿你的动作。模仿能力是促进爸爸妈妈和宝宝早期交往、发展良好关系的前提和条件。

2. 运动能力

新生儿一出生就有一些先天的反射,也称原始反射,这些反射能反映宝宝的神经系统是否正常。原始反射包括:觅食反射;吸吮反射(3~4个月消失);握持反射(3~4个月消失);拥抱反射(5~6个月消失);踏步反射(1~2个月消失);牵拉反射。

按照心理的科学的意义来说,心理是脑对客观现实的能动的反映,因此可以说条件反射的产生是儿童心理发生的标志,标志着作为个体的人的心理、意识的最原始的形态。感觉的产生是心理发生的标志。

四、新生儿和抚养人

新生儿的社会关系是非常简单的,他们主要是同照看者发生最密切的关系。一般而言,孩子的主要照看者自然是父母,如果是别的照看者,如保育人员、祖父母等,情况一样。

1. 母-婴同步性

母亲和乳儿之间,似乎多少有些神秘的色彩,他们彼此不用言语,却能很好地协调起来。当小乳儿需要母亲的时候,母亲似乎总是恰好准备要去看她的小宝宝;而当母亲去看孩子的时候,孩子也似乎总是正在等待着她的到来。这种紧密协调的相互作用模型被称为母-婴同步性。据观察,仅仅几个星期的乳儿在接触母亲时会睁开和合上眼睛。用摄像的研究表明,母亲和她的小宝宝之间实际存在着"交谈"关系,在许多方面类似于成人间的对话,只是乳儿不会用词而已。

这样的交流如何进行的呢?一个母亲也许凝视着她的小宝宝,平静地等待着他谈话、做动作或至少注意她。当这种行动实际发生时,即小宝宝天真地做出了反应时,母亲也许通过模仿乳儿的姿势,或者对着乳儿微笑,说某些事情来回答乳儿。母亲每这样做一次,中间都略有停顿,以给乳儿一个轮流"交谈"的机会,好像乳儿是在这种社会交流中的一个很有能力的人。当这种交流持续时,乳儿明显地表现了紧张:他的动作和声音不仅变得更频繁,而且更突然和不稳定。在某些时候,乳儿放松和打断这种紧张,不去注视他的母亲,而是用一小会儿时间注视或触摸其他的物体。在任何情况下,在一个适当的间隙之后,母亲和乳儿都又回到对彼此的注意上去,同时使这个循环一直持续。

母婴同步更集中表现在孩子一岁半以前对母亲的强烈的所谓依恋期,也表现于持续一生一世的母子亲情和子母恋情,母子情是伴随着浓烈心爱的人世间最高品味的真情。母子之间心灵互通,心心相印,尤其是儿子从不怀疑母亲的爱、母亲的情是否真挚。所以弗洛伊德也说,男人一辈子都在想找回童年母亲的情和爱,即使成年以后离开了家庭,但不管碰到什么样的女人,他特别在意的是她的情和她的爱,跟潜意识中一辈子在寻找情和爱是否吻合。

2. 同父亲的相互作用

在对乳儿的影响方面,父亲和母亲确实有很大的差异。比如,父亲和母亲同乳儿玩同样的游戏,但他们的方式不同,同父亲的游戏往往倾向于出现高峰和低谷——较高的激动状态。例如,有些父亲喜欢忽而把孩子高高举起,忽而又放在床上。同母亲相比,父亲倾向于更多的竞争感,而更少的交谈式。父亲总是喜欢用更多的时间同孩子玩,而不是"交谈"。

如何解释这种差异呢？研究者同时调查了作为主要照看者的父亲组和作为辅助照看者的父亲组，发现：第一组父亲的行为和母亲的无大差异，而第二组父亲的行为和前面所说的情景类似。因为乳儿大部分时间主要由母亲照看，所以第二组父亲占了绝大多数。

无论是母亲还是父亲，都能以适当的形式同他们的小宝宝发生相互作用，这是毋庸置疑的。所以应当相信，父亲和母亲在培养、教育自己的幼小子女中有着同样的义务和能力。

第四节　婴幼儿期情和情感的发育

一、婴幼儿时期生理心理的快速发展

1. 脑和神经系统发育

婴幼儿期（0～3岁）脑和神经系统快速发育，为孩子生理心理发育打下良好基础。

由于脑细胞的体积和神经纤维的增长，脑的重量不断增加。新生儿的脑重平均为390克，9个月的时候增加到660克。2.5～3岁的时候，脑重量增加到900～1 011克。到7岁的时候，脑重重达1 280克，已基本上接近成人的脑重。保证皮质细胞形成联系的神经突触，无论在数量上或者长度上，都在不断增加，并且以不同的方向向皮质各层深入，这就给儿童个体与外界环境发生复杂的短暂联系提供了物质前提。神经髓鞘的形成能保证神经兴奋迅速传导，使神经兴奋沿着一定的道路传导，而不致蔓延泛滥，是脑内结构成熟的重要标志。

儿童每天的睡眠时间相对减少。到儿童1岁的时候，每天醒着的时间可达7～8小时。儿童积极活动的时间就逐步增多起来，为儿童的心理发展提供了有利条件。

新生儿时期，主要是食物反射和防御反射。到了幼儿期，定向反射的强化作用开始不断增长，并且逐步占有更重要的地位。第一批条件性的定向反射在儿童出生后第3个月就已经形成，在第5个月，它们就非常巩固了，到第7个月，儿童就开始能对周围的"新鲜事物"（如发声的、光亮的、活动的东西等等）产生定向探究反应。

婴幼儿从很小的时候起就不是消极地接受外界刺激，而是在积极的活动中反映现实。例如，饿了就叫起来，饱了就安然睡去，对甜的东西就表示欢迎，对苦的东西就表示拒绝。儿童通过积极的活动形成和发展着自己的心理。

幼儿期，孩子的各种意志品质还很差，自我意识比较笼统、模糊，他们还不会观察自

己的内部世界,只能按照成人对自己的评价来"评价"自己。

2. 动作和言语能力的发育

1) 婴幼儿动作的发育

儿童各种动作的发展是儿童活动发展的直接前提,活动是由动作组成的。婴儿期是动作发展最迅速的时期。儿童动作的发展常遵循一定顺序和规律:一般先从整体不分化的动作向分化的动作发展;从头部的抬仰动作向躯体下面各部分直至脚的直立和行走动作的发展;从腿、臂等大肌肉向手及手指的小肌肉的发展。5个月左右学会手的抚摸动作,开始把手作为认识事物的器官,约在半岁以后,手的动作有了进一步发展,婴儿能使自己的拇指与其余四指对立地抓握物体。

人生第一年在动作的发展上取得了非常大的成就。手的动作和直立行走的出现,标志着人和动物的本质区别。儿童行走动作的发展在儿童心理发展上的意义也是非常巨大的。儿童约3个月时开始能够翻身,到第6个月的时候能够坐起来,大约八九个月的时候开始会爬,而到一周岁的时候就会站起来,并有可能开始行走。

由此可见,儿童对外界事物的认识,儿童心理的发展,首先是跟儿童的动作和活动的发展分不开的。其中,婴儿在5~6个月的时期,是建立亲子依恋之情和对周围世界信任之情的最关键时期。良好的依恋关系的建立可以促进宝宝对周围环境的积极探索。在这个阶段的宝宝,对周围的各种物品都感兴趣,喜欢抚摸敲打东西,并会把拿在手里的任何东西都放在嘴里去品尝一下其味道和质地。

2) 婴幼儿言语的发育

从出生到3个月是简单的发音阶段;第4~8个月为连续音节的发音阶段;第9~12个月是学话的萌芽阶段,能听懂简单的句子,能叫爸爸、妈妈等名词。

约在1.5岁前是儿童掌握单词句的阶段,1.5~3岁是儿童掌握多词句时期,到3岁末已能掌握本民族的基本言语。

3. 知觉的发展

婴儿出生后两三周内常可看到双眼不协调的运动,约在出生1个月前后,双眼不协调活动消失,视觉集中现象出现。我国有调查显示,有75%的被试儿童在出生1.7个月时出现视线随物转动现象;在出生1个月时,出现听觉集中;在3.5个月时,能听见声音找声源;在9.5个月出现眼动作的协调现象。其他如味觉、嗅觉、皮肤觉的发展更早,一般在1个月后已逐步完成。瑞士心理学家皮亚杰的研究指出,出生后6个月的婴儿出现对物体大小常恒性的知觉,约到9个月时出现物体形状常恒性知觉;约在1岁时出现对客体永恒性的知觉。

1) 视知觉

对出生至6个月的乳儿的研究更进一步说明了这种视觉偏好:他们凝视人脸图片的时间几乎两倍于任何其他图片。乳儿似乎天生对人感兴趣。乳儿对人脸感兴趣是对它的轮廓线、复杂化和曲度感兴趣。新生儿特别容易被轮廓线或光和暗的交界线吸引。到了2~3个月时,他们的知觉兴趣转移到了复杂化和曲度,在这个年龄,乳儿更喜欢看许多小矩形组成的图案,而不愿意看仅仅几个大方块。他们更喜欢看曲线而非直线,人脸正好提供了这种性质,人脸上的发际线提供了明暗交界线。

深度和空间知觉是对一个物体是在多远、多深的认识,乳儿大约在两三个月左右时即有了这种能力。

2) 听知觉

幼儿对声音的反应很早就有,但是他们能从听到的声音中领悟到什么,心理学家们研究了几个事例:佳佳(2个月)会每天定时莫名其妙地哭,她父亲发现吸尘器的声音能使她立刻平静下来;明明(10个月)有时吵闹,母亲发现开录音机能使他很快平静,流行歌曲能使他平静最久。大多数人猜测明明从他听到的音乐中领悟到了某种意义,如歌曲的优美构成甚至歌词,但是佳佳不可能从她所听到的吸尘器的声音中领悟到任何意义,似乎是这种噪音唤起了她的听觉,她的确感到了噪音的不良刺激,所以平静了。

还有研究表明,一个来自左边的声音,到达左耳的时间比右耳快千分之几秒,6个月左右的乳儿就能分辨这个千分之几秒的差异。

3) 知觉常性和客体永久性

知觉常性是由于儿童过去经验而使知觉完善化的结果,即一个物体尽管由于移动而距离不同,它传递到人眼中的感觉改变了,但它仍以同样的形状和大小保留在人脑中,知觉没有变。有人分别对乳儿的大小常性和形状常性做过实验研究,结论是3个月左右的儿童即有了这两种知觉的能力,而有人则认为要到6个月以后才有这种能力。

客体永久性是知觉常性的进一步发展,它指客体从视野中消失时,儿童知道这个客体并非不存在了。例如跟乳儿做"藏猫儿"游戏时,你藏起来,不见了,他还用眼睛到处寻找。这个概念是由皮亚杰提出的。实际上,这已进入了表象的范畴。一般认为乳儿要到8~12个月时才有这种能力。

二、婴幼儿期的思维发展

婴幼儿在活动过程中,在表象和言语发展的基础上,随着经验的不断积累,儿童开始出现具有一定概括性的思维活动。婴儿期儿童的思维基本上属于直觉行动思维的范畴。具体经历四个时期:

(1) 条件反射建立时期:出生后1个月。新生儿最初的条件反射标志着儿童最原始形态思维的产生。

(2) 知觉恒常性产生时期:约1个月至1岁。儿童的感知觉、知觉恒常性和客体永久性,为形成初级思维创造积极的条件。

(3) 直觉行动思维时期:1~2岁。儿童在动作发展的过程中,言语功能的出现,使儿童的直觉行动概括能力逐步发展起来,但概括只限于事物表面属性,而不是本质属性,即以相同的行为来反映类似的情况。

(4) 语言调节型直觉行动思维时期:2~3岁。儿童对词的概括、概念即语言思维产生,但仍带有极大的情境性和直觉行动性。

幼儿的思维带有极大的具体形象性,但随着经验的积累,特别是第二信号系统的发展,到幼儿晚期,在其经验所及事物的范围内,开始初步进行抽象逻辑思维。言语在幼儿思维发展中的作用不断增强。幼儿句法结构的改善促使幼儿思维的概括性、逻辑性和完整性不断增强。4.5~6岁是幼儿思维活动水平发展的关键年龄,此后儿童的抽象逻辑思维较迅速地发展起来。

思维是人脑对客观事物的概括的、间接的反映,是客观事物的本质和规律的反映。它是在人的实践活动中,在感知觉的基础上,以表象为中介,借助于词、语言和过去经验而实现的一种高级的心理过程。由于表象的这些新的特点,特别是语言的参加,为从感性认识向萌芽状态的抽象思维过渡提供了可能性。

这个时期儿童思维的主要特点是直觉行动性,他们的思维总是离不开具体事物、行动和言语。他们常在玩弄物体中用出声的言语进行思考,离开了具体事物和自己的操弄或操作活动,思维就停止。他们谈不上有行动的预见性和计划性。

三、婴幼儿依恋的形成和发展

1. 什么是亲子依恋

亲子依恋一般被定义为婴儿和其照顾者(一般为妈妈)之间存在的一种特殊的感情关系。它产生于婴儿与其父母的相互作用过程中,是一种感情上的联结和纽带。这种依恋是婴儿寻求在躯体上的生存,在心理上的安全感,出生后逐渐明显,3岁后能逐渐耐受与依恋对象的分离,并习惯与同伴或陌生人交往。

在这个世界上,我们的生命,从摇篮到坟墓,都围绕着各种亲密的依恋展开。而我们对于依恋的姿态最主要是由生命初期的关系塑造而成(主要是与母亲的依恋关系)。幼年健康的亲子依恋关系会让孩子终身受益,因为人只有在安全的依恋关系中,才能产生潜能,可以自由地去爱、去感受、去反思、去探索。

0~3岁是亲子依恋关系建立的关键期。其中,大约在儿童出生后第2个月末和第3个月初,可以明显地看到儿童对照顾他的成人发出的一种特有的所谓"天真快乐反应"。每当他见到熟悉的成人的时候,他总是注视着成人的脸,手脚乱动起来,甚至有些像微笑的样子,而对其他的人则无此反应。这种行为是人类幼儿所特有的,也可以说是儿童最初发生的人与人之间的交际形式或"社会关系"。

婴儿在5~6个月的时期,是建立亲子依恋之情和对周围世界信任之情的最关键时期,良好的依恋关系的建立可以促进宝宝对周围环境的积极探索。在这个阶段的宝宝,对周围的各种物品都感兴趣,喜欢抚摸敲打东西,并会把拿在手里的任何东西都放在嘴里去品尝一下其味道和质地。

婴儿最初的情感依恋对象是妈妈,因为他每天与妈妈朝夕相处,从妈妈的呵护、哺喂和爱抚中,产生最初的对外部世界的信任感和安全感。这个阶段是妈妈建立亲子依恋关系的重要时期。亲子依恋关系的建立,利于宝宝身心的成长,也有利于他长大后的社会情感发育,使他能对别人充满爱心和信任。如果在这一阶段,没有注意亲子依恋关系的建立,频繁地更换监护人、更换保姆,都可使亲子依恋关系不能正常稳定地建立,而有可能影响孩子的社会情感发育,使其情感冷漠,性格孤僻,对外部事物和人缺乏信任。

亲子依恋理论的创始人——英国精神病学家鲍尔比认为,孩子和妈妈(或代替妈妈角色的其他监护人)之间建立的依恋关系将成为孩子与其他个体建立关系的内部模式,并决定儿童与其他个体之间关系的特质。可以说,亲子依恋关系对孩子的社会关系至关重要!

2. 亲子依恋关系建立的四个阶段

根据儿童依恋的实际研究,学者们把儿童依恋形成和发展分为四个阶段,前依恋期、依恋建立期、依恋关系明确期和目的协调的交互期。各个阶段可以有如下的一些特点。

1) 前依恋期(0~2个月)

这个阶段的宝宝对所有的人都做出反应,不能将他们进行区分,对特殊的人(如亲人)没有特别的反应。刚出生时,他们用哭声唤起别人的注意,似乎他们懂得,成人绝不会对他们的哭置之不理,肯定会同他们进行接触。随后,他们用微笑、注视和咿呀语同成人进行交流。这时的婴儿对于前去安慰他的成人没什么选择性,所以此阶段又叫无区别的依恋阶段。

2) 依恋建立期(2~7个月)

这个阶段的宝宝开始对熟悉的人有特殊的友好关系,能从周围的人中区分出最亲近的人,并特别愿意和他接近。这时的宝宝仍然能够接受比较陌生的人的注意和关照,也能忍耐同父母的暂时分离,但是会带有一点伤感的情绪。对婴儿起主要影响作用的是母亲,这个阶段母亲的态度和行为对孩子的影响特别的重要。例如,母亲是否能够敏锐地和适当地对宝宝的行为做出反应,母亲是否能积极地同她的小宝宝接触,是否在孩子哭的时候给予及时的安慰,是否能在拥抱她小宝宝时更小心体贴,是否能正确认识小宝宝的能力及软弱性,等等,都直接影响着这种母子依恋关系的形成。婴儿对母亲和父亲的依恋几乎是同等程度的,尽管通常是母亲和宝宝在一起的时间多。但母亲和父亲在同宝宝的关系上有一些区别,父亲通常更充满活力和体力,母亲则更安静而且语言更多一些。

6个月以下的孩子并不是通过眼睛观察和大脑思考来认识世界,而是通过感觉来认识世界的。由于听觉和嗅觉非常敏锐,孩子能通过声音和气味认出妈妈。因为听觉是从胎儿时期就开始发育的,所以婴儿一降生,就能在听到妈妈声音的时候把头转向相应的方向。

如果每天都能听到同一个人的声音、闻到同一种气味,孩子的听觉和嗅觉就会更加发达。特别是嗅觉,它是与负责情绪发育的脑组织直接相关的,如果每天都闻到同一种气味,将有助于孩子的情绪发育,也有助于孩子对特定亲人依恋关系的建立。因此在这个时期,放任很多人在孩子周围走来走去、让孩子听到各种声音的做法是不对的。更换主要抚养人,使孩子闻到不同的气味同样也是错误的。周岁前,让孩子每天都能听到同一个人的说话声,闻到同一种气味,用同样的方式吃饭、睡觉,形成有规律、有安全感的生活,对孩子来说比什么都重要。

规律的生活对孩子的智力发育非常重要。孩子肚子饿了"哇"的一声哭出来的时候,妈妈应该温柔地抱起他并喂他食物。当这种情形反复出现,孩子就能知道自己的举动所带来的结果,从而有所期待。但是,如果肚子饿了一直哭都没有人来喂,尿布湿了也不给换,孩子会因为没有出现自己期待的结果而感到慌张。这样不仅会对孩子的智力发育造成影响,还会让他对这个世界和父母产生不信任感,甚至会对其相对依恋的亲人同样产生不信任感,会使孩子形成不安全依恋类型。

3) 依恋关系明确期(7~18个月)

宝宝对熟悉的照料者有着很明显的依恋,表现出分离焦虑。当照料者离开的时候,宝宝会变得焦虑和难过,不仅会用哭声来作为对照料者离开的抗议,1~2岁的宝宝,也许还会跟随并爬到熟悉的照料者的身边。可以说,他认为照料者是他的安全基地,并从他们身上得到情感的支持。倘若孩子的依恋对象经常会有一些做法,让孩子处于焦虑之中,久而久之,孩子容易形成不安全依恋类型,对环境胆怯,对别人不信任,容易焦虑。

4) 目的协调的交互期(18~24个月)

宝宝语言能力的迅速发展,使得他可以理解照顾者的来去,并对他的返回做出预测,于是分离抗拒不再那么明显。而且,宝宝还会跟照料者进行协商,使用劝说和请求,以改变照料者离去的现实。也就是说,宝宝学会为了达到某种目的,而采取有意的行动,并考虑他人的反应与情感。如哭泣,已经不再是一种完全自动化的反应,而是被宝宝用作召唤妈妈的手段,并且宝宝能根据妈妈的反应和妈妈与自身的距离,来对哭喊的强度进行调整。这个时期鼓励孩子探索,跟孩子一起玩,一起活动,扩大孩子的交往,增加孩子的知识面,等等,对孩子的健康发育和成长都是挺重要的。

所以说,孩子在0~3岁是与父母建立良好依恋关系的重要时段,这也是为什么说3岁以前父母要多陪伴孩子的原因。

3. 儿童的不同依恋类型

根据依恋理论,由于在上述四个阶段父母的不同对待,促进孩子形成不同的依恋类型,根据学者们的意见把儿童依恋分为四种类型,即安全型、回避型、焦虑型、矛盾型。孩子的依恋模式占比最大的是第一种"安全型",一般占比65%左右,而其他类型都会存在不同程度负面影响。在这四种依恋类型中,相对于第一种的安全型依恋,通常将其他三种依恋类型统称为不安全依恋。不同类型的孩子步入成年期后,会出现不同的思维状态,与之对应的是:

安全型:这类人能够坦然的与别人讨论自己的童年经历,对于过去好的不好的他们都能正面接受。生活中积极大方,社交关系顺畅。相信自己,也信赖别人,宽容别人,亲近别人,也喜欢别人亲近,招人喜欢。

回避型:这类人独立性强,对别人不太信任,也不依赖,不太愿意跟别人过分亲密,我行我素,喜欢独来独往,相对喜欢孤僻。

焦虑型:这类人一般会表现对自己信心不足,比较相信别人,甚至依赖别人。总是担心别人不愿意帮助自己,不愿意同自己亲密,常常有不安全感,担心这、担心那。

矛盾型:这类人对自己缺乏自信,对他人也不信任。既无安全感,对生活也没有信心。常有矛盾,也多无所适从。

据研究表明,幼儿亲子依恋和师生依恋关系的安全性越高,其攻击性就越低,就越喜欢帮助别人,也就越容易受到同伴喜爱。安全型依恋的2～3岁儿童,在玩伴中有更强的人际吸引力,积极、利他行为比较多;而不安全型依恋的儿童常对同伴做出消极、攻击的行为,因此人际吸引力差。

4. 依恋类型形成的主要原因

虽然儿童的个性发展是以气质为原始基础的,但父母的特点、家庭的环境以及社会生活环境均对儿童个性形成和发展产生巨大影响。

新生儿或乳儿的气质差异可以影响父母对他们的照看方式。如:被认为"可爱"的新生儿或乳儿明显接受更多的爱抚;反之,如果父母一开始就发现他们的孩子是属于"困难"儿童,父母会以对待"困难"儿童的方式对待他们。久而久之,这种方式会影响他们的个性发展,甚至会影响他们生理的、情绪的、社会的和智力的特征。虽然儿童出生时就带有自己的气质特征,但个性的差异很大部分决定于儿童的经验,尤其是同其他人相互作用的经验。

人们说到爱情时有一句话:"在对的时间遇到错的人,在错的时间遇到对的人",真正的爱情是在对的时间遇见对的人,讲究时间和对象的正确。其实这句话也适用于父母和孩子之间的亲子依恋关系的建立。我们对孩子的爱虽是本能,但是也有关键时期。决定孩子成为哪种类型,取决于养育者,特别是妈妈早期对孩子需求的反应敏感性。如果妈妈在喂养、游戏或者压力等情景中积极及时回应孩子,表达出了对孩子的关注和在意,那么大多数的孩子会成为安全型依恋。相反,如果妈妈面对孩子需求时,反应不敏感,甚至不予以理睬,态度冷漠,不同程度的漠不关心,会养出回避型和焦虑型孩子。

现实生活中,极少部分的孩子会被变为矛盾型,成为这类孩子的原因是他们在幼儿时期会经历一定程度的虐待和无视。当依恋对象不仅被婴儿体验为安全港湾,同时也被体验为危险的来源时,就会让孩子陷入茫然混乱的状态。本来儿童先天预设应该是受到惊吓就逃向父母,但如果此时父母也是危险源时,他就被"卡在"是该靠近还是避开父母的矛盾冲突之中。这是一个很难维持的处境,因为儿童对父母的依赖,让他们无处可逃。在一个有关父母虐待婴儿的研究中,82%的婴儿被鉴定为矛盾型。这种依恋类型被看作是一种最不安全的类型,具体表现有:表现出一连串的矛盾行为;无目的的、不完整的、不连续的活动或表现;刻板动作、不对称的运动、不适宜的运动、异常的姿势;冷淡、静止、缓慢的运动和表现;直接对父母表现出恐惧;明显缺乏组织性和方向性。

健康的亲子依恋关系会让孩子终身受益,尤其在0~3岁的关键期,多抽出时间来,高质量地陪伴孩子吧!

5. 如何培养孩子的安全型依恋

大家都知道,很多中国式养娃基本上是在孩子还小的时候,孩子的爸妈将孩子全权交给了家里老人或者保姆带,然后当上了甩手掌柜,觉得孩子大了再管教也可以。但是真的等孩子大了,才发现孩子跟自己不亲,总觉得跟自己对着干,太难管。殊不知,原因就是在孩子最初的三年没有给予足够的陪伴,没有跟孩子建立良好的亲子依恋关系,所以未来才会出现那么多父母口中的"问题孩子"。

孩子三岁前,建立良好的亲子依恋关系,以下几点是实用的建议:

(1) 尽可能母乳喂养。在哺乳过程中,宝宝躺在妈妈的怀里可以感受到安全感,喂养的时候不要玩手机、做其他事情,专心陪伴宝宝吃奶,孩子是可以感受到的。

(2) 尽量自己带孩子,不要随便调换带宝宝的人。

(3) 尽可能回应孩子的情感需求,读懂孩子的哭声,及时给予回复。孩子一哭就抱,这是对及时回应错误的理解。妈妈需要正确解读孩子哭的原因,对于真正的需求的哭予以回应。

(4) 不要在陌生人刚来的时候突然离开你的孩子,或把孩子交给他人抱。不能用恐怖的表情和语言来吓唬孩子,更不能把工作中的怨气发泄在孩子身上。学会用孩子的语言,跟孩子沟通爸爸妈妈的难处、离开或者其他事情。别以为他们小,不懂,但其实他们的理解能力比我们想象中还要强。

爸爸在亲子依恋关系中也具有重要的作用。对幼儿父子依恋关系的研究结果显示,父子依恋关系可以预测儿童的同伴交往能力、适应能力,父亲在抵御儿童社交焦虑方面的作用超过了母亲。父亲的支持、可靠会给儿童带来信心,让儿童觉得自己是胜任的,从而有效地克服不良情绪的障碍。

四、婴幼儿情绪的发展

1. 婴幼儿情绪表现

新生儿和一两个月内的婴儿,情绪常常决定于生理上的满足和健康状况。一般在吃饱睡足时,就出现安适的情绪。婴儿在饥饿和身体不安适时会哭闹;受到突然的刺激,就会产生恐惧感。据调查,大约2个月的婴儿会注视着接触的人,大约在3~4个月的婴儿,看见妈妈会显出高兴的表情,并能微笑迎人。婴儿还会产生对成人情绪的模仿和感染,出现最简单的"同情感",他会因别人的哭而哭,别人的笑而笑。这些与人交往的需要和情感共鸣的产生,是婴儿出现的社会情感的萌芽。新生儿时期,由于开始适应新的环境,消极的情绪较多。两个月以后,积极情绪逐渐增加,当吃饱而又温暖的时候,可以看到比较活泼而微笑的表情,特别是对妈妈或亲近的人,有一种特有的表情。在五六个月后,对于颜色鲜艳而发声的玩具特别感兴趣。因此,为了培养儿童良好的情绪状态,经常跟儿童交往,并且提供适当的玩具是必要的。

人的情绪要在人际交往中不断发展,否则只能停留在低层次的阶段,即等同于动物情绪的阶段,所以,我们要认识儿童情绪的发展阶段,并且根据每个阶段的不同特点,培养其情绪能力。

情绪发展的第一阶段是体验阶段,即情绪体验。0~1岁的孩子接受外来刺激后,会产生不同的情绪反应。当然孩子也能感受到自己的情绪是什么样的。

情绪发展的第二阶段是调节阶段,即情绪调节。1~3岁的孩子有了自己的意识,遇到一些好玩的东西便会主动接近。当他们遇到自己不喜欢的场景,婴儿会主动离开。这是父母以及保育人员应当注意的。这个时候婴儿已经形成了对成人的依恋,主要是爸爸妈妈等。孩子会主动去寻找妈妈爸爸,并且会待在他们身边。当然,这种情绪调节有本能的意味,还比较简单。

情感、意志和自我意识的发展方面:3岁以上的儿童已基本具备各种形式的情绪、情感;儿童在成人对人对事的评价和教育下,开始运用"好""不好""好人""坏人"等词来评价人和事,这说明他们形成了最初步的道德认识和道德情感。这时儿童由于动作的迅速发展,他们开始有了料理自己生活(如吃饭、穿衣等)的能力,开始表现出独立行动的愿望,常要求"我自己来",不要别人的帮助,这是意志自觉能动性的萌芽表现。

自我意识是组成个性的重要部分。约在生活的第一年的前半年,儿童还不知道自己的存在,他吸吮自己的手像吸吮别的东西一样。在第一年末,儿童才开始把自己的动作和动作的对象区分开来;约在第二年,儿童开始能够叫自己的名字,这是儿童自我意识发展的一个飞跃;约在2~3岁时,儿童才开始掌握"我"这个代名词,说明儿童能把自己由一个客体转变为主体来认识,这是自我意识形成。

2. 婴幼儿的情绪和情感变化的特点

1) 从幼儿情绪和情感的进行过程看,幼儿情绪和情感的发展具有以下三个主要特点:

情绪和情感的不稳定:幼儿情绪和情感的稳定性经常变化和不稳定的,甚至喜怒、哀乐两种对立的情绪也常常在很短的时间内互相转换,如"破涕为笑"。

情感比较外露:如孩子往往"开心就笑,不开心就哭",或者幼儿小时候受一点委屈就在父母面前大哭,企图寻求父母的安慰。

情绪极易冲动:情绪的易冲动性在幼儿初期表现特别明显,他们常常处于激动状态,而且来势强烈,不能自制。例如,小班幼儿想要一个玩具而得不到时,就会大哭大闹,短时间内不能平静下来。

2) 从情绪和情感所指向的事物看,幼儿情绪和情感的发展具有以下两个明显的特点:

情感所指向的事物不断增加,情感不断丰富。如,随着知识经验的积累,儿童情感的分化逐渐精细、准确,以笑为例,大班儿童除去微笑、大笑外,还会羞涩的笑、偷笑、嘲笑、苦笑等。

情感所指向事物的性质逐渐变化,情感日益深刻。幼儿社会性需要的发展是与幼儿认识事物的发展相联系的,随着幼儿言语和认识过程的发展,他们的社会性需要和情感也发展起来。

幼儿的各种意志品质,如坚持性和自持力,有所显露,但由于抑制能力还很薄弱,这些意志品质还很差。幼儿的自我意识比较笼统、模糊,他们还不会观察自己的内部世界,只能按照成人对自己的评价来"评价"自己。一般只能通过模仿成人对自己的外部行为所说的进行"评价"。

第五节 学龄前期和学龄期儿童情的发展

一、学龄前期儿童情的发展

(一) 学龄前期儿童的一般情况

学龄前期是指儿童从3周岁到6或7周岁这个年龄时期,这一时期体格生长发育处于稳步增长状态,神经纤维的髓鞘化逐步接近完成,对各种刺激的传导更迅速、精确;皮质兴奋、抑制机能不断增强。学龄前儿童学习语言,产生自我意识和在特殊文化背景下的自我环境意识。对此期儿童,父母常常会过多关注孩子的智力发育,早期教育要求孩子认字,甚至背诗、背词的也不少。

(二) 学龄前期儿童心理特点

学龄前期儿童的思维仍是以具体形象性为主要特征。这时儿童的思维可以逐渐摆脱对动作的依赖,而主要凭借事物的具体形象或表象来进行。儿童这种具体形象思维常常只能揭露事物的表面特点,不能理解事物的内部关系和本质特点。皮亚杰把此阶段儿童的思维称为"前运算阶段"或"前逻辑思维阶段",他认为这个阶段的儿童没有物体的守恒概念并缺乏可逆推理。例如儿童明明知道形状大小相等的两杯等量的水,当其中一杯倒入不同形状的玻璃杯中,由于倒后两杯水面的高度不一样,就认为这两杯水变得不一样多了。在幼儿末期,儿童的抽象逻辑思维才开始逐渐发展。

学龄前期儿童是在婴幼儿期心理发展的基础上,独立意识发展,并初步形成参与社会实践的愿望和能力(具体表现在愿意帮助父母干活,也已有能力给父母拿板凳、吃饭前拿筷子等),独立生活能力有了很明显的发展(如能自己吃饭,自己蹲盆撒尿等)。为此,成人和社会也对他们提出了较高要求,如要求小孩住进寄宿幼儿园,逐渐担当起自我服务性的简单职责,包括自己穿衣、吃饭、收拾玩具等,还要在老师指导下充当卫生值日员等。新的要求和新的心理需求促进了他们心理活动的进一步发展,具体表现在以下几个方面:

(1) 渴望独立参加社会活动的心理需要和他们的经验不足之间产生了矛盾。通过帮助、教育并鼓励他们积极参与社会活动的实践,在不断提高他们社会活动水平的过程中,也可以促进他们的心理发展。

(2) 随着心理过程的不断发展,学龄前期儿童即可具有最初的对事物的分析、综合与抽象概括的能力,这使他们在游戏等活动中初步学着运用逻辑思维。

(3) 学龄前期的个性特征已开始形成,儿童的个性倾向在幼儿期萌芽,在学龄前期就可形成较为明显的个性倾向。

(三) 学龄前儿童情和情感的发展

学龄前儿童有一个共同的特点,只要有可能,便成天玩耍。虽然不同文化背景下儿童玩耍的方式不同,但在玩耍过程中均体现了对周围成人活动的模仿,而且这些活动能为孩子提供许多与人和物相互作用的机会。儿童在2岁时,家庭以外的社交因子刚刚形成。这个时期的孩子虽然喜欢与别的孩子在一起,但又不与他人一道玩耍,独来独往,自得其乐,还缺乏与他人平等交往的技巧,总是抢先占取他们想要的东西。3岁时儿童开始结交朋友,开始获得起码的社交能力。他们喜欢讨大人高兴,对成年人在社交行为方面的适当指教往往能做出正面反应。4岁的儿童确实乐意与其他孩子一起玩,玩得很亲密、愉快,富有创造力并相互影响。

情感、意志和自我意识的发展方面:此期儿童的情感特点仍保留有前阶段的一些特征,如易感性、不稳定、易兴奋、激动,但显著进步的是他们的社会情感开始发展。例如,他们的道德感开始形成,孩子初步知道了一些行为规范,晓得"不是自己的东西,不能拿""不说谎话"等等,并且对违反这些行为规范的儿童产生反感的情绪。儿童还对未见过的事物,常会表现出好奇和好问的求知欲望,这是理智感的出现。他们还对颜色鲜艳的玩具和衣物表示喜爱,对音乐、诗歌等表现出愉快心情,这是美感的出现。

学龄前儿童能按成人的要求去观察事物,记得快、记得住、记得对;能就具体直观的事物进行概括,肯动脑筋,想象力丰富,善于对周围事物和现象提出各种问题,并能解决一些日常生活和学习中的简单问题。具体表现在以下几个方面:

(1) 对人有礼貌,会主动使用一般的礼貌用语,有同情心,适度怕羞。

(2) 懂得爱父母、爱老师、爱小朋友。能恰当地表达自己的喜怒哀乐。

(3) 能服从约束,守纪律,能接受别人的批评和建议。

(4) 胆子变大了,不惧怕黑暗和某些形象怪异的小动物。

(5) 意志力增强,跌跤或受点轻伤都不哭,游戏输了不胡闹。

(6) 爱好也增加,喜欢种花和饲养小动物,喜欢听音乐、看图册、唱歌、跳舞、绘画和参加各种智力游戏,并能从中感到快乐。

(7) 自我意识增强,能对自己的行为做具体、简单的评价,能分清自己的和他人的东西。

(8) 初步学会控制自己,不会提出过分的要求。热爱劳动,爱惜物品。

(9) 在新环境或生人面前,不过分的拘束害怕。不随便向小朋友或陌生客人要东西吃。

(10) 群体意识增强,学会与人友好相处,喜欢与大家在一起,懂得同伴的感情和需要,不故意找别人的麻烦,肯帮助其他小朋友,能为小朋友取得成绩而高兴。喜欢和别的孩子一起玩,若是和比自己小的孩子在一起,喜欢做"孩子王"。

(11) 独立行动能力进步,能自己到商店去买一些简单的生活日用品,能在车辆较多的马路旁的人行道上独自行走。

(12) 喜欢学习或了解新的知识,喜欢识字、数数、算术、记汽车牌、背唐诗等等。

他们在与社会及人的交往中,自然地产生或付出情和情感,同时也自然地接受、感知、体验别人的情,并在分辨的基础上学习回报以情,促进着自己情和情感能力的发育和提高。

(四) 学龄前期儿童情绪发展的特点

1. 情绪表现

1) 情绪表现的社会性增强

情绪发展的第三阶段是思考阶段,即情绪思考。

这个阶段在学龄前期,3~5岁,孩子已能思考情绪了。孩子不仅能用语言表达自己的情感情绪,而且能够思考情绪。孩子不仅能分享自己的情绪,而且能够通过观察判断他人的情绪。这个阶段是情绪发展的一个关键阶段,转折阶段,从情绪他控走向自控的重要阶段。

5~6岁幼儿的情绪稳定性和有意性进一步增强,产生了一些比较稳定的情感,并且也有了一定的控制能力,并能运用语言来调节情绪。同时,这个年龄段幼儿情绪反应的社会性进一步加强,他们希望引起他人的注意,尤其是得到他们心目中的权威人物的重视,渴望与同伴游戏并建立较为稳定的友谊关系。在这一时期,他人的态度表现会直接影响孩子的情绪反应。成人的表扬会令他们欣喜高兴,同伴的拒绝会让他们情绪低落。

他们喜爱和同伴一起游戏,能从容地应付日常生活中发生的新情况。开始懂得关心同伴,例如孩子有时告诉父母"××生病了",有时问生病的同伴"头还疼吗?"等等。

他们开始具有良好的自制能力,对成人友善的批评也能接受,但是有时需要适当的提示。他们已经开始学习管理自己的表情。他们在不同的对象面前有着不同的情绪表达,开始学习对消极情绪的掩饰。

当孩子们期待接受人们的人际支持的时候,他们会表达情绪。在人际支持的结果期望上,5~6岁幼儿认为父母比教师更能明白自己的情绪感受,但那些倾向于不表达消极情绪的幼儿认为表达消极情绪是不被他人理解的。

在保护他人情感方面,5~6岁幼儿已经表现出明显的亲社会倾向,他们表现出对父母和同伴的感受非常敏感,并根据对象的感受来调节自己的情绪表达,决定表达或者掩饰自己的真正情绪。他们已经能够意识到表达消极情绪可能会对他人造成伤害。

2)情绪表现方式多样化

5~6岁的幼儿能使用语言、图画、音乐、舞蹈等来表达自己的各种情绪情感。心理发育滞后的孩子可能还会习惯于小时候表达情感的方式,偶尔还会撒撒娇、耍耍赖等。

2. 情绪理解能力的发展

1)对消极情绪具有较好理解。5~6岁的幼儿对情绪的理解已经比较全面,不仅对高兴等积极情绪具有较好的认知,对吃惊、伤心等消极情绪的认知也比5岁以下的幼儿有了根本性的质的跨越。当然,相对而言,对高兴、伤心、好奇的识别较好,而对害怕、讨厌和生气的识别仍然较差。

2)开始理解混合情绪。理解混合情绪指孩子认识到同一情景可能会引发同一个体两种不同或矛盾的情绪反应。比如要放暑假了,他们能理解既能感受到假期的欢乐,又能感觉到与同伴分离的遗憾。

3)对情绪的理解处于信息依存型阶段。5~6岁的幼儿处于行为信息依存型阶段,能根据特定对象的行为信息进行比较灵活的推测。

3. 采用回避策略调节情绪

5~6岁的幼儿在进行情绪调节时更喜欢使用回避策略。他们在尝试解决问题失败以后,或者在老师的教育之下,不愿意花费过多的时间去面对同伴的冲突,而是选择避开冲突,去寻找其他更有乐趣的事情。这也是幼儿社会性的一个进步。

4. 道德感分化,义务感扩展

5～6岁的幼儿的道德感进一步丰富、分化和复杂化,同时带有一定的深刻性和稳定性。幼儿晚期已经具有比较明显的和强烈的爱国主义情感、群体情感、义务感、责任感、互助感和对别的幼儿、父母、老师的爱以及自尊感和荣誉感等等。

5～6岁的幼儿能进一步理解自己的义务和履行义务的意义和必要性,并对自己是否完成义务和完成的情况如何有进一步的体验。体验的种类也在不断分化,不仅有愉快、满意或不安等,还产生了自豪、尊敬或者害羞、惭愧等情感。义务感的范围也不断扩大,不仅限于个别自己亲近的人,而且扩展到自己的班集体、幼儿园等。

5. 对性别情感的关注

1) 接纳同性别情感。孩子在上幼儿园之前就已经有性别意识,上了大班的孩子渐渐地有同性别聚集的趋向。除了父母和老师是自己的偶像外,注意同龄人中优秀者,产生向其学习和崇拜的情感。

2) 对异性好奇和关注的情感。虽然每个孩子从小都有异性亲人的陪伴,但对同龄异性的了解还是不够的。在发现更多性别差异的同时,自然引起对异性同龄人的好奇,进而趋向关注。

父母要关注学龄前期的孩子的身体素质和心理卫生,从小培养良好的个性品质,正确指导孩子与同龄朋友的交往,为顺利升入小学做好准备。

二、学龄期儿童情的发展

(一) 学龄期儿童身体的良好发育

从入小学到青春期发育开始,一般指6或7岁至12岁,称为学龄期。此期孩子体格发育稳步前进,一直处于迅速生长阶段,体重每年增加2 kg,身高增加5～7 cm,肌肉发育快,肌肉力量明显增强,各器官系统发育逐渐趋于成熟,淋巴系统发育快,扁桃体增殖明显,恒牙与乳牙交换,脊椎胸曲在7岁以后形成并固定,此期性器官发育变化可能不大。

(二) 学龄期儿童心理特点

心理发育是儿童情和情感发育的基础。学龄期与学龄前期儿童相比有显著的变化,尤其表现在心理的成熟,不仅有量的快速发育、发展,还有很多质的变化。在认知方面,儿童不仅仅注意客体的外部特征,而且开始理解抽象的概念,快速增加运用策略的能力。大多数国家选择6岁作为入学年龄,是因为这时候的儿童学习所需的神经生理功能基本成熟。入学后,学校成为儿童成长的主要场所,以学习为主的活动逐渐代替了以游戏为主的活动,儿童逐渐表现出熟练掌握技能和竞争的能力,情绪控制力和社交能力也有了十分显著的发展,为青春期的到来提前做好了准备。

小学生的认知发展特点。感知觉:笼统、不精确、容易写错字或认错字。时空观念差:孤立,看不出事物之间的联系,容易被感兴趣的事物吸引。无意注意占优势,注意力不稳定,容易分心,注意的范围小,注意力的分配和转移能力较弱。注意有强烈的兴趣性、直观性和感情色彩。注意力不持久,不善于调节和控制自己的注意力。有意注意随着年龄增长而逐渐发展,而无意注意仍起重要作用。从无意识记忆占主导地位向有意识记忆占主导地位发展;从机械记忆占主导地位逐渐向理解记忆占主导地位发展,从具体形象记忆为主向抽象记忆能力逐渐发展,但整个小学期间的抽象记忆仍以具体事物为主;小学生的思维水平从具体形象向抽象逻辑水平过渡,但形象思维仍占优势。

学龄期儿童能对具体事物的变化进行抽象推理,并揭开其本质特点,但是儿童不能脱离具体事物的感知进行判断推理。皮亚杰称这个时期儿童的思维为"具体运算"阶段。这时儿童对原来相等量的两杯水,不会因为所倒的容器形状的不同就认为水量会有变化,因此,皮亚杰认为这时儿童已具有了对物体的守恒概念。在实验中还发现儿童在掌握物体守恒概念时,具有凭借感知、表象和概念进行的三级不同质的水平,以及不同年龄通过守恒实验的人数百分数亦不相同。可见,儿童对物体守恒概念的获得,无论在量上和质上都随年龄增长而增长。针对这些特点,小学教学要贯彻直观性、启发式、因材施教等原则。采用生动活泼、灵活多样的教育方法。

儿童进入学龄期以后,语言使用的机会显著增多。学龄期儿童的语言发育除了词汇量的增加,更主要表现在更准确地使用语句和掌握复杂的语法形态。进入小学后儿童开始学习书面语言,书面语言的掌握需要经过识字、阅读和写作三个过程,这个过程又进一步促进了儿童心理的健康发育和思维能力的发展。

(1)学习活动逐步取代游戏活动,成为儿童的主要活动形式,并对儿童心理产生重大的影响。

(2)注意力、观察力、记忆力全面发展,表现为有意注意开始延长,观察力提高,有强烈的好奇心;记忆则从无意识记向有意识记加快发展。此期是儿童思维发展的重大转折时期,思维逐步过渡到以抽象逻辑思维为主要形式,但仍带有很大的具体性。

(3)记忆由机械记忆向理解记忆过渡,已能对抽象的词汇和具体形象的图画,表现出同样良好的记忆;模仿性想象仍占主导地位,但在绘画、手工、游戏中,都有大量创造性想象力的迸发。

(三)学龄期儿童情的发展

此期儿童社会化日益丰富,促使儿童进一步加深对自我、他人的认识和了解,使自身的个性和社会性都有新的发展。自我意识是儿童心理发展的重要概念,指个体对自己的认识和评价。学龄期儿童的自我意识处于客观化时期,不仅在逐渐摆脱对外部控制的依赖,逐步发展内化的行为准则来监督、调节、控制自己的行为,而且开始从对自己表面行为的认识、评价转向对自己内心品质的更深入评价。该时期也是儿童角色意识建立的时期，受社会文化的显著影响，从而促进儿童的社会自我观念形成。这种自我意识的成熟，往往标志着儿童个性的基本形成。

父母、老师、伙伴是学龄期儿童最主要的交往对象。与父母和教师的关系从依赖向自主发展，从对成人权威的完全信服到开始表现出怀疑和思考，同时，能迅速和小伙伴建立亲密的朋友关系，并极力渴望在共同玩耍、处理冲突和控制情绪中获得乐趣。10岁左右的儿童以他们可能得到的收获判断友谊。随着儿童的成长，他们渴望被同伴接受及崇拜，并希望更加准确地表达自己的感情。年长儿童尤其是女孩，懂得运用情感支持和互惠来评价和维系友谊。

此期儿童容易出现攻击行为，主要指对他人的敌视、伤害或破坏性行为，包括躯体侵犯、语言攻击和对他人权利的侵犯。儿童在2岁时产生物主意识，有了占有感。出现真正的指向性攻击行为，一般在三四岁左右，男孩比女孩更具攻击性。进入小学后，儿童的攻击行为明显减少。由于社会认知能力提高，他们越来越善于区分偶然的和有目的的激怒行为，可以宽容他人无意做出的伤害行为。

总之，学龄期儿童情感日益丰富，道德感有很大的发展，情和情感、情绪的稳定性和控制力也增强。情感的实践性和坚持性较差，依赖于成人监督，对教师极为信任和依赖。此期孩子的消极情感包括：嫉妒、冷漠、缺少爱心，没有责任感；意志力薄弱，自制力差，在果断中盲动，在坚持中依赖，主动性、独立性、自觉性、坚韧性差。管理上应重视对他们的纪律教育、课堂常规教育。要正确理解和处理小学生的违反纪律的行为，教育教学方式应适应学生的心理发展水平。小学生好动、好模仿、易受暗示，教师要以身作则，教育要动静结合，对学生要坚持正面教育。

（四）学龄期儿童情感和道德发展

情感、意志和自我意识的发展方面，一般说来学龄期儿童的情和情感比幼年和少年期的情和情感都要稳定，他们能经常处于比较平静、持久和稳定的愉快的情绪状态。他们的情和情感无论在质上和量上都较幼年期有所发展，尤其是社会情感的不断扩大、丰富。儿童能从对具体个人的情感扩大到对整个集体的情感，他们不仅对物质生活中的事物产生情和情感，还会对精神生活中的事件产生情和情感。如由爱父母扩大到爱班级集体，由得到糖果而喜悦的情感扩大到为集体争光、做了好事而高兴的情感。此时，儿童的意志品质亦有提高。低年级儿童都在教师和父母的督导下完成一些作业，随着年级年龄的增长，意志的主动性、独立性以及自持能力都比之前有提高。

此期儿童的自我意识是在教师和父母对儿童做出适当的评价中认识自己的。为促使自我意识的发展，他们开始进行自我评价。自我评价的内容也由自己的外部行为而扩大到自己的道德品质，自我评价的批判性和独立性也逐渐增长，但这个时期评价的整个水平因抽象逻辑思维尚不占主要地位，所以还是低的。

情绪发展至管理阶段,即情绪管理或情绪控制。这个阶段在儿童后期,即5岁以后至整个小学阶段。这时候孩子的认知发展水平的提高对情绪发展具有重要意义。换言之,孩子的情绪发展与认知发展是同时进行的,又是相互作用的。正是因为有了思维能力的发展,孩子才能反思自己的情绪,思考他人的情绪,而且能意识到情绪是如何被管理的,即怎样控制自己的不良情绪,合理发泄自己的负面情绪。

情绪发展进入高级阶段,一些高级情感,如责任感、义务感、正义感、集体荣誉感、社会道德感等,开始落实于行为表现,而且远比低年级时深化。例如,他们不再只是简单地"爱好人,恨坏人",而是能把这种爱憎感从亲人、班级扩大到爱国家、爱人民方面。不过,在社会化进程中受到消极不良因素的影响,会使小学生的一些不健康的情绪、情感(如骄傲、自满、专横、懒散、嫉妒、幸灾乐祸等)滋长。

学龄期的儿童不仅会产生更多的情绪体验,情和情感内容也会不断丰富,同时也会产生高级情感,如道德感、责任感、集体荣誉感等。这时候,儿童的情绪调控能力进一步增强,情绪趋于稳定,自我调节策略更加多样和复杂。"对、错、好、坏"的标准的内化联系更加密切。儿童会意识到不同人对同一件事会有不同的情绪反应。7~8岁时儿童开始意识到自己的情感和经历与其他人是有区别的;8岁儿童描述情绪的术语明显增加;8~10岁时一半的儿童可以通过他人的评价了解自己,会考虑他人的想法和感受。

第六节 青春期情的发育

青春期是生理和心理发生巨变和自我意识迅速发展的时期,是由儿童期转向成年期的过渡阶段,是充满独立性和依赖性、自觉性和幼稚性,错综复杂的矛盾时期,老师、家长、学校、社会都应给予孩子们更多理解,更多关爱,更多指导,共同促进孩子们的健康发育和成长。

一、青春期的生理特点

女孩自10~12岁、男孩自12~14岁开始青春期发育,分别在18~20岁完成,上述各时期各有特点,但也有连续性。由于卵巢比睾丸发育早,所以女孩的身体发育要比男孩早1~2年。

男性青春期发育:大约12岁左右男性的睾丸和阴囊开始增大,阴囊变红,皮肤质地改变。12~13岁时,阴茎变长,但是周径增大的速度较小,睾丸和阴囊仍在继续生长,出现阴毛,前列腺开始活动。14~15岁,阴囊和阴茎继续增大,阴茎头根充分发育,阴囊颜色较深,睾丸发育成熟,出现梦遗。

女性青春期发育：指从性器官开始发育、第二性征出现至生殖功能完全成熟的一段时期。身高、体重迅速增长，身体各脏器功能趋向成熟，内分泌系统发育成熟，肾上腺开始分泌雌性激素，出现阴毛、腋毛。下丘脑—垂体—卵巢轴系统发育成熟，卵巢分泌雌激素、孕激素及少量雄激素，阴道开始分泌液体，外生殖器官发育，乳房隆起，皮下脂肪丰满，骨盆宽大，嗓音细高……月经来潮是青春期最显著的标志。

二、青春期的心理特点

1. 青春期是个过渡的时期

随着年龄的增长、生活范围和活动内容逐渐复杂化，少年具有了与儿童不同的特点。他们逐渐有了一定的特定意向和责任感并自己决定某些活动如何进行。对自己的行为，尤其是部分犯罪行为要负一定的刑事责任。但少年也不同于成人，他们虽有一定的独立性，却还没有完全独立，在许多方面，尤其是在物质生活方面还要依赖父母；他们还没有成为完全责任能力人，并不是对自己的所有行为都要负刑事责任。这种介于儿童和成人的过渡阶段的地位，使他们产生了许多特殊的心理卫生问题。

2. 青春期是一个发展时期

青春期的快速生长发育，被称之为青春期急速成长现象。男性的急速成长从10.5～14.5岁开始，在14.5～15.5岁达到顶峰期，以后逐渐减慢，与此同时性机能和第二性征也发育成熟。女性在月经及第二性特征这些外部变化的同时，开始向性成熟期过渡。由于身体及性的发育对少年的心理特征及社会生活产生了重大的影响，由此也产生了一系列的心理卫生问题。

这个时期思维发展的一个主要特点是抽象逻辑思维渐占主要地位，但是思维中的表象成分仍起着较大作用，思维的形式还处于经验的阶段。青年初期学生的思维具有更高的抽象概括性，逻辑思维由少年期的经验型逐步向理论型过渡。

3. 青春期是一个变化时期

青春期是少年身心变化最为迅速而明显的时期，男性从儿童的身体、外貌、行为模式、自我意识、交往与情绪特点、人生观等特征脱离，而逐渐成熟，更为接近成人。这些迅速的变化，会使少年产生困扰、自卑、不安、焦虑等心理卫生问题，甚至产生不良行为。

4. 青春期是一个反抗时期

此即所谓的叛逆期。由于身心的逐渐发展和成熟，个人在这个时期往往对生活采取消极反抗的态度，否定以前发展起来的一些良好本质。这种反抗倾向，会引起少年对父母、学校以及社会生活的其他要求、规范的抗拒态度和行为，从而会引起一些不利于他们对社会适应的心理卫生问题。

5. 青春期是一个负重时期

青春期少年要应付身体的发育成熟，特别是性的发育成熟所引起的各种变化及问题,心理压力相对增大过速。他们必须在抛弃各种孩子气、幼稚的思想观念和行为模式的同时逐步建立起较为成熟、更加符合社会规范的思想观念和行为模式。少年在应付自己的反抗倾向的同时,还要极力维持和保护与社会的正常关系。此外,异性兴趣、异性交往、繁重的学习任务等也给他们的身心造成极大负担,有时候还成为主要矛盾。还要把一些由成人来办理的事项交给他们去办理,加重了他们的负担。但这些负担可以帮助和加速他们的成熟。

青春期自我意识的发展方面:到了青年初期,由于青年身体发育渐趋成熟,知识经验不断累积,认识水平不断提高,接触社会面扩大,以及面临毕业,即将走向社会,他们的内心世界比少年丰富,他们的自我意识在少年基础上有了新的发展。青年比少年更能清楚地意识到自己的内心活动,并能根据社会需要来分析自己、锻炼自己,自我评价能力显著提高。

随着这种成人感的产生,他们希望参加成人的活动,希望得到别人的尊重,希望别人把他当成人看待,让自己享受与成人相同的权利。如果这时父母或成人还把他们当小孩看待,他们便会产生不满和抵触情绪,认为这是大人对他们的束缚和监视。正因为如此,到了青春期的少年常与父母和老师"对着干",往往故意表现出反抗情绪和疏远意图。

青少年的自我分化有两种,一是有知觉能力、思维能力和行为能力的自我;另一种是可以作为客观观察对象的自我,即主观自我和客观自我。临床心理学认为,客观自我与理想自我间的距离太远,可能是心理不健康的表现。有的青少年会沉溺于自我观察和自我陶醉中,会使自己脱离现实,陷于孤立,乃至怀疑自己的不真实性,导致人格解体。青少年强烈地渴望认识自己、了解自己,他们常会照镜子,研究自己的相貌和体态,注意自己的服饰与仪表,很在乎别人对自己的看法与评价。往往把自己看作是一个被别人观察的对象,而较少把自己看成是一个观察者。因此,他们喜欢把思想集中在自己的感情上,常常夸大自己的情绪感受,认为自己的情感体验是独一无二的。他们常以为自然界和社会的有些法则只对别人发生作用,而对自己是个例外。这种想法可能会促使青少年去冒险。

自我评价是指自己对自己能力和行为的评价,它是个体自我调节的重要机制。青少年自我评价的发展表现在三个方面:评价的独立性日益增强;自我评价逐渐从片面性向全面性发展;对自己的评价已从身体特征和具体行为向个性品质方面转化。

三、青春期的情欲

(一) 合理的物质需求

刚刚进入青春期,追求个性化的孩子较少,更多是要求自己从众。从众让自己有安全感,融入同学的圈子里,不显山显水。随着年龄的增长,熟悉了周围的环境,了解了同学、朋友的个性,孩子们开始彰显个性,暗暗地在群体里比高低。这种比较有积极的意义,孩子获得了经验,给自己在群体中定了位。

(二) 朋友的交往需求

青春期之前,孩子心里依赖的是家长,进入青春期开始转移到朋友身上,到青春期后期转移到异性朋友身上,最后固定在异性身上,成家立业,生儿育女,进入一个新的循环。这是人类成长的必经之路,是没有办法抗拒的。

孩子开始交朋友,为了朋友,他们可以在学校门口等,可以和同学一起去逛街、去网吧。为朋友可以留在学校打篮球,甚至是去打架,不在乎回家晚了家长的脸色,即使招来家长的打骂也依然如此。是什么力量让孩子们铤而走险呢?是孩子的心理需求。

(三) 被接纳和被尊重的需求

虽然青春期的孩子自我意识日渐增强,独立性有很大的发展,更喜欢自作主张,自我行为。但是因为他们对社会的了解还很不够,生活经验还非常缺乏,往往在他们准备冒险行事的时候,又由于经验不足、胆识不够而退却。这个时候他们常常希望被家庭接纳,获得家人的支持、同学老师的支持,尤其是在他们遭遇失败和挫折的时候,特别希望回归家庭(或学校),得到归属感,得到群体的支撑、帮助和爱护。他们觉得自己像大人,特别希望别人把他们看成大人,得到别人的尊重,虚荣心特别强,死要面子。

(四) 对异性关注的需求

孩子进入青春期,与异性接触时有了微妙的变化,他们开始悄悄地关注异性,但关注往往只是停留在外表上。比如女生关注帅气高大的男孩,女孩子们在一起常常会对他们评头论足,有一些新鲜和刺激的感觉。男孩子也注意女孩子,偶尔也会在一起用调侃的方式谈论某些女生。即使有一种淡淡的喜欢,他们也知道自己在想入非非。男孩和女孩都会很拘谨,这只是孩子们走出家庭的圈子、步入社会认识异性的最初的学习阶段。而随着时间的推移,孩子们越来越明白自己喜欢什么样的异性,希望去接近他或者她。最开始的形式可以是打打闹闹、简单的问答,还可以是以班级活动为主题的工作式交流,很多孩子可以通过这样简单的交流,达到对异性的了解。有些男孩常用爱美、出风头、冒险行为甚至恶作剧来招引异性对自己的注意。很多孩子知道这不是什么爱情,只是同学交往。他们认为自己憧憬的美好爱情没有来临,所以更多人选择了等待,等待自己长大。

(五) 性爱、情爱、心爱的需求

1. 对初恋的迷茫

我们在《人类爱情学》一书中提出这样一个观点:真正的人类爱情植根于童年之恋,表达于初恋,享受在成年之恋,挽留于黄昏恋。刻骨铭心的爱情发生于童年,深深地刻进了骨髓,嵌入了潜意识层,足够一个人寻找一辈子,享受一辈子。青春期的孩子自以为发育成熟了，有性的冲动和对异性的向往，于是非常关注自己周围的异性。

初恋的情感是纯洁的，但投入带盲目性；初恋的情感是迷醉的，近乎疯狂的；初恋的成功率是很低的，年龄越小、初恋成功的希望越小。

初恋对大多数初恋者而言是失败，但我们不希望初恋者得到的仅仅是失败，或者让初恋给孩子造成伤害，甚至否定自己对异性的恋情，这种失败感和伤害可能会影响初恋者将来一生的情感生活。这就要求分析师在做初恋分析时，让初恋者得到及时而有效的帮助，尽快从初恋中走出来。

引导初恋者不要把初恋看成是失败，而应看作一次学习，不仅学会跟异性交往，学会对异性的爱恰如其分地回报，还要学会如何与异性相恋相爱。初恋也是一次寻找，初恋的对象就是初恋者将来配偶的大概形象，初恋也是性爱对象的一次验证。

经历初恋，是青少年体验和品尝爱情的一次机会。既然已经品尝了初恋的震撼，就势对孩子进行爱情教育，让他们知道这就是爱情的真实感受，一辈子都愿意舍命而求之的真正人类的爱情生活，将来一定要学会追求。

2. 对爱情的需求

人人都喜欢爱情，都希望自己能得到爱情，爱情是人美好童恋的延续，构建终身的美妙生活。

一个我真爱的人和真爱我的人在一起，我们的人生便圆满了。其实人的一生中最重要的不是名利，不是富足的生活，而是得到真爱，能有一个人真心爱上你的所有，包括你的苦难与欢愉、眼泪和微笑、每一寸肌肤等等。真爱是最伟大的财富，也是唯一货真价实的财富。如果在你的一生中，除了爸妈的爱之外，未曾拥有过另一个人对你的真爱，那是多么遗憾的人生啊！

面对你爱的人，不要要求自己去习惯他（她），也不要去拿他（她）和别人做比较。你爱他，他就是你全部的世界，你的心中若生出对他（她）爱的懒惰，便告诫自己你犯了错误，然后心中重燃起炽热的情愫，像初识他（她）那样，珍惜他（她），爱他（她），一直到最后。

其实每个人的一辈子都在寻找，经过一番努力，有些人找到了，但也有些人找了一辈子啥也没找着。是啊！可能有机遇没抓着，或者是方法老套，或者"命里注定"、文化限制、条件不佳、自我努力不够等等。我们觉得找到了当然幸运、幸福，但经过不懈努力，即使未找到也应该有一种幸福感呀！就跟人人都想成功一样，成功者在人群中只占20%，80%的人如何对待自己呢？知足而长乐更好呀！

有许多青年人在谈恋爱，尤其是第一次谈恋爱，感觉会非常好，每次与异性见面脸红心跳，自己觉得肯定是在谈恋爱，但是如果叫他仔细想想是不是真的在谈恋爱，他肯定也很茫然，到底与对方是不是恋爱关系呢？或者说你爱对方是肯定的，那么对方是不是也肯定爱你呢？心里没底啊！那如何判断有没有爱情呢？

1）有爱情时的心理变化

爱情往往通过伴侣之间的接吻、拥抱、爱抚以及其他性的行为表达出来。爱情最重要的表现是一个人对爱人无所不尽其心，两个人在亲密的时候自己会作出判断。导致强烈坠入爱河的已知因素包括距离、相似性、相互依恋和身体的吸引力，这些因素是否存在及其强度，对爱情程度的判断也提供一定依据。爱情会给恋爱的双方带来的心理变化有：

理想化。热恋中的两人会忽略对方的缺点而夸大对方的优点，所谓"情人眼里出西施"。理想化可以促使双方相信自己是做了最正确的选择，常常有加快恋爱进程的效果。

忍受痛苦。即使被喜欢的人拒绝，恋爱的人也会通过忍受痛苦的方式来使毫无回报的行为正当化。或者是发现对方有痛苦，自己愿意忍受更大的痛苦为对方做出牺牲。

幻想。恋爱中的人会对未来抱有某种幻想，甚至是想当然、不切实际的幻想。

敏感。对对方的行为产生情绪化反应，情绪不稳定，常会带来不安全感。不仅是对自己有不安全感，更主要是对对方有不安全感，时时在挂念对方，想得到对方的信息，尤其是自己耳闻目睹可能与对方的安全有关的信息时，对对方的情况更是迫不及待知道，甚至心急如火，焦虑不宁。

注意力高度集中。满脑子都是他（她），大部分时间，头脑里都是对方的影子、对方说的话、对方对自己的亲热等等，尤其是在空闲的时候，甚至在做梦的时候，没完没了。始终有一种感觉，两人之间心有灵犀，点也通，不点也通，双方都有心连心、心心相印的感觉。

分离等于失恋。爱情使一个人对另一个人产生了情感以及肉体上的依赖，而失去爱人的时候往往伴随着胸闷、无食欲、失眠、愤怒、沮丧、空虚、绝望、郁闷、疲劳、反胃、哭泣，对前途失去信心。症状越重，可能爱得越深。

2）增加双方吸引力的因素

魅力：一种是和性别无关的人格魅力，这种魅力男女都可以有，例如长得好看、情感美好；另一种是和性别有关的魅力，例如女性的温柔可爱、性感、秀气，男性的气质超然、强壮、有力。郎才女貌是带有一定文化影响的两性魅力。

面相的相似：接触各式各样的人之后，潜意识里会把各种面相和各种情感联系起来。例如，遇到过一个美好、善良的又给过自己情感震撼的人，之后再遇到一个面相与他相似的人，可能就会觉得这个人也是美好、善良并会让自己感动的人，因而可能感受到吸引力；尤其是童恋对象如果是自己的父亲或母亲，遇到的人与自己的面相越像，就越容易回归童恋的美妙时光，与自己潜意识中的"爱之图、情之图"越是弥合，越是容易产生"一见钟情"的强烈的情感震撼。

人格自恋：每个人都具有"显性"与"隐性"的两种人格特征，除了外在众人所见之

"显性人格"外,还有个正好相反——潜躲心底的"隐性人格",有人也称之为"影子人格"。心理学家发现,造成情人间强烈吸引的原因之一,就是为了追寻完整的自我,由于和拥有自己"影子人格"的人相恋能够促成自身人格的完整性,实际上是一种心理上自恋。

共同或相似的经历:一起有过一段美好的经历,彼此可能产生性吸引。一起经历过苦难,在苦难中相互帮助,给予彼此温暖的感觉,这也是苦难中容易相怜、相助、相爱,旅行中容易恋爱的现象的一种证明。

基因相似性:近期的研究,科学家发现爱情和基因有关。一些人趋向于寻找和自己基因互补的异性,还有一些人趋向于寻找和自己基因相似的异性。其实优势相似、劣势互补是产生爱情、持久爱情的重要的原则之一,生理的性状和心理的特质都与基因密切相关。

3) 相处时是否有生理生化改变

大脑生理和功能的变化:人们发现,人脑中有一个"爱情环",能够控制爱情。这个"爱情环"由四小块区域形成,这些区域分别被叫作:腹侧被盖区(VTA)、伏隔核、腹侧苍白球和中缝核。研究发现,爱情在脑内的化学活动和吸毒上瘾一样。分手不久的人脑部扫描显示,伏隔核区域有额外活动。这一现象代表渴望,"与对毒品的渴望类似"。科学家在相恋20年仍爱意不减的人群中进行这项实验,发现除了腹侧被盖区,腹侧苍白球和中缝核区域的活动增强。已证实腹侧苍白球主管爱慕情感和减压激素,中缝核负责释放5-羟色胺,这种物质会"让人心情平静而愉悦"。

生物化学改变:对人类进化史和激素的作用机理研究得越透彻,就愈发认识到性欲、恋爱和伴侣关系取决于那些点燃激情之火的生物程序。人类对爱情的态度受基因和激素的严格控制。祖先原始的繁殖冲动至今仍深刻左右着人类的思维和行动,尤其是两性行为。

睾丸分泌的性激素控制性欲并可刺激多巴胺的分泌。早期的浪漫感觉和神经生长因子的血清水平之间的强度呈正相关。多巴胺、去甲肾上腺素和血液中的复合胺等都是作用于恋爱的激素。多巴胺会提高人的注意力和行为的目的性;去甲肾上腺素则会使人心脏狂跳或茶饭不思;血液中少量的复合胺会导致强迫性的行为。此外,多巴胺也可增加睾丸激素的分泌。伴侣关系受催产素和后叶加压素的影响,它们可以制造亲密感和信任感。催产素会加强母子关系,后叶加压素则会激发男子的父性。当内啡肽产生后,人类或可进入婚姻殿堂,体验更美好的时光。

虽然在实际的恋爱过程中,没有人会去做大脑的核磁共振和相关化学物质的测定,但对爱情学的相关研究可提供帮助。

四、情在个体成长和实践中趋于完善

经历个体的发育过程,随着年龄的增加,身体发育不断趋于成熟;随着交往和活动范围的不断扩大，在学习和生活实践中的不断磨砺，心理发育逐渐趋于成熟；爱的发育、情的发育也趋于成熟，逐渐融入人群，融入社会，经历社会的教化，随着其人格的成长而更加完善。

伴随着个体成长和生活的实践，在心理的成熟和心理能力、爱的能力不断提高的同时，也在不断提高情的产生，情的感知、分辨、体验、表达、传递和接受，以及情和情感情绪的自我调控方面的能力。尤其是在经历复杂的人际相处、初恋的震撼以及特别的情感经历等等的考验之后，情和爱的相关能力发育更趋于完善和提高，成长为真正的标准男人或女人，才能表达并提高情和爱的品质，塑造情和爱的美妙，尽情享受情和爱的甜蜜，让人类的生活因为情和爱的富足而更加美好！

随着一个人从单细胞动物（精子、卵子、受精卵）发育到多细胞的人类胎儿，再一步一步发育至成熟的男人和女人，可以明确地看到不仅是生理的结构和功能遵循生物进化之路，从简单发育到复杂，从低级发育到高级；同样，我们也明显看到大脑和神经系统的结构和功能的发育，相应的个性心理和认知、情感、意志、行为的心理过程也同样经历这样的发育发展的阶段而趋向于成熟；也同样，人类的情、情感、情绪和情欲也都经历同样的发育发展进化的过程，而不断趋向于成熟，并越来越完善。科学的研究证明，个体发育的过程基本上类同于系统发育的生物进化的过程，是进化过程简短而迅速的重演，而人类复杂而有丰富内涵的情和情感，人类的爱，人类的高级而纷繁的思维和美妙绝伦的情感生活、精神生活，同样都要遵循生物进化的规律前行。

第五章 男女的情和情感差异

在现实生活中,很多人对男女双方的情学特征了解不够,导致了男女交往困难、与朋友相处困难,甚至真心相爱的男女,恋爱时热火朝天,结婚后有苦难言。婚前相互挚爱与理解,婚后竟然猜忌与吵闹,各种争执,各种不满情绪相继出现。爱情虽然是真,但缺少相互的理解,自会矛盾丛生。

情感心理中男女差异较大,相互缺乏了解。男人多是从妈妈那儿了解女人,他以为天底下的女人都像妈妈;女人更以为男人都像爸爸,慈爱、宽容,让人依赖,让人敬仰。谁知道现实中的他和她出于想象,差异竟如此深邃,好茫然。如果各方的情感类型配合不佳,相处的难度就更大,虽然有爱情,但是非绝配,相处中的困难亦能使爱情淡化,影响婚姻质量。男女同事的交往,一般的人际交往,也都会受到影响。所以男女的情学差异,其实与男女的生理心理差异一样,是每个人都应该具备的生活常识。了解得多一些、深一些,既有益于一生有和谐的人际关系,也有益于自己和家人、朋友或群体的亲密关系,建立情健康的家庭氛围或团体、社区的情健康氛围。

普及男女情学差异的知识,不仅有益于提高人们的婚恋质量,提高情感生活质量,提高人们的幸福感受,也是构建全社会健康的情文化、实施全民的情健康教育的一项基础工作,忽视不得。

第一节　男女个性心理的差异

前面我们也说了,由情能量导致的情感、情绪、情欲,就是一个心理过程。男女情和情感的差异的根源还在于他们心理上的差异,尤其是个性心理特征(幼年经历造就的潜意识)上的差异,不仅决定其心理过程的特点,也自然影响情和情感过程的不同。

一、男女智力能力方面的差异

我们知道智力是各种认知能力的综合,它包括观察力、注意力、记忆力、思维力和想象力等,其核心成分是思维力。智力发展的性别差异,是由于遗传因素和环境因素以及教育因素交互作用的结果。男女两性在构成智力的各种认知能力的发展上是不平衡的,并且各具特色。例如作为观察力基础的感知觉能力,无论是听觉、嗅觉还是触觉、痛觉,女性一般都要比男性敏感,其原因很可能与女性的神经细胞膜的通透性较好有关。而在视觉方面,女性就不如男性对视觉刺激的反应快。对于视觉的空间直觉,男性也优于女性。美国心理学家认为,对于像形态盘和积木模样测试那样的视觉课题,从小学开始一直持续到高中、大学,都是男生较强。

作为智力核心成分的思维能力,男女也有不同。女性由于心理感受性较高,叙述事情常常带有浓厚的感情色彩,在社交中情绪的辨别能力比较敏感,在个性倾向上更容易显示出"人物定向",因而,其思维较多的是偏向于形象思维类型。中外杰出的女性,大多数集中在文学、艺术、教育、医学等领域。其中,女性在文学方面的成功率高于医学等自然科学,而在艺术方面的成功率又高于文学。这种情况表明女性的思维往往更多的是向人生方面发展,具有鲜明生动的形象性,善于用形象材料来反映事物的本质。

男性比较喜欢摆弄物体并进行思索,更容易显示出"物体定向"。他们言语的特点为逻辑联系占优势,其思维方式多以概念定理的论证来进行,因而多偏向于抽象思维类型。15世纪以来的一些大科学家多为男性,这种现象虽然有其社会历史原因,但是男性思维类型的特点也是一个重要原因。可见,男女两性智力发展上的性别差异是客观存在的,这种差异并不表示男女之间的智力有什么优劣之分,而是各具特色、各有优势。

美国心理学家指出,女性在语言表达、短时记忆方面优于男性;而男性在空间知觉——分析综合能力,以及实验的观察、推理和历史知识的掌握方面则优于女性。所以,如果人们把男女智力发展的不平衡性看作是男优女劣,那么不是误解就是偏见。智力确实有性别差异,作为群体性差异特征,男女都有其各自擅长的能力,

一般来说,男性在空间关系、图形知觉、逻辑演绎、数学推理、机械操作、视觉反应等

方面的表现更好,表现在学习上则是男生的思维比较广阔敏捷,动手能力强,喜欢独立思考,但有时不够细致周密。女性在语言表达、数的识记、机械记忆、听觉反应等方面更有优势,在记忆力和语言能力上比较强,更习惯于背诵、默写和记忆,但思路比较单一。

智力差异可能还与性取向有关。曾有研究者采用WAIS(韦氏智力测验)对60名男性同性恋者进行了智力结构评定,结果发现他们的智力结构与女性对照组比较差异较小,均以言语智力为优势,而与男性对照组的比较差异则非常显著。

智力表现的时间早晚也有差异。相对而言,就智力的表现上,一般女性会比男性"早慧"。大家可以回忆一下自己的小学、中学,是不是就有小学女生成绩更好、中学男生成绩更好的现象?

智力分布上存在差异。我们的智商分布总体是呈正态的,也就是一个倒U型曲线,智商"中庸"的人多、"超常"的人少,而在这个分布上,女性中智力超常和低能的比例比男性中的小,而智力中等的比例较大。

四名英国的心理学家对2 500多名有兄弟姐妹关系的人群进行智商测定,测试项目包括科学、数学、英语、机械能力等,结果表明,女性在语言能力方面的得分远高于男性,而男性则在科学和数学方面占优势,并发现对于普通智商的男女性来说并无明显差异。而在最聪明的人群中,男性数目更多,如在557名诺贝尔奖获得者中,男性就占了545名。他们研究的结论是:在智商最高的和最低的极端人群中,男性的数目都多于女性。也有理论称,由于男性会不断寻求提高自己的智商,以增强吸引力,而女性对这方面的关注比较少,后天的提高不如男性。

根据一份最新研究报告显示,男人的脑容量比女人多出10%,"脑力"也超越女人,平均智商高出女人约5分。一份针对24 000名学生、由曼彻斯特大学组织心理学资深讲师Paul Irwing和阿尔斯特大学心理系教授Richard Lynn进行的研究指出,由于智商分数的提高,男人领先女人的情况也更加明显。以125分的智商数为标准来说,这些聪明人中男人是女人的2倍;如果再将智商拉高到天才级的150分智商,差异就更大,男人是女人的5.5倍。

毋庸置疑,男人的智商平均水平要高于女人,但是女人的智商更加平稳,而男人的智商比较参差不齐,高的很高、低的很低。这也比较符合自然界弱肉强食的法则,因为在原始社会只有智商高的男人才可以留下更多后代。

二、男女性格的差异

1. 男女性格具体差异

人格是构成一个人的思想、情感及行为的特有模式,这个独特模式包含了一个人区别于他人的稳定而统一的心理品质。包含气质、性格、兴趣、爱好等个性心理特征,认知风格、自我调节等个性化的心理过程方面。男女人格是存在差异的,而且对大部分男性和女性来说差异还是很明显的。

英国心理学家沙威尔在30年前所做的一项调查证实,男女之间的"性格沟"(即性格差异)从总体上来说"大得惊人"。然而有趣的是,他对数千名16～64岁的男女进行的同类测试却显示,时下男女之间的"性格沟"正日趋缩小。这就是说,男女性格差异已变得越来越不分明了。

在测试时,沙威尔把被测试者的"典型性格"归为顽强、坚定、果敢、幽默、勇敢、乐观、随和、潇洒、多变、热情、含蓄、好斗、爱妒忌等32种,再加以统计,最后发现:30年前被列为男性"典型性格"的顽强、坚定、勇敢等,时下许多女性也已具有。以往男性大多"暴躁",但现在高达40%的女性承认自己经常"大发雷霆"。此外,乐观、好斗、幽默并不只是男性"独有"的性格特征,相反,温柔、含蓄、随和的男性也不乏其人;而潇洒、热情、开朗等已成为男女两性越来越"共有"的性格……沙威尔对此分析说,越来越多妇女的"职业化",女性受教育程度的提高,男女交往的日趋密切,都可能导致男女之间性格的互补或对流,最后使"性格沟"越来越小。

男女性格的明显差异表现在:

女性越聪明越脆弱;男性越聪明越大胆。

女性因为得到而焦虑——怕失去;男性因为没有得到而焦虑——重视身体的征服。

女性越年轻越有价值(生物寿命长,有效生命短);男性越成熟越有魅力(绝对寿命短,有效生命长)。

女性事业上成功,情感上依赖;男性事业上成功,意志独立。

女性容易极端,冲动,偏激;男性注重综合利益。

女性看重外表;男性更图实在。

女性由崇拜而发生感情;男性因喜欢,因被依赖而发生感情。

女性因绝望杀自己(直接自杀);男性绝望时杀别人而灭自己(具侵犯性,间接自杀)。

女性经常扮演弱者——以弱制胜;男性以强者自居——外强中干。

女性以倾诉来消除焦虑;男性以独处减缓紧张。

女性需要全部投入才能获得爱情,所以感情专一;男性因付出简便而喜新厌旧。

女性重生活,顾家人;男人重事业,敢闯荡。

女性在乎他人的评价;男性重视自己的感觉。

女性由情而性,因爱而献身;男性由性生情,因快乐而喜欢。

女性厚积薄发;男性爆发力强。

女性不愿同性当上司;男性不愿异性当上司。

女性原则性、精神性强;男性随机性、生物性强。

女性考虑如何让他人接受自己;男性习惯思考怎样征服他人。

女性更习惯揣摩自己;男性更容易忖度别人。

女性接受挑战;男性挑战别人。

女性跟着感觉走;男性跟着利益走。

女性用情细腻、嫉妒心强;男性粗犷、豁达更多。

……

2. 男女性格差异的原因

1) 与遗传基因(染色体) XX 和 XY 有关

人格差异的原因就和人的能力一样,是先天的和后天的因素共同起作用的结果。在遗传基因的基础上,再加上后天环境的作用。染色体的不同造就不同的性别,不同的行为。除了后天因素,最根本的原因是染色体的差别。再说男和女生理(性别)上的区别,是和他们的荷尔蒙有关。不同的荷尔蒙自然会造就不同的性格。

2) 与不同的文化环境有关

人们从小时候一直到三四岁以后,才知道自己是男还是女的,只有父母、周围的人告诉孩子。到了5岁的时候,开始意识到男和女的差异。周围的人这时候就会给孩子一个性别标签,"你是男孩子,有什么事要大方一点,不要和人家计较";"男孩子,不能够畏缩";"你是个女孩子,不能整天像男孩子一样到处跑";"女孩子应该斯斯文文,不要大大咧咧"……这些男孩、女孩的特点,已经在儿时就被灌输进大家的脑子里。

3) 与自我认同的过程有关

周围的人认为我是男(女)孩子,自己就应该做男(女)孩子应该做的事,不应该做女(男)子做的事,久而久之,就形成了差异。

三、男女气质差异

气质是指人相对稳定的个性特点、风格及气度,是人的高级神经活动的表现。气质的特点是通过人与人之间的互相交往而显示出来的。传统的性别特征,男性应该具有力量、英勇、顽强、坚毅、阳刚、荣誉等特征。女性应该具有柔美、温顺、害羞、谦恭等特征。这些特征作为社会性别特征被"自然化",长此以往被男性和女性接受、内化,成为性别划分共识的标志。具有这些性别特征的人被认为是正常的,不具备这些性别特点则会被认为是反常的。

如社会上对男性的印象是勇敢、豪迈、善于修理机械、有运动天赋、数理学科较强,女性则是温柔、胆小、善家政缝纫、易沟通情感、语言学科较强等等。这些关于社会性别的概念在我们的自我形成之时即成为一种文化,是一种无形的符号,引导我们的性别认知,并表现出合宜的性别角色。这种性与性别的混同,使得男性与女性等同于男性气概与女性气质,进而"自然化""合理化"了。社会里既定性别差异的标准特质(男人身体较强壮,因此与劳动、运动和肉搏战斗的世界有关,在社会上较为活跃;女人身体较虚弱,她们的领域是家,做贤妻良母的角色)。人们是男是女自有生物学标志,男性气质和女性气质则是相应的文化标准。

1. 男性气质

"男性气质"(masculinity),亦称"男性特质""男性气概""男人味"。男性气质是指男性应当具有成就取向,对完成任务的关注或行为取向的一系列性格和心理特点,是社会或公众对男性特点的一种共识。有人总结男性气质的传统观念主要包括下述四个方面:①鄙弃女人气质,男性气质中没有任何女人气质的成分;②掌舵顶梁者,富有成就感,受人尊敬,能做大事业;③坚实沉稳,充满信心,有力量和自主精神;④勇猛刚烈,具有攻击性并敢作敢为。其中,男人的力量和攻击性是最为重要的。

英俊潇洒、风流倜傥,说的也是男性气质,这些特质是每个男人殊途的理想,是每个男人的魅力之所在。男人气质可使男人三分英俊增加到七分,令女人沉醉。征服女人,不是靠男人的强悍,而是因为他的气质。无论是高级白领还是蓝领职员,男人少不得应有的刚毅、强悍、勇猛、大度、体贴。气质是一种精神力量,并不是外观长相所能支配,外表英俊的男人未必能够表达出令人兴奋迷恋的气息。男人气质是一种不需凭借任何外在因素而自然流露的特质。有气质的男人是一个心胸开阔、事业成功、富于胆识的男人,也是一个有格调、谈吐超凡、具领导能力而又神秘的男人。

2. 女性气质特点

相应于男性气质,女性气质是"男权"社会文化创造的反映女性身份和地位的特征,不同时代的社会文化背景,创造了不同的女性气质。

女性的气质美首先表现在丰富的内心世界,对生活的憧憬、待人的诚恳、心地的善良和富于同情心。这些既是中国女性的传统美德,也是现代女性不可缺少的品德;若再有一定的科学文化素养,会使女性的气质美更加极致。

1) 传统的女性气质。"贤妻良母"是传统中国文化对女性本质的一种定义,它体现了女性对家庭中男性的依附性特征,扮演服务和顺从的角色。相夫教子自然成了她们的职守。

2) 女性独有的魅力气质。女人味就是指女人所独有的魅力和吸引力,是女人温柔、优雅、善良、智慧、清纯、性感、独立的魅力体现,不同的人有不同的感受。女人温柔的眼神、优雅的姿势、浅浅的笑意、淡淡的问候、无言的关怀、体贴的举动、善良的帮扶、理性的反应、不经意流露出的品位、处乱不惊的宁静心态、笑对人生的淡泊情怀等都可以有效表达自己的女人味,这些也是评判一个女人是否有女人味的标准。

当然,女人味首先来自她的身体之美。一个有着柔和线条、如绸般乌黑长发,以及似雪肌肤的女人,加上湖水一样宁静的眼波和玫瑰一样娇美的笑容,她的女人味会扑面而来。但是,女人味更多地来自内心深处,一个有着水晶一样干净的心的女人,一个温柔似水、善解人意的女人,一个懂得爱人的女人,她的女人味由内而外,深入人心。

四、男女看待异性的差异

女人喜欢语言简洁的男人,简洁的语言往往蕴含着较多的智慧,并给人以想象的余地,使人感受到神秘的魅力;女人喜欢处事果断的男人,果断是生命意志的强有力体现;女人喜欢有野心的男人,野心催人上进,给人以希望;女人喜欢敢于冒险的男人,冒险能展现神秘和勇气;女人喜欢沉稳的男人,沉稳能传达男人的自控力和自信心;女人喜欢有幽默感的男人,幽默表现出超人的智慧和乐观的人生态度;女人喜欢潇洒的男人,潇洒里充满了热情、朝气、活力和自信;女人喜欢慷慨的男人,慷慨意味着精神或物质上的富有,意味着无私的奉献,意味着对于自身能力的自信;女人喜欢信守诺言的男人,信守诺言意味着敢于承担责任,给人以可靠的希望;女人喜欢成熟的男人,成熟能够体现男人洞察世界、适应世界和改造世界的能力。女人真正喜欢的是像她爸爸或者是力量强大最配做她爸爸(哥哥)的男人,让她小鸟依人,还原女人依附的本性。

男人喜欢漂亮的女人,漂亮给人以美的享受,漂亮蕴含着内在的健康与强大的生育能力,但男人心目中的漂亮,既有共同的审美标准,更有各自的审美特点;男人喜欢温柔体贴的女人,温柔体贴是男人激烈拼搏后的港湾,是竞争失败后的安抚;男人喜欢快乐的女人,快乐使人感受到生活的乐趣;男人喜欢任劳任怨的女人,任劳任怨可使这个家经得起风吹雨打,永远伴随着男人的沉与浮,使男人没有后顾之忧;男人喜欢天真纯情的女人,天真纯情意味着情感依附与投入的单纯性或唯一性;男人喜欢善解人意的女人,善解人意可缓冲许多矛盾与摩擦;男人喜欢流泪的女人,流泪意味着对男人意志的顺从,对男人力量的肯定;男人喜欢害羞的女人,害羞来自道德情感的内化,能体现女人的道德素质;男人喜欢浪漫的女人,浪漫使人的生命充满朝气和活力。男人真正喜欢的是像妈妈的又能够给予自己情感支持和真心疼爱的女人。面对像女儿的女人,更能体现自身的强大和爱与情赋予的满足感。

五、男女心理上的其他差异

1. 男性的心理特点

成熟的男人往往是淡定的、不慌不忙的,他们足够自信,他们沉着低调,他们胸有成竹,所以才显得绅士而且干净而优雅。有人总结男性的心理特点有以下几条:

1)能站在他人的立场上思考问题、决定问题。换位思考,就是一种成熟。青春期的男孩和那些年轻的男性,他们心中只有自己,眼里脑里只有自己,只有当男性心理成熟的时候,才能做到为他人着想、为群体考虑,这是作为一个社会人的素质。

2)独立处理紧急和重要的事。事情是分轻重缓急的,成熟的男人知道哪些是该马上处理的,哪些是最重要、需要大量精力去做的,成熟的男人能处理好紧急和重要的事之间的冲突。

3) 体贴关照周围的人。礼貌就是一块敲门砖,也是关心他人的第一步。当礼貌成为男人的一种素质,就会表现出对他人体贴细心。

4) 有规律的生活和作息。有规律的作息和饮食,早睡早起,定时定点的生活和工作,从而保证自己的体力和精力,保证健康,也保证完成自己的担当和职责。

5) 男人具有传统意识。他们认为男女有别,专心在家相夫教子是很多传统女性的事。大多数男人都喜欢干脆利落、当断则断,他们不喜欢犹豫不决、婆婆妈妈的女人。男人最希望女人是嘘寒问暖、关心吃喝的贤内助,而不是大事小事句句唠叨的女人。

6) 男人有野性之美,希望有独立性。野性指的是性格上的放荡不羁,对美好事物的认知观念,以及对待心爱事物的执念。当女人展现出性格的野性,会激发出男人极为强烈的征服欲望。野性美犹如怒放的玫瑰,虽然带着尖刺但又让人欲罢不能!很多女人都希望男人有野性。

成熟男人希望独立,不希望生活在别人影子中、受制于别人,我行我素。男人在思想上同样需要独立,成熟男人有自己的思想,有主见,有自信,常常喜欢独断独行。

7) 男人也习惯以貌取人。这是男人的通病,自古以来让男人们神魂颠倒的女人,都颇具姿色,男人大多希望女人有美好形象,玲珑有致,有凹凸有型的身材 。

8) 男人也渴望空间,又希望得到理解。其实大部分男人都想要一个稳定和睦的家庭,还要爱他支持他的妻子,但很多男人都是渴望刺激而又离不开家庭的懦夫。

确实也有很多人在说,男人没有一个好东西,"十个男人九个花,还有一个是傻瓜"。男人花有其生物学的本性,但也有误解。事实上有很多男人是在寻找一辈子都没有找到的真爱、心底深层的爱之图,一辈子都在找,找了许多许多,一个都不是,看起来就是一个花心的男人。别人看起来是艳福不浅的男人,实际上是一位可怜的男人,辛辛苦苦一辈子没有找到爱情归属的男人。因为过去靠"父母之命,媒妁之言"的婚介模式,找到爱情缘分的人是很少的。女人一般胆小,又有贞洁文化的严管,对命运无力抗争。只有男人胆大,找不到就不死心,找一辈子,在别人眼里就是花心一辈子!其实是可怜一辈子!

当然,全说男人花,花谁呢?总是有女人跟他们一起花呀!那是我们的文化影响造成的,其实男女对性、对爱情的欲望强度都是一样的!

9) 男人的事业心特重,渴望成功。男人特别看重做什么,希望自己事业有成,出人头地,体现自我价值,得到该有的尊重,一般都有远大理想、宏伟目标,并勤勤恳恳为之奋斗。

2. 女性的心理特点

女性重视情感、男性重视理性,这是公认的男女性的心理特征,正因为这样,女性在情感方面投入的成本比男性更大,所以一旦遇到情变,她们所遭受的损失也就更为惨烈。男人自杀可能缘于理,而女人自杀却大都缘于情。

女人不会在听完男人讲完一通大道理之后轻易投入他们的怀抱，但她们有可能听完男人对她们的一番赞美或一阵抒情后便热烈地投入男人的怀抱，也就是说，女人通常不会因为"理"字而吃亏，却容易因为"情"字而上当。这是因为女人精神需求的表现之一便是渴望赞美，并常常因为赞美而感到满足。平日里一句体贴或赞美的话，会使一个劳累不堪的女人感到快乐。女人常常看不到自己重复劳动的成效而只看到被消磨掉的青春，她们极易悲观，而赞美恰恰是抑制悲观的良药。经常真诚地赞美女人，会造出一个全新的女人——忘记疲劳、忘记烦恼、达观爽朗、对生活充满信心的女人。

在享受和感受爱情方面，女人比男人更敏感更细腻，比男人更注重内心体验，更看重精神需求，更在乎爱情的真假。只有她们真正体验到男人对她的真诚和真心的爱护，女性才会自愿和愉快地参与，性爱便成为艺术、成为幸福。

中国女人却很容易成为情感的奴隶。她们似乎太珍爱男人和娇惯男人了，她们无时无刻不在为男人着想。但如果没有爱情，男人就很少为女人着想了。男人只有大男子主义，以为妻子所做的全是分内之事，却很少想过情和爱是女人在世界上不知疲倦地生活下去的精神支柱，她们可在世界末日舍弃最后一块面包，但绝不会舍弃最后一份爱恋。因此，在平平淡淡大多数人都没有真正的爱情的现时代婚姻中，女性注定要在渴求爱情的深渊中接受性奴隶一样的生活。

"女人来自金星，男人来自火星"，男人和女人的思维方式生来就是不同的。女人的心理特征会比男性更感性，所以她们会更多注重于情感方面，表现的情感会更加丰富。女性尤其在对爱情、事业和自己的面貌赞赏的关心上，会更加地洋溢出感情，对任何反应都比较敏感，喜怒哀乐都会通过表情和姿态表达出来。

相对于男人，女性还有以下一些心理特点：

1) 女人的第六感比男人强。研究女性的大脑后发现，女性的大脑是左右之间联系比较紧密，而男性的大脑则是前后之间比较紧密。男性是纵向思考的，女性是横向思考的，就好比一个手电筒，女性照得就比较宽但是照不远，男性呢，照得远但是范围就不宽。那女性照得比较宽的地方是照进哪里呢？照进潜意识去了，照进一些男性意识不到的信息里去了，所以女性在判断一个男性是否会出轨的时候，她真的堪比福尔摩斯。

2) 女性思想细腻，思考问题比较感性。考虑的问题多了，自然容易多愁善感，但同时思考问题较男性会更全面、更细致。男性思想比较简洁，会考虑得大些，但是不够细致。男性和女性一起思考问题，才能顾全大局，所以各有各的优点。只可惜很多人都习惯于自以为是，"我是对的，别人应该跟我一样"，常常不愿意承认有这样的差异，或者不愿意尊重别人有这样的特点，结果自然就处不到一块去。

女性的形象思维强于男性，所以她们常常从事音乐、戏剧、美术、舞蹈、唱歌等艺术工作，同时拥有较大的耐心和直觉记忆，使得她们适合担任教师一职。女性的阅读领悟能力强，强于记忆，但空间思维、逻辑思维较男性差。

3）女人表达情感浅而外露。女性情感容易外露，往往情绪管控不力，容易流于外表。女人遇到特别开心的事或者接受了不良刺激，都会及时爆发，要么欣喜若狂，要么歇斯底里，或者暴怒，或者狂嚎。有人说这是一种优良的心理特点，是女人比男人寿命长5~7年的主要原因。但在现实生活中，很多男人无以接纳，带来相处的困难，常常需要专业人员的指导。

女性也有脆弱、胆小、藏不住话、做事不敢冒险、好背后议论人的弱点，体现在对娱乐八卦的关心，经常闲聊，常常向闺蜜或好友倾诉内心的烦恼，借以消除压力。

4）女性容易接受暗示。对于各种形式的催眠术她们很难抵抗，并且女性常常容易被星座占星等类似的迷信活动所迷惑。

5）女性拥有着无私的母性本能。大多数女人心地善良，富于同情心、怜悯心和爱心。所以可以看到她们经常活跃在慈善事业和人道主义活动中。

6）爱美是女性的天性。她们举止文雅、娇柔（女汉子除外），还更加热衷于打扮自己，在社交活动中最受人们注目。女性的虚荣心和自尊心较强，除了不愿意别人说她的短处，还对伤害过自己的人往往耿耿于怀。假如做了伤害别人的事，会心生愧疚，但不愿公开道歉。

7）女人擅长反向表达情感。所谓"打是疼，骂是爱"就是女人这一心理特点普遍性的写照。

8）脾气爆发时自控能力不够。女人遇到不顺心的事，容易上火。一旦发脾气，就容易失控。如果别人再火上浇油，一发不可收拾，甩锅砸碗，暴跳如雷，甚至大打出手，大大地发泄一通，方能平静。有人说这一特点也正是女人比男人长寿的原因。

第二节　男女性欲性心理差异

与性相关的情和情感，我们称之为性情、性情感、性情绪、性欲望等等。男女从儿童性欲性心理发育开始，直到更年期、老年期，其性欲性心理的不同，为他们性情和性情感相关的方方面面的差异确立了基础。我们要研究男女与性相关的情和情感特点，自然少不了对男女性欲性心理一生发育、发展情况的了解。

一、儿童性欲性心理发育

笔者在弗洛伊德把儿童性心理发育分为五个阶段的基础上，在20世纪80年代提出分为七个阶段的建议，分别是：皮肤依恋期、口（鼻）腔依恋期、肛门（尿道）依恋期、恋父母期、同性依恋期、性器依恋期和性心理成熟期。各期原欲的内涵情况分述如下：

1. 儿童不同年龄段性(原)欲的内涵

(1) 皮肤依恋期(出生前)

众所周知,单细胞生物是通过细胞膜进行物质、能量和信息的交换,除力的作用外,还有受体结合、细胞的胞饮运动、钾钠泵作用和其他的物质、信息传递过程。到了多细胞生物,即使进化到了人类,由外胚层构成的皮肤也还执行着物质交换、能量交换和信息交换的功能。可见皮肤是最原始的生活本能欲望满足的器官,这种欲望称为"皮肤欲"。皮肤欲是性欲的雏形,也是日后性欲的主要组成。

女人全身的皮肤都很敏感,女人一生都喜欢她所爱的人不时地拥抱和抚摸,也喜欢拥抱和抚摸她所喜欢的人。性学家们常说皮肤是人体最大的性器官,其实主要是对女人而言,男人的皮肤敏感性就差多了。

(2) 口(鼻)腔依恋期(0~1岁)

新生儿除皮肤依恋继续存在和发展外,口(鼻)腔区域的快乐感受越来越上升为主要地位。孩子的吮吸本能不仅是饥饿导致的一种摄食本能,也同时是一种生活本能欲望的满足形式。乳头含在口腔之中并来回运动,有效地刺激唇、口腔和舌黏膜,会产生强烈的快感。

人类婴儿为满足口欲,朝口腔放物时,常会先触压鼻部;吮吸乳汁时也常会让鼻子碰及乳头或吮吸较深,使乳房与鼻相碰。儿童也常喜欢被掏鼻孔、揉鼻子或鼻腔塞物。有观察显示,女婴吮指、吮毛巾被等情况比男婴更明显,成年以后女人的口腔欲也比男人强烈。

(3) 肛门(尿道)依恋期(1~3岁)

此期孩子对皮肤接触的需要和口(鼻)腔区域的需要仍较强烈,而肛门(尿道)区域的需要日趋突出。一组70例婴儿的研究表明,肛门意识最早发生是在6个月时,最迟19个月,多数在12~14个月。Money认为尿道期的性行为主要是婴儿意识到并对尿道机能及其产物感到快乐。大部分婴儿在11~14个月开始尿道意识的行为表现,他们也对父母或别人的尿道区域及其功能产生强烈的好奇。

此期孩子有更喜欢异性父母帮助洗澡和清洁下身的趋向。男孩子的尿道异物比女孩多见;男性同性恋半数有肛交行为;更年期以后的男性发生膀胱异物和尿道异物者比女性多。

(4) 恋父母期

此期相当于弗洛伊德的"男根期",具有两方面的性心理特征,其一是阳具崇拜心理,其二是恋父、母情结的形成。男孩恋母,日后可能发展为恋母情结;男孩也常常为自己有阴茎而自豪。女孩恋父,日后可能发展为恋父情结,女孩发现男孩子有阴茎而自己没有,常常会有阉割焦虑,并为成年后的自卑性格打下基础。

调查发现,有半数以上的男孩在1.5岁以前就有举阳反应,这一阶段孩子性器欲不强烈,但若反复刺激也能出现情欲高潮。

可能由于从小与母亲的接触机会显著多于与父亲接近的机会,所以相对来说,男孩的恋母情结比女孩的恋父情结更容易形成,强度也大。

(5) 同性依恋期(6～8岁)

此期相当于弗洛伊德认为的"潜伏期",由于性欲得不到满足,于是寻找新的对象,通常是同龄、同性别朋友。尤其是女孩子更喜欢聚在一起,或者游戏,或者活动。由于普遍重男轻女,在孩子的交往方面又缺乏科学引导,更容易使有同性恋基础的孩子向同性恋发展,尤其是男孩子多见。

(6) 性器依恋期

儿童在8～9岁性腺开始发育,性激素水平增高,导致性生理的迅速发育成熟和生殖器官交媾欲的出现,性器欲的主导地位逐步形成。初期的性器欲更多体现了动物性器欲的特点,常带冲动性。

随着视、听、嗅、味等感觉器官的发育成熟和功能更加完善,感官性欲的发育也随之成熟。感官对性信息的摄取不同程度地影响性欲的积累和满足。随着年龄的增长,对不同的性信息的敏感性也明显地显示出性别的差异。例如男人靠眼睛和手去爱,女人靠耳朵和皮肤去爱,等等。

此期孩子性的健康发育和科学引导对孩子一生性生理和性心理健康有很大影响。对这个年龄段的孩子性教育的内容和方法,我们挺主张适当地放一点、纵一点,以促进性器官的原欲和生殖器官交媾欲的结合,形成性器官性欲的霸权地位。

(7) 性心理成熟期

此期青少年性生理发育已经成熟,性心理还需要一个发育阶段。家庭和社会要努力促进青少年性心理逐步发育成熟,注意他们性心理障碍的早期发现和早期干预,注意青少年早恋和初恋的保护和科学引导,努力减少传统性文化对女性性心理健康发育的负面影响等。

2. 儿童不同年龄段性(原)欲的表达

胎儿心理学家把胎儿分娩时受到微温羊水的洗涤和母体肌肉收缩的"按摩"作用,特别是胎儿被挤进产道与产道发生强烈的摩擦,看成是胎儿在经受巨大冲击的同时,虽有痛楚但也有强烈的生理性快感体验。他们甚至通过实验证实胎儿期的这种体验不仅能终身记忆,还对日后的心理发育、性格形成和成年后性生活的方向有重要影响。

新生儿的皮肤即需要接触,否则孩子会发生"皮肤饥饿"。研究证实,适当地进行皮肤接触(如抱孩子、搂孩子、抚摸孩子,为孩子穿衣、脱衣、洗澡等)具有"皮肤营养作用",能促进孩子身体发育和心理发育,尤其是孩子唇、眼、手等皮肤敏感部位触觉的正常发育,对孩子性心理发育和成人后获得良好的性体验有重要影响。但若对孩子体肤刺激太过,尤其对性敏锐区域过分刺激,则有碍孩子性欲和性心理的正常发展。

胎儿在腹内就已经吮指,生后口(鼻)腔区域的欲望很强烈,他们吸母亲的乳房、奶瓶的橡皮乳头,甚至手指、足趾、各类餐具、玩具及其他物品。孩子吸饱了乳汁还继续吸或含在口中,甚至含着奶头睡去。婴儿吸手指现象也很普遍,占90%以上;孩子哭闹时除抱和逗以外,最有效的办法就是给他乳头或橡皮乳头吮吸。孩子也大多有揉鼻子、挖鼻孔或鼻腔塞物等习惯,成人独处也常有此等癖好。

  肛门欲期的孩子从排泄物的充足和排放两个过程得到满足,所以对这两个过程相关的事情都会特别关注,男孩特别喜欢尿尿比赛。此期要加强孩子大小便的训练,禁止孩子玩弄大小便和肛门。

  青春期前儿童性器官的原欲常以手淫的形式予以发泄。据国外报道,14岁以前已有手淫等自慰行为的占45%,其中54%发生于5岁以前,因而此期要适当避免对小儿性器的过多接触。6岁以后,儿童大部分时间是以同性集体的形式进行游戏。孩子向他人暴露生殖器并彼此抚摸以及一道进行自慰行为。根据对父母的调查,6～7岁男孩同性性游戏较多,女孩同性性游戏与男孩和女孩间的性游戏大致相当。

  根据金赛、霭理士等人的描写,男女儿童手淫都可以发生性欲高潮,男孩的表现可见为阴茎明显的震颤和挺伸,身体发生节律性的运动,感觉能力改变,最后肌肉紧张……一阵痉挛后症状突然消失;在女孩可见紧靠双腿,闭眼握拳,身体冒汗,满脸通红等。学者们发现,儿童手淫的现象屡见不鲜。我们认为青春发育前的儿童情欲高潮都是儿童原欲的满足表现,即使是刺激生殖器官(如手淫)而发生的情欲高潮,也应该与成人的性高潮有所区别。

二、青少年的性心理特征

  对青春发育期的孩子,人们都有这样的共识:青少年性器官、性生理发育成熟,性欲望、性冲动特别强烈,一般情况下难以自制,容易出现冲动性行为。但青少年性教育滞后的现象引起社会担忧。

  目前,不少学校已经开始对青少年学生进行性教育,以帮助他们顺利度过这个时期。但对青少年进行性教育是一项艰巨的工程,需要家长、老师、学校、社会等各方面的配合。青少年随着生殖系统发育日趋成熟,性欲和性冲动的情绪体验在其心理活动中占有重要地位。作为孩子第一任老师的家长,应对青少年性生理、性心理的发展阶段和特点有必要的了解。

  1. 青少年性心理发展的三个阶段

  (1)疏远期。在性意识萌芽的初期,常常以否定的形式表现出来。小学四五年级,儿童开始关注异性,但表现为男女之间的对抗、排斥,与异性关系密切者会受到同伴的嘲讽,这时并没有萌生真正的性意识。进入青春期,少男少女的男女性意识开始觉醒,他们对两性差别特别敏感,开始产生性不安与羞涩心理。近年来,受过良好性教育的中学生虽然并不以冷漠和厌恶的态度对待异性,但在异性交往中仍然以排斥和疏远的方式居多。

(2) 爱慕期。随着少年进入青年初期,情窦初开。他们很快便对异性表现出好奇心,并以善意、友好、欣赏的态度对待异性同学。他们也愿意与异性同学一起学习,一起参加社会劳动,并发展友谊。这个时期是青少年性意识发展的一个重要阶段,性教育特别重要。

(3) 恋爱期。恋爱期处于青春晚期,是性亲近的自然延续。这一时期男女在交际中逐步将异性作为结婚对象而加以选择。男女交往的标准也逐渐从外在转向内在,外美内秀对于异性更有吸引力。

2. 青少年性心理的表现特征

(1) 性心理的本能性和朦胧性是生理急剧变化带来的本能作用。他们对异性的认识还披着一层朦胧的面纱,对异性的兴趣、好感和爱慕主要是异性间的吸引,对性和异性还有很多神秘感。

(2) 性意识的强烈性和表现上的文饰性。他们虽然十分重视自己在异性心目中的印象、评价,但表面上却表现出拘谨、羞涩、冷漠;心里明明对某一异性很感兴趣,但又表现得无动于衷、不屑一顾,或做出回避的样子。他们表面上显得讨厌那种亲昵的动作,实际上很渴望能体验一下。

(3) 性心理的动荡性和压抑性。由于不少孩子的心理还不成熟,他们的性心理易受外界不良影响而动荡不安。同时,有的由于性的能量得不到合理的疏导、升华而导致过分的压抑,少数还可能以扭曲的方式、不良的甚至变态的行为表现出来。

(4) 男女性心理的差异性。女性性意识比男性成熟早,而男性获得某些性感的体验在年龄上要比女性早。在对异性感情的流露上,男性较外显和热烈,女性则含蓄深沉;在内心体验上,男性多新奇、喜悦和神秘,而女性则常常是惊慌、羞涩和不知所措;在表达方式上,男性一般较主动,女性往往采取暗示的方式;此外,男性的性冲动易被视觉刺激唤起,而女性则易在听觉、触觉刺激下引起兴奋。

3. 科学教育与引导

此阶段的青少年缺少科学性知识,对性仍然充满着好奇心,社会阅历浅薄,最容易接受诱惑,上当受骗,尤其是在性的相关方面,需要科学的性知识,科学的性教育。青少年性心理不成熟,从青春发育性生理成熟到性心理成熟,还要经历一个相当长的阶段。需要接受社会法制的约束,学校制度的管理,老师和父母的管教、指导,以促进其健康地发育和成长。

三、成年男女性欲性心理特点

1. 成年男性的性心理特点

青春期的到来,标志着男性发育至成年时期的开始,最显著的变化是具备了有别于女性的特征。不仅如此,男性的性格、心理、行为与举止方面,都呈现出与女性的明显差别。其性心理的特点主要表现在:

(1) 追求性知识的方式

由于男性性发育晚于同龄女性,故性意识的产生也较女性晚。当首次遗精及反映在体态方面的两性特征出现时,在其心理上产生一系列复杂而微妙的变化。一般说来,他们对自身这种变化缺乏足够的心理准备,因此一时较难适应,往往产生一种惊惶不安的情绪。这时期,他们非常渴望了解性知识,尤其时时留心来自异性的眼光。与女性不同,他们很少从父母或老师处获得性知识,而大多是从报刊和医学书籍中,尤其是从网络中满足自己对性知识的需求。这与青春期男性内心闭锁倾向性有关。

(2) 对异性的爱慕

男性在青春期到来初始,追求异性的表现并不十分明显,甚至厌恶和疏远。他们很重视同性伙伴的友谊。进入异性接近期后,产生了接近异性的情感需要。他们对女性普遍好奇,希望了解她们,包括生理和心理,对漂亮的女性更是喜欢。他们要在女性面前展示自己的才能,以吸引对方注意自己,特别是在自己喜欢的女性面前,做事特别卖劲儿。希望自己在异性心目中成为英雄、崇拜对象。男性在异性面前的情感是外露和热烈的,但有时对自己的表现期望值很高,自信心不足,常常在异性面前心理紧张。有的男性虽钟情于某一女性,但却不敢表露出来,单相思。

(3) 性欲望

由于男性性意识的发展与女性不同,一旦有了接近异性的欲望,并对具体的特定的目标发生兴趣和有一定交往之后,往往就有性的欲望出现。因此,男性在两性关系上表现比较主动。一般由彼此接近到发展成爱情,由男性首先明确表示出来。男性的性成熟比女性晚,但发展比较剧烈,很快进入性欲望亢进期,表现为性兴奋的产生和性的欲望的增强。成年男性的性欲望20岁左右最强,30~40岁比较成熟而富有技巧,更受女性青睐,45岁以后有减弱趋势。

2. 成年女性的性心理特点

由于女性的生理成熟一般要比男性早,性意识的产生和发展也较早。随着女性月经来潮和体态女性化发育,感到了自己与男性越来越明显的差别。其性心理的表现主要有以下三个方面:

(1) 对性知识的追求方式

成熟而出现对性知识的兴趣,是青少年性心理的必然产物。女性在对性知识方面的追求较男性开放性强些。她们性知识的来源多数是从课堂上得来，她们常与朋友和母亲谈论有关性的问题。在刚进入青春期时，对母亲的依赖性较大，随着年龄的增大，她们更愿意自己去阅读有关书刊，以便了解性知识。

（2）对异性的爱慕

女性进入青春期，一开始常会产生一种惶恐不安的情绪，并且在人前表现得羞涩、腼腆、极富内心体验。随着性意识的进一步发展，由异性间的疏远期进入异性接近期。她们开始感到被异性吸引，产生了接近异性的感情需要。友谊圈子开始从同性朋友扩大或转向异性朋友。她们喜欢有特点的，如学习好、潇洒、具幽默感、有头脑、有能力等的异性。她们在选择异性朋友时有一定的理性。在与异性朋友的交往中，女性的感情体验相当丰富，表现得极为细腻。她们开始注意修饰自己的外表，用"美"来塑造自己，在异性面前表现出文静、端庄、大方的样子。这期间她们与异性的交往多半是心理的需要。她们对异性的容貌不及男性那样重视，其实这是女孩性心理成熟比男孩较早的表现。青春期的女孩如果找到一个自己倾心的男性朋友，就会喜欢他的一切，并把他看作是自己的一部分，即付出全部感情。

（3）性欲望

女性在与异性的交往中，开始并不和性欲望联系在一起。她们性意识的表现方式是含蓄的，其发展是渐进的，进程较缓慢，感情体验较深，而性的欲望并不迫切。恋爱期间，女性更看重两性的心理接触和感情的交流。女性在对待两性的肉体关系上一般来说是比较慎重的，大都特别看重自己的童贞。但由于女性的感情投入十分深沉强烈，在对方提出性要求时，又往往出于对男友的感情而容易屈从于对方。

研究表明，女性在没有性的体验之前，性欲要求不明显。一旦有过性的体验之后，性欲变得十分强烈。此外，性成熟的年龄越早的女性，其性意识越强烈，性生活开始越早，其性的经历越少受到社会规范的影响，性的需要相对比较强烈。

性欲的存在是人类的本能，而性欲的心理、生理状态和体现形式，男女之间有些差别；又由于性欲产生和发展特别复杂，它牵涉到每个人自身的心理、生理、社会、文化等各种因素，还有情感、年龄、经济地位、健康状况、受教育程度等多方面影响。一般而言，在女性心里，能引发性欲的主要心理因素是爱情。丈夫对自己炽热的爱与温情，全身心地关心与体贴，常常比满足性欲更重要，因此夫妻之间有没有浓郁的爱情基础、双方的感情好与不好，是关系到女性性欲强弱的基础。只有建立在浓郁爱情的基础上的性生活，才可以说是真正的幸福，尤其是对女人而言。

（4）影响女性性心理的因素

女性在性生活过程中的心理状态要比男性复杂很多。当产生一定的性欲，内心也有过性生活的愿望时，却有时表达内心的激情不够充分，反而出现推却、羞涩或做出相反的示意。给对方错觉，此类女性对自己的性欲持压抑态度，在她们的心理上，多少是受传统的旧观念影响,她们觉得过于暴露自己的性欲望,会当作是淫荡、轻浮的行为,有这种心理的女性,时间长了很容易有性冷淡现象。

也有很多的时候是由于女性有反向表达情感的心理特点,她其实是很想要的,嘴上却习惯性地说:"不要!不要!"男人常常信以为真,结果弄得大家都不开心,连续几次,双方的误解越来越深,性的失和谐便容易形成。倘若这个时候男方再多一点坚持,多一点体贴和温存,行为发生了,女性的感觉来了,也会积极投入的。问题就在男人不懂女人。

当然,在日常生活中所发生的不愉快,对女性性欲也会有很大的影响。工作上有不顺心或困难,家庭压力太大,自身得病,夫妻的争吵,子女的教育,遇到一些生活中的突发事件,都可能使女性的情绪产生非常大的波动,精力分散,致使性欲受到抑制,性敏感减退。特别是夫妻在感情上有裂痕时,性欲减退更常见,而且恢复非常慢。

性冲动发生与发展的过程,女性比男性来得慢,因此,在性生活中女性要有一段准备时间,这阶段时间的长短,根据人的不同而变化,否则容易使女性很难达到性高潮和性满足,从而渐渐产生性厌恶感。

影响女性性高潮出现的因素比较多。有非常多客观条件的原因(如环境不是很好、床铺有响声、居住条件差、几代人一起居住和室内光线太强、外面声音很大等),都可以使女性的性兴奋明显降低,推迟高潮的到来或不出现高潮。对非意愿性性生活来说则更是这样。

在激发女性性兴奋的行为中,身体的接触往往高于视觉的作用,尤其是身体的性敏感区被触摸,性刺激会更强烈。激发女性性欲的时候,亲切、甜蜜的言语交谈,对于女性来说,也是一种非常重要的性挑逗。特别对于工作紧张、家务繁忙或遇上一些使情绪低落的事情时,理解又愉悦的交谈,是最大的满足。舒心惬意的语言交流,可以提高或诱发性欲,充分享受性和爱的温情和乐趣。

女性的性感受比较弥散。女性的次级性器官口腔、肛门、尿道、乳头等等,都可以单独接受性刺激而产生性快感,发生性高潮;甚至可以有一些不定的区域对性刺激特别的敏感,产生性快感或性高潮体验。若是辅助性器官、次级性器官和主要性器官协同完成的性过程,性高潮体验无与伦比,可达到男人无法达到的高度。

第三节　男女情和情感需求的差异

一、男性情和情感需求的特点

前面说了，社会的文化决定了男人的气质，勇敢、坚强、粗犷、豁达是男人的基本特点。其实呢，男人本质上是比女人更弱小的群体。任何男人都是从做儿子的角色来到这个世界的，没有一个男人不想跟妈妈生活在一起。然而社会的角度又要求男人是社会的支柱，所有的男人走上社会，离开妈妈之后，便都无以选择，都必须学做一个男人，以男人的最高的要求来要求自己。既要为妈争口气，也要去征服、去竞争，为自己争口气，于是只能奋勇向前。从男人身上既表现出本性的一面，又流露出成长过程中的不同情感需求特点。

1. 男人喜欢赞美

每个男人在做儿子的时候，最喜欢的事情就是爸爸、妈妈或其他成人的夸奖。成年男人身上有很多优点值得女人去欣赏赞美，女人要善于去发现男人的优点以及生活中的努力，并赞扬他。男人感受到被女人赞美，男人就会越赞越优秀！在他做儿子的时候，他最稀罕的就是妈妈的赞美啊！

2. 男人也需要鼓励

鼓励可以帮助人慢慢树立自信，能促使男人展示自己最好的一面。如果女人充分相信男人的能力，男人会备受激励，他将回报更多的信任、理解和疼爱。妈妈的每一次鼓励对儿子是何等的重要！他会永远记得，能替代妈的女人对他多一点鼓励，少一点批评，他的感觉会有多好啊！

3. 男人很在乎被信任

女人展现出对男人的信心，会极大地激励他，从而激发他的潜能，更好地展示他的能力。男人的第一种情感需要得到满足后，男人会更加关心爱护女人，努力地带给女人更多的快乐。男人从做儿子开始，就扮演了死要面子的角色，儿子从一开始就想给妈妈争点面子。妈妈对他办事放心，可是儿子最大的荣幸啊，男人便会信心百倍，努力做好他该做的一切。

4. 受人崇拜的感觉更好

男人若是感到他为女人带去了幸福快乐，他就会更加自豪。男人希望自己在女人心目中的形象高大，富有男子气概，希望自己被心爱的女人崇拜。女人的崇拜是男人的助推剂,男人的这一种情感需求得到了满足,他会为女人带去更大的回报。

5. 男人也需要包容

女人接纳男人的一切,男人会感受到她的爱。男人自己也能体会到,即使他有缺点,女人依然能够包容和接受他。男人感受到了接纳,就更乐意关心女人的需求并满足她。更好地促进男女的互爱和关心。男孩不管犯多大的错,无条件包容他的唯有妈妈。哪个男孩都相信,这世界上,只有妈妈能包容他的一切。他真实地遇到一位像妈妈一样能包容他的女人,他的感激之情真是无以言表。

6. 需要别人的肯定

男人得到女人的肯定,就意味着他身上存在着优点和良好品质,值得女人去爱他。尤其是在男女地位平等上的认可,彼此是相互尊重的。很多人尤其是很多女人不了解男人,男孩从小想得最多的是为妈妈做点什么,让妈妈开心;做了丈夫总想为老婆做点什么,让老婆开心。尤其是在与老婆做爱的时候,总是小心翼翼,生怕弄疼了老婆,更担心老婆没有快感,达不到高潮。做了女儿的爸爸,可真是全心全意爱女儿,疼女儿。为女儿,老爸可以不要自己的命。

7. 男人的自尊心特别强烈

事实上很多女人认为男人大气,男人坚强。现实中很多人真的不懂男人,认为男人自私,男人强势,男人暴躁,男人不讲理,男人什么方面都不好。女人如果都有这么一个先占观念,相处起来就比较困难。或者主观地认为我的男人无用,他处理不好事情,于是索性越俎代庖替他出头,这是一种传达非常负面的信息的做法,让男人觉得自己的能力在太太面前一文不值。她不但不信任他能自己处理这问题,反而出面搅局,这种行为对男性的自尊来说是非常有杀伤力的。

男性在遇到问题时,习惯性地会花些时间独自深思熟虑一番,如果感到自己实在是没办法解决,他才会开口向人求助。等他主动开口了,女性这时再伸出援手,帮忙出点子,她的用心良苦就比较容易被接纳并被感激了。千万不要在他还没有明确发出信号之前,就先大张旗鼓地出手相助。这样做不但不能解决问题,反而会制造出更多的问题。

二、女性情和情感需求的特点

大家都知道,女人是感性的动物,那么,女人的情和情感是否有什么特别呢?

1. 女性情和情感的基本需求

第一阶段:温饱需求。处于温饱需求的女性对于交流和认可的渴求有非常强大的欲望,所以在人们最无助的时候容易产生这样的情和情感需求。

第二阶段:社会需求。每一个人都会与这个世界上的人与事物打交道,从而产生与社会的交际圈。对她情和情感需求的认可度所做出某种反馈的渴望,希望得到他人的认可,以维持自己的交往圈。

第三阶段:自我需求的实现。属于第三阶段的女性往往是情感已经成熟的人。这个时候,她们已经不在乎外界对于自己是什么想法了,只是希望实现自己的愿望以满足自己的需求。这样的人才可以在生活中活得更漂亮,姿态也会更加美好。

2. 女性情和情感的具体需求

俗话说,女人是情感的载体,自然女性对情和情感的需求非常强烈,尤其在以下几个具体方面:

(1) 极度重视自己的名誉。所以在交往过程中我们需要提升而不是降低女人的社交价值。如果女人觉得和你在一起感觉到能提升自己的名誉,那么她很容易被你吸引。

(2) 女人需要的是情绪波动,而不只是单纯的笑。一个只会讨女人笑的男人,没有魅力。有魅力的男人是能挑动目标的情绪,让她各种情绪不断涌现,从而对你欲罢不能。

(3) 女人的内心都是小女孩子,尽管有些女强人有着坚强的外表。当她犯错时,要像父亲一样地批评她、给她威严,另一方面要保护她,给她安全感。这就是为什么很多女人都喜欢大叔的原因。你可以嬉皮笑脸,幽默风趣,但内心一定要成熟,处处显示出父亲一般的无边的宽容,能让女人既感到威严又有足够的安全感。

(4) 女人希望被主导,让她觉得一切都是自然发生而不是她有意而为,比如牵手、接吻,有些时候这种事就可以不要征求女人的同意,男性要把握好时机,主动出手。

(5) 女人缺乏安全感,害怕被抛弃。这也就是为什么她不断地问你是不是爱她的原意。女人内心的不安全感,是深达潜意识层的。

(6) 女人需要依靠强者。她们需要的是强者的保护,而不是仆人的顺从。

(7) 中年女性常常有较强的性潜能,若是能不断开发,能明显提高其情感生活质量。

(8) 女性一般都比较要强,但也都愿意扮演好自己的情感角色。母亲、姐姐型的女人,喜欢履行母亲或姐姐的责任义务;妹妹型的女人更喜欢小鸟依人;女儿、孙女儿型的女人,更想要一些撒娇任性的机会等等。男人若是能给予理解或支持,会相处得更好,女人的情和情感生活自然也更满足。

三、男女主要情感需求比照

1. 女人需要关心,男人需要信任

在男人和女人逐渐走向成熟的过程中,他们发展和表现自我的途径迥然不同。男人主要发展和培养关爱、理解与尊重的特质,从冷淡、斤斤计较、自我中心、疏离一变而成为乐于奉献、温暖、颇有人情味的人。

女人则发展和展露其接纳、感谢和信任的特质。她不再操控,而是授权;不再混乱和狂躁,而是变得优雅和容易变通。男女一旦学会均衡发展内在互补的特质,就不仅能创造出和谐美好的情感关系,也能在互动中促进彼此的成长。

当男人发展出关爱、理解和尊重的特质时,自然能满足女人的主要情感需求——被关爱、被理解和被尊重。女人若能很好地发展接受、感谢和信任的特质,自然也能满足男人的主要情感需求。通过学会最有效地互相支持,两个人的能力和成熟度就会不断提升。

2. 女人需要理解,男人需要接纳

在爱情中,没有合不合,关键是爱不爱。有爱的话,磨合的过程就会少有争吵和痛苦,磨合后的水乳交融更有意义!真爱的坚持,就会有心有灵犀的一生浪漫。男人和女人需要一个相互了解、相互适应的过程,需要理解,需要包容,更需要相互的挚爱和悦纳。

3. 女人需要尊重,男人需要感激

无论男女都需要被尊重,作为有着柔弱本质的女性,更希望得到尊重。然而尊重是要靠自己挣来的,在获得他人的尊重前,我们首先要尊重自己。有教养是获得他人尊重的前提,其次是善待自己。美貌并非女人永久的资本,让自己不断地成长、经营好自己的生活,才是获得他人尊重的资本。

男和女都需要真正的人类爱情,都看重心爱,女人会偏一点情爱、心爱,男人会偏一点性爱。

四、男女情和情感的实际上的差异

1. 男女情和情感根源上的差异

男女之间最原始、最基本的差异性是遗传基因、生理结构和功能上的差异性所决定的。男人和女人在生理和心理方面本来就存在明显的差异。本书所研究的情和情感更接近一种心理过程,男女情和情感自然就应该存在差异。男人和女人出生以后所处的家庭环境和父母早期的教育以及社会和文化的环境的影响,无形中又强化了男女情和情感上的差异。

人类社会中占统治地位的男强势文化使"男主外,女主内"仍然是现代社会的基本家庭模式。男人要养家糊口,"男主外"意味着男人将要接受更强大、更复杂、更多变的价值关系的作用,意味着不仅能够适应社会,而且能够改造社会;不仅要熟练掌握和有效运用自然关系,而且要熟练掌握和有效运用各种社会关系。"女主内"意味着女人产生于生殖方面的自然分工在人口生产过程中天然地扮演主角,担负着生育和养育的主要责任。她们只需要适应社会,管好家庭,掌握和有效运用社会关系,特别是熟练掌握和有效运用与男人的利益关系。不同的社会分工,自然加深着他们情和情感的差异。

2. 男女情和情感层次上的差异

从男人和女人群体的意义上而言,女人的情和情感较为肤浅,她们比较注重眼前的、局部的、低层次的价值,注重表面的、形式上的利益,难以从长远的角度来考虑自己的发展前途;男人的情和情感较为宏大而深厚,他们更关心长远的、整体的、高层次的利益,有远大的情感目标和价值追求,有相对宽广的胸怀和宏伟的事业。

3. 男女情和情感强度上的差异

男人的情和情感较为强烈而短暂,女人的情和情感较为温和和持久。男人的爱如火如荼,男人的情和恨刻骨铭心,男人的情和情感有时像一匹野马不可遏制;女人的爱持久而稳定,女人的情广泛而深远。女人的情和情感虽然有时也非常激烈,但大都是表面上和形式上的,女人的大哭大笑并不意味着产生了强烈的情感反应。

在人类漫长的发展过程中,男人在社会生产中扮演主要角色,从事狩猎、渔牧、耕种等高强度、高力度、高风险的劳动,由此产生的价值关系通常具有相对强烈的变动趋势。女人在社会生产中扮演次要角色,主要从事采集果实、缝衣织布、喂养家畜等低强度、高耐心、低风险的劳动,由此产生的价值关系通常具有相对平稳的变动趋势。

4. 男女情和情感细致程度上的差异

男人的情和情感较为粗犷,女人的情和情感较为细腻。男人通常对细微的利益关系并不放在眼里,只关心较大的利益关系。男人的心胸宽广,更能容忍他人的缺点和错误,但却不善于从细微方面去关心体贴他人。女人很在意利益关系的细微变化,注重较小的利益关系。女人的心胸狭隘,难以容忍他人的缺点和错误,但容易从细微方面去关心体贴他人。

男人所拥有的价值关系通常具有强烈的变动趋势,因而男人对较大价值关系及其变动的反应比较敏感,而且预见性和准确性较高;对较小的价值关系及其变动的反应比较迟钝,而且预见性和准确性较低。女人所拥有的价值关系通常具有平稳的变动趋势,因而女人对较小价值关系及其变动的反应比较敏感,而且预见性和准确性较高;对较大的价值关系及其变动的反应比较迟钝,而且预见性和准确性较低。男女有机结合,看问题自然全面。

5. 男女情和情感灵活性上的差异

一般而言,男人的情和情感来也匆匆,去也匆匆;女人则来也悠悠,去也悠悠。未找到真正的人类爱情的男人,对女人的性爱容易产生也容易消失;女人的爱不容易产生,但一旦感觉到了可能是真爱,又不容易消失。喜新厌旧、见异思迁、薄情寡义者,未找到真爱男人的这一特点多于女人;旧情难忘、藕断丝连者,女人多于男人。正因为这样,世界上总有许多的"痴情女子薄情郎"。

6. 男女情和情感表达方式的差异

女人的表情尤其是面部表情比男子丰富。漫步街头既可觉察男子通常面容凝滞、表情固定。女人则相反,她的表情经常变换,嘴角的皱褶变化尤其丰富。眼泪是女人有效的表情方式,女人的泪腺很发达,既可以无意识地、自然地表达愿望或需要,也可以有意识地、自觉地表达愿望或需要。此外,女人的形体姿势表情、语言语气表情等也远比男人丰富。

7. 男女情感与意志关系上的差异

一般而言,人的意志必须建立在认知与情感共同作用的基础之上。人要想提高其意志水平有两条基本途径:一是提高其认知水平或理智水平;二是提高其情感水平。女人由于受到社会的约束,其活动范围狭窄,因此女人的意志较多地受制于情感,较少地受制于理智。相反,许多男人具有较高的智力水平和较低的情感水平,能够轻松地从自然界获取财富,但在人际交往过程中常常失去财富;能够灵活自如地驾驭自然,但在盘根错节的人情关系和利益纠纷面前往往感到困惑甚至失败。

8. 男女情和情感掩饰程度的差异

女人情和情感的表达更具有表演的特点。女人既善于表达和流露自己的情和情感,也善于掩饰和夸张自己的情和情感。许多女人总是企图保持"淑女"般的形象,处处显得那么"一本正经",有较强的防范心理和自我压抑意识;总是极力控制自己的热情,心里尽管是一团火,脸上却表现出十分的冷漠;不喜欢开过分的玩笑,尽量显示温文尔雅的气度。女人较男人更经常地说谎,心里想着"是",嘴上却说"不",心里想着"爱",嘴上却说"恨";心在为男人祈祷,嘴却跟男人怄气;女人在撒娇时扭怩作态也不怎么觉得别扭,为了引起男人的特别注意,女人时常以各种方式来表现自己。女人擅长反向表达情和情感,就是情和情感掩饰性的自然应用。实际生活中,女性擅长于反向表达情和情感的技巧很容易造成男人的误解,从而带来相处的困难。

女人的情感掩饰往往集中地体现为,向男人展示自己的高贵、高尚和文雅,展示自己有较高的道德素质、文化素质和社会地位,从而在与男人的交往过程中,掌握进与退的主动权,以最大限度地补偿自己在现实社会地位上的依附性,补偿自己在人际交往过程中的被动性。此外,人与人的利益关系经常是不一致的,甚至是完全对立的,女人的情感掩饰也是为了保护自己,免受社会舆论的攻击,免受同伴们的嫉妒,减少竞争者和敌对者,并使自己在任何时候都留有退路,留有余地。

9. 男女情和情感独立性的差异

女人的情和情感具有较低的相对独立性,较多地受他人或环境的影响,容易受他人的暗示、感染和诱惑,容易受道德规范、伦理观念、传统思维习惯的约束,容易受长辈们、老师、朋友及社会传播媒体的引导和教育。女人容易顺从行为潮流、思想潮流与情感潮流,不敢站在潮流之外,宁可被潮流淹没,也不愿孤零零承受社会的冷落。女人很注重、很在意他人对于自己的看法与态度。女人的许多情感特征具有后天性,在周围环境的潜移默化中逐步形成。女人追求男人相当程度上顺从时代的价值标准,时代给予具有不同自然特性和社会特性的男人以不同的命运,女人就会以不同的眼光来看待不同命运的男人,时代推崇什么样的男人,女人就可能会爱什么样的男人。相反,男人的情和情感较少受他人或环境的影响,不盲目地追逐时尚和潮流,具有较高的相对独立性,更大地受自己童年体验的影响。原因是男人主宰自己的能力强,而女性更顺从于压力而相对缺少主宰自己命运的能力。

10. 男女情和情感受理智影响的差异

女人是用情感来思考的动物,女人喜欢跟着感觉走,跟着感觉去爱一个人,恨一个人,做一件事,判断一件事的好坏,评价一本书的优劣,凭情感欣赏一件艺术作品,崇拜一个偶像,信仰一个宗教。为了实现自己的情感目的,愿意付出自己的时间、精力、金钱甚至生命。女人不太相信客观标准、客观需要、逻辑思路,不太听从理智的任何劝告。有时理智明明告诉她,这样做没有任何好处,但她还是在情感的驱动下无怨无悔地做下去,尤其是在她决定爱一个人的时候,绝不像男人犹犹豫豫,举棋不定;而是能不顾一切,执着追求。

男人是用理智来思考的动物,男人喜欢探索事物的来龙去脉,喜欢分析事物运动与变化的内在规律性及其客观动因,喜欢采用客观标准来判断一个人的好坏,评价一本书的优劣,他在许多问题上的看法和做法显得无情无义但客观公正。他只有在进行充分论证和客观比较后,才投入自己的时间、精力、金钱和生命。只要理智告诉他,这样做没有任何好处,就会毫不犹豫地停下来。他虽然也有感情冲动的时候,但那只是个别情况,在绝大部分时间里,理智在其意志活动中占据优势地位,主导地位。

11. 男女感情思维特点上的差异

男人和女人,由于社会角色和生理特性的不同,在情和感情的认知上是有很大差别的。以下的几句话,看起来很简单,却能说明男女感情思维确实存在差异:

男人酒后话多,女人婚后话多。

化妆品对女人而言是信心,对男人而言是幻觉。

男人希望自己女友的经历越少越好,女人希望自己的男友经历越多越好。

一个男人能够忍受不幸的爱情,但是不能容忍不幸的婚姻;一个女人能够忍受不幸的婚姻,但是不能容忍不幸的爱情。

男人习惯把赌注压在婚姻上,女人习惯把赌注压在爱情上。

热恋时的男人聪明至极,热恋时的女人"愚蠢无比"。

12. 男女情和情感效能上的差异

一般来说,女人通常具有较高的情感强度性和较低的情感效能性。当命运与前途取得重大突破(与一位如意郎君结婚或找到一份称心的工作时)时女人会比男人显得更快活,然而一旦环境变得恶劣,生活遇到挫折时,女人会显得更难受和绝望。她们有时小题大做、大惊小怪,常常因一些鸡毛蒜皮的小事而大哭大叫、寻死觅活;有时表现出极端的怨恨、残忍和侮辱。女人强烈的情绪感受性一方面表现出穷凶极恶、残酷无情等魔鬼般的性情,另一方面也表现出温柔慈悲、天真烂漫等天使般的性情。不过,她们往往只停留在情绪体验和情感表达上,不善于也不容易将这些情感转化为实际行动。

现实中女人往往需要借助男人的力量来实现其价值追求,而这一借助过程总会遇到这样或那样的阻力,总会存在一定的失效概率,这就必然会降低她的情感效能,作为一种补偿手段,她不得不提高其情感强度,以引起男人的注意与重视。当然有时把握不当,也会导致不良后果。特别情况下,女人常常会像一桶炸药,点火就炸,让局面不可收拾,当然谈不上有什么情感效能。

五、男女情和情感发展的趋势

男女的这些差异是客观存在的,是不以人的主观意志为转移的,也是社会生产力一定发展阶段的产物。相信当社会生产力得到充分发展时,这种差异才会逐渐缩小,以至消失。要努力提高女性的社会地位,完善女性的情感,从而加速消除男女情和情感差异性的进程。

这种差异是一般性的社会平均水平的描述,而不是个体水平的描述。许多女性在过去和现在都是自强、自立、自尊、自爱的,她们无论在客观利益上,还是在主观情感上都不依附于任何男人,但不能以此来否定女性在一般性和平均性的角度对于男性利益关系和情感关系的依附性。

随着社会生产力的进一步发展,男人在社会生产中的传统劳动优势将逐渐消失:一方面,男人在体力上的优势将逐渐失去意义;另一方面,封闭式的政治、经济和文化体制逐渐解体,女人从家庭走向社会,其活动范围越来越宽阔,其活动内容越来越丰富,女人的脑力呈现加速增长的趋势,男人在脑力上的优势也逐渐被女人在脑力上的优势所抵消。相对提高女人的经济地位和政治地位,女人的价值关系逐渐脱离对于男人价值关系的依附性,女人的情和情感也逐渐脱离对于男人的依附性。随着子女数量的减少以及家务劳动的社会化,女人在生育、养育与教育上的负担将会相对减小,男、女在生理结构和生理功能上的差异也将逐渐缩小。女人的价值关系与男人的价值关系越来越趋于一致,这就必然导致男女在情和情感的强度性、稳定性及效能性等方面越来越趋于一致。

俗话说,女人是情感的载体。爱学也罢,情学也罢,婚姻学也罢,都是为了提高人们情感生活的质量,就其实质而言也都主要是为女人而写的呀!人类的文化又主要是男人所写,男强势的文化充斥于社会,虽然笔者总想为女人多一点袒护,但受男强势文化的影响也可能难免,读者可予以注意和理解。

第四节 男女情体验的感知

一、情感体验的概念

情感体验(affective experience)是指个体对自己情感状态的感受。一般反映为情绪的生理变化,如愤怒时能觉察到心跳加快、肌肉紧张和四肢发颤等许多躯体的生理变化。是由自主神经系统交感神经部分激活,由副交感神经部分恢复正常。情感体验也是多种多样的。有三种观点解释其产生:①詹姆斯·朗格情绪理论,认为情绪就是对生理变化的知觉;②坎农·巴德情绪理论,认为躯体变化和情绪体验是同时产生的;③沙克特的理论,认为有意识的情绪体验,是刺激因素、生理因素和认知因素等三个来源的信息输入的整合,其中认知因素起决定作用。

现实生活中的男女,对于情和情感有着截然不同的两种体验。男人在青春萌动时,情感体验属于感性成分,他对情感的体验大多基于一种内心的原始情愫(受制于依恋期形成"内部工作模式"),体现的是一种男儿真性情。

当男人渐渐成长,慢慢有过一些或成功或失败的情感经历后,他的情感体验就会逐渐趋于成功的那些体验。当一个男人情绪中的理性成分超过感性,他被认为是成熟了,是个通常意义上的男人了。也因此,少男情思往往最为纯朴,也最为真挚。因此,男人从感性到理性的情绪体验,总体趋势是不可逆转的。

女人在少女情窦初开阶段,其情感体验也极富感性色彩,此时的感性带有一种与生俱来的天性成分,她们对未来生活充满无限憧憬。当女人有过一段或几段情感生活后,她也会随着心理年龄的增长而变得逐步成熟。大多数成熟的女人通常选择的就是找一位可靠的有爱情的男人,享受美妙的情感生活。

女人经历过现实生活的历练,尤其是有过相对平静的婚后生活体验,女人的情感体验又会回归到感性阶段。相对于男人而言,女人还受一种外在因素的影响和熏陶,而人为地赋予情感体验过多的艺术色彩。因此,当这种带有艺术色彩的理想生活与现实生活错位交叉时,女人的情感体验就会变得再回到感性,也就是说,女人的情感体验可以直至终老。

这种感性回归,不能简单地说是一种现实生活失落的反差镜像,它很可能被赋予一种类似母性光辉的体现,抑或是一种女人似水情感的轮回表现。

男女的情感体验是否可逆,其实无所谓好坏评判之分,它只是男女对现实生活一种不同的自我体验,一种各自人生轨道的转换变迁,一种彼此相异价值观的客观存在。

当一个人的情感体验处于感性阶段时,缺乏情感关怀,或者说其情感生活缺乏新意显得乏味无趣;但若此时能得到对方最需要的情感支持,其情感生活会更丰富而充实。根据我国人习传的"三岁看大七岁看老"的说法和弗洛伊德的精神分析原理,我们总认为一个人幼年形成的潜意识或者是依恋理论中的所谓的"内部工作模式"对其一生情和情感的体验有着决定性的影响,可以是直接的影响,也可以是通过认知过程间接的影响。不管是男人还是女人,是成熟还是回归,这种潜意识的影响终身存在,甚至是决定性的存在。

二、情感体验产生之源

情感体验源自对情能量的感知,对内源情能量的感知叫内源情感体验,对外源的情能量的感知是外源情感体验。人们的情感体验大多基于幼年形成的"内部工作模式",即储存于潜意识层面的"原始情愫"。在人成长的不断经历之中,人的情感体验就会逐渐回避那些失败的情感经历,而更多趋于成功的那些体验。随着情绪自控能力的增强,情感的表达愈益完满地趋向伦理的标准,于是人们就说,情感中的理性成分超过感性成分了,也就称为伦理的情感体验,人也就从幼年长大而成熟了。其实幼年的"内心的原始情愫"才是一个人的情感体验产生之源。

其实自身周围的环境或事物都容易使人产生情感体验,个体接受了环境或事物的暗示作用而产生与环境或事物相符合的短暂的情感体验。比如说你在医院看到一位护士正在准备为患者输液,此时护士将手中连着输液管的针插进患者的血管里,不管那位患者疼不疼,你自己也会感觉很疼,似乎自己正在被扎一样,看得发怵,尽管这种感觉很短暂。当然,同样一件事,各人的情感体验性质相同的,但程度差别可以很大,与参试者的性别也很相关。一般而言,女性敏感,情感体验感性的成分更多,相对也会更深。

三、情感体验的分类

(一)按情感体验的性质分

直觉的情感体验,是身临某种特定的环境而直接感受到并且未经理性思考而急速产生的情感体验。直觉的情感是自身长期沉淀的某种情感的直接提取,未经过现场的充分准备与酝酿。

想象的情感体验,是通过想象一个当下并没有与之真正接触的人物形象,确切地说是形象式人物。如想象历史上的某位名人,为他的成就而钦佩、激动、感慨等等。

伦理的情感体验,是自身处在某种环境里,与这种环境的人、事互动或参与中产生的情感体验。如运动员在国际大赛里领奖时面对升国旗的爱国情感体验。

直觉的情感体验、想象的情感体验、伦理的情感体验一般认为是道德情感的三种表现形式。道德情感与理智感、美感是情感的三种分类。

男女的情感体验与男女的性格以及情和情感的特点相应,各有其特点。女性有更多直觉性的情感体验,男性有更多偏向伦理性的情感体验。

(二) 按照活动的情境来分

情境激发情感,所以我们这里按照人的活动情境来区分情感,将情感体验分为生存体验、认知体验、自我体验、交往体验、审美体验、道德体验和理智体验等七大类情感体验。

情感是评价、态度和决策体验,是我们活动的驱动力,积极的情感能加强我们行动的动机。总之,情感是评价、情感是动机,这两点很重要。

1. 生存体验(缺乏感/需要体验)

生存体验,相应的情感是缺乏感、急迫感,是人们在生存活动中产生的,对某种事物的缺乏感和需要动机,以及情绪上的急迫感的体验。当人们感知到饥渴等缺乏感和焦虑感时,会产生饮食活动等满足这种缺乏感的动机,当完成饮食等相应活动后,缺乏感和焦虑感会消失。

生存体验除了饮食活动的饥渴感,睡眠休憩活动的困倦感,以及呼吸空气、性生活、生存安全等等日常活动的情绪体验,还包括生活、工作和学习等活动中的缺乏感和急迫感。当有些不可或缺、必不可少的事物或活动缺失时,就会产生缺乏感,以及急迫感。

生存体验中的缺乏、急迫和焦虑等消极情感,都是持续性的体验,而一旦行动满足后,这些消极情感体验会消失,缺乏感不会转化为积极的情感体验。也就是说,人们在生存活动中往往在感到缺乏和急迫感时才愿采取行动,而在缺乏和急迫感消失后将不再行动。

积极情感:没有,不过一般会有其他体验带来的满足感、愉悦感等;消极情感:缺乏感、急迫感、焦虑等。

2. 认知体验

社会认知体验是人们认识世界活动中的情感体验,包括探索世界、改造世界、形成爱好等等活动中产生的情感体验。

1) 好奇体验

好奇体验,相应的情感为新奇、惊喜、趣味等情感,是个体遇到新奇事物或处在新的外界条件下所产生的注意、操作、提问的心理倾向,是人们在认知世界过程中,对未知事物产生的想要弄明白的情绪和动机,并在探索行为中努力缓解好奇感的体验过程。积极的好奇体验会维持探索行为,而消极的体验会阻碍探索行为的持续。好奇是人类探求新知识和新信息的内在动力。好奇往往并存于其他情感体验中,如交友、学习、审美等等。

积极情感:新奇、奇怪、惊喜、愉悦、美丽、趣味、幽默、搞笑、神奇、怪诞等;消极情感:

庸俗、平淡、枯燥乏味、没劲、厌烦、普通等。

2) 成就体验

成就体验,相应的情感是成功感,是人付出一定精力完成一件事情达成一个目标而产生的成功体验,与成就的强度、时间与付出、目标难度相关。成就存在于所有活动中,从简单的活动,与复杂情感交织在一起,像自尊体验、道德体验、理智体验等等。

积极情感:成功感、愉悦感等;消极情感:挫折感、烦躁等。

3) 兴趣体验

兴趣体验,相应的情感是偏好感、喜欢感、愉悦感和满足感等,是人认识某种事物或从事某种活动的心理倾向。兴趣是以认识和探索外界事物的需要为基础的,是推动人认识事物、探索真理的重要动机。兴趣是对事物的喜爱评价,好不好、喜不喜欢、爱不爱、有没有意思等。兴趣是随着时间的迁移而不断发展的一种相对稳定持久,且与某一特定主题或领域有关的偏好情感,它与知识的增加、价值观相关联。

积极情感:喜欢感、爱好感等;消极情感:厌烦感、无聊无趣等。

3. 自我体验

自我体验是伴随自我认识而产生的内心情感体验,是自我意识在情感上的表现,即主我对客我所持有的一种态度。包括:

1) 自豪体验

自豪是个体把成功事件或积极事件归因于自身能力或努力的结果时,所产生的一种积极的主观情绪体验。

消极情感:羞耻、内疚。

2) 自信体验

即自我效能感,能否胜任的评价,是指个体对自身成功应付特定情境的能力的估价。

消极情感:自我怀疑、不安全感。

3) 自尊体验

一种由自我评价所引起的自信、自爱、自重、自尊,并希望受到他人和社会尊重的情感体验。

4) 自爱等体验

积极情感:自豪感;消极情感:自卑、自满、内疚、羞耻、自负。

4. 交往体验

社会交往体验是人们的社会交往活动中的情感体验,包括亲密关系、群体组织等社会活动中产生的情感体验。

1) 亲和体验

亲和,是个体害怕孤独,希望与他人在一起,建立协作和友好联系的一种心理倾向;

是人际吸引的最低层次(中间层次是喜欢,最高是爱情)。亲和起源于依恋,这种亲子之间的依恋就是亲和在个体生命早期的表现。依附理论(attachment theory)是一个(或一组)关于为了得到安全感而寻求亲近另一人的心理倾向的理论。当此人在场时会感到安全,不在场时会感到焦虑。

积极情感:依恋感、关爱、关心、依赖;消极情感:孤独感。

2) 归属体验

群体归属心理:这是个体自觉地归属于所参加群体的一种情感。有了这种情感,个体就会以这个群体为准则,进行自己的活动、认知和评价,自觉地维护这个群体的利益,并与群体内的其他成员在情感上发生共鸣,表现出相同的情感、一致的行为以及所属群体的特点和准则。

群体认同心理:群体认同感,即群体中的成员在认知和评价上保持一致的情感。在对群体外部的一些重大事件和原则上都自觉保持一致的看法和情感,自觉地使群体成员的意见统一起来,即使这种看法和评价是错误的,不符合客观事实,群体成员也会保持一致,毫不怀疑。

群体促进心理:个人在群体中变得胆大起来。这是由于归属感和认同感使个体把群体看作是强大的后盾,在群体中无形地得到了一种支持力量,从而鼓舞了个人的信心和勇气,唤醒了个人的内在潜力,做出了独处时不敢做的事情。而且,当群体成员表现出与群体规范的一致行为,做出符合群体期待的事情时,就会受到群体的赞扬,从而就使个体感到行为受到群体的支持。

积极情感:归属感等;消极情感:无助感等。

3) 影响力体验

是指个体在行为上的所作所为,其背后隐藏着一种内在力量,而这种内在力量是由于个人所怀的一种强烈地影响别人或支配别人的欲望所驱动。凡是对社会事务有浓厚兴趣,而且极愿以其作为影响大众的人,其行为背后均存有强烈的影响力动机。

权力/影响力动机分为两种:一种是个人化权力动机;另一种是社会化权力动机。前者的动因为己,后者的动因为人。个人化权力动机行为表现为三种类型:①通过个人能力的出类拔萃获得影响力,比如在公司里设计水平最突出或不可或缺的能力,公司离不开;②通过获得更高权位获得影响力;③通过占有更多财富获得影响力。

社会化权力动机,在行为表现为三种类型:一是通过个人专长影响社会,例如教师、艺人等;二是通过服务社会影响社会,例如医生、志愿者;三是服务社会的团体领袖。

积极情感:支配感等;消极情感:落寞感等。

5. 道德体验

道德感是个体根据一定的道德标准评价自己或他人的行为和思想时所产生的情感体验,是人对客观事物与自身道德需要的关系的反映。它是一种复合情感,主要包括厌恶、移情、内疚、羞耻、共情、尴尬、自豪等。满意的道德体验，像愉快感、幸福感、荣誉感、赞赏感、热爱感等；反之则产生否定鄙视的道德体验，像憎恨、厌恶、嫉妒等。

积极情感：愉快赞赏感、荣誉幸福热爱感；消极情感：厌恶感。

6. 审美体验

审美体验是受社会审美观念影响的，人们认知活动的情感体验，是人对客观事物和对象美的特征的体验。即具有一定审美观点的人对外界事物美的评价而产生的一种肯定、满意、愉悦、爱慕等的情感。美感是人对审美对象的一种主观态度，是审美对象是否满足主体美的需要的关系反映，随着个人的需要、立场、观点的不同，随着客体和主体的关系不同，美的情感体验也不相同。美感有两个鲜明的特点：其一是审美对象的感性面貌特点，如线条、颜色、形状的健美、协调、鲜艳、匀称的感知；其二是对美的感知和欣赏而引起人的情感共鸣，并给人以鼓舞和力量。

积极情感：美感、愉悦感；消极情感：丑感。

7. 理智体验

理智体验是人对认识活动的成就进行评价时产生的态度体验。理智感是同认识成就的获得、兴趣的满足、真理的追求、思维任务的解决相联系的。人的认识活动越深刻，求知欲越强，追求真理的兴趣越浓，则理智情感也越深厚。理智情感大体有以下几种：① 好奇心和新异感，它是一种求新的情感，是发明创造的先导；② 喜悦感是由认识活动的成就所引起的欣慰高兴的体验；③ 怀疑与惊讶情感是认识过程中矛盾事物引起的体验，这是认识深化的特征；④ 不安情感是在下判断时由于证据不足引起的体验；⑤ 自信和确信不疑的情感，是问题确实得到解决而引起的体验。

积极情感：好奇、成就等多种情感；消极情感：挫折感等。

在按照人的活动情境来区分的七种情感体验中，男女的性别差异还是非常明显的，例如女性对生存体验、自我体验、交往体验（特别是亲和体验）、审美体验的感知更敏感，反应更深沉；而男性可能更偏向于认知体验、道德体验和理智体验，交往体验中的归属体验、影响力体验等等的感知更灵敏，反应会更强烈。

第六章 爱情中的情学

大家都知道,在现实中情和爱是分不开的,爱中有情,情中也会有爱,但情和爱又是两回事,它们还是有很大区别的。本章就是想通过对爱和情两种心理过程的观察和研究,了解情的本质、情和爱的区别;在经历情和爱的心理过程时,如何有效把控这些心理活动,让情和爱的表达更加准确;也提高我们感知别人情和爱能力的敏感性和判断的准确性,从而在以情和爱与别人相处时更自然、更和谐,尤其是在与亲人、恋人或情人的相处中,提高感知情和爱的灵敏性、感觉的愉悦性、情和爱的赋予或回应能力及技巧等,在提高亲人、情人或夫妻良好相处和幸福感受中,发挥更好的作用。

情和爱加在一起即是情爱和爱情,虽然它们很广义,但人们几乎更习惯地用于爱情和婚姻的领域。鉴于现实婚姻中有真情真爱的仍然不多的情况,我们提出婚介模式数据化、智能化、网络化的构想,以帮助更多的人通过大数据找到真情真爱。让情学为我们研究爱情、研究家庭提供帮助。

第一节　爱和情的一般概念

一、爱的一般概念

(一) 爱是什么

与情一样,爱也是一种心理过程,一股心理能量。爱这个字是全褒义的,没有贬义,要表达贬的意思就得换字如"恨、恶、憎、嗔"或者"不爱、不喜欢"等等。

爱是指喜欢达到很深的程度,继而人为之付出的感情;是指人类主动给予的或自觉期待的满足感和幸福感。

爱是人的大脑所发射的正能量,是指人主动或自觉地以自己或某种方式,珍重、呵护或满足他人无法独立实现的某种人性需求,包括思想意识、精神体验、行为状态、物质需求等。爱的基础是尊重,所以,爱是一种发自于内心的情感,是人对人或人对某个事物的深挚感情。这种感情所持续的过程也就是爱的过程。通常见于人与人之间或人对事物的一种情感表达中。爱是认同、喜欢的高度升华,不同层次的爱对应着不同层次的感受或结果。

"爱"在汉语中是一个多义的字。它包含在性爱、情爱、母爱、父爱、恩爱、友爱、博爱(人爱、宗爱)以及人对所有事物爱的根本情感。爱在艺术、哲学、美学等科学文化领域,是一个普遍的主题,也是一个永久的主题。

"爱"是一种感觉,是一种信任;是关心,是帮助;是你在受伤时,对方会为你心疼。"爱"是一个人把对方当成自己最重要的人,并希望成为对方最重要的人的欲望。

爱的基本意思:一是对人或事物有很深的感情;二是喜欢;三是爱惜、爱护;四是常常发生某种表达爱的行为,或者容易发生某种表达爱的变化。

伟大的歌德对爱的解读是:"我爱你,但那与你无关。"对这话的理解是——我爱你,即使你不爱我。真正纯洁而美好的爱情一定不是用"我爱你"来交换"你爱我",我之所以爱你,不是你对我的要求,这不是一个我能够支配的选择,不是一件我可以随叫随停的事情,其实也不是一件你可以随叫随停的事情。那全然出于我的情不自禁、无法自拔,那是我无力违抗的宿命。诚然,我渴望你爱我,像我一样不由自主,像我一样全心全意,但那终究不是你必须承担的义务,不是你努力就能争取到的东西,不是单凭人力就能完成的"奇迹"。当然,假如你对我同样具有我对你的那份爱,都爱到不能自拔又都是情不自禁,那该有多好!

歌德说的爱,就是人们说的缘分了,也就是我们认为的真正的人类爱情。这种爱和情就绝不是像社会学家说的可以培养的那种情和爱,因为这是发自心底的、发自潜意识层面的、与早年的童恋有关的、一辈子都在寻找的、与爱情有关的那种真爱。

(二) 爱的分类

中国文字的"爱"包含的意义较多,本书所说的爱仅指与生物情感相关的爱。我们在前面已把这种与生物情感相关的爱的概念进行了分类。把"爱"细分为"爱源""爱感""爱绪""爱欲"四大块。

1. 爱源

爱源是产生爱感,导出爱绪,表达爱的欲望的生物学存在。进化发展最完满的是人类的爱源。它是人类爱的心理能源或产生地。本书前面已把爱源分为以下10种:物爱、人爱、友爱、恩爱、宗爱、亲爱、性爱、恋爱、钟爱、挚爱。

(1) 物爱

对事对物的一种爱,即除人之外的有生命和无生命的一切,包括除人之外的一切生物;各种各样无生命的物质层次和场,地球、月球、太阳,直至浩瀚的大宇宙;甚至虚幻或意向。一个人对国家,对大自然,对动物,对周围的一切,都充满着热爱和情感。

(2) 人爱

对人的爱。植物的柱头对异种花粉是不接纳的,说明植物就已经存在同种之爱,同种植物的花粉,柱头才接纳,才会有精子卵子的结合,才能生育下一代。在人类,人与非人种之间的爱是物爱。同是人种中,人与人之间的爱称之为人爱,是人类中的不分民族的大爱。

(3) 友爱

朋友之间的一种爱,友爱一般是指人与人在长期交往中建立起来的一种特殊的爱,互相拥有友爱的人叫"朋友"。友爱是一种朋友和朋友之间的情感。

友情之爱是由于民族的、地域的、文化的相似性,尤其是同乡、同学、同事,又有共同的价值观,理想目标一致,兴趣爱好相投,更容易做上朋友,产生友谊,并不断发展,升华,深化而带有恋爱或亲爱性质,或者发展为爱情关系,或者终生朋友,酷似亲人的一种关系。

(4) 恩爱

人与人之间或者朋友之间,一方为另一方提供了巨大的帮助,甚至为对方做出了巨大的牺牲。得到帮助的一方,总会有强烈的感激之情,也会时时想到如何报答,即恩人之间的爱,叫恩爱。人们为了表达夫妻之间相互奉献,情深义重,常以恩恩爱爱或恩爱夫妻等表达之。

(5) 宗爱

大爱,大到国家(中国人),小到家族人(本家人)之间的爱,可以是无血缘关系或者是血缘关系较远(三代以上)的家族人之间的爱。比友爱可能更牢固,比亲爱又明显疏淡。

(6) 亲爱

亲爱是一家人即亲人之间的爱。有人说亲爱是一种不讲条件的爱,无论贫穷或富有,无论健康或疾病,甚至无论善恶,都会爱。有人说这是本能,才那么执着,那么坚强。特别体现为父母对孩子的爱,都会不顾自己的安危,唯一重要的,必须要做的只是保护好他们的孩子。

(7) 性爱

与性相关的一种爱。性是一种欲望,也是一种爱和情的需要。在植物花粉和同种植物的柱体就存在一种吸引,存在一种"爱",我们称为同种的性爱,它是与生物生育繁殖后代的本能密切相关的;在人类我们称为是由动物的性吸引发展而来的性爱。许多人把有性爱的男女看成是爱情关系,实际上还是仅仅高于动物的两性关系。

(8) 恋爱

一般指男女两个人相互爱慕的一种感情。如:相处久了,两人产生了恋爱。也可以是一种广义的爱。如:他对故乡的恋爱始终无法忘怀。恋爱即带有留恋或爱恋的意思,范围可能比爱情广阔,但常常包含了爱情的内核,和爱情的含义近似,可以相互替用。

(9) 钟爱

钟爱是指爱得很深,爱得专一、专注,常常是用于表达对爱情的专注,但对时间无限定。

(10) 挚爱

挚爱是非常真挚的、钟情专一的,持之久远的性爱、情爱、心爱和亲人之爱的一种结合。挚爱常常只出现在终身伴侣之间,与伴侣情组成最完满的人类爱情。

2. 爱感

爱感是对爱的一种感知,感觉。爱是一种付出,同时也是一种接纳,都是一种愉悦的、喜乐的感恩、同爱,甚至激情奋发的感受。具体分为:欣怡、愉悦、喜欢、快乐、感恩、挚爱等,体现了程度和质上的差异。

3. 爱绪

与爱感对应的表现出相应的爱绪态度,同样以欣、愉、喜、乐、恩、爱、情表达一定的程度和质量差异。

4. 爱欲

六种爱欲和六种情欲大同小异,相互包含,又显示出一定的区别和各自特有的内涵。

物爱(欲):每个人都有,人们的生存需要物质和信息,各人的差异比较大。

自爱(欲):对自己和家人的健康和安全的关注是一生不可缺少的。

美爱(欲):是一种追求,每个人都想得到好的美的,只是各人的审美差异体现出对美的需求上的差异。

性爱(欲):与生命同在,生命有各种各样的需求,同样多元化的性也从开始到死亡存在各种各样的需求。性爱也是真正人类爱情的基础。

情爱(欲):同样与性一样伴随生命,生命不可能在没有情没有爱的状态中生存,情爱是人类爱情的灵魂。

心爱(欲):是人类最需要的也是最高层次的爱,包含了对亲人之爱,对情人之爱,心爱是人类爱情的真谛。心爱与情爱、性爱结合为爱情,既反映了人类对真正爱情的需求,也反映了人们的广义的爱和情的需求。

二、爱和情的异同

1. 爱是给予

"爱"是"给予",是自我付出,并丝毫也不期待等值的交换。爱通常可见于人或动物,可说是一种衍生自亲人之间的强烈关爱、忠诚及善意的情感与心理状态,如母爱;亦可为衍生自两性之间在性欲与情感上的吸引力,例如情人之间的情爱。此外,亦可能为衍生自尊敬与钦佩之情,例如朋友之间彼此重视与欣赏。也可能出自人对动物、植物、矿物、自然和人工的艺术品,甚至大自然的山山水水,以致宇宙、星辰都会产生出爱的感情。

"爱"字在中文里有着许多解释,由某种事物给予人满足(如"我爱吃这些食物")至为了爱某些东西而愿意牺牲(如爱国心),其可以用来形容爱慕的强烈情感、情绪或情绪状态。在日常生活里,其通常指人际间的爱。爱,可能因为其为情感之首位,所以爱是美术中普遍的主题。所以,爱是一种发自于内心的情感,是人对人或人对某个事物的深挚感情。这种感情所持续的过程也就是爱的过程。

爱是认同、喜欢的高度升华,不同层次的爱对应着不同层次的感受或结果。这爱,可以是两情相悦的爱情,可以是深情厚谊的友情亲情,也可以是对生活的无限热爱。然而,在所有的爱中,最重要却也最常被人忽略的一种爱,便是自爱。其实爱自己,就是热爱生活。爱自己,就是尽力地使自己活成一个自己会喜欢的人,并且用喜欢的方式度过一生,爱自己也是爱自己的父母、亲人、情人、恋人等等。

爱是稳定的、持久的、坚韧的、厚重的,是一个人安身立命的根。真正的爱集中了这世上最多的"绝对",虽然我们常说"绝对"的东西不存在——爱是绝对忠实、绝对无私、绝对纯粹、绝对真诚、绝对深刻、绝对永远、绝对美好、绝对幸福……爱,是绝对的爱。我们定义的爱和情一样,本质是物质的,是正能量,文学家常常会说:"她给我的爱像是一股暖流,流遍我的全身……",爱永远是正能量。"我爱你",是找不出理由的自然之举,一种近乎本能的非条件反射,自己无法控制,所以自己也难以拒绝。

"爱慕"一词揭示了爱情的这样一个真相:我爱你,因为我仰慕你,为你倾倒。爱情的起因不在于客观上你是否比别人更可爱,仅在于我只对你心存依恋、心怀向往,只希望与你朝朝暮暮、长相厮守,就像禅师慧能所说:"不是风动,不是幡动,是仁者心动。"这心动之爱才真实。

感动之爱,在于对方值得我们去爱;心动之爱,从不问对方值得不值得;感动之爱,是在履行心中的道德、实践自我的良知;心动之爱,是在追求一生的梦想、实现自己的圆满;感动之爱,是一种自我牺牲,是我对你的付出做出回报;心动之爱,是一种自我成熟,不论你是否为我付出,不论你是否爱我,我的心都因为你而着火,这火燃烧着我前所未有的喜怒哀乐,即使我为你心痛,我仍然爱你,正是你带我找到了我的心,正是你让我摸到了我也有一个深沉的灵魂,正是你让我的生活不再"无所谓",因为你成了我最大的"所谓"。若那是感动之爱,当我们辜负了它,我们的精神就此背上了歉意与愧疚;若那是心动之爱,我们不可能违背它,因为它将扯断我们自己的命脉、撕裂我们自己的灵魂。考验爱情真假的就是这爱的本质,是心动之爱还是感动之爱?非心动之爱不能成就真正的人类爱情。

2. 情和爱的区别

人们一般都习惯于认为情是一种情感,是对某些人的一些特殊的关心,或者是由于被某事物的某种特性所吸引而产生对该事物的好感;是一种由内向外的,是在维持自身生存需要之外的一种得到与占有。一般人的说法就是得到情感上的一种满足。例如喜欢,就是中等强度的人际吸引形式,也是人际吸引的一般形式。

情分友情、爱情、恩情……而爱是一种极其微妙的升华,那种撕心裂肺的感觉,让身体的"情"得到极大释放。整体来说,爱包含情,但爱又少不了情,是纯粹的剪不断、理还乱。当爱来临时,向你所爱的人尽情地表达你的内心感受就是你对她最真实的情……

情,多指心理状态,主要指外界事物所引起的喜、怒、爱、憎、哀、惧等心理状态或专指男女相爱的心理状态及有关的事物。情是对事物的无私关心和牵挂,和爱结合就是爱情,爱情的意义是无私的关心和从物质、精神、感情、身体等方面给予帮助。

"情"不是"爱",两者不但不应相提并论,而且相去甚远。"情"字从"心"从"青",我们将它理解为"心理青葱"。而辩证地看,"心理青葱"本就蕴含着一层幼稚、蠢动、轻佻、善变的意味。"情"正是如此,比如我们所熟悉的与"情"相关的词语:情绪、情窦、情愫、情欲、情场、调情……它们往往停留在一种感觉、感触的层面上。感觉或者感触的最大特点就在于它们总是浮动的、善变的,在时间上来得快去得也快,所以它们在数量上难免繁多,我们常说"触景生情""多情善感",可见一个人的"情"总是很多。同时,正因为倏忽即来、转瞬即逝、飘忽不定、交错缠绕,质量上就难免粗糙,程度上也相对浅薄,所以"情"会给人留下印象,但每一次印象又会被下一次新印象覆盖。

有哲学家说:"爱在本质上是一种指向弱小者的感情。"一种完全发自内心的愿为对方的快乐与幸福付出的心态,一种不由自主地想把对方置于自己的保护之下,提供情感和身体保护的强烈的冲动,因而尽其所能地宠她(他),心疼她(他),不管事实上自己是否比对方更强大,真爱是无条件的,无私的。

三、情和爱的结合

裴多菲的名诗《自由与爱情》中的前两句是"生命诚可贵,爱情价更高",暂且撇开"爱"与"自由"的复杂关系,或许单单这两句诗,已然向我们暗示了"爱"的定义:只有当一种情感高于我们自身生命的价值时,它才是爱。爱需要一个人心甘情愿地用生命来垫付那极高的成本。爱就是这样一种义无反顾、心无旁骛、自我奉献,所以爱的对象怎么可能多得起来呢?哪怕仅仅是对一个人的爱,通常就足以燃尽我们的所有,包括我们自己。

爱情既不是爱,也不是情,而是爱和情的结合,既包含了爱,又包含了情,比爱或者情具有更深邃的内涵。虽然任意的爱和任意的良性情结合都可以称之为爱情,但我们说的人类的爱情应该是丰满的爱和丰满的情融合在一起的一种状态。例如性爱加上性情的"爱情"只是性乱,持续时间长可称之为性伴侣,不是人类的爱情;性爱加上亲情,要算乱伦了;即使是性爱加上伴侣情,也还不是最好的人类爱情;只有最高的挚爱加上伴侣情,才是最好的人类爱情!

爱情,多么美好的向往,今生今世,如果不能爱一场,岂不辜负了生命,白白来这世间走一趟?于是茫茫人海中,你遇见了我,我遇见了你,以为那是上天的注定,以为那是生命的唯一,可以执子之手与子偕老,能够同青春共白头,一生一世。

象征爱情的是丘比特之剑穿透两颗心形符号,在汉文化里,爱就是网住对方的心,具有亲密、情欲和承诺的属性,并且对这种关系的长久性持有信心,也能够与对方分享私生活。爱情是人性的组成部分,狭义上指情侣之间的爱,广义上还包括朋友之间的爱情和亲人之间的爱情。在爱的情感基础上,爱情在不同的文化也发展出不同的特征。

爱情是一种情感依赖,爱的文化进程就是博弈,它的结果是情,爱与情是一个像物又像魂的物势影像,定义为爱情,通常是指人们在恋爱阶段所表现出来的特殊感情。爱情也是人际之间吸引的最强烈形式,是指心理成熟到一定程度的个体对异性个体产生的高级情感。

爱情世界中真正美好的"吸引力"不是一块磁铁,泛滥无度地收纳一切闲钉铁屑;而是一首诗,不知不觉吸引着那些与我心心相印的人,那些解我读我、知我懂我的心仪之人。

情总是多的,而多情者必至寡情。与之相反,爱必然是专一的,因为它是毫无保留地全身心投入,这样的专注一定伴随着内心的忠诚。情是流动的、荡漾的、飘逸的、轻盈的,像羽毛般随风辗转,如微风般四处悠游。与之相反,情不同于爱。"情"是惆怅,"爱"是力量;"情"是欲望,"爱"是生命;"情"是趣味,"爱"是信仰。若把爱和情叠加在一起,相互的最真挚的爱,加上相互的最高品味的真情(相互忠贞一生的伴侣情),就是真正的人类爱情。由真爱限定了的真情,即真正的真情真爱,才是人世间最高品味的人类爱情。现实中很多男女没有经历过真爱的体验,所以他们一辈子没有真正的爱情生活。我们在《人类爱情学》一书中说了,爱情的真谛是心爱,发自心底的真爱。这真爱何样?从下面的描述中你会有个初步的知晓:

  我对你的爱,不是因为你对我好,不是因为你长得美丽,不是因为你聪明过人,而是因为我无可奈何地就是被你吸引,就是莫名地觉得你充满魅力,就是想见到你,禁不住爱你。当我见不到你的时候,我能想出很多你不可爱的理由,比如你不够高挑、不够富有、不够温柔,有时脾气暴躁……可一旦见到你,我就无法抑制地只是想走近你,只是想拥抱你;即使我的自尊告诉自己"离开你""不要理睬你""假装没看见你",我却依然忍不住踏过自己的自尊,健步如飞地奔向你,只要你一句话、一个微笑或只是看了我一眼。就是这样一个看似缺点斑斑的你,在我心里却是如此完美无瑕。甚至连那些他人公认为缺点的东西,也只是成了装点你的标志、你个性中的一些特点,与你的那些显而易见的优点一样令我莫名其妙爱不释手。"爱慕"二字比单独一个"爱"字更生动地勾画出了爱情的神秘:爱情就像一个不解之谜,你似乎没有什么特别,却成了我别无他求的唯一;你也谈不上什么明艳照人,但对我而言却是那样无与伦比的美丽。哦!真正的说不清,道不明,因为我对你那爱深深地藏匿在潜意识之中!

  伴随着如此真爱的情和情感肯定也是最真诚的,最有品位的,对方回应的同样是如此的真爱和伴随着真爱的情和情感,这一对恋人才能享受到人类爱情的极致体验,共度一生最美妙的时光。

第二节　情爱在生活中的变化

一、爱和情变化的指标

1. 爱和情的测量

  人们常常有一种老的观念,认为心理活动玄乎玄乎的,怎么能测量啊?试想一下,若是问一位男士,请他找出自己熟悉和喜爱的 10 位女明星,问他爱这些女星有明显程度上的差别吗?他会不假思索,回答得斩钉截铁:"肯定是有差别的"。如果以 10 分计,8 分爱的两个、7 分爱的三个、6 分爱的三个、5 分爱的一个、4 分爱的一个,因为女星都是相对漂亮的女士。但倘若换成随意的 10 位女士,一个一个排下来,则可能有 1 分爱的,甚至 0 分的,因为没有爱意呀!

这说明什么呢？爱的程度肯定是不一样的。即使是同一个妈妈，对自己亲生的两个儿子的爱，应该一样啊，都是自己身上的肉呀，但实际上呢？还是有偏爱呀！

情也是一样，他给我的情是重是轻，是厚是薄？我自然清清楚楚。同样我传递给他的情，多重多轻，多厚多薄？我也清清楚楚。每个人都应该有这样的心理能力。

可见爱和情是可以测量的，测量的具体方法可以参照其他心理测量的方法，设计爱和情的程度测试量表，以问卷的形式，一周时间平均的情况，自评，5级或7级评分，经统计学处理，得到数据化的结果。

2. 借助于情绪或态度的表达予以测评

个人对自己的情绪或态度的感知和评价是一个人的基本能力，对自己产生的或传递给别人的情和爱的程度，根据自己的经验（标准）能做出相对正确的评判。虽然人与人之间会有一定的差异，但相似的程度很大，作为个体的标准还是可信的。同样使用自己的情绪或态度标准评价别人的情，或者是通过别人表达的情绪或态度，了解和评判别人的情也是可信的。我们把个人在其成长过程中获得的这种经验，作为情和爱的一种自感或自判的标准。

3. 情和爱衡量指标的意义

可作为个人的一种心理能力，帮助其了解自己产生传递给别人的情和爱的程度，了解评价别人产生而传递给自己的情和爱的程度，以便自己根据判断做出相应的反应或回报；或者是对自我情的感知和评价，调整自己的状态。也可作为一项科研则需要更精确地了解爱和情的产生、传递或者是感觉、回应的情和爱的程度，并数字化进行比对。无疑更需要一个共同的标准和具体的测量工具。

此处所说的情是与爱相伴的情，只属于良好性质，与爱相应，只是程度上的评价，可参考使用《人类爱情学》一书中的"爱情质量评定量表"。对于情学的测量，本书第九章有专门的讨论。

二、友爱中情的变化

1. 情随爱而变化

友情一般是指人与人在长期交往中建立起来的一种情谊，互相拥有友情的人叫"朋友"。

朋友有各种各样的，一般般的朋友，友情和友爱都比较淡然；相处得很好的朋友也有，成天泡在一起，情也就相对比较浓郁。

真正的友情因为不企求什么不依靠什么，总是既纯净又脆弱。世间的一切孤独者也都有过友情，只是不懂鉴别和维护，一一破碎了。为了防范破碎，前人想过很多办法，一个比较硬的办法是捆扎友情，那就是结帮，中国人大多知道"桃园结义"，也有不少人知道上海滩有"青帮""红帮"等等。不管仪式多么隆重,力量多么雄厚,结帮说到底仍然是出于对友情稳固性的不信任,因此要以血誓重罚来杜绝背离。结帮把友情异化为一种组织暴力,正好与友情自由自主的本义南辕北辙。其实,友情一旦被捆扎就已开始变质,由于身在其间的人谁也分不清伙伴们的忠实有多少出自内心,有多少出自帮规。

不是出自内心的忠实当然算不得友情,即便是出自内心的那部分,在群体性行动的裹卷下还剩下多少个人的成分?而如果失去了个人,哪里还说得上友情?一切吞噬个体自由的组合必然导致大规模的自相残杀,这就不难理解。历史上绝大多数高竖友情旗幡的帮派,最终都成了友情的不毛之地,甚至血迹斑斑,荒冢丛丛。一个比较软的办法是淡化友情,同样,出于对友情稳固性的不信任,只能用稀释浓度来求得延长。不让它凝结成实体,它还能破碎得了吗?

友情原就偏薄,人生在世要拥有真正的友情太不容易,问题恰恰在于人类给友情添加了太多别的东西,添加了太多的义务,添加了太多的杂质,又添加了太多因亲密而带来的阴影。如果能去除这些添加,一切就会变得比较容易,也更加自然。有博大的爱心,才是友情的真正本义。在这个问题上,谋虑太多,反而弄巧成拙。诚如先哲所言,人因智慧制造种种界限,又因博爱冲破这些界限。

2. 找有真爱真情的真朋友

虽然人世间友爱友情终身浓郁的朋友比比皆是,一般人也都相信"出门靠朋友"的人生经验,但在人们不断学习,不断总结,尤其是经历了现代社会,更有吃过朋友亏,上过朋友当的人们,更是对友爱友情缺乏信心,提高了警觉。这关键是我们如何去判断朋友之间的友爱友情的程度,学会预测朋友之间的友爱友情的牢固性。一般般的酒肉朋友,友爱友情当然淡然;真心实意相处的朋友的友爱友情浓郁而牢固,经得起大风大浪的考验,甚至持续一生一世。

什么样的人才能成为好朋友?只有双方始终自然表达真爱真情的朋友,才是真正的朋友,能做一辈子朋友的朋友。不是为了报恩,产生感动的友爱,而是真正发自心底像亲人一样的人做了朋友,才能成为好友,这也是中国人说的"亲朋好友"的真意。

我们经多年的观察和研究发现,有相似的遗传因素,尤其是有相似的童年经历和相似于"青梅竹马"的早期环境者,更容易成为真正的好朋友,甚至持续终身的友谊,近于亲人。为此我们也设计了相应的测试量表,对测试者相关的人格特质和心理特点进行测试和量化比较,预测朋友的类型或朋友之间友谊的牢固和持久的程度,对化解朋友之间的矛盾效果挺不错。

三、性爱中性情的变化

性和爱都是能量,性侧重于存在生殖器官中心,爱侧重于存在心中,部位不同,性质也不同,性能量可以转化提升为爱能量。性只是一般动物行为,重于释放和发泄,只是肤浅的肉欲行为,高品质的人类性生活才是深度的身心灵的联结。

有爱就有性,有性未必有爱!性是兽的表现,如果有爱的话那是心甘情愿或是主动追求的,建立在彼此的深爱之上的,那是快乐的。如果只有性,那只是兽性的一种发泄。性和爱既有区别又有联系,爱一个人最终会发生性关系,性交是一个人欲望的表现。爱一个人就会有强烈的占有欲,包括对其身体的占有,难免就会有性意识!性生活是两个互相爱恋的人交流的最直接的方式,所以有性必须有爱,没有爱的性是最低级的,兽性的!

1. 爱是一种情感

男女相爱是人类的一种高级情感,是人类的重要的精神活动,是人格系统(知情意行)中重要的组成部分。人的情感世界十分丰富,如重感情、讲情义等等,是一个人的优良品德。情感过于丰富的人有时表现为神经过敏,这又是不良心理了。在情感世界中,不但有爱情,还有亲情、友情、乡情、同事情等,所以爱不是情感世界中的唯一和全部。爱情的特点是:相对于其他情感,爱情表现得更为深刻(不分你我)、持久(时间长)和能量(本能)巨大。

2. 爱情与性关系密切

性和爱是对立统一的关系,其统一性表现为难以分离,即有性即有爱,有爱即有性。其对立性表现为性和爱的区别和独立性,即有性时不一定有爱,有爱时不一定有性。在性与爱关系的认识上,存在着男女性别上的差异。女性较易把性与爱的关系看成统一,男性较易把性和爱二者看成对立(区别),所以有痴情女负心郎的说法。形成这种观念和认识上的差别也与历史和现实的原因有关。由于性与爱关系的密切,有时人们特别是年轻人容易把性和爱相混淆,常常是把男女之间性的吸引当作一种真爱和纯洁的爱,所以有观点认为,坠入情网不一定是真爱。这时除了存在幼稚的依恋心理外,主要可能与性的强烈需求有关。

3. 爱与性美学紧密相关

爱与美的关系是:凡是美的东西都能引起人们的喜欢和爱,越美越爱。爱与美的结合又有不同境界和层次之分,爱与性感美的结合只是一种浅层次低境界。当爱与智能美、精神美、道德美相结合时,爱情就达到更高境界。只有当爱与各自心底的最美"爱之图"完满结合时,双方同时进入幸福体验的极致状态,才是人类爱情的最高境界。从这种意义上说,爱又是童恋的一种回归,爱是双方审美的高度契合,爱是人生最幸福的追求,爱也是一种真诚的奉献。

4. 爱受物质基础的影响

爱是一种精神活动,相对于物质世界而言,作为精神活动的爱情总是处于支配地位,总是自觉不自觉地依赖于物质世界的存在而存在。这代表着社会的本质和主流。

爱作为一种精神活动,相对于物质世界又是独立的,更高尚的,同时对物质世界具有强大的引领作用。所以我们经常可以听到看到美妙动听的爱情故事,甚至是柏拉图式的爱情故事,这代表着人们对美好爱情的一种向往和追求,在这种追求中同样可以享受美好的生活。

爱和性本来就不是一回事。爱是爱情,是一种感情,抽象;性是性关系,是一种行为,很具体。男人认为,没有爱也能有性,性和爱是分开的,性是性,爱是爱,有爱当然要有性。这就对女人很不公平。

一个女人的外貌对男人来说也是相当重要的,因为想要一个男的完全不介意女人的外表,真的很难。但外表的作用是很有限的,一个女人可以凭借她的外貌吸引相当一部分的男人,可以得到他们的关爱,可这种关爱是很短暂的,因为没有感情的关系是很难维系下去的。性只能短暂地使一个女人得到爱,但却并不能维系它,严格来说性根本就不能换来爱,它换来的只是异性的一种兴趣,只会让别人因此而对你产生点兴趣,但这种所谓的兴趣并不是爱!这种兴趣迟早会枯竭,要想使一段感情维系下去最终靠的还是两个人的感情。这感情又是什么呢?是相互从心底里发出来的对性、对身体、对方方面面的挚爱和与挚爱相伴随的持久的真情。

5. 发展性爱,提升情爱

每个人的内心其实都有点理想主义,想要凡事都得到完美,对性与爱也一样,没有哪个男人不想得到一份真挚的爱,但同时他们也很想得到一个完美外表的女人、一个完美的性生活。

性和情和爱本来是应该结合的,性和情就像人的两只手,缺了一方,终归是遗憾。然而,双方在相互配合的生活中却难免相互碰撞,甚至彼此伤害。但是,痛也将是双方共同承受,神经相连的同时血脉相通。性和情偶尔会分离,有性无情的日子是因为寂寞和对激情的渴望,然而最后所得到的却是越来越多的空虚和茫然,那是因为双方根本没有心爱主导的原因。有了情没有性的日子也是悲哀的。面对爱的人,却不能完美地体现出来,或者都不能满足自己最原始的需求,这种生活比缺吃少穿更让人感到痛苦。人不是圣灵,不是任何一样东西都可以完好地划出分界线。情和性和爱在彼此的纠葛中是可以相互转化,相互影响的,但必须是完整的,不可或缺,否则就谈不上爱情。

有人说中国的婚姻大多数是先成家后恋爱,这是什么原因?是情在婚后性的基础上以婚姻为准绳,以责任为目标共同实现的。没有哪个人在动情的时候不想到性,但如果说没有哪个会在有了性后不动情就错了!如果性做得很好,确实又产生出了感情,相辅相成,当然就越来越好。

很多人在赞美情,却回避谈论性;很多人在追求性,却要戴上情的面纱。其实这是双方共同的事情,无所谓给也无所谓要,只是最后是否愿意承担彼此付出的情,为你的性提供合法的平台,将是见证情和性是否正确结合的根本所在。尤其是有爱情的夫妻当中,积极鼓励他们重视性和谐的建设,提高性爱,坚实爱情的基础,情爱和心爱自然得到提升,婚姻质量、幸福感受自然更高。

四、亲爱中亲情的变化

一般讲亲情应该是指有血缘关系的情感,但婚恋关系中有一种特别的亲情,我们称其为"亲情替代"。在夫妻有了孩子以后,形成另一种特殊的亲情关系,我们称其为"血缘间亲情"。人们也常认为非血缘关系下也可以培养出亲情,如寄(抱)养子女与继父母之间的亲情情感等,这种非血缘亲情,可以是友情的深化发展,也可以是爱情的延伸等。

亲情之爱中对婚恋影响最大的是血缘亲情,如母子亲情、姐弟亲情、父女亲情等,加上相应的血缘恋情,就会形成对婚恋有直接影响的相关的情感类型和相应的"亲情替代"的心理需求模式。

伴随着中西方文化的交融,西方人的情感表达方式渐渐被中国人接受,中国式的含蓄的表达方式开始受到质疑。中国传统模式的亲子关系中很少用"爱"字来表达,因为在中国式的亲情之间"爱"不足以概括亲子关系。在中国式亲情里,除了"爱",还有"敬"和"教",子女对父母除了日常奉养外,更需要照顾父母精神方面的感受。父母对子女除抚养外,更需起到"教"的作用,故一个"爱"字实在无法体现中国的传统亲情模式,所以在接受西方的情感表达方式的同时,也应融和中国传统的亲子模式。

亲人的爱都是那么的无私!家长的目的都是好的,只是表达的方式不同罢了。你会慢慢知道,不管犯了多大错误、惹了多大的祸,你唯一的避风港就是家,唯一会坚持不懈维护你的还是家,当你受伤时,接受你的还是那个家!家人的爱是很伟大的,最可贵的就是亲情。母亲为我们担忧,父亲为我们奔波,心情不好,家人会关心我们。当然,朋友也会,但是家庭的温暖和对你的理解是最大的动力。所以,即使有些时候他们束缚你了,换个角度,你会觉得他们的爱无微不至。原谅和理解家人的爱,最真的爱,任何时候都会感觉温暖。亲人的爱就是在你需要关怀的时候给予你关怀,在你困难的时候给你一把手,在你开心快乐的时候在旁边祝贺你。总之,在你需要的时候总能有他们,他们的爱陪你度过很多悲欢离合的时光。亲人之爱中包含着浓郁的亲情,这浓郁的亲情中除了发自心底的亲人之间联通血缘的亲爱之情,还包含更复杂的情源、情愫。例如母子亲情浓重,使儿子易产生恋母情感,培育了子代的儿子型情感类型,使儿子在婚恋匹配中不仅需要母亲型女友,而且需要从女友那儿得到尽量完满的生母之爱的亲情替代。

爱恋之情和伴侣之情。孩提时代对异性父母或抚养人表现出特别的依赖,尤其是更多表现与他(她)的亲密接触,更偏爱并敏感于体表或器官的接触。例如喜欢妈妈(爸爸)的拥抱、接吻,男孩抚摸妈妈的乳房,吮吸妈妈的乳头;女孩骑跨爸爸的脖子,与爸爸共浴。到了青春发育阶段,性意识出现,并日趋明朗,喜欢接近异性,产生与异性在一起的各种遐想,并可能出现单恋、早恋,或有与异性之间的性游戏行为,或有欲偷窥异性父母(亲人)裸体的行为。虽然自己也知道年龄已大,仍然希望与异性父母保持亲密,表现依恋。早恋一般发生较早,且投入会较深。成年的恋爱较认真,发展较快,恋情深重。这是恋情健康和能力较强的表现。成人后的爱情关系发展到一定的阶段,性爱、情爱、心爱和各种情感升华融合,形成亲密伴侣之间的牢不可破的一种终身的情感,使夫妻关系类似于一种亲人关系,更加的牢不可破,更加的亲密无间,也使夫妻白头偕老,终身相伴。

父母对子女的爱和情是一生一世都不会改变的,永远是那么浓郁,那么真诚,发自心底,出于自然,毫不做作,无须掩饰。而子女对父母的爱和情相应地会随着自己的生存能力和独立能力的增强有所减弱。人们会把女儿出嫁比作"泼出去的水",儿子找了好媳妇说成是"取了媳妇,忘了娘"。不是说所有的子女都可能对父母的爱和情会淡化,但至少是随着子女的长大、成熟,他们对父母的爱和情肯定不若父母对子女的爱和情。所以社会总会制定一些法律条文强行规定子女有赡养父母的责任义务,就是考虑到了亲情可能淡化以后出现的这些特别的情况。当然,儿女缺乏赡养父母的热情,并不完全归之于儿女对父母亲情的淡化,也可能是因为多子女,相互攀比,或者是都以为别的儿女会尽职,或者强调自己的困难等等,结果造成父母没人赡养的事实,但不管怎么说,子女对父母的爱和情,肯定比不上父母对子女的爱和情。

五、爱情中情爱的变化

1. 真正的爱情必须含有亲情

在爱情中,如果双方的感觉都没有亲情,那就是普通的性关系,属于动物层面,不是人类该有的。我们对人类爱情的研究发现,人类的两性关系必须有性爱、情爱和心爱,才是真正的爱情关系。心爱是爱情的真谛,心爱来自爱之图的相互磨合。爱之图绝大多数是父母或亲人,是亲情的提供者。亲情越多越好,越多爱情越真实。

我们在《人类爱情学》一书中反复强调童年与父母长期密切的相处,会使亲情越来越浓郁,同时孩子的原欲和父母的性欲出于自然的满足,父母与异性儿女之间自然产生恋情,对孩子来说我们称之为童恋。成年之后,孩子便会在家庭之外寻找能替代父母,重新给他们亲情和恋情感受的人,只有酷像父母的人才能让他们回归童恋的快乐时光。若能真的遇到相互都能激发对方童恋体验的人,相互同时在强大的一见钟情之力推动下,自自然然又非常热烈地在一起经营爱情。

每个人的潜意识层面对亲情的需要延续终身,尤其是幼年与性欲牢固结合的亲情,或者说是性欲满足必不可少的条件——亲情的满足,何以替代呢?我们提出寻找能替代亲人的原欲对象的替代,从他(她)那儿得到亲情的替代。若是能互为原欲对象的替代,又都能得到替代的亲情,同时还有性欲的最大的满足,他们才有真正人类层面上的爱情,幸福美满的婚姻。

在人类的婚姻史中，流行过所谓血亲婚，时至今日还有表姊妹结婚亲上加亲的说法，都是人类爱情中应该具有亲情回归和原欲满足的说明。特别是有一见钟情的爱情，替代的亲情和原欲的能量，导引出只要一见的瞬间就能钟情的结果。就实质而言，亲情和原欲是爱情的基础，就表象而言，一见钟情就是爱情深层的基础。

每个人在幼稚的年龄都有过亲人所给予的最安全、最幸福、最快乐的童恋体验，深深存在于他们的潜意识之中。这种体验重现，又同时体验性爱和情爱带来的快乐，享受最完满的爱情体验。情爱的丰满是人类爱情的显著标志，人类性爱加上友情、恩情、恋情和亲情之爱（心爱），就是人类真正的爱情。这些情爱之中，亲情是重要的基础。

2. 缺少心爱（亲情）的两性关系

有人认为爱情中应该没有亲情，爱情只是两个人之间的情感关系，它产生于多巴胺，由赏心悦目的感觉开始，从发自内心的喜欢对方，展开追求后得到对方同意，变成两个人共同的感情。

爱情通常是情与欲的对照，由情爱和性爱两个部分组成。情爱是爱情的灵魂，性爱是爱情的能量。情爱是性爱的先决条件，性爱是情爱的动力。

爱情会随着双方相处的模式和感觉而变化，今天还爱得死去活来，一场争吵或对方的一个行为，可能就会使爱情烟消云散，原因可能是并无真爱，或者不是最佳的配合。

爱人只是你喜欢和热爱的人，恋爱时称之为男女朋友，婚姻中称之为老公老婆。爱人之间就会充分体现爱情定义中的两个重要组成部分，即情爱和性爱，还必须是真心的爱。

爱人具有排他性，在我国现有的法律中，只限于某一个男性和女性之间的关系。男女互为爱人，绝不允许其他人介入情爱和性爱关系，如果第三者可能介入，说明他们的情爱或性爱并不真实。这种关系因为爱人之间的一些差异和不可调和的矛盾，导致情爱或性爱关系的冷淡或破灭，通过或不通过法律程序，都能结束爱人关系。没有爱情的两性关系本也不该存在。

而亲情是与生俱来的一种血缘关系，产生于血缘纽带或长时间的抚养、照顾或被照顾。亲情更多的是亲属之间的情感，无论你喜欢不喜欢，它都存在于相互之间，不因关系的亲近与疏远而改变。

亲情或浓厚或淡漠，甚至平时没有什么特别的感觉，但当一个人在人生最后的弥留之际，他一定会深深地珍惜和不舍与整个家庭的亲情关系，最后一眼希望看到生命中所有的亲人。如果有一个他心里牵挂的亲人没有在场，就算他生命的力量等不及了，他的双眼也舍不得合上。亲情的存在，不以感觉、感受为前提，无论是否生活在一起，都有一种牵挂在心头，哪怕互相之间曾经产生过误会和伤害，最终也希望和好如初，回归亲情。

亲人中关系最亲密、最亲切的应该是父母与子女之间的关系，或是因为种种原因导致的隔代亲，如父母外出工作不在身边，由更上一代进行抚养、照顾子女，或是由下一代替父母孝敬爷爷奶奶一辈。

亲人不会因为相互之间的关系亲近或疏远,或是距离的远近而改变。它甚至可以把没有血缘关系的人,通过相处到相知,变成亲人关系。

现实的婚姻中,许多人觉得对方都是"自己的人"了,爱情已经发展成亲情了,爱人已经是亲人了,此时若性爱淡化了,恋情、爱情淡化了,双方才发现只是为了孩子,为了有一个家的空架子,虽然还有那么一点亲情,但是两个人成什么关系啦?亲人还是爱人?都不像了!

一般人心目中的爱情是没有心爱的爱情关系,而真正的人类爱情中必须有亲情(心爱)。

3. 爱情既有亲情,爱人也是亲人

有亲情有心爱,是爱人又是亲人,就是在情爱加性爱的单纯两性关系中加上心对心的相通,心对心的连接,融爱情与亲情为一体,既有亲人的真心和真爱,又有爱人的性爱和激情,才是人类爱情的美妙之处。

真正的爱情来之不易,视其如亲情又何妨?爱情、亲情都应该好好珍惜!终身伴侣的爱人就是亲人,相濡以沫一生一世有何不好!

当然亲情和爱情绝对也是两码事,没有什么人分不清的。这就涉及情的实质和情的内涵方面。例如大家都知道,友爱友情可以发展为性爱性情,也可以升华为亲爱亲情。字面上都同样的爱和情,谁也都能从感觉上明确的分辨清楚,可惜目前几乎还没有人能把它们说清楚。本书已经肯定告诉大家看起来是一样的情能量,可是它们的实质和内涵又绝然不同!

第三节　情爱和性爱心爱的相互关系

一、精神恋爱

1. 柏拉图和他的精神恋爱

世人习惯把那些男女之间没有性关系的感情称之为柏拉图式的恋爱,即等于没有性的精神恋爱。没有性的精神恋爱果真存在于尘世中熙来攘往的男男女女之间吗?

柏拉图出生于公元前 427 年,逝于公元前 347 年。在他去世的时候,中国的孟子(公元前 372—前 289)正好是一个约 25 岁的青年男子。柏拉图是西洋理想哲学的创立人。他的理论认为,当一个人出生的时候,真、善、美这三个概念已潜伏在其灵魂里,只是人们不知道它们的存在。他有这样的比喻:"人好像是一个监犯,戴着枷锁,坐在一个洞穴里，眼睛被强迫向着墙壁看。在他背后所发生的事情，他只能看到火光在墙壁上晃动的影子。这样他把墙壁上的影子当作事实。"柏拉图坚信，人生最大的成就是经过辩证式的思维而理解到真、善、美的理性概念。后来，他又进一步创立了灵魂和肉体相对立的二元论。凡人对柏拉图的这些高超的理性哲学本来就是难于理解的。凡人再把这些一知半解的点滴跟尘俗世欲交混在一起，于是得到一个误解的信念：男人和女人可以在灵魂里面谈恋爱。柏拉图式的恋爱概念便应运而生。

2. 女人更崇尚柏拉图式的精神恋爱

从古至今，崇尚柏拉图式的精神恋爱的几乎都是女人，这些女人大多数是在思想上对肉体的性爱患有讨厌、歧视、排斥性的毛病。她们拒绝面对性的事实，扬言惟有柏拉图式的爱才是最真、最纯洁、最崇高的爱，因为那是灵魂的、精神的恋爱；一对男女在灵魂里面追求真、善、美，那该是多美丽的境界！若把那污秽、丑恶、猥亵的肉体的性跟精神式的灵魂之爱混杂起来，那简直是污辱了真爱。这些虽然是崇高的理论，但完全不切实际啊！

事实上，世界上没有爱的性到处皆是。没有爱的性只不过是图一时的肉体快乐，或者是逢场作戏，或者是动物的原始发泄，的确没有什么美感，也没有什么深意。相反的，带有性的爱不但是美丽，而且富有滋养性。因为性是爱情的血液，没有性的爱等于是没有血液的躯体，与没有生命的洋娃娃无异。男人均重视性，对柏拉图式的爱不感兴趣，当一个男人爱上一个女人的时候，他的爱里面必有强烈的性欲存在，他一般都愿意等那位女子一段时间，可是，当他发现他会永远得不到后者的性爱时，便会把兴趣转移到他所能得到的女人的身上。

有这样一个实例为证：一位美丽的中国女士，她成长于一个思想古旧的家庭，自己又是一个虔诚的天主教徒。她的思想被古老的道德观念和严谨的天主教教条双重地捆锁着，她认为真正的爱情是清一色的由罗曼蒂克的因素组成的，与性无关。她自己的性知识是零，但对性却有很强的偏见：爱是善纯，性是罪恶；爱是美，性是丑。当她到了该结婚的年龄，她就在追求她的男士中间选择了家世最好的一位做她的丈夫。这位处女新娘，在洞房之夜首次面对性，她发现自己极为讨厌新婚丈夫的裸体，他身体的一切——身形、皮肤、体味，她都讨厌。自此之后，她对性憎恶万分，找各种借口，逃避跟她的先生有任何身体的接触。由此可以设想，他们会过着什么样的婚姻生活！

精神恋爱就是只限于双方的情感交流，不想去发生任何的亲密肢体接触，更不想让双方在现实里有一点的接触，她只追求精神上的快感。通常有两种人会这样：第一种往往是结过婚的或者是正在恋爱中的女人，她只不过是想满足一下自己精神上的空虚或者是偷情的刺激感；第二种是受过伤害的女人，因为经历过一些难忘的事，所以害怕重蹈覆辙，因此强迫给双方定下一个分界线。

在现代的生活中，很多人的恋爱观念都改变了。仔细看看，大家可能会发现，现在自己身边有很多的朋友都是单身,他们中很多人不是因为不想恋爱,而是想多享受一些单身的生活。当然也有很多朋友是因为没有找到合适的对象,所以才会一直保持着单身状态。如果认真地询问的话,就会发现其实他们也非常想要谈恋爱,只是没有找到合适的对象。

其实除了现实中的恋爱,还有一种就是精神上的恋爱。很多人虽然在现实的生活中没有恋爱的对象,但是在他们的精神上其实是有比较合适的对象的,比如说追星。追星或者是想象对方是自己的恋人,这些都是属于一种精神恋爱。因为很多小伙伴可能自己在现实的生活中找不到自己理想的另一半,所以他们才会在精神上恋爱。那么,什么样的人比较容易产生精神恋爱呢?

(1)偏内向性格的人。大家都知道一般比较内向的人都不会很喜欢去表达自己的内心想法,同时也不太愿意跟别人接触,因为他们只是羞于去表达。其实,每个人缺少交往,往往内心都会得不到适当的满足,他们的内心都还是有交往的渴望的。因此这种类型的人很容易就会精神恋爱。因为他们要是不主动去跟别人表达的话,那么在现实的生活中,他们就很难能遇到自己的另一半,但他们又会通过精神恋爱来满足自己的需求。所以大家认真观察就会发现,精神恋爱的人往往是在思想上比较活跃,但是在行动上比较内向的人。

(2)有自卑感的人。很多人对自己不太满意,渐渐的就会产生一种比较自卑的情绪,他们往往都会觉得别人特别的优秀,要是自己在现实中跟他们在一起的话,自己就会配不上他们,缺少充足的自信。他们总是会把自己放在一个比较低的位置,而同时又把对方抬得很高。因此在现实的生活中,他们不敢轻易去接近别人,因为觉得对方高高在上而自己却非常的卑微,这种时候,他们就非常容易陷入精神恋爱。

(3)非常优秀的人。为什么非常优秀的人会容易陷入精神恋爱呢?因为他们太优秀了,所以眼光也会变得很高,看人的话也比较刁钻,对生活中很多人都不太满意,看不上眼,他们也觉得别人达不到他们理想中的要求,很难去喜欢上别人。这个时候他们就很容易会在自己的精神世界上想象出一个非常优秀的人,而因此陷入精神恋爱。

3. 人们对柏拉图式爱情的评价

在西方爱情文明的发展过程中,现存最早的有关文献就是柏拉图(公元前427—前347年)的论述,他的论述被认为是一座丰碑,"柏拉图式的爱情"作为一种观念,影响了一代又一代的西方人,东方人也将他的名字当作"精神恋爱"的代名词。人们对柏拉图式爱情的评价大概有如下几种:

(1)柏拉图式爱情是一种理想式的爱情观。这种理想极为浪漫或根本无法实现。站在爱人的身边,静静地付出,默默地守候,不奢望走近,也不祈求拥有,即便知道根本不会有结果,也仍然执着不悔。也许这种不求回报注定了一个悲剧的结局,最终也只能是两条在远处守候的圆弧,留下回忆中最为美好的片段当作永恒!

（2）柏拉图式爱情是一种纯精神的爱情观。这种爱情追求心灵的沟通。当心灵摒绝肉体而向往着真理的时候,这时的思想才是最好的(梦幻的);当人类没有对肉欲的强烈需求时,心境是平和的。肉欲是人性中兽性的表现,是每个生物体的本性。人是所谓的高等动物,就是因为人的本性中,美好而又道德的人性强于兽性。真正的爱情是一种持之以恒的情感,惟有时间才是爱情的试金石,惟有超凡脱俗的爱,才能经得起时间的考验。

（3）柏拉图式爱情是一种双方平等的爱情观。爱情具有平等性,不存在依附或占有关系,相爱的双方是自愿、绝不勉强的,即无怨无悔地爱你所喜爱的人。爱情在培育发展过程中,双方都是平等的。

（4）柏拉图式爱情是一种完美的爱情观。感情的事没有谁对谁错,正如歌里唱的那样:"不在乎天长地久,只愿曾经拥有。"在完美者的意念里,这个世界上存在一个生动而又完美的他,对你而言是毫无瑕疵、唯一永恒的,也许他不会出现在现实中,但永远存活在你的心底。

（5）柏拉图式爱情是一种自由的爱情观。爱需要有足够的空间和时间,才能茁壮地成长。爱,不是牺牲,不是占有。拥有爱情的时候,要让对方自由;失去爱情的时候,更要让对方自由。爱就像风筝一样,你要给它飞翔的自由,也要懂得适时把它拉回来。没有自由的爱情,也会慢慢趋向自然死亡。爱需要自由,正如同爱也需要呼吸。距离和神秘感,才是维系爱情温度的好方法。

人总是在渴望爱情,古今中外、男女老少,概莫能外,但是不同的时代、不同的地域和不同的个人,爱情的内容和形式有很大不同。原始人的爱情大概不需要写情书,因为那时还没有文字;19世纪的人也不知道可以通过抱电话机来卿卿我我、海誓山盟;直到20世纪后期,人们通过上网也可以传情达意。随着人类的进化和社会的进步,更多的人虽然也不否认柏拉图式爱情的理想化的美好,但实实在在希望追求的还是有丰富内涵的真正的人类爱情。

二、性伴侣关系

精神恋爱的另一个极端就是单纯的性伴侣的关系。性伙伴(sexual partner)是指互相满足的伴侣,俗称床友或炮友,指进行性行为的对象。维持性伙伴关系的时间可长可短,有进行一次性行为后就不再来往的一夜情,也有长期维持性关系的。其目的主要为双方解决性需要,并不一定寻求稳定发展。

性伴侣关系在国外有人崇尚,我国文化则持贬义,在将来取代婚姻的可能性也不大,但它至少可能与婚姻并存或者是婚姻的一种补偿形式。

在我国,性伴侣的问题也曾经受到社会学家们的关注,既有讨论,也有争论,国家在城市大规模建设的同时流动人口急剧增加,外来务工人员特别多,他们远离家乡,性饥渴的问题无法解决,常常发生一夜情等等。这个问题如何解决,需要讨论。据国内2018年的统计,成年单身男女已经超过2亿,要讨论情健康,满足他们对幸福生活的向往,怎能避而不谈他们的性生活,不谈他们的情感生活?

其实,每个人的一生都十分短暂,要提高生活质量,尤其是情感生活质量,既要讲道德,绝不做伤害别人、伤害社会的事情,也不能做有害自己的事情,要有科学态度,安排好自己的生活。现实会迫使人们去接受一些新的文化。

虽然实际生活中选择性伴侣关系的男女不在少数,但传统的文化、当今的社会是不支持这种选择的。我们更主张努力推行新的科学的婚恋文化,婚恋服务工作尽快实现数据化、智能化进程,推行科学择爱,科学择偶,努力在大数据中万里挑一,帮助更多人士找到真情真爱,拥有真正人类的爱情生活。

三、亲人之间的爱情

(一) 非嫡系亲人之恋

1. 三代血亲以上的恋情

婚姻法明确规定,三代血亲以内的男女是不能通婚的。三代血亲以外的男女自然就可以通婚,所以三代血亲以外的男女的恋情应该属于正常行为。虽然一方面,因为相似性比较多,爱情中的亲情相对比较浓郁,爱情可能真实持久,本来又是一家人,婚姻的质量会比较好;但另一方面还是要注意,从广义上来说,还是近于"家族内通婚",遗传方面还是要注意优生学的问题。双方都有同一不良性状的隐性或显性基因的要避免结婚、生子。例如双方都很矮小,两个人患有同一种重病或传染病,等等。

2. 三代血亲以内亲人之恋(不包含亲生和祖孙)

我国最多的是姨兄妹(双方母亲是亲姊妹的)相恋,历来就有"亲上加亲"的说法。表兄妹相恋较少,堂兄妹相恋就更少。亲缘越近亲情越浓郁,但与优生学相悖,除非是特别优等的家族,还需要有相应的法律支持。

(二) 同辈嫡系亲人之恋

1. 兄妹之恋

从小接触最密切的亲人,为孩子提供原欲满足机会最多的亲人,在与孩子的亲情最浓郁的基础上,相互恋情的产生也是有的,除了母子、父女之间的恋情之外,还有兄妹之恋。

日本电影《兄妹之恋》讲述了这样的故事:赖和郁是一对双胞胎兄妹,他们在同一所中学念三年级。赖是学校里有名的学霸,体育也好,再加上俊朗的外表,很受女生欢迎。而郁却正好相反,成绩平平又笨手笨脚。兄妹俩幼年时感情非常好,甚至天真地约定将来要结婚永远厮守在一起。可是后来郁发觉赖对她越来越冷淡,而青梅竹马的矢野又突然向她表白爱意,这令郁更为心烦意乱。一天夜里,郁被异常的响动惊醒,发现本该睡在上铺的赖正准备吻她。赖告诉郁,自己一直爱着她——超越兄妹之情的爱。郁主动用亲吻回应了赖的感情。郁的好友华发现了兄妹两人的特殊关系,她以泄密为要挟,迫使赖做她的男朋友。同时,细心的母亲也对两人的异状有所察觉。于是,曾经坚信彼此能相爱到永远的赖和郁迎来了出乎预料的考验……

我国剧作家曹禺的作品《雷雨》中的周萍与同母异父的四凤相恋,四凤怀了孩子以后才知道他们是兄妹关系,悲剧而终。

2. 姐弟之恋

现实中有很多妈妈因为某种原因而不能照顾好弟弟的时候,姐姐自然就替代了母亲的职能,全身心地投入或更多参与弟弟的抚养或看护的工作。在与弟弟的长时间相处和亲密的接触中,培植了亲情,也在原欲、性欲不断的满足中,发展着恋情。

现实中,真正姐弟相爱而乱伦的情况是十分罕见的,这与社会上风靡的姐弟恋是两码事。现代社会,除了女性的张扬,阴盛阳衰的社会文化的引领作用外,还与男孩受到更多宠爱,小时就被过分关注,缺乏挫折教育而致人格的弱势、性别的女性化有关。男孩都有恋母的本性,他们更习惯于在妈妈(或姐姐)的细心照料下过日子,不愿意做个大男人,承担风险,勇担责任。

对我国当今社会进行调查,30~35岁的女人个人魅力处于最完美的时段,在事业方面取得一定成绩,外表的成熟美丽和内在的修养达到一致,生理、心理、社会功能都处在最健康的状态,达到了人生的顶点,非常具有吸引力。25岁左右的男性生理状态也很好,他们亢奋、积极、活跃、强壮,处在青春活力的顶点。二者在两性需求上都非常强烈。恋爱中女方比男方年龄大,看起来像是姐姐带着弟弟的感觉,是从外观视觉上和生活角色上反映他们的关系。"姐弟恋"作为一种社会现象,通常以20多岁的男性和30多岁的女人的组合比较多见。

(三) 亲子之恋

母子之恋是母亲对儿子的一种恋情,因为在母子相处的过程中,在母亲不断为孩子提供原欲满足的事件中,母亲也自然获得其性欲的诸多满足,所以随着儿子恋母情感的日益增加,母亲恋子的情感也自然增长,以至毫无节制。父女之恋,情形与母子之恋略同。

其实,传统的择偶观和我们提倡的科学择偶观,都包含了尊重女性普遍存在的恋父情感。倘若配合到位,亲情和恋情在自己的婚姻内得到最好的满足,岂不更好?

(四) 祖孙之恋

祖孙辈长期共同生活、密切相处,从而出现孩子与抚养人之间特殊的关系,隔代亲的祖孙恋现实中也有发生。倘若年龄差距达到30岁以上的男女,一见钟情又无以分离,在一起的感觉非常之好,于是坚持了这份爱情,这是祖孙亲人之恋的一种变相的表达。

(五) 亲人同性之恋

同性亲人的亲情之中也会含有恋情,因为同性亲人在长时间的亲密接触中,也自然会有原欲、性欲的满足,自然形成了对同性亲人的依恋的情感。也就是说,不管男孩还是女孩,对父亲、对母亲都有依恋的情感。这有可能影响成年后的性取向。

亲人之恋主要停留在心理或精神层面,一旦付诸现实,则称为乱伦。也可以说,乱伦的基础就是亲人之恋,亲人之恋之中既包含了浓郁的亲情,也包含了同样浓郁的恋情。但因为乱伦的文化和道德的禁忌,双方都会尽力阻挡自己走进禁地。

四、爱情三元素理论的初步研究

爱情是人类文化歌颂不衰的主题,却因无爱情体验的人群比比皆是,所以人们对爱情是什么,仍然所知甚少。虽然对爱情有各种解释,提出了许许多多的爱情理论,进行了从动物到人类的爱情生物学机制的研究,但都不能从心理的深层诠释爱情现象,揭示爱情的真谛。

(一) 人类对爱情的认识

1. 流行的爱情理论

爱情是人类生活中的一件大事,但至今对爱情还没有一个完满的理论。当前流行的十大爱情理论主要是:Fisher 等人提出爱情的三阶段理论、Murstein 提出的 SVR 爱情理论、Yela 提出的爱情的四因素理论、Sternberg 提出的爱情的故事理论、罗宾提出的爱情态度理论、约翰·李的爱情彩虹图理论、Bartholomew 和 Horowitz 提出的爱情依恋理论、Rusbult 的爱情的投资模式理论,还有爱情的生物学理论和斯腾伯格的爱情三角理论。

2. 斯腾伯格的爱情三角理论

该理论认为:爱情包括亲密、激情、承诺三种成分。亲密是指与伴侣间心灵相近,互相契合,互相归属的感觉,属于爱情的情感成分;激情是指强烈地渴望与伴侣结合,促使关系产生浪漫和外在吸引力的动机,也就是与性相关的动机驱力,属于爱情的动机成分;而承诺则包括短期和长期两个部分,短期的部分是指个体决定去爱一个人,长期的部分是指对两人之间亲密关系所做的持久性承诺,属于爱情的认知成分。

三种成分可有所改变,三角形的面积代表爱情的质与量,面积愈大,三角形越大,爱情就越丰富。在三种成分下有八种不同的爱情关系组合,其分别为:无爱,三种成分俱无;喜欢,只包括亲密部分;迷恋的爱,只存在激情成分;空爱,只有承诺的成分;浪漫之爱,结合了亲密与激情;友谊之爱,包括亲密和承诺;愚爱,激情加上承诺;美满的爱:三种成分同时包含在关系当中。

斯腾伯格认为,爱情是靠承诺维持的。信守自己的承诺,对对方负责是爱情最宝贵的品质。等到爱情以承诺为主的时候,爱情已经是纯粹的伦理道德、责任义务之类的东西了。儿子爱母亲是一辈子的事,绝不会因为母亲的年长,母亲的衰老而减少或失去,女儿对父亲的爱也一样。所以可以说斯腾伯格的爱情是人类文明的产物,是动物性吸引的基础加上人类文明的巧妙的粉饰,缺少真正爱情的丰满的内涵。

3. 陶林的爱情月亮理论

国内陶林提出了爱情的月亮理论,认为爱情主要是由性爱、情爱和仁爱所组成。性爱包括性欲、性行和性乐;情爱包括恋情、恩情和亲情;仁爱包括仁德、仁义和仁恕。仁爱是文化的产物,依然是一种"承诺"呀!

(二) 爱情三元素理论

我们在《人类爱情学》一书中提出了中国人的爱情三元素理论。我们认为真正的人类爱情必须具有性爱[各年龄阶段性(原)欲的最大满足]、恋情之爱(达到激情程度)的满足、亲情(替代的亲情和友情、恩情、恋情升华的亲情)的强烈依附感和心爱的高度满足。真正的爱情是由性爱、情爱和心爱组成。

1. 性是爱情的基础

没有从动物进化过来的性,就没有人类的性爱,也就不会产生性爱的激情的爆发,可以说就没有爱情。所以爱情的基础条件是要有健康的性,正常的性爱和性能力,正常的性激情即性高潮的产生和体验的能力。人们在调查离婚原因的时候,70%以上的夫妻会说是性格或感情不和,事实上都是性不和谐。我们在上万的婚姻不和的案例分析中,深深地体会到真正导致婚姻问题或婚姻矛盾的主要因素确实是各种原因导致的性不和谐,所以要建立幸福美满的婚姻,双方性的健康和功能的完满仍是基础。

2. 情爱是爱情的灵魂

人类的情感同样是生物进化的顶峰。众所周知,友情、亲情、恋情等多种情凝聚成的情爱才是爱情中的真情。我们在一见钟情的和"爱之图"相关性的研究中,发现亲情(童恋)的重现是一见钟情的基础,爱之图一般都是亲情最浓郁的亲人之图,现实中与爱之图模合的人就是当年亲人的替身,"亲人"(替身)的重现,意味着亲情和童年恋情的重现,这种重现的亲情和童恋叠加在成年的性爱、情爱和心爱上面,就是最完美的爱情组合。就情爱本身而言,亲情之爱又是基础,换句话说,有亲情(或替代的亲情)的爱情才是真正的爱情。一般人认为的性爱加上情爱就是通常人们认为的爱情。

3. 心爱是爱情的真谛

要说心爱是什么?我们常常以亲子之间的亲爱予以说明,例如母爱,虽然动物也有,但动物的母爱更多是一种本能,单纯为了下一代的生存。人类的母爱,更博大更深沉,更主要是具有更多心爱的成分。人类的母亲对孩子的关心和用心已经超越了孩子生存的需要,而且人类亲子之间的心爱持续一生,而这在动物界淡然多了。

事实上人类的性爱和情爱的爱之中都含有心爱的成分,心爱中更多是亲情的延伸。情感是亲密的基础,是体验激情和心爱的条件,激情中更多是恋情的爆发,缺少情爱的性爱只是性伴侣,谈不上爱情。有友情和恋情的性爱,可能是"一夜情"或者是短期即趋于淡化(三年之痛)的"短命爱情"。在一般人的爱情关系中,亲情的分量常常是不够的,所以我们特别强调真正的爱情中还需要人类特有的心爱。

中国古人有"心主神明"的说法,我们前面也说了,中国人的心是一种独特的境界,代表了深邃复杂的人类特有的情感,无处不在。中国人形容爱情常常是用一支丘比特之箭穿透两颗心,或者是用一条红绳子把两个人的方方面面捆在一起,一生一世。发自心底的爱让身体结合,有心爱链接的性交往才能称之为性爱;发自心底的爱让情感结合,有心爱链接的情感交流才能称之为情爱;发自心底的爱让性爱和情爱结合,这才是我们说的人类爱情。性、情、心相爱极致的两个人才能称之为爱情。心心相印,心连心的恋人才能一生享受人类爱情的极致体验。

外国人重承诺,重视对上帝的誓言。中国人更信心,信自己的心,更信恋人的心,需要心对心的表白,心连心的坚守和忠诚。

(三) 爱情三元素理论的表达

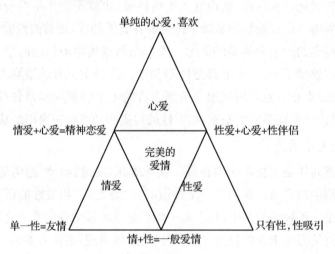

图 6-1 爱情三元素理论示意图(引自《中国性科学》杂志)

爱情的三种成分可有八种不同的关系组合,其分别为:①无爱情:三种成分俱无,或淡然;②只有性:无情爱、无心爱,可以看成是动物或智力发育迟滞者的性发泄;③只有情爱:无性爱和心爱,是友情或人情;④只有心爱:无情爱和性爱,是博爱或大爱;⑤性伴侣关系:情爱淡漠,性满足为主要内容;⑥精神恋爱:情爱加心爱,性爱淡漠,甚至无,也包含恋情特重的亲人关系;⑦一般爱情:情爱加性爱,心爱淡然或缺少;⑧美满的爱情:

三种成分同样的浓郁并同时包含在关系当中,并提升到了精神的心灵的更深层面。

这三种成分是彼此重叠、相互关联的,当三角形的三个角强度相等、达到平衡时,就是完美之爱情了。现实中,这三种成分并非平均存在,而是多寡不同的。即是说,爱情必须有三个元素,但可以有不同的层次。

(四) 基于三元素理论的新爱情观

爱情不是从来就有的,它是生物进化的产物。只有当人类从原始的群婚状态发展到一夫一妻制,"个体之间的性爱"才得以萌生。

现代人更加关注的是性爱给双方带来的巨大的身心愉悦,那灵肉结合的、欲神欲仙的极乐体验,享受性爱的快乐和满足成了人类最为重要的一种追求。正是爱情把相爱的两个人凝结在一起,爱情不仅仅是一种吸引而是一种粘合,把两个人粘合成为一个新人,一对无法分开的夫妻。夫妻的这种粘合力,除了强大的性吸引、性爱吸引外,更有感情的互为一体,心心相印,相依相伴的巨大凝聚力。

人们都知道爱情中情爱的重要,尤其是幼年的亲情和恋情(童恋)。童年被亲人呵护的幸福感受,与亲人之间亲密接触中原欲满足的快乐,都是成人后爱情体验的潜意识基础。情爱的丰满,心爱的升华是人类爱情的显著标志,人类性爱加上友情、恩情、恋情和亲情之爱、心爱,就是人类真正的爱情。

爱情的三元素在完全理性的婚姻之中是缺如的,所谓理性的婚姻只是单纯的情加性的关系,绝不是完满的人类爱情。社会属性的强调就跟斯腾伯格所说的"承诺"一样,让纯自然的爱情加以理性的修饰。斯腾伯格在爱情里加上"承诺",有了对天的誓言,似乎就能爱情永驻。中国人喜欢海枯石烂不变心,更强调责任义务、道德良心等等,要求贞洁、忠贞,人们非常支持以说教的方式,要求当事人成长,似乎营造了一种非爱不可、不爱不行的文化,于是大家都劝合不劝离,崇尚从一而终,所谓"挂在一棵树上吊死"……

强调情感类型的配合就是想在婚恋的匹配中找回更多的亲情,找回来的亲情越多越浓,童恋就越多越真实,这爱情就越真越浓,越牢固。童年的亲情和恋情(童恋)决定了一个人的情感类型、情感表达和情感适应的方方面面。情感类型的契合,决定了情感表达和情感接纳的匹配,也影响亲情替代的满足和性爱恋情之爱的享受。这无疑提示我们,构建完满的爱情,不仅要关注性爱的强弱,更要关注情爱的品质;要认真做好爱情分析,细心做好情感的搭配,关注不同情感的互动和性爱、情爱、心爱的互动,还要考虑影响爱情的方方面面的外界因素。科学择偶仍是事关重大。恋情的提升、亲情的培养和深化,也是婚姻磨合、婚姻建设中的重要方面,也是具体的技术技巧。不仅要宣传普及相关知识,更需要广大婚姻分析师积极参与和科学指导。

(五) 广义的爱情新理念

作者一直主张以宇宙多元化的理念看待生物的多元化,看待人类性相关多元化的现实。人类与性相关的多元化的存在,包括性器官、性生理、性欲、性心理、性行为、性体验和性高潮等等诸多方面,从精子卵子开始就存在的系统发生和个体发育不同维度性欲的多元化的内涵,自然带来了性取向和性行为的多元化,引导出性欲不同表达维度的性快感、性高潮的多元化满足层次等等;人类情和爱的进化过程也初步证实人类的情和爱也具有多元化的内涵,尤其是人类所特有的高达心灵层面的心爱,研究尚少,细腻的描述也比较困难。但不管怎么说,多元化的爱情元素构建而成的人类爱情,肯定也是一个多元化的概念。以广义的爱情理念来体现爱情多元化的内涵似乎更科学。

与性、情、爱的多元化概念相应,参考性欲内涵和性欲满足层次的多元化存在,我们提出人类爱情与生命同在,伴随一生的广义爱情的新理念。人类一生的爱情可大致做如下的划分:青春发育期前的爱情称为童年爱情(简称为"童恋");青春发育期到成年(法定年龄是男 20 岁,女 18 岁)为未成年爱情(简称为"初恋");成年期到更年期的成人阶段的爱情(简称为"成年恋");更年期(男女都有个体差异)直到终老(包含老年)期的爱情(简称为"黄昏恋")。

虽然各个年龄段有内涵不同的爱情,然而爱情的实质和真谛仍是一样的,同样是由三元素构成,即与其发育维度相应的性、情、心爱所构成的,也正是这个广义的爱情理念,明确地反映了人类爱情进化和发展的历程。

广义的爱情理念既让我们看到人类爱情的多元化内涵,也让我们看到一般人心目中的爱情,实际上就是成年人的爱情阶段。由于成年人的性欲在各器官原欲、脑性欲、情(心)性欲发育成熟的同时,为实现生殖目标,受制于性激素的生殖器官交媾欲的兴起,使爱情中的激情成分更浓烈。

第四节　有缘真情何线牵

一、缘在何方

1. 缘为何物

缘,释意:①原因:缘故、缘由、无缘无故、只缘身在此山中。②命运:喻为命运的丝线。③边:边缘、外缘。④沿着,顺着:缘江而下、缘溪而行、缘木求鱼。⑤发生联系的机会:缘分、人缘、血缘。特指男女间爱情的缘分。除爱情外感情的缘分。

感情如云,万千变化,云起时汹涌澎湃,云落时落寞舒缓。感情的事如云聚云散,缘分是可遇不可求的风。世上有很多事可以求,唯缘分难求。茫茫人海,浮华世界,多少人真正能寻觅到自己最完美的归属,又有多少人在擦肩而过中错失了最好的机缘,或者又有多少人有正确的选择却站在了错误的时间和地点。有时缘去缘留只在人一念之间。缘即如风,来也是缘,去也是缘。已得是缘,未得亦是缘。

俗话说"有缘千里来相会,无缘哪怕门对门",我们一定要把握住缘分,不要为错过缘分而懊悔,珍惜每一次缘分,每一次机会,为自己的成长创造条件。

2. 缘在何方

基于对情源的研究,我们认为情源于进化,表现在个体发育的过程中。一个人的情源缘至于早期,从生命开始到三岁是最关键的时间,"三岁看大",已经奠定了一生的基础,尤其是在三岁前的依恋期。这个阶段孩子在与父母或抚养人的密切接触中,亲情的产生和日益浓郁,原欲的满足和日益发展,"内部工作模式"的形成和日益完善,逐步确定了孩子对异性父母或抚养人的童恋关系,这是孩子一生追寻的方向。成年以后这幼年缔造的童恋欲求和童恋对象(爱之图)深藏在潜意识之中。在青春发育性成熟之后,受性激素和生殖器官性欲的冲击,童恋的需求复苏,在现实中遇到与"爱之图"相似的异性,便可能启动童年时代的"内部工作模式",实施对异性的追求行为,陷入初恋的漩涡,又容易经历第一次复苏童恋生活的失败。许多人在经历了初恋的巨大打击之后,加上接受了许多年旧婚恋文化的熏陶,进一步完成了社会教化,或者与缘分擦肩而过,或者无力抗拒过多的压力,也不乏上当受骗等等,就范世俗,在婚姻的围城之中过完无爱又无性的一生,无奈,也可怜!

二、上下五千年的平平淡淡

我们做心理婚姻情感咨询30多年的体验,结合学者们专业的研究,证实现代婚姻中真正有爱情的是少数,尤其是以爱情三元素的新标准来评价现代婚姻,有爱情的不超过3%,太少了。为什么会这么少?因为这是自然的概率!

1. 平平淡淡才是婚姻的真实

中国人上下五千年有多少亿万计的婚姻,人们对婚姻公认的结论是"平平淡淡才是真",可是大家也十分熟悉,文学家、艺术家、剧作家们,甚至生理学家、心理学家们,对爱情的定义和描述大致都是"激情迸发""无以自制",不仅仅是人们描述性高潮时常会用"云里雾里""欲神欲仙"等等,而是进入性爱、情爱、心理心灵满足的一种爱情极致的体验之中。

人们形容洞房花烛夜之后的新婚生活为度蜜月,如果月月如此,季季如此,年年如此,一辈子都如此,那还叫"平平淡淡"吗?事实上各人的蜜月体验是很不一样的,一辈子有蜜月体验者是极少数,绝大多数人蜜月之后逐渐走向平淡。不少人需要一个所谓的磨合期,慢慢习惯于以"家人"相处。尤其是生了孩子,以孩子作为纽带,更多的夫妻凭良心,以责任义务,甚至法律法规来维持夫妻关系,保持"家庭"的存在。中国人都讲面子,数千年来造就了这样的文化:每个人都要有家,不能离婚,尤其是女人更要家,做良家妇女。若是无家的女人,则"寡妇门前是非多",不仅别人会有负面的目光,而且女人自己也不能接纳。

结婚以后许多人都会经历所谓的"三年之痛""七年之痒""十年危机"等等,为什么会有这么一种说法?是因为发生这些情况的人多啊,这是大数据,统计学的结论。大家的总结说明了绝大多数人的婚姻不是一辈子的蜜月,也可以说,他们没有经得起一辈子考验的真情真爱。为何中国人上下五千年差不多都缺少爱情极致体验的终生享受?根在何处?长达千年的封建社会制造了封建文化,诸如男尊女卑、夫为妻纲、崇尚男权;视女人为内人;女人要从一而终、一生贞洁,女人有性、纵性就是丑陋和肮脏等等。女人常常自卑,自觉服从男权文化,不敢随意抒发自己的情感,自由地去爱男人,她们自己不习惯表达,男人也不喜欢女人主动示爱,会认为主动示爱的女人风骚、不贞洁。所以在婚配中男方常常是主动角色,许多时候女人常常是被动应许,甚至有的社会还允许男人多妻多妾,如此的社会和文化下何能有爱情?

2. 父母之命和媒妁之言找不到真爱

为何自己的爱情要父母去决定,父母包办?哪里能科学寻爱科学择偶,找到自己的真爱?前几年婚介机构不那么盛行的时候,城市里举办万人相亲会,差不多到会的人都是父母亲,儿女的婚姻差不多成了父母们的终身大事。根据我们的研究,父母包办还有它一点点的道理,而媒妁之言那是真正骗人的鬼话,这岂能骗出爱情来?可中国人就是会相信。甚至到现在 21 世纪了,还有人说没有媒人、没有媒妁之言,大家伙都配不成对子、结不成婚了,这实在很可笑。

3. 所谓郎才女貌和门当户对并不能得到爱情

上下五千年传承的择偶条件是"郎才女貌"和"门当户对",笔者亲临过不少婚介机构,也听到不少婚介师们的心声,他们的观点其实也很坦然——现代婚姻没有经济基础怎么会幸福?没有起码的物质基础,光说爱情谁懂?不谈房子,结婚住哪?不谈钱,怎么过日子?油盐酱醋茶哪样不要钱?要吃要住,要走要行,要请客,要送礼,没钱咋办?这个世道上,如果一直寒寒酸酸的,日子能过好吗?

过去的时代,主要是金钱物质决定婚姻,但当人们知道爱情是婚姻的基础,没有爱情的婚姻是不道德的道理之后,依然以房子、车子、金钱、地位论婚姻,就大错特错了。以金钱换来婚姻与买卖婚姻有何区别?与用金钱买卖爱情有何区别?爱情是用命都换不来的啊!金钱买不到爱情!封建思想和文化中所谓的"郎才女貌""门当户对"葬送了一代一代人的终生爱情,人们要糊涂到何时?

4. 先结婚只能有蜜月,谈不上爱情

先结婚后恋爱成为中国人信服的又一信条,性高潮和蜜月体验蒙骗了千千万万的男女,让他们以为那就是爱情,美妙至极,幸福有加。很多人认为男大当婚、女大当嫁、生儿育女、天经地义等结了婚,生了儿女,完成了宗祠传承大事,对得起父母,对得起祖宗,谁也不会再问,对得起自己否? 家有家规,国有国法,婚姻有伦理道德、责任义务、法律法规。没有爱情的夫妻就如被锁在这婚姻的围城里一辈子!

诸多造就无爱情婚姻的因素直至今日依然横行故里,到处兴风作浪,真希望更多的有识之士们掀起婚姻革命的浪潮,彻底扫除封建的旧婚姻文化残余,让我们的婚姻多添上一点爱情的味儿,那该多好!

三、万里挑一寻找真爱情

我们做心理咨询和婚恋情感咨询30多年,深深感到遗憾,关于人类每个人的"终身大事",爱情学、婚姻学都还没有专门的学科体系,于是我们撰写了《人类爱情学》《婚姻分析学》等学术专著和《爱情三元素理论的初步研究》《人类性多元化现象的初步研究》等学术论文,近500万字。在以往长期婚恋情感咨询实践中,使用国内外相关爱情婚姻的测量工具,如"Olson婚姻质量问卷"等,发现测量的结果并不能反映婚恋当事人的实际体验,不能反映爱情婚姻的本质。

根据理论和工作的实际需要,我们在2004年设计了"婚恋个性问卷",2007年设计了"婚恋匹配测试系统",后编程使用。这个软件为我们做科学婚姻分析,做婚恋家庭咨询指导带来了巨大帮助。2018年,在中国婚恋家庭研究会的全力支持下,在保留软件婚恋分析等主要功能的前提下,我们努力研发拓展了科学寻爱、科学择偶的新功能,新版重新命名为"婚恋关系测试系统",以凸显其技术的革新和功能的拓展。

1. 系统的基本结构

该项测试软件是婚恋工作数据化智能化的尝试,细分为三个测试板块,即婚恋测试个人版、婚恋匹配测试版(单偶配合测试)、婚恋匹配测试版(多偶配给测试)。

(1) 婚恋测试个人版。除个人的一般资料外,还根据影响婚姻主要的一些相关因素设计了个人的生理资源、个人的心理资源、个人的社会资源、性的健康和能力、性别角色标准化程度、性取向、情的健康和能力、爱的健康和能力、童恋和亲情体验、情感类型、依恋类型测试量表等,每个测试表设定10~20个测试题,每题以5级评测;另外还有与名人像素相似性测试表、个体婚恋资源分矫正量表和求偶者特殊要求表(一票否决)等。通过这一板块的测试,可以对求婚者的情况有详细的了解,并对其与爱情婚姻相关的主要因素进行数据化,尤其是爱情三元素的丰满程度和影响爱情婚姻的三要素方面的情况,一目了然,为测试者寻爱择偶、婚恋匹配、婚恋调理提供科学的支持和帮助。

(2) 婚恋单偶匹配测试版。包括:婚恋测试个人版资料、人格优势相似性和互补性测试、双方相貌相似性测评、爱情程度测试、婚恋匹配加减分标准等,测试结果出具婚恋单偶配合测试报告书。已恋、已婚者的恋爱或婚姻质量通过测试一目了然,为婚介师做恋爱指导，为婚姻家庭咨询师做婚姻分析提供科学依据。

(3) 婚恋多偶匹配测试版。此版的增加为求婚者的科学寻爱科学择偶开辟新的功能。若需在现存异性资料中寻觅爱人或配偶，则以寻爱求偶者的个人婚恋资源测试的相关资料，还要包括：求偶者特殊要求（一票否决）、人格优势相似性和互补性测评资料和相貌相似性测评资料，与已存机的异性资料逐一配合，根据配合优劣排序，选择相貌相似，匹配分值高的异性约见、面谈。

2. 系统的基本任务

依托以上三个版块，完成科学寻爱、科学择偶和科学婚恋咨询指导的具体任务。

(1) 寻爱情之源（缘），觅真情真爱

弗洛伊德提示我们，成年人一辈子寻找的就是他们和抚养人（父母）之间的爱和情，即童恋中形成的爱之图和情之图。全世界的人们都知道"夫妻相"，有夫妻相的夫妇相爱深，婚姻甜蜜。我们在长期的婚恋情感咨询实践中也有深刻的体验。本系统相关的技术设计可以帮助求婚者科学寻爱，依据我们提出的爱情三元素理论，软件侧重以三元素比对的丰满程度推算爱情的浓郁程度，帮助大家找到互相有浓郁爱情的群体，使万里挑一找真爱成为可能。

(2) 在有真爱的基础上找到"绝配"

在影响婚姻质量的许多因素中，除了生理心理方面，如性功能、性取向、性格脾气、价值观念等等以外，我们发现情感类型、依恋类型和童年情感体验影响更大。软件对影响大的12个方面尤其是影响最大的三个方面的因素都进行量化比对，选择最优化的配对，完成科学择偶，期望在他们一生的共同生活中相互适应、相依相伴、心心相印、亲密无间，实现真正意义上的好婚姻。

(3) 科学婚恋家庭咨询指导

如果是已恋人士做测试，对双方的方方面面进行数字化和比对，了解相互爱情浓郁的程度和匹配的优劣，对恋爱的前景做预测，对婚后的共同生活做指导；如果是已婚人士做测试，对他们的婚姻质量做评估，对可能存在的婚姻问题或矛盾寻找原因，找到有效的解决方法；如果是分居或离婚人士做测试，则帮助他们寻找婚姻失败的根源，吸取教训，成长经验，也为他们对本次婚姻取舍的决策提供理论依据。

3. 系统的发展和目标

自古人们就知道寻找有缘分的恋人是很困难的，人们常说"有缘千里来相会"，过去的择偶模式是人工操作，顶多也只能"百里挑一"，这也是过去的婚姻中缺少爱情的原因。现代强调大数据，通过电脑互联网以"万里挑一"的模式寻找真爱，成功的概率提高百倍以上。在大数据中，科学寻爱、科学择偶，建立更多有浓郁爱情基础又是"绝配"的好婚姻，从根本上、源头上提高婚姻质量。可以说该系统是婚恋调理、婚姻家庭咨询的有用工具，给婚恋调理师、婚姻家庭咨询师和他们的工作提供巨大帮助。该系统最重要的使命是鼓励人们改变观念,借助现代科技,通过互联网大数据,真正找到自己的另一半,并实现科学婚姻家庭咨询和终身指导服务。为终生享受美满婚姻,享受人类爱情生活打下基础;也为满足我国人民对幸福的向往,促进我国社会的和谐建设做出贡献。

婚恋关系测试系统及报告如图6-2所示。

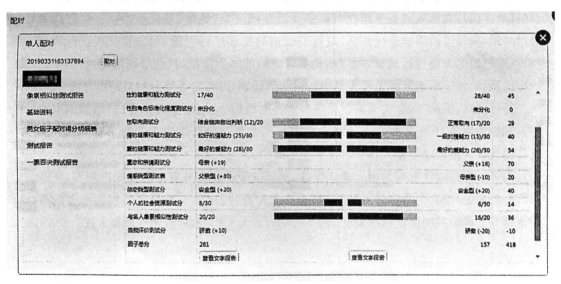

图6-2 男女单偶匹配测试报告

四、网上婚恋服务的构想

现代社会即将进入5G时代,个人的事情、单位的事情、政府的事情……差不多都能在网上运作或办理了。唯有人们最大的一件事——终身大事,能在网上办的还不多。虽说大家都知道可以在百合网、世纪佳缘网等网上找对象或在网上安排婚礼等事宜,但是真正通过网络成功解决终身大事的人还是少数,真正找到真情真爱又不受气、不被骗的人也不多。

上网找对象找爱情,很快也将和网上购物等其他事情一样新兴起来,蔚然成风。现时很多人还是习惯于找婚介,全国虽有千千万万家婚介,但是相当多的婚介工作人员缺少爱情婚姻的科学理论,缺少数据化智能化的工作条件,绝大多数还是以"郎才女貌""门当户对"作为择偶标准,加上还是人工操作,寻不着一点儿5G的味儿,社会口碑也不咋样。但是因为没有更好的去处,所以大量的求偶求婚者只能去找他们,也是无奈呀!假如更多的人在网上尝到了甜头,就像越来越多的人网上购物一样,他们也就自然从网上来寻找爱情啦!

在网络时代刚刚盛行的那些年,人们总是有戒心,认为网络是一个虚幻的空间,生怕上当受骗,这就需要我们的服务是科学的、有效的,能给求偶求婚者带来巨大帮助,为他们带来真正的人类爱情的幸福体验,重新塑造人们对网络的信心,让更多的未婚人士逐渐地熟悉并信赖网上的婚恋服务。为此,我们用了16年时间,在深入研究爱情婚姻理论的基础上精心设计、耐心试用,终于编程成功"婚恋关系测试系统",该软件可以帮助求偶、求婚者在大样本的未婚者中科学寻爱,寻找相互确有真情真爱的朋友,再通过影响爱情婚姻的12个主要因素的数据化的比对,选择配合最良好的有真爱的朋友做配偶(科学择偶),真正从源头上建立有浓郁爱情基础又是"绝配"的优质婚姻。对已恋者通过测试,对其爱情质量进行评估,对他们爱情的发展进行预测,对恋爱过程进行科学指导;对已婚的夫妻进行测试,可以明确报告他们的婚姻质量,找到婚姻问题、婚姻矛盾产生的原因,便于婚姻家庭工作人员进行科学的婚姻分析,给予终身的婚姻指导服务。

通过网络,借助"婚恋关系测试系统",实施网络婚介、网络恋爱指导、网络婚姻家庭咨询和相关服务,真正让更多人的终身大事在网上得到最科学最有效的帮助,借助5G支持的现代网络帮助更多人找到真正人类的爱情。

为开展适合时代发展的网上婚恋服务,南京圆爱婚恋服务有限公司提出倡议,愿意以我们公司的"婚恋关系测试系统"及其他相关资源,与立志于推行网络婚恋服务的各位老师或其单位共同组建网络婚恋服务联营平台,大家积极参与,努力造福人民。

第七章 情的健康和情绪调适

过去人们追求的健康仅仅是身体没有疾病,现代人们追求的健康是身体要健壮,储备能力和免疫能力强大,生理心理都健康,还要包含更细的性的健康、爱的健康、情的健康等等。希望每个人都有良好的适应能力,与家庭、社会、自然更加和谐,更加美满。这也是我们编写《大类情学研究》的初衷。

研究爱和情,就是让我们的一生得到爱的滋润、真情的享受,实现人们对幸福生活的向往,也让人们的婚姻、家庭,甚至全社会更加和谐美满,让人世间充满大爱,处处有真情,人人都亲善,个个都能自由地享受爱情、享受生活、享受生命、一生安康快乐!

第一节　儿童情的健康成长

一、快乐童年是一生情健康的基础

1. 诸情浓郁的童年

孩子从受精卵的孕育过程开始就得到母亲的亲切的关照和爱护。胎儿还是在子宫里的时候就经常在聆听妈妈心跳的声音、呼吸和血液流动的声音。妈妈不时地问寒问暖，还不时地用手摸摸肚子、拍拍子宫，或者晃晃身子，想告诉胎儿，她在逗着他玩。倘若准父亲也参与其中，胎教的影响就更好啰！

胎儿出生以后全家人都对新生儿特别关注，爸爸妈妈更是如此，寸步不离，这个抱抱，那位哄哄。是呀！孩子就是他们身上的肉呀，哪能不疼？

孩子的生存与成长过程得到父母浓郁的亲情，这是人所共知。亲子之间的亲情从孕期即开始培养，血肉相连、生死与共，相依相伴的早期生活已经奠定了血缘亲情牢不可破、坚如磐石的基础，一生一世不会改变。

在亲子浓郁亲情的背后，还存在亲子之间一种特殊的情感。弗洛伊德说的原欲是存在于心理深层的与性相关的一种心理能量，称为力比多；我们理解的原欲是与性相关的一种生命之欲。性和命本来也就是一回事，生命之需，本也就是性之欲求。

亲情是生命之需，其实也与性之欲求密切相关。钟友斌曾经报道过一例摩擦癖患者，他一定要把阴茎放在中年女性的手心里摩擦，才有快感，甚至射精。很显然，这就是小时候母亲抚弄他的小鸡鸡导致他的性器官原欲满足的性高潮体验的固结。

事实上，每个人在幼稚的年龄都曾经有过亲人所给予的最安全、最幸福、最快乐的情感体验，这些体验并存在于他们的心理深层之中。

参照弗洛伊德的意见，在儿童发育的不同时期，原欲表达的主要器官有口腔、肛门、尿道以及皮肤和相关的各感觉器官和大脑。儿童原欲的满足伴随在生存的过程中，主要是在抚养人的日常护理活动中。母亲在给孩子哺乳，把孩子亲切地抱着，把乳头塞进孩子的嘴里，孩子自然吮吸乳汁，有时小手还抚摸着妈妈的乳房……妈妈同样在不停地抚弄着孩子，摸摸小手、拍拍屁股、揉揉腿、捏捏耳朵、搓搓两颊，或者就是热切的目光盯着看孩子……孩子得到皮肤和口鼻腔原欲的满足，甚至还有眉目传递的亲爱、亲情和恋情的满足，母亲或奶妈同时也可有乳房原欲、皮肤接触欲的满足，还有爱和情付出的满足，甚至有乳房型性高潮体验。母亲或抚养人给孩子把屎把尿，洗屁股，换尿片，孩子得到肛门会阴区的刺激，可获得到肛门尿道相关原欲的满足。抚养人对男孩阴茎的逗弄，对女孩会阴区的抚触,使孩子会有性器官原欲的满足,如男孩的"阴茎高潮",女孩的"夹腿综合征"等等。

有人说,母亲和孩子的关系就相当于"性伴侣"的关系,母亲是儿子的原欲对象,儿子是母亲的性对象。但是因为有乱伦禁忌的文化阻挡,母亲不会承认与儿子之间的接触是性行为,母亲的主观意识上也希望阻断母子关系趋性的发展。然而潜意识定型的趋向已是无以改变,这时候就已经注定了亲情最浓郁的妈妈或其他抚养人就是男孩子的原欲对象。服从于乱伦禁忌,男人成年以后,会努力寻找尽可能像妈妈的另一个女人,作为原欲对象的替代,寻找替代的亲情。男人成年之后的对象寻找,就是追求对这种童年爱恋关系的重新发现,或者说是重新获得母子情感的一种回归,一种苦寻。

孩子在断乳之后,这些最原始和最具威力的性关系会仍然存在,还能有很多促成对象选择的机会,重新体验童恋的快乐。事实上,在整个童年阶段,孩子都在学习怎样去爱那些满足他们的要求和帮助他们从失望中走出来的亲人。有人说这也就是小时吸吮母乳的原欲满足模式的一种延续或者是重新体验。儿童与任何照料者之间的交往,仍然都会带给他性的激动和原欲的满足。一般情况下照顾孩子的大多是母亲,母亲总是经常跟孩子非常亲密。在母亲看来,爱抚孩子都是正常的、自然的,是一种纯洁的爱,与性无关,她在与孩子的爱抚中总是有意避免触动孩子的性器官,而孩子总是无意识的永不满足地要求父母的爱,因为孩子的原欲不能满足时,也会同成人一样自然地把它化为不安和焦虑。

在成人为孩子的一切生活护理活动中,在孩子与成人的密切相处和接触中,孩子享受着几乎无处不在的原欲满足的快乐,享受着有爱、有情、有安全的美好时光,同时一步一步加深着亲爱、亲情和恋情的童恋体验。亲爱、亲情的体验和原欲满足同步而至,又相互促进,共同提升,构成童恋生活的快乐时光,也因此奠定了孩子一生情感生活的潜意识基础——对童年浓郁亲情和性欲(原欲)满足体验(童恋)的终身的渴求和向往。童恋持续终身,主宰着一生的爱情生活。

事实也说明,儿童不安的根源就在于他们害怕失去自己所爱的人,也因为同一个缘故,他们也害怕每一位陌生人。只有当他们找到了像妈妈的人,感受到与母爱相应的亲情,才会避免焦虑,更趋于安宁和平静。

2. 恋父母是异性相恋的情感基础

我们在认真学习弗洛伊德"性与生俱来"的理论的时候,提出了人类需要终身性教育的话题。在学习"儿童性欲学说"的时候,我们联想到爱和情也是与生俱来,于是撰写了《人类爱情学》一书,并提出人类的爱情也要有终身教育,我们在该书中慎重提出了终身的情学教育。古人说"婚姻是人的终身大事",要我们说应该是"爱情是人的终身大事"。从精子和卵子的细胞恋,到胚胎、胎儿的子宫恋,出生之后的童恋,青春发育的初恋,再以后的成年恋、黄昏恋、弥留恋……现实中人们都知道初恋是震撼性的,对一个人一生的恋爱、情感生活异常重要。正是因为初恋最接近于童恋,是童恋的回归,初恋种植于童恋,是童恋的发展,对童恋的留恋更深,希望初恋更美好,所以初恋的失败打击更大,失落更深。倘若一生的恋都能建立在童恋的基础之上,他(她)才是人类爱情的幸运儿,享受着一生人类爱情的极致体验。

亲情和原欲是儿童的生存和成长所必需,亲情和原欲需要的提供者就是孩子真正意义上的父母,于是孩子对抚养人产生依恋,培植亲情,也强化孩子恋父母的情感。随着儿童性欲性心理的发育和发展,在孩子和抚养人的频繁而密切的接触中,孩子和抚养人都得到了相关性欲求的满足。尤其是,孩子对抚养人为他(她)提供的原欲需要、亲爱和亲情的需要的满足十分感激,并产生依赖。抚养孩子的父母或其他抚养人中的亲爱和亲情最浓郁者成为孩子的原欲对象、孩子"爱之图"的原型。

在儿童的生活需要和安全需要方面,孩子完全依赖于父母或抚养人,孩子在性生活和情感生活方面,也培养了对父母或抚养人的强烈的依恋情感,为最终形成恋父母(抚养人)情结打下了基础,并影响其一生。

恋母情感指男性的一种潜意识层面的心理倾向,就是无论到什么年纪,都总是服从和依恋母亲,在心理上还没有断乳。男人的恋母情感是最基本的人际关系,也是最早发生的人际关系,长大以后的各种人际关系都不同程度地受恋母情感的影响。

女儿会对父亲产生爱恋,爱父嫌母,极端者就叫"恋父情结"。在有些单亲家庭,父亲如果和别的女人亲近或者再婚,女儿就可能会以极端的手段,甚至自杀,表示反抗。

女孩早在3～5岁时,就会有不同程度的恋父烦母的表现,大多会随年龄的增长而逐渐潜抑。因为文化的影响,表面上女孩不大好意思跟父亲过分亲热,但其潜意识层面仍然存在强烈的恋父情感,左右着她一辈子与男性的交往,尤其是与男人相恋的过程,甚至也决定着她一生的情感生活。

恋父情感决定了父亲是女儿的原欲对象。事实上,女孩的情况与男孩会有一定的区别。从动物就可以明显看出,大多数的动物中雄性为抚育幼崽而付出的远远少于雌性。人类亦然,不管是男孩还是女孩,母亲赋予的绝对更多。有些女孩几乎就是母亲养大成人,父爱缺失或很少,其中部分女孩很难培植恋父的情感。尤其是父母感情不好的家庭,女孩从小就听惯了母亲对父亲的不满或负面的评价,女儿反而会"顺母烦父",或从小养成对男性贬低或厌烦的情感。

一般说来,父亲总是偏爱女儿,母亲总是偏爱儿子。孩子对此做出的反应就是,如果是儿子,他就会希望取代父亲的位置;如果是女儿,她就会希望取代母亲的位置。在父母与子女间的这种关系(以及由此引起的兄妹之间的关系)中激起的感情不但是一种积极的或充满爱慕的表现,同时也是一种消极的甚至充满敌意的感情。由此形成的情结是注定会受到压抑,但它仍然会在无意识中继续产生极大的持久的影响。

在孩子与父母的情感中,已经不是单纯的亲情,而是在亲情的坚实基础上,产生了依恋的情感,这就是人们常说的父母是异性孩子的第一个恋人。恋情的成分较大,恋父母的情感就较重,甚至形成恋父母情结。亲子之间,尤其是异性亲子之间的情感是亲情和恋情的一种混合状态,亲子双方都认为是亲情,否定有恋的成分。主要是在潜意识层面确确实实存在着亲子之间的互恋,对孩子而言就是童恋。

我们在几十年的婚恋情感咨询的实践中深深体会到,男人的恋母情感和女人的恋父情感对他们一生的爱情和情感生活影响甚大。恋父母的情感越淡,恋异性的情感也会越淡,爱情和情感生活也就比较淡然。相应的,恋父母情感越浓郁,对异性的情感也就越浓郁,爱情和情感生活越满足,但又不能太浓郁,到了恋父母情结的程度,则必须找到非常像父亲或像母亲的异性相恋,爱情和情感生活的感觉才会是很好。

3. 童恋体验是一生情感生活的基础

童恋是在浓郁亲情的基础上,结合了孩子与异性亲人(抚养人)亲密接触中原欲满足的体验,深嵌在潜意识层面的亲情与恋情混合的一种情感体验。

父母为孩子铸造了生命,为孩子提供了所有生理上的需求、安全需求、归属与爱的需要,亲情就是这样伴随着生命的诞生和成长而存在、而发展、而亲密。

研究发现,能左右孩子对性对象的选择倾向的,是幼时对他的父母或抚养人的亲密和爱恋,这是一股产生于童恋,至青春期又复苏的力量。在每个人的潜意识层面,对亲情的需要常常延续终身,尤其是对与童年性欲的满足牢固结合的亲情,或者说是满足童年性欲必不可少的附加条件——亲情的满足,更是终身的需求。也即是说,人的一生不仅仅是追求成年以后性欲、爱欲和情欲的满足,也在追求不同年龄段性(原)欲的满足;同时还在追求与原欲对象之间相互的亲爱、亲情和强烈的依恋情感的满足。孩童时期的原欲对象主要是父母,依恋情感中主要成分是亲情和恋情。

孩子成年后,他们只能极力寻觅年轻父母的替身,以召回亲情和恋情,并在童恋的幸福体验中,追求成年人爱情生活的极致满足。这才是人类爱情的更深邃的内涵。

二、亲情的多少也与情感生活相关

孩提时代对父母或抚养人(原欲对象)的恋情和亲情是人一辈子都在寻找的目标的原型,可能一生都不会动摇。童恋体验的缺失,或者成年后的恋情缺少童年之恋的基础,几乎都不可能有幸福美满的爱情生活。

事实上,找到了原欲对象实际上就已经找到了亲情和恋情,从孩子离开父母的时候起,他或她永远寻找的就是父母或是他们的替身,或者是他们的亲情或他们亲情的替代。不管是寻找朋友,还是寻找恋人,都是以潜意识中的童恋作为标准的,其实就是潜意识中的爱之图和情之图。

现实中总会有些人在其个人发展的过程中,因受到某些因素的阻挡或者是他们不能摆脱父母的管制而裹足不前,只能不情愿地撤销对他们的情爱,但有些人干脆就不能撤回，女孩子在这方面表现得尤为明显，在她们到达青春期之后，还仍然保留着全部幼儿式(对亲人)的爱。这样的女孩在结婚后往往不能及时把爱转移到同龄异性(丈夫)身上，而尽到妻子的义务。她们冷淡，扮演不好妻子的角色，对房事不感兴趣。由此我们可以看出，性爱与对父母或抚养人的亲情之爱原是出于同一个根源，只不过后者是幼儿期原欲的固置罢了。

弗洛伊德说过，精神分析学说特别在意幼年的亲情对人一生情感生活的影响。人们愈是深入观察病态的"心—性"发展，就越能发现乱伦式的对象选择的重要性。如果放弃了这种选择模式，不仅是健康情感生活的缺失，还可能患上心理症。

心理症患者用来"寻找对象"的"心—性"活动的全部或大部都闭锁在潜意识里，一方面过分渴望情爱，另一方面又过分恐惧性生活的真正需求的女孩子，不可避免地要在其性生活中实现其所谓的"非性爱情理念"，或是把自己的原欲隐藏于一种不会引起自责的情爱之后，这就是在将自己的生命紧紧依附在幼儿期的爱恋上。

这种对父母或抚养人或对兄弟姐妹的爱恋，大都复萌于青春期。精神分析可以直接告诉这种人，他们事实上正在同自己的血亲恋爱，因为透过这种症状和这些症状的其他一些表现，精神分析已经摸清了他们潜意识中的思想，最后又把这些潜意识的东西转移成意识的东西。同样，当一个健康的人因失恋而致病时，同样也是因为他的原欲退回到自己幼儿期所依恋的对象上所致。

经过几十年的研究，我们深深地感觉到亲情的寻找、童恋的回归的重要性，如果能把一生的爱情建立在童恋的基础之上，更能带来人一生的情感生活的幸福和美满。

三、友情多些好

童年时期除了与父母生活在一起，接受母爱、父爱或抚养人之爱和相互的情感交流，还和其他的亲人生活在一起，很小的时候就参与了父母之外的其他家人的交往，后来又有了邻人或者是父母家人的朋友的交往。3岁前上托儿班(所)，3岁后上幼儿园，小朋友，老师朋友自然越来越多。交朋友是孩子社会交往能力的学习和锻炼，也是孩子赋予友爱、友情和感知友爱、友情的能力的学习和不断提高。

小时候的朋友、玩伴，以后又是同学、挚友，特别是成年后成为恋人、夫妻的，人们喜欢称他们为青梅竹马。早年孩子能有好朋友、好伙伴，对孩子的成长，尤其是社会交往能力方面以及情和情感能力方面的作用是挺大的。

现代儿童大多受到水泥墙的阻隔，不像过去的大杂院、四合院，孩子之间的交往随和方便。好在国家重视幼儿教育，父母重视孩子社会交往能力的从小培养，父母们总是在尽量为孩子社会交往能力的培养做出努力，鼓励孩子参与，亲自带领孩子一起参与各种活动，有意识扩大孩子的交往领域，让孩子能有更多的朋友，更多的友爱、友情，促进孩子的爱和情的健康发育和不断成长。

第二节　影响情健康的因素

一、爱的程度和质量

1. 薄爱影响情健康

我们曾经说过,爱和情是相互影响、相互包含的关系,爱中有情,情中有爱。爱有多浓,情也浓郁;爱若淡然,情也淡然。所以从小得到的爱很少很淡,成人后,当然就会薄情薄义。社会调查过很多从小失去父母,或成了孤儿,或成了寄养儿,甚至在孤儿院的孩子,不仅可能有人格上的缺陷,冷漠、孤僻、怪异,不合群,不遵守道德或纪律约束,而且情谊淡然,情感淡漠,情绪不良。

孩子从小就不能缺少爱,母亲之爱、父亲之爱、家人的亲情之爱,亲爱和亲情不能少、不能淡。还有前面说的童年生活中所有的爱,所有的情,尤其是与异性父母之间的爱和情,特别是在孩子的依恋期(0~3岁)的严重缺乏,对孩子会造成一生的伤害,近乎无以弥补。

2. 溺爱也影响情健康

我国自全国倡导独生子女政策以来,造就了全国父母溺爱孩子之风,影响了至少两三代人。是啊!就那么一个,无微不至的爱,周密的保护,生怕有个三长两短,既对不起上人,也对不起孩子。对孩子爱得少,照顾不周,父母都会有一种愧疚感。于是想尽了办法爱护孩子,过度保护,过分溺爱成了公众的一种文化,一代一代管教,一代一代传承,自然蔚然成风。弄得幼儿园的园长们无奈,学校校长们无计,教育家们无策,也无力挽回……

其实大家都知道,过度保护和溺爱孩子都是在伤害孩子,这是一生的伤害,甚至还不只是一代人的伤害。可是这已经形成了一种风气、一种文化,又无可奈何,眼睁睁地看着它到处施虐,肆无忌惮地坑害着被父母"深爱"的孩子们。

3. 科学之爱和适宜的情感环境

教育家和生育过孩子的父母都知道,在孩子的成长过程中,对孩子的关爱太少不行,如孤儿院的孩子、寄养的孩子、从小没人管的孩子、有些父母离异的孩子,长大成人以后,人格上都可能不够健全,甚至会有各种各样的心理问题或心理障碍。当然大家也知道,从小爱得太多的孩子,长大以后同样会出现人格上的很多不健全现象。尤其是现时代,国人重男轻女的文化仍然根深蒂固,又是独生子女家庭比较多,过分溺爱男孩的现象较为普遍,于是更多人在感叹,男人的质量越来越差了。

孩子不能不爱或少爱,尤其在孩子3岁以前的儿童依恋期,爱得不够,亲情淡漠,孩子将来就可能淡情薄义,培养成不安全的依恋类型,甚至影响孩子成年以后的情感生活。所以从小就要给孩子科学的爱、丰富的情感环境,孩子才能健康成长;长大后不仅有生理心理的健康,也有情的健康,有一辈子健康愉快的情感生活。

二、情和情感能力成长的环境影响

1. 家庭环境对孩子的成长起决定作用

在现今飞速前进的时代,影响幼儿发展的因素有三个:遗传、环境和儿童自身的能动性。随着遗传与环境进一步深入研究,发现人类心理的发展是遗传与环境两者相辅相成所造成的,以下从环境、教育、遗传等方面以及如何正确营造家庭环境促使幼儿健康成长着手,来谈谈家庭环境对幼儿成长的影响。

首先,环境是儿童得以发展的现实条件和现实源泉,对人的发展起着不可替代的重要作用。

其次,环境的给定性与主体的选择性决定了环境影响的大小。环境的给定性指的是自然、历史,对发展的个体来说是客观的、先在的和给定的。主体的选择性是因为人是具有能动性的主体,个体的能动性、主体性、选择性和创造性会随着年龄和经验的增长而逐步增加,这就产生了例如逆境中有人奋起也有人消沉的不同效果。

最后,环境对人的发展的作用离不开人对环境的能动活动。环境的给定性离不开主体的选择性,环境的给定性不会限制人的选择性,反而会激发人的能动性和创造性,二者之间的相互作用蕴含着人多样发展的可能性。

尽管环境对人的发展具有不可替代的重要影响,但它同样并不能简单地决定人的发展。遗传和环境对人的发展都有重要影响,因此,父母们为孩子的发育和发展提供最好的条件的心情是可以理解的,但是不要过分看重遗传和环境的作用,还要充分关注孩子的教育和主观能动作用的影响。

家庭氛围和家庭中父母的相处模式也直接影响孩子的发展。父母关系融洽有爱,那么孩子也会阳光有爱而开朗,父母关系不好则反之。父母们一定要记住,一个好的夫妻关系是好的亲子关系的前提,也是对孩子的教育力度最大的事件。

具体的生活条件和教育条件以及一个父母们的相处模式都是形成孩子发展状况差异的决定性条件。由此可见,一个家庭环境对孩子的成长确实有着不容小觑的影响,父母要根据家庭的具体情况,让孩子在家庭环境中更好地茁壮成长。

现代家庭基本都是小康状态,不会让孩子饿着,但我们依然要充分利用家庭现有资源与条件,比如适度锻炼、合理饮食、均衡营养等来强健孩子的体魄。

做孩子的好榜样,和孩子一起学习,一起成长。可以带孩子接近自然,多接触生活中的新鲜事物,从生活中的点滴学起,告诉孩子一些基本的自理能力,为人处事的方法,让他们能从小养成好的学习生活习惯。

父母双方相处融洽,让孩子从小在有爱的环境中长大。给孩子树立正确的人生观、价值观,引导孩子有自己的梦想或者理想,然后陪伴他一起去努力。

即使影响孩子成长的因素有很多,但环境因素是父母们可以控制的,因此,父母们也应该尽量为孩子创造一个良好的环境,不是说这个环境一定要比别人的好,但最起码这个环境要能让孩子养成一些良好的行为习惯,让孩子学会如何爱、情感如何表达、情绪如何管控,以及如何培养良好的道德品质等等。

2. 父母的爱和情

父母的爱对孩子的成长有重要意义。当孩子得到父母很多爱时,会让他们内心产生爱的回应,使他们希望自己成为像父母那样的人,而且大多数时候他们希望自己能让父母欣慰。这是父母拥有的真正重要的影响力,可以约束和激励孩子。如果父母与孩子之间没有这种相互的情感联结,孩子是无助的,父母没有办法让孩子做任何事情,当然也就起不了任何教育的作用。

父母的爱唤醒孩子内心爱的回应——这是生命最初几年的成长过程中最为重要的部分,这个过程决定了孩子将来会成长为一个温暖的人还是冷漠的人,一个值得信任的人还是不值得信任的人,一个乐观的人还是悲观的人,等等。其他如职业兴趣、特殊习惯等其他各种各样的个人特点是在后来的生活中形成的,但是基础早已奠定。

有的人认为爱仅仅意味着身体上和情感上的表达方式,父母之爱的含义远比这要丰富,父母都希望孩子成长为一个有责任感的公民和成功的人,父母为孩子做出榜样,其实这是很重要的,例如夫妻之间彼此真诚相待,他们的言行一致,他们自信,他们对孩子爱和尊重,如果惩罚孩子的话,他们会用合适的方式等。更重要的是,父母和孩子之间的亲爱和亲情的相互赋予和交流,构建最合理的、对双方都最有利的一种亲子关系。

3. 家庭的爱和情氛围

家庭情感氛围对孩子的心态影响很大,家长一定要注意孩子可能出现的那种封闭和孤僻倾向,因为,凡是在成长中出现危机的孩子,往往就是幼年时候过于孤僻造成的。

在现实生活中往往存在着这样的两极现象:甲家庭生活清苦,但精神富有;摆设不多,却井然有序;家庭成员间相互关心,和睦友好;家中子女待人处事,文明礼貌,学业优秀,素质较高。乙家庭生活富裕,但精神空虚;摆设豪华,却杂乱无章;家庭成员间相互淡视,格格不入;家中子女言谈举止,轻浮庸俗,学业荒废,品性低劣。

造成以上两种截然不同的家庭状况的原因当然是多方面的,如家长的情趣修养、理想追求、思想作风等等,但从影响家庭教育成败的因素来分析,其中有一个很重要的因素,就是家庭情感氛围问题。家庭情感氛围的浓与淡或真与假,直接影响着青少年的身心健康。

家庭情的氛围与爱的氛围密切相关,亲人之间的亲爱浓郁,亲情也自然浓郁;互相传递的爱越多,相互传递的情也越多,爱和情的氛围也就越浓重。情有双向,我们更希望家庭情的氛围以正能量为主,负能量的尽可能没有,或者尽量少一些,对孩子可能更有利。

父亲和母亲对孩子的爱和情要注意有差异:不仅要有程度的差异,不能薄爱(情),更不能溺爱(情),而且还要注意父亲和母亲给孩子的爱(情)的比例上的差异。在孩子小的时候自然是妈妈给得多、爸爸给得少,随着孩子长大,要注意如何努力趋向于平衡。更重要的是要看孩子的性别,注意的原则是父亲、母亲给多给少的比例更有利于适当促进孩子恋异性父母情感的发展。

孩子对异性父母依恋的情感对其一生的情感生活有重要意义,我们发现,在现实生活中,女性的恋父情感的浓郁和淡然对其一生的恋爱和婚姻生活影响很大,恋父情感淡然的女性,婚姻生活特别幸福的不多;恋父情感浓郁一点,找的对象又比较适合,方方面面更偏像父亲,婚姻生活会很幸福;但若过分浓烈,达到恋父情结的程度,反而会像张爱玲一样,一生困扰在恋父情结的烦恼之中,若就是找不到酷像父亲的男友,情感生活自然无幸福可言。

儿子跟母亲之间的情和爱一般来说不会少,在现时期是只嫌多不嫌少。母爱多,男孩子就"长不大",安于妈妈的怀抱,不想去拼搏、去战斗,极端者成了恋母情结者,找"妈妈"、找年长女人为妻,卷入"姐弟恋"大军。

三、家人情绪的影响

1. 父亲情绪的影响

在一个家庭里面,父亲和母亲都是很重要、不可或缺的角色,一个孩子的成长,既离不开妈妈的教育,又离不开爸爸的陪伴。虽然爸爸和妈妈对于孩子来说,都非常重要,但是父亲对孩子性格的影响,常常会超过母亲。

有两位妈妈分别给别人讲起了他们的孩子,其中一位说:"我老公从来都不会鼓励孩子,即使是在孩子取得了很不错的成绩,他也从来不表扬,反而还不断地打击孩子的自信心,导致孩子现在非常自卑。"此外,她还表示老公对孩子的影响会远远超过自己对孩子的影响。因为她觉得孩子应该相应鼓励一下,所以她平常就会反驳一些老公对孩子说的话,但是孩子总是听父亲的,而不听她这个做母亲的。如果父亲说了他做得不好,不管她这个做母亲的怎么表扬他,孩子都认为她说的不是真心话,只有父亲说的才是实话。另外一位妈妈接过话茬说:"我家孩子跟你家的一模一样。平时我跟孩子讲道理,他根本就不听,但他父亲一开口,他就会认为父亲说得很对,并按照父亲说的去做,你说气人不气人?"

通过她们说的这番话,人们就会懂得,其实,父亲对于一个孩子成长的影响,常常会超过母亲,原因很简单,因为父亲在孩子的心目中本来就是一个高大、超人的形象,再加上父亲每天都在外面工作,要处理各种各样的事情,所以孩子会认为父亲的能力很强、是一个无所不能的人,孩子也会对父亲充满崇拜。

但是,我们再来想一下,中国母亲在孩子的心目中是一个什么样的形象?是不是大多数的母亲都是每天在家洗衣做饭、接孩子上学,有时候还会当着孩子的面流眼泪,因此,母亲在孩子面前展现出来的是一个家庭主妇、很娇弱的形象。跟父亲比起来,孩子会认为母亲什么都不懂,什么都不知道。

因此,在孩子的心目中,父亲是要比母亲强大的,自然也会受父亲的影响更多一点,所以,父亲在家里的时候,一定要扮演好自己的角色,给孩子一个良好的成长环境,多注意自己的情绪。我们也常常告诫家长们不要把工作带回家,不要把单位的心情带回家,在单位是跟同事在一起,回到家是跟家人、孩子在一起,是不一样的。有些人习惯于把他在外面受到的委屈带回家发泄,无形中破坏了家庭和谐的氛围,还会造成家人的很多误解,弄得大家都不好过,尤其是对孩子的影响很坏。回到家开开心心,渲染一些休闲快乐的氛围,全家人可以父亲为中心,亲密团聚,共享欢乐,父亲的良好情绪对孩子的教育意义会更大。

2. 母亲情绪的影响

很多人都不记得3岁前发生的事情,即可以说3岁之前那段时光对一个人来说不重要吗?当然不是,因为一个人在3岁以前,已经形成了关于"自我"的概念。3岁以前的经历,对一个人影响甚远,这些经历深深沉积于一个人的内在,甚至能够驱动人们一生的感觉和行为。

倘若一个人的"自我"在童年早期阶段受到损害,这个人可能终身在情绪上都会有些问题,而一个人3岁前的经历和母亲关系密切。婴儿出生时已经有一套情绪机制基础,但是婴儿并不会管理自己的情绪,他们需要依靠抚养者(多数情况下是母亲)去教导他们如何管理这些情绪。

刚出生的婴儿没有关于"自我"的感知,至少在生命最初6个月,婴儿感觉自己和母亲是一体的,他们不能准确地感觉到自己和母亲的界限。所以母亲的情绪会很容易影响到自己的孩子,在安全依恋关系中,母亲会从情绪上顺应孩子。

当婴儿哭泣的时候,母亲几乎不会去思考"应该怎么做",她只是感觉到一种无意识的、情绪上的冲动想要去安抚自己的孩子,直觉会告诉她孩子是饿了、尿尿了,或者是困了。母亲和自己孩子的沟通,不是通过语言,而是通过肢体、表情、声音、触觉等感官。这种沟通不仅仅发生在婴儿和母亲的交流中,而且发生在两者的身体上,孩子是通过情绪将自己的内在节律传达给母亲。

当两个人能够匹配他们的状态的时候,就会产生一种共情的感觉,这是一种连接的感觉、一种"有人可以和我共鸣"的感觉。

一个人生命之初,他的情绪就像一片混沌的海洋,通过与母亲的互动,孩子一次次参考母亲如何帮助他管理情绪,在无意识中学会了母亲的情绪管理方法。

孩子哭泣的时候,母亲可能会无数次地去安抚他,直到有一天,孩子可以自己停止哭泣,那时他已经成功地将"母亲的安抚"内化成了自己的能力。当婴儿将母亲的形象内化到自己的内在以后,即便独处,也能够感觉到爱和安全感。

如果母亲不能回应或者不会回应孩子的情绪时,又会发生什么?孩子将学会不舒服时没有人会来安抚他,恐惧的感觉会蔓延,他会感到世界非常可怕。

但母亲不仅仅只是做孩子情绪管理的"模范",在孩子出生后的第一年,母亲与孩子的互动塑造着脑部更高级的管理区域。人的大脑在出生后两年会飞速发展,这一时期大脑神经元会会成倍增加,并且形成自己特定的基础结构,这些结构是孩子未来各种能力的基础。孩子和母亲之间的互动、交流,情感的连接,也在为孩子塑造大脑的神经连接。

在孩子的"自我"形成之初,没人教他如何管理情绪对他的影响非常大。如果他不能"像妈妈一样"管理情绪,他会觉得痛苦,这是发展性创伤的根源。

患有抑郁症的母亲可能很难解读别人的面部表情,尤其是婴儿的面部表情和肢体语言,她们会忽略孩子的渴求。如果母亲是一个情绪化的人,很焦虑,或者很冷漠,或者时而对孩子很好时而又不顾孩子感受,孩子将会觉得未来非常不可预测,也不安全。母亲在孩子生命之初与孩子共建的情绪互动,为孩子之后的情绪管理提供了基础。

斯霍勒博士是加利福尼亚大学洛杉矶分校精神病学和生物行为学院教授,他也是最早将先进脑科学运用在发展神经学和发展心理学领域的专家。他说,婴儿出生时已经有一套情绪机制的基础了,但是婴儿并不会管理自己的情绪,他们需要依靠抚养者去教导他们如何管理这些情绪。

孩子学习上出了问题不可怕,可怕的是找不到导致问题的根源,只有平静的内心才有可能沉淀和吸收教育的理性思考。也就是说,只有家长在面对孩子出现的问题时自己先不急不躁,控制好情绪,这样对孩子的教育才会有效。一位妈妈一看到孩子犯错就控制不了脾气,对孩子又打又骂,导致孩子见了她都躲着,和她一点也不亲热。其实每次对孩子发完脾气,妈妈也很后悔,可就是控制不了!

这位妈妈的感受绝非个例,很多妈妈都会在孩子不听话的时候忍不住发脾气,发完脾气又后悔不已。其实,妈妈的坏情绪不仅会惹孩子烦,还会影响到孩子将来一生的发展。愤怒的妈妈让孩子恐惧,孩子长大就没有安全感。

有些父母吵完架以后,一时怒气无法完全消散,就很容易把孩子当成出气筒。一个在平时看起来很小的错误,在这个时候的妈妈眼里,就会被无限放大,揪住孩子的小毛病就大吼大叫:"你跟你爸一个样,没一个好东西!"有的妈妈甚至喜欢向孩子倾吐自己的不快,向孩子灌输"你爸爸不好"的想法。孩子的内心毕竟还不成熟,他无法承受成人世界的烦恼,也很难理解成人世界的感情纠纷。而面对妈妈的情绪,孩子往往容易产生恐惧和不安,甚至在他将来自己该成家时,也可能会因为缺乏安全感而出现问题。

强势的妈妈经常会不自觉地把自己的主观情绪强加在孩子身上。她们自己在工作中总是力求做到完美，而下班回到家后，还要继续对孩子发号指令，一旦孩子没有做好，就会对孩子毫无道理地发脾气。孩子的成长需要不断的鼓励，而强势的妈妈根本就不给孩子思考的权利和机会。长此以往，只会让孩子不愿意把自己的真实想法告诉妈妈，在妈妈的全面约束中逐渐失去自我和自信，觉得自己什么都不是，什么都不行。

孩子若有一个什么事都爱操心的妈妈，就会感觉自己的 24 小时都在被监控一样。什么时间该做什么事、该怎么做，妈妈都会安排得一清二楚，孩子连自己思考解决问题的机会都没有。妈妈事事包揽是爱孩子的表现，但看在孩子眼里就会觉得好烦。爱操心的妈妈其实是在以爱的名义剥夺孩子亲自体验的机会，也就抢走了孩子成长的所有乐趣。用心是爱，其实是害。

母亲对孩子的影响是很大的，尤其是在孩子 3 岁以前，有许多方面需要注意，可见开展婚前教育、孕期辅导和幼儿教育，或者开办母亲学校等，对提高儿童素质，尤其是情的健康成长至关重要。

3. 其他家人情绪的影响

一家人和和睦睦，开开心心，相互之间充满慈爱，相互传递的情大多是正能量。孩子生活在互相帮助、互相有爱的大家庭，既能感受到父母的爱和情，又能感受到全家人的爱和情。生活在这样一个温暖的群体中，孩子自然学会如何与亲人们相处，学会如何做好自己的家庭角色，学会去爱父母，去爱家人，同样学会以后如何与朋友相处，与同学、同事相处。倘若孩子生活在一个冷漠的家庭，人与人之间没有浓郁的爱，没有浓郁的情，孩子从小缺少爱和情，他就觉得人与人之间应该是冷漠的，他也就学会了冷漠，习惯于冷漠。这样，不仅他将来的性格会偏向于孤僻，不爱交往，对别人不热情，更不会产生浓郁的爱心，情也会很淡漠，社会交往缺乏热情，看起来就是一位比较沉默寡言，偏内向性格的人。

普通家庭中，家人之间也会有些磕磕碰碰的时候，有时家人对孩子亲热，有时家人对孩子疏远，或者批评孩子、对孩子发脾气，或者当着孩子的面与别的家人吵架等等，这些看起来可能对孩子情绪的健康发育不利，但有时也有它有利的一面，这样可能更接近社会上真实的人际关系，同样能锻炼孩子人际交往的能力，为其将来处理好复杂的人际关系打下基础。但倘若家庭中有心理障碍者或性格脾气特别暴烈或郁闷者，孩子又不能脱离家庭，家人情绪爆发频繁，对孩子的影响肯定不利，无益于孩子情的健康发育，也无益于孩子情绪管控能力的培养。这样的家庭如何保护好孩子是值得关注的，要根据孩子的承受能力，或采取回避，或予以心理支持，或鼓励直接面对等不同的应对策略，帮助孩子提高自己的心理素质和情绪管理能力。

四、公众的情文化影响

1. 幼儿园文化的影响

幼儿园文化蕴涵着幼儿园的办园方向、目标确立、运营策略、社会责任以及园长对理想幼儿园模式的系统构想。它决定着幼儿园的精神面貌,是凝聚和激励全体保教人员进行教育教学改革的精神力量,是幼儿园得以可持续发展的巨大内驱力,也决定了幼儿们的健康发育尤其是情的健康发育,是有利还是不利。

幼儿园校园文化建设在德育工作中起重要作用,通过良好的园风教风、丰富多彩的校园文化活动、人文和自然的校园环境给幼儿的成长以潜移默化而深刻的影响。

办园理念是幼儿园的灵魂,对幼儿园的长远发展起着决定性的作用,同时也告诉我们要为社会培养什么样的孩子。办园的文化理念应该定位为:共享有规则的创意生活,并对此进行深入的解析,梳理合作性、平等性、规则性、创意性、生活性这几个特征,并在实践中进行研究探索。

园本文化是一所幼儿园在长期教育实践中形成的一种特有的价值观念及承载这些价值观念的活动形式和物质形态,包括幼儿园成员共同遵循的最高目标、价值标准、基本信念和行为规范等。园本文化应符合两方面的要求,一是让幼儿身心得到健康发展,符合幼儿对环境质量的要求;二是教职工所需要,能够激发教职工的归属感和责任感。

园本文化所营造的育人氛围无时无刻不在发挥着作用,它具有隐蔽性和延续性的特点,它在潜移默化中发挥着育人的功能。园本文化是构成幼儿园生存的基础,是幼儿园发展的灵魂。园本文化是一种观念的形态,它由表层面物质文化、中层面制度文化、深层面精神文化构成。

精神文化:是幼儿园文化深层次的集中体现,是全体教职工认同和遵循的教育思想、价值取向、思维方式、行为准则以及幼儿园形象的总和。

制度文化:是幼儿园文化的集中体现和价值取向的固化形式,也是教职员工各项行为的对照标准,包括规范、制度、流程、准则等(表现为文本化的规章制度)。

物质文化:是幼儿园文化的外部表现和形象,包括园容、园貌、园标、园旗、服饰等。

园本文化凝聚着全体教职工的思想和智慧,是一所幼儿园建设工作中最值得品味的内容。

幼儿园的情文化主要体现在孩子们之间、孩子和保教人员之间的一种类似"家庭"的氛围。孩子在家待习惯了,到幼儿园一看,那么多同龄的小朋友,还有像"爸爸妈妈"那样的阿姨,还有"奶奶婆婆"那样的园长等等,也就会很快爱上幼儿园的生活,感觉幼儿园和家一样,既有安全,又有爱、有情,通过集体游戏、知识学习让兴趣越来越浓郁,并得到爱和情的健康发育,生理心理和社会交往能力的全面发展。

2. 学校情文化的影响

马克思说过:"人创造环境,同样环境也塑造人。"校园文化的内涵其实就是校园育人环境,它表现为物质文化和精神文化这两个方面。校园文化汲取了社会文化的精华,融合了学校文化的个性特征,是学校特有的精神境界和文化氛围。校园文化时时刻刻都在无声地塑造着、影响着每一个学生。良好的校园文化如同春雨般无声地滋润着孩子们幼小的心灵,鼓舞着学生们健康地成长。创建良好的校园文化,是孩子们德、智、体、美、劳全面发展不可缺少的育人环境。

学校文化是学校在长期办学实践中形成的,其成员习得并共同拥有和相互作用,通过一定的物质载体和行为方式呈现出来的思想观念、制度规范的总和,表现为精神文化、制度文化和物质文化三种形态。由于其计划性、专业性、组织性和日益丰富的内涵,学校文化在无形中向儿童传授着价值规范、培养着情感态度、发展着行为技能并进而影响、促进着儿童的社会化进程。

现在很流行"快乐教育"的概念,让孩子快乐成长是每个父母内心的美好愿望,但我们需要清醒地认识到,孩子的成长也必不可少地伴随着烦恼。应当如何看待孩子的快乐成长、家长的快乐教育呢?首先必须要清楚地认识:成长中没有绝对的快乐,而那些不快乐中往往蕴藏着重要的教育契机。

有些溺爱孩子的父母希望自己的孩子整天快快乐乐,不愿意让他们体验伤心、挫折、羞愧等,其实,即使是负面的情绪,有时对孩子的发展也很重要。大量研究发现,适度的内疚感可以让孩子控制自身的冲动。所以说,在孩子的成长过程中,各种情感体验都是有其重要作用的,只是,在整个过程中,父母一定要注意培养孩子进行适度的情感表达,而不是强烈到能将人淹没的情感,帮助孩子认识到自己的情绪,当他们做错事的时候,指出他们的行为对他人可能产生的影响。

孩子的生活中并不处处是鲜花和阳光,他们自然而然地在生活中体验着各种酸甜苦辣的滋味,所以,"快乐教育"不是小心翼翼地让孩子每时每刻都感到快乐,而是要看父母在孩子不快乐的时候做了些什么,有没有抓住这样的机会,帮助孩子成长!

孩子离开幼儿园来到学校,是孩子逐渐成长的过程。幼儿园的小朋友只是玩伴,到了学校的同学,则是一起学习的伙伴。做了学生就有了任务,要完成学业,也有了责任。学习成绩量化了,就有了比较,有了评价,学得不好就得不到赞赏,孩子会自己产生内疚感,从而成为自觉努力的动力。学校和幼儿园相比,爱和情的氛围相对淡然,但是学校里人与人之间的爱和情在逐渐向成人之间的爱和情转化,并逐渐趋于成熟。长达9年的小学和中学生活,对于每个孩子来说都是他们爱和情能力成长的关键时期,所以小学和中学的学校情文化一定程度上决定着人一生爱和情的健康水平。

如今几乎所有的学校都没有专门的与爱和情相关的教育课程,即是说从学校而言没有爱和情的相关教育,或者说没有缔造科学的健康的爱和情的学校文化。而另一方面,中学生谈恋爱普遍成风,甚至小学生中早恋者也大有人在。年轻的学生们在青春发育期,在性激素的冲击下,放任性冲动,放任性欲和性心理的满足。形成对青少年有害的爱和情文化,诱导青少年的爱和情畸形地发展,有碍于他们一生的爱和情的健康。

如何做好青少年的青春期教育仍然是我国中小学教育中的一个重要的课题,也是一个难题。大多数学校都还没有科学性教育的课程,爱的教育、情的教育更是缺乏。普及爱的教育和情的教育,正是我们编写本书的目的!

3. 社会情文化的影响

环境影响是一个很重要的概念,它在对人的发展过程中有着显著作用,在教育学中占据着重要的地位。社会环境的不良影响是导致青少年思想不健康的直接因素。青少年的思想健康素质作为社会的健康思想在青少年个体身上的反映,是在一定的社会环境中习得的,受到社会环境的现实影响。社会环境对青少年心理发展的不良影响,社会环境的污染,除了来自家庭和学校的不良影响外,当今社会黄、赌、毒泛滥应当是最值得我们反思和重视的一个话题。社会刺激因素增多,随着现代社会的高速发展,生活节奏加快,社会不健康因素增多,如充满暴力和色情的音像制品和书刊、大量的不良计算机游戏软件等,都十分容易引起青少年情绪的波动。市场经济促进了社会的全面进步,但同时也出现了一些拜金主义、享乐主义、腐朽生活方式的偏激倾向,使许多人形成了追求金钱、追求个人物质享受的理想目标,养成极端自私的个性。物质生活的丰富使得青少年不再为衣食担忧,奢华的物质生活对于青少年存在极大的吸引力,使他们缺乏进取心。有些格调不高或不健康的文化内容会让青少年意志消沉,耽于享乐,不利于青少年形成良好的道德观念与健康的人格。见利忘义、唯利是图、坑蒙拐骗、以权谋私、权钱交易、贪污受贿等社会不良现象时有发生,对社会风气造成较大的不良影响。青少年正处于人生观、世界观形成阶段,缺乏社会经验和明辨是非的能力,容易受此等不良风气的影响。一些青少年经受不住各种物质享乐的诱惑,在一定条件和某种因素的作用下,容易不走正道,做坏事、做坏人。

社会教育是学校和家庭教育的继续延伸和发展,是学校和家庭以外的社会文化机构以及有关的社会团体或组织对社会成员特别是青少年所进行的教育。社会教育组织机构繁多,其教育内容具有广泛性、适应性、及时性与补偿性,其方式方法具有灵活多样性。若善于利用,引导得力,必然会对不同兴趣、爱好、特长的青少年的素质提高产生广泛而积极的影响。通过社会教育,学生可以在复杂多变的社会环境中不断增强分析能力和应变能力;可以在社会大课堂,体验各种不同的社会角色;可以学习社会规范,扩大社会交往,养成现代素质,适应市场经济和现代科技的需要,为参加现代化建设做准备。

我们建议通过全社会的努力,共建健康社会情文化,在努力营造全民情健康的同时,为青少年的情健康发育提供有益的健康社会情文化的影响。

总之,学校教育、家庭教育和社会教育结合起来对学生进行思想和品德教育,从而形成多功能、全方位、网络化的社会教育队伍,适应21世纪的发展需要,使学校教育工作得到社会和家庭有力的支持和积极配合,三位一体,形成"同心、同步、同向、全员、全程、全方位"的教育模式,使学校教育呈现"事事有人关心,处处有人留心,时时有人操心"的大好局面。只要我们教师和家长积极配合,加上全社会的关心,我们必将迎来教育的春天。

在学校教育、家庭教育和社会教育结合起来对学生进行教育影响的同时,也要全面重视学校、家庭和社会健康情文化的建设,给孩子们的情的健康成长带来良好的环境。通过健康的教育和积极向上的引导,全方位努力,促进青少年的情健康,同时也促进全民的情健康。

第三节 母亲情绪问题及调理

一、经前紧张和孕产期情绪变化

(一) 经前紧张

典型症状常在经前一周开始,逐渐加重,至月经前最后2~3天最为严重,经后突然消失。

1. 主要不适

最初感到全身乏力、易疲劳、困倦、嗜睡。情绪变化有两种截然不同的类型:一种是精神紧张、身心不安、烦躁、遇事挑剔、易怒,细微琐事就可引起感情冲动,乃至争吵、哭闹,不能自制;另一种则变得没精打采,抑郁不乐,焦虑、忧伤或情绪淡漠,爱孤居独处,不愿与人交往和参加社交活动,注意力不能集中,判断力减弱,甚至偏执妄想,产生轻生意念。

2. 液体潴留现象

1) 经前头痛:较为常见,多为双侧性,也可为单侧性,疼痛部位不固定,伴有恶心、呕吐,经前几天即可出现,出现经血时达高峰。

2) 手足、眼睑水肿:较常见,有少数病人体重显著增加,有的有腹部胀满感,可伴有恶心、呕吐等肠胃功能障碍,偶有肠痉挛。临近经期可出现腹泻、尿频。由于盆腔组织水肿、充血,可有盆腔坠胀、腰骶部疼痛等不适。

3) 乳房胀ê痛:经前常有乳房饱满、肿胀及疼痛感,以乳房外侧边缘为重。严重者疼痛可放射至腋窝及肩部,可影响睡眠。

3. 其他症状

1) 食欲改变：食欲增加，多数具有对甜食的渴求或对一些有盐味的特殊食品的嗜好，有的则厌恶某些特定食物或厌食。

2) 自律神经系统功能症状：出现潮热、出汗、头昏、眩晕及心悸等。

3) 油性皮肤、痤疮、性欲改变。

与月经密切相关，并有多次经历，排除其他疾病，即可明确诊断。轻者给予心理支持，重者可对症处理，在医生指导下适当给予药物治疗。

（二）孕期烦恼

有一位孕妇这样描述她的孕期烦恼："也许所有怀孕的准妈妈都容易想东想西，就害怕宝宝有什么问题，我也不例外，当时真是担心了整个孕期，每次产检好像都是过五关斩六将！记得刚怀孕的时候，因为宝宝还不过40天，不能做B超，当时也许是心理作用，总是感觉肚子隐隐作痛，总担心是宫外孕，直到检查出宝宝胎心和胎芽才彻底放心。后来有一次身体不适去医院检查，才发现自己是纵隔子宫，据说容易流产和早产，而且子宫有血块，建议卧床休息，又把我吓得不轻，还好孕酮不低，血块后来被宝宝吸收了！每次产检之前都担惊受怕，产检完没事才高兴起来。其中，唐氏筛查和四维彩超最让我担心。"

有人羡慕怀孕的人被宠上天，自己什么都不用做，一切都会被家人照料得很好，其实孕期准妈妈要承受的苦头只有怀孕的人才会懂，尤其是到了孕晚期，准妈妈的身体有了很大的变化，做什么事情都不方便。很多准妈妈都会有下面几个烦恼：

老是跑厕所。孕晚期子宫增大，压迫膀胱，所以很多准妈妈都有尿频的烦恼，会忍不住一直跑厕所。有的准妈妈为了避免这种情况会控制自己喝水，其实这种做法是不正确的，孕期准妈妈喝水太少可能会造成体内的羊水量变少，这种情况会让胎儿有窒息的危险，所以准妈妈不要怕喝水。还有就是在临产前准妈妈的身体会发出信号，可能是羊水破掉或者出血，洗内裤又很麻烦，临近分娩的时候准妈妈可以选择柔软亲肤的一次性内裤，安全洁净，在使用之后可以直接丢掉，非常方便。

鞋子很难穿。孕晚期准妈妈的肚子变大，所以弯腰会特别不方便。还有就是大部分准妈妈会出现水肿的症状，准妈妈的脚部水肿导致穿鞋的时候就会很费劲，所以在买鞋子的时候可以选择大一码的。平时注意不要久站，晚上睡前用热水泡一下脚可以促进身体的血液循环，缓解水肿的症状。

洗头很困难。孕晚期准妈妈弯腰的时候有可能压迫到腹中的宝宝，因此洗头会变得很不方便，而且长时间低着头准妈妈身体也会不舒服。所以妈妈尽量不要自己弯着腰洗头了，可以躺着让家人帮忙洗。在洗过头之后还要尽快把头发擦干，避免着凉感冒。如果妈妈担心吹风机可能对胎儿产生伤害，可以使用干发帽，这样也能让头发干得快一些。

失眠也是准妈妈孕期的一种常见现象,尤其是到了孕晚期,准妈妈入睡会变得更为困难。如果睡不着,准妈妈躺在床上也不要一直翻身,不然会让失眠的情况更为严重。还有就是孕期妈妈采用左侧卧的姿势利于胎儿发育,不过妈妈也不用一直维持一个姿势睡觉,在睡觉的时候适当变换姿势,找到一个舒服的睡姿也很重要,毕竟失眠对准妈妈的身体伤害还是比较大的。

其实除了以上几点,准妈妈孕期的烦恼还多着呢!所以准妈妈的身体如果有什么不舒服的地方一定要及时说出来,不要自己硬扛着,有些情况如果不及时采取措施可能会造成很严重的后果。

(三) 分娩前恐慌

1. 分娩恐惧普遍

产前恐惧是每位准妈妈或新妈妈都或多或少患有的焦虑状态。产前准妈妈常常会出现烦躁、焦虑、抑郁、害怕、失眠、脾气暴躁等状况。产后因恐惧导致的抑郁状态严重的患者,会患上产后抑郁症,甚至会走上轻生的绝路。准妈妈从怀孕到临产,孕前没有准备好、怀孕后身体上的不适等等,是前3个月常见的烦恼;担心孕后发胖而失去丈夫的关注、生男生女的压力、害怕生孩子时痛苦等原因,常会出现典型的分娩恐惧的表现。

产妇在生产之前,由于巨大的心理压力会产生诸如担心、害怕、恐惧等不良的心理症状。严重的产前恐惧状态不但危害产妇的身心健康,对胎儿的成长也很不利。

产前恐惧可导致孕妈妈情绪波动激烈,进而通过血液循环、激素影响等将这种恶劣的情绪进一步传递给尚未足月的宝宝,这容易给宝宝后天的智力和情商发育带来负面影响,导致宝宝性格易怒、孤僻、反叛,智力发育落后,不爱主动沟通交流、不合群,免疫力低、易生病等。

分娩恐惧是分娩前的孕妇对即将到来的分娩怀有的担心、极端焦虑等复杂的感觉,甚至想要逃避分娩的情绪体验。伊朗 Areskog 等的研究显示,初产妇孕28周、38周的分娩恐惧率分别为81%、82%。Hall 等的研究显示25%的孕妇有高水平的分娩恐惧。Kiaergaard 等在瑞典和丹麦两国的研究表明,10%的孕妇经历着严重的分娩恐惧。我国张素云等在北京某医院的调查发现,51.9%的孕妇存在分娩恐惧。

通常教育水平较低、缺乏社会关系、对伴侣感到不满、失业或者低龄孕妇,更容易出现分娩恐惧。一部分孕妇产生分娩恐惧是因为听别人谈论过难产的恐怖。有焦虑症或抑郁症的孕妇更容易产生分娩恐惧,曾经有过流产或难产经历的孕妇也更容易产生分娩恐惧。

2. 分娩恐惧的影响

根据以往的研究可将孕妇分娩恐惧的具体内容分为以下几类:担心孩子的健康、担心分娩带来的疼痛及伤害、害怕医疗干预及陌生的医院环境、害怕自己分娩时失去控制。其他还有如担心家庭生活受影响，担心与丈夫的关系受影响，性生活受影响，不能成为一个好母亲及孩子的养育问题等。

分娩恐惧对孕妇在生理和心理上都会产生影响。分娩恐惧会给孕产妇带来一系列的不良后果，如增加分娩干预、剖宫产率，导致产程延长、难产。根据澳大利亚的一项研究显示，有分娩恐惧的孕妇常常出现昏迷和疲劳的情况。有严重分娩恐惧的孕妇经常感到危险，觉得自己不是合格的母亲，甚至导致孕妇主动选择流产。有分娩恐惧的孕妇在产后也更容易感到痛苦。

3. 无痛分娩的提倡

生孩子是"瓜熟蒂落"，除极少数的孕妇因各种原因导致难产、滞产以外，大多数产妇分娩过程应是一个正常的生理过程。然而在实际临床工作中可以看到，产妇对分娩的恐惧导致了紧张，使多数产妇的分娩过程变成一个痛苦的过程。调查认为，那些性格内向的产妇、神经类型不稳定的产妇和心理素质欠佳的产妇(如胆小、意志薄弱、坚韧性差等)，更容易发生产痛；其他因素如对生男生女的忧虑、对医院产房的陌生感、产时发生家庭生活事件或社会因素不良，以及医源性因素等，也均会造成产妇对分娩的恐惧紧张，使产妇痛阈减低，导致产痛明显，甚至发生难产。

产科实践也可发现，那些意志坚强的产妇，或是有丈夫陪伴的产妇，或是对生育有高期望的产妇，她们对分娩的畏惧感就会大为减少。分娩时既无痛苦表情，亦少不适之诉。这些事实证明产妇心理状态稳定是良好分娩过程的基础。

由此可见，注重产妇的心理卫生是减少分娩痛苦、提高分娩质量的一个很重要的方面。无痛分娩的心理学干预其实就是要重新返回它的自然过程。分娩有痛是心理暗示造成的，是文化因素造成的，重新使用心理干预的技巧，消除先占的负面的暗示，可以重建科学认知，或者是给予正向暗示和巨大心理支持，强化自然分娩的无痛的信心。做好产妇的心理卫生工作的具体方法可参阅第八章第一节的内容。

(四) 产后抑郁

1. 产后抑郁的原因

产妇的遗传和人格特点，孕期劳累、长时间的心理负担，产前心态不良、对分娩心理准备不足，产时、产后的并发症，难产、滞产，使用辅助生育技术及有躯体疾病或残疾的产妇，体内激素水平的急剧变化和产后缺乏心理支持等原因，均容易导致产妇患产后抑郁症。

2. 产后抑郁的表现

患者最突出的症状是持久的情绪低落，表现为表情阴郁，无精打采、困倦、易流泪和哭泣。患者经常感到心情压抑、郁闷，常因小事大发脾气；自我评价降低，对婴儿健康过分焦虑、自责，担心不能照顾好婴儿；自暴自弃，有自罪感；对身边的人充满敌意，与家人、丈夫关系不协调。对生活缺乏信心。不情愿喂养婴儿,觉得生活无意义,主动性降低,创造性思维受损,严重者有自杀意念或伤害婴儿的行为,不爱孩子。

躯体化症状:易疲倦,入睡困难、早醒,食欲下降,性欲减退乃至完全丧失。

3. 诊断处理

严重的产后抑郁状态可诊断为产后抑郁症,必须请精神科医生会诊,确立诊断,实施药物治疗和心理干预治疗。

产后抑郁的治疗和康复过程与亲人的爱和情,家庭、社会提供的心理支持非常相关,尤其是丈夫浓郁爱情的心理支撑作用,丈夫一定要有真诚的爱心和耐心,积极参与,热情鼓励,细心陪伴和呵护,对母子的健康都十分重要。

(五) 育儿迷茫

对孩子教育的焦虑也是自产后开始主要影响妈妈心理健康的因素。当今社会是个攀比浮躁的社会,比物质生活,比工作条件,比社会地位,而孩子也成了大家攀比的工具,我们经常会听到"我家孩子会什么,我家孩子成绩好"这样的一些话语,于是就出现了很多的"别人家的孩子怎么样"等议论。家长为了让自家孩子比过别人家的孩子,常常接受"不让孩子输在起跑线上"的启发,就努力让自己像完美父母的标准前进。父母总希望自己的孩子是最优秀的,于是父母的压力越来越大,焦虑也就越来越深。中国儿童少年基金会与北师大儿童教育学部家庭教育研究中心所做的"2016中国亲子教育现状调查报告"显示:87%左右的家长承认自己有过焦虑情绪,其中近20%有中度焦虑,近7%有严重焦虑。而这最后的结果往往是出现"揠苗助长",给予孩子过度的教育,把压力和焦虑转接给孩子,本应该是儿童快乐玩耍的课余时间却被各种兴趣班、补习班所充斥。父母接孩子回家时问的也不是"今天你快乐吗?"而是"今天你学到了什么?"并因此造成了紧张的亲子关系。

太糟或太完美的妈妈都是不好的,做个刚刚好合格的母亲,使子女感受到爱的同时又有自由成长的空间。这种"不用做完美妈妈"的观点,某种程度上就与美国心理学家所证明的"家长对孩子的成长起不了多大作用"的观点有重合的地方。

二、母亲情绪管控能力培养

1. 准母亲心理健康教育

孕育生命,是世上最神奇的经历之一。除了肚子一天天隆起,还会发生一系列复杂的变化,包括身体感觉上的、生理激素上的、情绪状态上的等等。孕妈妈们对此深有体会,觉得自己不仅长体重,还长脾气了。现在产前焦虑、产后抑郁等心理疾病也越来越被大家熟知。

就孕育生命的过程而言,人们感受到现代的准妈妈问题更多。有人调查新时代准父母,发现他们面临比较多的心理问题,主要有以下几点:①缺乏育儿经验的不安心理。年轻妈妈有了孩子之后容易不自信,不知道该如何养育这个宝贝。②超强压力下的焦虑心理。年轻男女婚后除了要赡养四位老人外,头上还压着"房奴""车奴""孩奴"这三座大山。经济压力太大。③缺乏安全感的担忧心理。现代社会食品安全事件时有曝光,甚至婴儿食品也难以幸免,这让很多准母亲担忧不已,到底该给孩子吃什么用什么?还有自然灾害、交通事故、疫情流行、坏人伤害等等,都少不了父母的担心。

2. 理性情绪疏导

首先要告诉孕妈妈,自己的不良心情会给孩子造成什么影响。"孕藉母气以生,呼吸相通,喜怒相应,一有偏倚,即至子疾。"具体来看,孕妈妈孕期情绪不仅仅影响妈妈本身的状态,还对孩子有着非常广泛和深远的影响:

(1) 影响宫内胎儿发育,如唇腭裂、胎儿宫内生长受限、低体重儿、胎儿宫内窘迫等,而且分娩期孕妇情绪过度紧张,还会使产程延长,导致人为的难产。

(2) 造成孩子出生后的行为依赖及性格缺陷,比如易激惹、患自闭症和注意力缺陷多动障碍(ADHD)的比例更高。一项追踪研究发现,那些焦虑程度高的孕妇生下的孩子在4岁左右容易出现不同程度的行为和情绪问题,如过度活跃、无法集中精力等,其发生率是正常产妇所生孩子的2~3倍。有研究者发现,在德国进攻荷兰(1940年)期间怀孕的妇女,其后代成年期发生精神分裂症的风险显著增加。无独有偶,我国于1976年唐山大地震期间怀孕的妇女,其孩子长大后情感障碍的发生率更高。

国外研究机构发现当母亲情绪不安时,胎儿的肢体运动增加,胎动次数比平时多3倍,最高时可达到正常的10倍。如果胎儿长期不安,体力消耗太过,出生时往往比一般婴儿轻300~500克。妊娠后期,如果宝妈精神状态突然改变,诸如惊吓、恐惧、忧愁,有严重的心理刺激或过度紧张的情绪,很容易早产和难产。宝妈情绪差,孩子出生后喜欢哭闹,不爱睡觉,没有安全感。在一组8个长期情绪不安的孕妇中,所生婴儿中有7个哺乳困难,经常吐奶,频繁排便,严重者发生脱水。

既然孕妈妈的情绪状态深深影响着胎宝宝的成长,那么该如何应对孕期的不良情绪呢?虽然宝宝只长在妈妈的肚子里,但孕育绝不是一个人的事,而是由内而外,包括自己——家庭——社会三层作用系统,从多个层面做好孕期心理卫生:

第一,自我调节。情绪是一种能量,宜疏不宜堵。情绪调节,最核心的当然是自己。任何外力,也都要通过自己来发挥作用。不过在方法上,孕妈妈不仅要考虑自己,还要考虑宝宝的需要。唐代药王孙思邈在《千金方·养胎》中写道,孕妇宜"弹琴瑟,调心神,和性情"。以"平和"为佳,所以尽量选择一些柔和的表达方式,比如散步、聊天、写日记等。不仅可以把情绪能量转化出来,还不会过于剧烈地影响到宝宝成长。如果贪一时之快大唱大跳的话,反而会对宝宝造成打扰。另外大吃大喝也不可取,会破坏营养的均衡状态。这样不仅妈妈可能能量过量,宝宝也可能吸收不到必需营养,反而营养不良。

第二,亲友支持。家人和好友是孕妈妈的强大后盾,应多了解和关心孕妈妈的需求,多陪在她身边,多和她交流。特别是丈夫,可以和孕妈妈一起看书,学习按摩手法,减轻孕妈妈身体上的不适。丈夫也要强调孕期心理卫生,丈夫得产后抑郁症的例子也不少。两人都得产后抑郁症,谁照顾谁啊!

第三,社会帮助。孕妈妈的笑容离不开社会大环境的呵护。必要时孕妈妈要及时寻找专业的心理咨询师或婚姻家庭咨询师,向他们寻求帮助。

要说孕产期的不良情绪,不仅会影响爸爸妈妈自己的身心状况,还会对孩子成长产生长远的影响。大家都呼吁莫让孩子输在起跑线上,可这起跑线在哪里呢?越来越多的研究表明,宝宝出生后的表现往往带有孕期的烙印。所以在孕期时给宝宝一个好开端是至关重要的,其中一个妙招就是保持产前产后好心情。

3. 母亲情绪管控能力的提高

一个家庭最重要的角色若是情绪高昂,整个家里就会其乐融融,妈妈,作为家里的"晴雨表",她的任何表情都会影响到其他成员的一举一动。

养育孩子真的是一个可以双赢的结局。孩子在平和而温馨的家庭环境中,变得越来越聪明懂事,而母亲则在规整自己的情绪过程中渐渐地磨平了棱角,变得越来越淡定洒脱。这是一个多好的过程——孩子和我们一起成长!

当然,母亲的不良情绪也会来源于自己的孩子,孩子学习成绩好,听话懂事,那做母亲也开开心心,但一些学习成绩不好的孩子的母亲就容易造成情绪的波动,这对孩子的健康成长不利。有些家长说,"我是实在没办法,无法控制住自己"。确实,这些都是大家可理解的,但经常保持烦躁、焦虑、忧郁等消极的心理状态,肯定会影响孩子的教育。

不良情绪的妈妈常常会有以下一些表现:

一是爱唠叨。一般在家中,做母亲的比较唠叨。所谓唠叨就是说给孩子听,要孩子听自己的话。爱唠叨的母亲肯定是很爱护自己的孩子,从小到大,是不信任孩子的心态,生怕孩子出现差错,可效果却恰恰相反,孩子一旦觉得母亲唠叨多了,他会很反感的,反而把妈妈所有的话当成耳边风。其实唠叨也是一种习惯,不是想克服就能不唠叨的。比较好的办法是请宝爸帮点忙,一旦发现妈妈在唠叨,提醒宝妈注意,或者转移目标,由宝爸与孩子交流。

二是一成不变。有些母亲总说孩子越来越难教育了,越长大越不听话。其实孩子在长大,孩子也在变化,家长也要随之变化。具体怎样变,要靠家长自己去思考,根据孩子的实际情况去考虑。孩子上初中了,就不能再按照教育小学生的模式去操作;孩子上小学高年级了,也不能按照教育幼儿的模式来做。

三是随心所为。有些家长对于孩子的教育就是没有原则性,完全凭自己的心情来决定。自己心情好时,如果孩子出现坏习惯,那就一笑带过;当自己心情很不好的时候,即使孩子学习成绩很好,也会责骂一顿。有时自己说过的话也不记得,说者无意,听者有心,你不在意的一句话,可能就会影响孩子的一生。

一些容易心急发火的妈妈该如何控制情绪呢?以下几点建议可以试一试:

一要时刻提醒自己,发火对孩子是一种伤害。家长在对孩子发脾气之前,可以先想一下后果。孩子当时可能是听话了,但在孩子心里只会产生恐惧和逆反,下次有可能会犯更大的错误来"报复"父母。

二要努力自我调节。对孩子发火之前,可以尝试着做深呼吸,试着让自己平静下来再与孩子沟通。尽量心平气和地同孩子讲话。孩子不是不讲道理,当妈妈站在同一高度和他们交流时,他们也会拿出真诚的态度和妈妈沟通的。

三是自我调节无效,选择离开。如果做过多次深呼吸后,还是想对孩子发脾气,那也要忍住。不如先让自己离开孩子的视线,找点能让自己感到舒服的事情去做。注意力得到转移后,相信妈妈的情绪会得到一些缓和,这个时候再回到孩子身边,心平气和地和孩子沟通交流,一起寻求解决问题的方法。

妈妈是女人,火爆性子的女人更多,完全做到上面三条也不容易,但为了孩子更好地成长,妈妈们最好努力学会控制好自己的情绪。

三、母亲更需要心理支持

对于孩子来说,在他们生命的最初,父母尤其是母亲,是孩子的整个世界,他们渴求爱和陪伴,来自妈妈的爱是任何人都无法替代的。任何工作都可以允许辞职,唯独为人父母不可以。

这个世界上最不能外包的,就是孩子在生命最初的教育。妈妈要常提醒自己,虽然任务繁重,但走得再快、跑得再远,也不能忘记一件事情:自己是孩子的妈妈,自己的第一职业永远是母亲,这也许是这辈子对社会最大的贡献了。

台湾心理学博士洪兰女士曾说过:"从人类的演化角度,妈妈是家庭的灵魂,妈妈快乐全家快乐,妈妈焦虑全家焦虑。"所以妈妈保持快乐的情绪是对孩子最好的教育,妈妈心情愉悦是对家庭最大的贡献。

我们碰到过太多的案例,有的妈妈一边拼命地做着家务,一边给家人脸色看,甚至经常发怒、唠叨。这些妈妈面临的是"五输":一是输掉了自己的时间;二是输掉了自己的成长;三是输掉了自己的威信;四是输掉了家人对她的爱戴;五是输掉了自己的身心健康。这也就是很多女性一直在用力却得不到家人的尊重和爱的原因。

妈妈不仅仅是无微不至地照顾家人的衣食住行,更要做家人情绪的引领者、做家人精神的支持者、做家人幸福的创造者。我们一直致力于帮助更多女性拥有创造幸福的能力,妈妈幸福了,孩子才会更好、更幸福,家庭才会幸福。

所有当妈的请记住:你们心情愉快,就是对家庭最大的贡献。如果你过得不好,你的丈夫、孩子也一定不会过得好。无论什么时候,无论在什么样的关系中,努力做一个快乐的人。命运可能拿走你的一切,却拿不走你真真切切感到快乐的那些时光。如果你选择了生孩子,你就要意识到,生育孩子真的是一件责任重大的事情,也是一件很费钱的事情。养育孩子可能会耗去你大半生的精力和金钱。当孩子长大成人了,自己最好的年华也过去了。

父母赋予了孩子生命,但孩子并不是父母的私有财产,是我们自愿带孩子来到这个世界,养育他们,而不是为了要他们回报我们才养育他们。孩子有自己的天赋和使命。就像《父母的觉醒》里写的:"每个孩子都有自己独特的生命规划图,唯有觉醒的父母才能帮助孩子拥有最佳的命运轨迹。父母的觉醒与改变是教育的真正开始。父母只有安顿好自己的身心,才能帮助孩子成为一个健全的人。要想发现孩子的本真,首先寻找真实的自己。"

作为父母,要意识到孩子与自己是完全不同的个体,他们是独立的个体,他们不是自己的延续。

不少新生儿父母有了孩子之后,会非常关注孩子的物质条件,给他买最好的衣服、喝进口的奶粉,把大部分精力关注在孩子的吃穿用度上。正是因为在物质方面用力过猛,就没什么精力来关注孩子的精神教育了。其实,与孩子的精神连接更加重要,如果从对物质的关注抽出20%的时间来关注孩子的心灵成长,想必亲子关系会好得多。

很多时候,亲子关系出现问题,真的不是孩子的问题,是我们自身的问题。从自身寻找问题的根源,比盯着孩子的错误要有效得多,也难得多。发现别人的问题总是容易的,发现自己的问题是困难的。所以说,养育孩子,也是父母的一场修行,也能够促进父母的觉醒,让他们成为更好的人。

良好的亲子关系,帮助父母和孩子共同成长,良好的亲子关系也是对母亲的心理支持。妈妈的良好心理不仅来自良好的亲子关系、良好的夫妻关系、良好的婆媳关系和其他亲人关系,也来自闺蜜、朋友,乃至同事、邻里的良好关系,尤其重要的是家庭对妈妈养育孩子的辛苦和抚慰,所给予的巨大心理支持。

其实这个世上最需要心理抚慰的不是孩子们,而是父母,尤其是妈妈们……

第四节 儿童情绪问题及调理

一、儿童情绪问题

1. 儿童情绪问题概述

情绪健康是心理健康的重要内容之一。儿童处于生长发育时期,尤其在学龄前期,情绪发育尚未成熟,很不稳定,容易产生情绪问题。儿童情绪障碍的发生率较高,约占2.5%左右,从婴儿期到青少年期都有可能发生,但不同的年龄阶段,其表现形式、表现程度有所不同。儿童时期常见的情绪问题有:

(1) 发脾气

孩子受到挫折或个人的某些要求、愿望未能得到满足时,常常会出现大发脾气,大声哭闹,倒地打滚,撕抓衣服头发,甚至用头撞墙,或以死相威胁等过激行为。这类儿童一般个性比较急躁、任性、容易激动、爱发脾气,经常有不合理的要求且必须立即得到满足,发脾气时劝说多数无效,只有当要求得到满足后,或者不予理睬,经过较长时间后才平息下来。这种现象可以发生在各年龄阶段的儿童,但以幼儿期和学龄前期更为常见。预后较好,随着年龄增大会逐渐消失。其成因主要是先天困难气质或父母个性不良、教育方式不当以及环境对幼儿造成压力等。

矫正方法:主要是教育,父母之间态度一定要一致。在幼儿发脾气时,采用忽视的态度,暂时不理睬,任其哭闹;但在其平息后,要进行耐心说服,正确引导。

(2) 焦虑

儿童焦虑障碍主要有以下三种形式:

分离性焦虑。在学前儿童中约占20%,特别是在刚入园的幼儿身上较为常见。当孩子与家人,尤其是母亲分离时,会出现极度的焦虑反应,这类焦虑被称为分离性焦虑。

境遇性焦虑。这是指由于某些客观因素致使儿童受到严重的精神刺激,如:父母离异、亲人去世等。

素质性焦虑。产生焦虑的原因是多方面的,对于学前儿童来说,主要有:① 父母对孩子过分溺爱或过多保护。这类幼儿在适应新环境和集体生活时能力较差,对母亲特别依恋。如果母子突然分离,孩子会产生不安全感,紧张、焦虑不安。② 家庭气氛不和谐,父母关系紧张,经常争吵或打闹,使孩子长期生活在不安定的环境中,从而造成情绪情感的发展失去平衡。③ 父母对儿童的期望值过高,超出孩子的实际能力水平,孩子会因达不到父母的要求和愿望而出现焦虑反应。④ 家长在生活中过于焦虑,也会潜移默化地影响幼儿。

（3）恐惧

幼儿在遇到一些危险程度不是很大或根本没有危险的事物或情境时,产生过度的害怕,情绪反应激烈,如:哭闹不止,甚至心律不齐、小便失禁等。恐惧产生有以下原因:小时候生活的环境不安全,经常受到惊吓或曾经受到过较大的惊吓,有痛苦的体验,如:被关过小黑屋、被小动物咬伤等;家庭教养方式不当。家长过于溺爱,孩子依赖性太强,就容易对陌生的环境和人产生恐惧;曾经的痛苦体验的泛化,即所谓"一朝被蛇咬,十年怕井绳"。

儿童的恐惧常常和成人的行为相关。成人应该为幼儿提供良好的正面示范榜样。如:过马路时看见老鼠,家长不要失声怪叫或惊慌失措,尽可能为幼儿提供平和宁静的生活环境。不要给孩子讲什么鬼故事,也不要拿"大灰狼""妖怪"之类的来吓唬孩子。

矫正方法:进行专门的游戏活动,训练幼儿的胆量及环境适应能力。如:在家里可以一个人去没有开灯的洗手间解小便,晚上能够关灯睡觉等。

2. 儿童情绪问题的原因

（1）素质的因素:儿童情绪问题的发生其实是和父母从小的对待方式和早期的教育密切相关的,要为孩子的情绪问题寻找原因,首先就是要从父母身上找原因。比如从小过度保护、娇生惯养的孩子容易发生情绪问题甚至情绪障碍,特别会发脾气、无缘无故撒娇、胆小、容易发生恐惧等等。

（2）与年龄有关:年龄越小,情和情感情绪的发育越不成熟,情绪的调节、管控能力较差,自然容易发生情绪问题。

（3）与家长的榜样有关:我们在观察分析孩子情绪变化的过程中,要从孩子的情绪变化寻找来自父母自己的根源。儿童情绪是孩子表达自己喜怒哀乐等情感来让长辈感知。如果说要让自己的孩子管理自己的情绪,那么作为家长,也要控制好自己的情绪。因为孩子会模仿家长,如果父母比较暴躁,那么孩子也会很容易有暴躁的情绪。所以父母一定要给孩子树立正确的榜样。

（4）与父母对孩子的态度有关:很多父母都有这样的习惯想法:孩子永远是孩子,有了坏事,永远是孩子不好,需要教育的永远是孩子,从不从自己身上分析原因。大家都会说"孩子就是我们的镜子",尤其是做妈妈的,最普遍的习惯就是永远把孩子看成刚生下来的"小宝宝"。对孩子,不管孩子多大了,永远习惯以训斥、教训的口吻,他们总是觉得应该改变的永远是孩子,而绝不是大人。若能知道根子还是在自己身上,教育的效果自然就会好多了。尤其是孩子到了一定年龄之后,要注意对孩子的尊重,在一个平等的态势下,与孩子平等讨论,对孩子的教育意义会更好,否则孩子的情绪问题会愈演愈烈。

二、儿童情绪调适

1. 儿童情绪的科学观察和判断

细致地观察和准确地判断儿童的情绪是否正常,是情绪调适的根据。科学的观察和判断的主要依据有如下几点:

(1) 注意情绪与年龄是否相适应。年龄越小,情绪表达越是比较幼稚、不成熟,形式也比较单一。例如新生儿就会哭泣,以后逐渐有了表情,随着年龄的增加,逐渐学会复杂情感和情绪的表达。倘若年龄大了还是使用幼稚的表达模式,当然要考虑是情绪问题或者是情绪障碍了。

(2) 与环境是否适应。例如在人多的场合,表达的行为特别的幼稚,可笑;父母缺席的场合,表演得过分认真或疯狂等等。

(3) 与刺激的强度是否适应。很弱的刺激造成的伤害轻微,而情绪的反应却特别深重,过分敏感;或相应的强度的刺激,伤害特别深沉,情绪反应却轻描淡写,过分迟钝。例如,对狗恐惧,不仅走近真狗恐惧,连狗狗的玩具,甚至狗狗的叫声都能引起明显的恐惧等等。

(4) 情绪反应的速度。表现在情绪表达过快或者过分迟钝。

(5) 情绪反应的强度。特别指对自己或他人造成过分伤害的情绪行为,例如有孩子激愤的时候会谩骂或伤害父母,甚至拿刀子捅妈妈。

(6) 对教育和劝解的态度。可能会越劝越坏,反感,抗拒,甚至有敌对的回应;或者毫无反应。

2. 提高儿童情感情绪的品质

保证儿童情和情感情绪的健康发育,提高儿童情感情绪的品质,是儿童情绪调适的基础。可以从以下几方面去帮助孩子:

1) 跟孩子一起品味生活中的美好

父母应该刻意地多去关注生活中的美好事物,这样给自己、给孩子增加积极的元素。也应注意密切亲子关系,增进亲子交流。

品味美好有很多方法,比如,随时给孩子指出值得品味的各种细节。生活中的点滴很容易被忽视,我们指给孩子看,就是在延长这些瞬间、扩大这些细节。

对发生的好事拍照、录像、写日记记录、存档,经常跟孩子一起看,回顾这些美好的瞬间。这就是品味美好的另一个方法,存储记忆,延长美好。

要培养孩子全神贯注、心无旁骛地做事情的习惯,专心地吃饭、打电话、走路,我们都可以从中感受到更多乐趣。

学会分享是品味美好的另一个重要方法。我们都知道,不能强迫孩子去分享。鼓励孩子主动分享,他才能感受到其中的乐趣。分享好东西可以把美好加倍,这是存在于人的天性中的。历史上曾经有个故事,说孟子教育齐宣王:"独乐乐,与人乐乐,孰乐?"齐宣王都承认,跟人共同欣赏音乐更好,而且人越多越好。分享也是我们中国人的美好传统!

2)鼓励孩子成长的快乐

人们都会在发现自己有所成长时感到欣喜,对于孩子来说,成长更是他们的全部,所以更加重要。每当孩子有进步时,父母及时指出来,让他看到并告诉他:"你记得不?你去年、上个月还是什么样呢,现在都可以做到这样了!"

进步、提高、成长,这是最能体现孩子自身价值的。随时抓住时机,发现具体的进步,告诉孩子:今天的你比昨天的你更优秀!

3)培养兴趣爱好,提供实际做事的机会

心理学家发现,一个有着成熟的兴趣爱好的人,他们对新事情更感兴趣,学习能力更强,因为他们的学习更是出于内在动机,他们有更顽强的意志力和激情。

兴趣爱好的作用,除了益智、陶冶情操、休闲等等,它还可以像一个心灵上的朋友一样,让人在欢乐时去跟它分享、忧伤时跟它倾诉。另外,它或许还能给人提供一个新的身份,让你有更丰富的人生体验。比如,你是一位教师,但走出教室,你或许告诉别人你还是一个烘焙高手。

兴趣爱好能给我们提供一个让我们能全身心投入去做事情的机会,这种投入的感觉非常宝贵。有心理学家把这叫"酣畅感",据说这是快乐的一个重要来源。当你做你爱好的事情时,你全神贯注,忘记了时间忘记了自己的存在。庄子说过,全神贯注做事的人与"道"相连通,所以会有鬼斧神工的发挥。而达到这种酣畅感的秘诀是:技术和挑战达成一种微妙的平衡。也就是说,你做的事情的难度刚好跟你的水平相当。当然这个事最好是你喜欢做的,又是你的能力和事情的难度程度相当,才会享受到这个过程。

应该选择哪些事情给孩子去做?父母出于爱心,总想给孩子更多的享受。但是,让他被动地享受,比如看电视、吃东西,他的乐趣也有,只是这些乐趣肤浅、短暂。而稍有点挑战的事,他反倒更能投入。难度如果过大,他就又没了兴趣。其实小孩在玩游戏时,常常就能体验到这种酣畅感。孩子在玩时,如果有人问他吃不吃苹果之类的话,通常他可能完全听不进去。所以孩子投入地、自由地玩,这非常有价值,父母要多鼓励,少打扰。

4)肯定孩子正向的性格和品格

父母平时要少看孩子的所谓缺点和错误以及能力上的种种不足,贬得多了,孩子将来会滋长自卑的性格。多去发现孩子一些优秀品格的表现,一旦发现,就及时肯定和赞赏。这样久了,孩子就会更有自信,更努力地朝这些方向去发展。

现代的父母对孩子能力上关注过多。其实,孩子长大后,究竟是哪样能力有机会得到发挥,这很难说,但好的性格和品格却是处处有用的。能力有可能被埋没、被荒废,但性格和品格却永远不会。

5) 给孩子多记好事

心理学家在做提升幸福感的干预实验时,有一些看似很普通、有点幼稚的做法。比如,记录下来当天发生的好事,并解释为什么你感觉不错;写下能展现你好的一面的事情,每天去温习。据调查,每天写下三件让你感觉好的事,这个做法效果很好,效果的持续时间也长。

父母可以引导孩子这样做。在发现孩子情绪有些低落时,把这些好事当作心理玩具,拿出来玩味。可以引导孩子每天睡觉前或在其他空闲时间里,没事就在脑子里整理自己的这些好事。

父母可以抽空跟孩子一起想好事。可以给孩子准备一个漂亮的本子,专门记录他的好事。或者给他准备一个小白板、做个展示墙,随时记录。或者给孩子准备一个好事宝盒,把能引起美好回忆的东西或照片,都存在里面,有空就倒出来看看……

6) 父母对情绪的科学态度

不用自己的情绪影响孩子。很多家长会跟孩子说:"你那样做,妈妈很生气""那样做,妈妈不喜欢"。其实家长应该尽量少这样去说。父母正常的情绪反应可以让孩子知道,不必刻意掩饰,父母可以生气,但是如果总是用家长的情绪去管教孩子,这不是好办法。总这样说,孩子会觉得他应该对大人的情绪负责,他会忘记遵守规则的本来的意义,也容易有很多不必要的自责和内疚。

正确的方法是:让孩子看到他的不好的行为会有怎样的不好的结果,让他学会对自己的行为负责,而不是对家长的情绪负责。

坦然接受孩子的消极情绪。对于孩子的消极情绪,父母不要去否认、压制、贬低、怀疑,不要说"这有什么可怕的""你不应该感到失望""你没有理由生气"等等。而是要帮助孩子去接受、识别,然后再教给他处理办法。

教给孩子管理消极情绪的前提是父母自己要能从容去对待。父母会发现做到这一点真的是有难度啊!为什么这么难呢?因为,当孩子发脾气或有其他消极情绪时,我们的本能反应是——"又有麻烦来了!""你敢跟我对抗?""我的教育怎么这么失败?""你得长到多大才能会""我付出这么多,你怎么能这么对待我……于是我们浑身冒汗,血脉喷张……父母处于这样的状态,当然就不能指望孩子能平和下来了。要改变这种反应,父母应该做好以下几点:

首先父母自己要认识到,消极情绪对孩子是有益的,是他认识自己、提高情商、学习成长的一个好机会。它是中性的,不是坏事,把它当作一阵风吧,控制好,甚至利用它去"发电、放风筝"。

其次,父母要尽量把孩子的行为和情绪跟自己的分开。自己的劳累、抱怨、委屈,自己去解决,别做不合理的挂钩。当孩子惹父母生气时,父母就这样开导自己:一方面是因为他就是个孩子,就会这样;另一方面,反思自己管教上有哪些不足,还可以做哪些改进,孩子是我们教育的结果,跟谁抱怨呢,自己多提高就是了。如果家长少一些受害者的思路,多想该怎样提高,这也会帮助我们控制情绪,少生气。

最后再告诉自己,家长当然可以不完美,做不到的,努力提高就是了。

只有当父母自己接受了孩子的消极情绪,父母才能做到不去否认、压制、贬低、怀疑孩子的情绪,并且教给孩子去接受他自己的情绪。

7) 帮助孩子科学认知情绪

管理情绪的第一步,就是能识别出自己的各种情绪。现在很多家长都能有意地去跟孩子共情。其实,共情的一个功能就是帮助孩子认识到自己当时的具体感觉。需要提醒的是:有时当孩子很生气时,他会对这种情绪识别也很反感,完全不听。父母可以先让他自己冷静下来,等孩子平静后,再回过头来跟他聊聊刚才的感受。然后再指出孩子的各种情绪:激动、失望、自豪、孤独、期待等等,不断丰富孩子认知情绪的能力。

孩子能识别出的情绪越多,他就越是能清晰地表达出来,而准确地表达自己的情绪,这就是处理情绪的开端。能表达,他才能沟通,才能想办法。有时,只需表达出来,情绪就解决了。

8) 鼓励孩子自己处理消极情绪

如果认识到消极情绪的意义,父母就不必急于让孩子的消极情绪消失,而是要尽量给孩子机会,让他感受、识别,同时自己锻炼着平复下来。孩子每自己平复一次,他的情绪控制能力就得到了一次锻炼。当然对于两岁以下的孩子,家长还是应该用转移法先去哄好,然后再讲道理。

家长对付孩子哭闹的方法是:在发现孩子有点情绪,可能会发作时,如果孩子不需要家长的帮助,家长常常找个借口躲开。此时家长也会发现,人一走开,孩子自己很快就没事了;当孩子真的发作起来时再回来。有时啥也不说,摸摸头,给孩子擦眼泪。如果父母自己也生气,或者孩子拒绝父母接近,那就捧本书待在旁边。如果是孩子特别不讲理的事情,父母就义正言辞地说几句。这种慷慨陈词也有用,能帮孩子看清自己行为的后果,看到引起的反应,当孩子自觉理亏时,理智就开始恢复,就战胜了情绪。

在这个过程中,如果家长自己能保持中性态度,这会帮助孩子更好地平复情绪。其实有很多情况,孩子是被家长的坏情绪火上浇油,愈演愈烈。

9) 教给孩子处理消极情绪的办法

人是感情的动物,有喜怒哀乐,也让人有很多的情绪,有好的情绪也有不好的坏情绪。好的情绪固然对我们有帮助,可是坏的情绪却让我们常常失态于人,后悔无比。调节情绪可以有下述几种方法:

第一种方法:转移。转移自己的不良情绪,可以去看电影,可以去旅行,也可以去公园就坐着看风景,还可以在街角的咖啡店找一个靠窗的座位,看窗外人来人往。读书也是一种转移,书中自有黄金屋,书中自有颜如玉,同时,书中也有智慧和快乐,读书还可以提升人的气质,让我们心胸豁达。愉悦自己也是一种转移,可以想一些快乐的人和好玩的事情。人生很短暂,何必纠结于一些不好的事情,多让自己乐观、积极,让自己充满正能量。代偿,也就是换一个有成就感的工作和事情,让自己充实起来,代替一下现在的生活环境。换一种环境对于现在糟糕的自己而言,未尝不是一件好事,事情有转机就意味着我们可以换一种心情。

第二种方法:宣泄。这是一种最直接的方法,找最好的朋友或是其他信任的人好好地倾诉一下,或者大哭也行,喝醉也行,唱歌也行,只要是可以宣泄的,任何方法都可以,当然不能伤害自己也不可以伤害别人,更不能有害社会。

第三种方法:放松。将所有的不快都忘掉,给自己的天空增加色彩。人要学会潇洒,轻松地面对一切,坏情绪当然要靠边站。静思也是一种放松,坐下来好好思考一下有情绪的自己,把不良的情绪消化掉。静思还可以让我们内心平静,思考自己到底哪里不对,有哪些可以改进的地方。自我催眠、冥想或其他放松技术的应用,效果也挺好。

第四种方法:心理防御技巧的应用。自制、潜抑,学会自己控制自己的情绪,明白发怒只会出现后果,对事情没有任何结果。自我控制和压抑是一种很好的方法和能力,也会让自己培养一种好的习惯,可以自如地应对各种事情和困难。

发现孩子的情绪问题,父母应当自己冷静一些之后,教孩子去分析思考,想想刚才的情绪是怎么回事,是什么引起的,以后怎样做才能避免那种情况,下次再有类似的情况,该怎么办。对于消极情绪,要多分析多思考,去想办法,这样有利于化解情绪;对于积极情绪,则尽量少分析,多去感受,把它作为一个整体去感受。

三、儿童情绪问题的预防

(一) 提高儿童的情绪能力

1. 情绪能力的概念

美国耶鲁大学的几位心理学家创造出了一个词,叫作"情绪能力"。它是一种比知识、技能更厉害的本事,被用来衡量一个人的智力,甚至能预测未来的成败。在美国,"情绪能力"的培养被引入中小学的课程。纽约市一所学校的"认识情绪"课程,主要是帮助儿童学习控制自己的怒气、挫折和寂寞的情绪。开课后,学生打架明显减少了。在我们的教育机构还没有开设这样的课程训练的情况下,我们做父母的,尤其是妈妈要有意识地培养、训练孩子认识和管控情绪的能力。

中国工程院院士、中国科协副主席韦钰曾经用五点来归纳"情绪能力"的具体内涵:

①正确估价自己的能力。能觉察、正确地认识自己的感情。

②控制自己情感的能力。能恰当分析自己情感的起因,找到办法来处理自己的恐惧、焦虑、愤怒和悲伤等情绪。

③激励自己的能力。能克服自满和迟疑,调动自己的情绪去达到某个目的,还能较持久地保持这种动力。

④了解他人情感的能力。对他人情感和利益具有敏感性并能理解别人的观点,欣赏不同人对事物不同的认识和感情。

⑤善于处理人际关系的能力。

她认为,两岁前的教养对情感发育的影响最大,妈妈对孩子的教育最忌讳忽视孩子。很少陪伴孩子、粗暴对待孩子、大声呵斥孩子等,这些都是对孩子的虐待行为。幼年期受过严重虐待的儿童,与没有或很少受过虐待的儿童相比,成年以后更多地呈现反社会的行为。这种虐待也包括在成长过程中父母的喜怒无常、强迫性教养和惩罚性教养。

我们的孩子尽管学习成绩很好,可能考上北大、清华或者国际名牌学校,可是,如果他的"情绪能力"欠佳,那幸福宁静的美好生活还会与他有缘吗?

2. 在负面情绪的处置中提高情绪能力

在全社会越来越关注儿童心理健康的同时,父母们对儿童情绪的健康成长也更加注意,儿童情绪问题的预防意识也更为浓厚。

现在对于孩子的情绪管理方面的知识、课程会受到很多做家长的朋友们的关注、关心。很多家长觉得儿童情绪管理很重要,于是便花"重金"来帮助孩子可以尽快地掌握好情绪管理方面的技能。而在专家看来,大部分孩子的性格发展、情绪管理都是正常的,可以逐步地顺利度过,并非需要去参加昂贵的儿童情绪管理课程去集中学习。另外这个过程也是逐步慢慢地建立、形成的,也无法在短时间内实现。

当孩子哭泣的时候,当孩子恐惧的时候,当孩子发脾气的时候,当孩子愤怒的时候,家长怎么办?怎样做对孩子最有帮助?

我们要知道,孩子"不正常"的表现,在孩子成长过程中起着特殊的作用,处理得好,会有利于孩子形成健全的人格和健康的心理。哭泣能愈合创伤,由于你给孩子机会自己排除受到伤害的感觉,之后他会变得更坚强和自信。孩子的每一个"非正常"表现的背后,都有一个正当的理由,他们是在宣泄精神或身体上的创伤所引起的负面情绪,是在呼唤成年人的关注。所以,当孩子有"不正常"表现时,我们应该留在他身边,通过倾听,给孩子以最好的关注,提供他所需的支持,使他在整个过程结束时,重新充满信心和希望。倾听孩子,并不意味着你认可他的情绪,也不意味着你纵容他,你只是在帮助他摆脱不良情绪。你的倾听,可以逐渐减弱不良情绪对孩子的控制,一旦完成整个倾听过程,孩子自己良好的判断力就会得到恢复。倾听一个孩子的哭闹,对孩子的成长极为有益,本身也并不复杂,但是实践起来却并不容易,这需要成人有十足的耐心,能理解孩子。

有很多帮助孩子管控负面情绪的方法,父母把握得好,就能让孩子在科学管理自己的负面情绪的过程中,不断提高自己的情绪能力。

3. 成人的权威和说教有害无益

情绪能力，就是指喜怒哀乐的能力，是人的一些正常反应。情绪的适度自然流露，对孩子的心理健康有着重要的意义。父母的苛求、掌控、高压、不尊重、漠视，会造成对孩子幼小心灵的伤害。要让孩子做自己喜欢做的事情或游戏，这种自由的活动，有利于孩子释放积累起来的负面情绪。

我们做父母的都爱自己的孩子，希望孩子活泼、好学、懂事、乖顺。当孩子情绪低落、大哭大闹、发脾气、不上学时，我们常常感到无计可施，自己的情绪也变得恶劣，只能拿出做父母的权威，采取"高压政策"，简单粗暴地对待孩子。

和成人不一样，孩子的感情隐藏不住，无论快乐，还是难过，都会淋漓尽致地表现出来，但是很多妈妈不太给孩子机会宣泄自己的真实感情。孩子快乐了，会说："疯什么？安静点。"孩子难过了，妈妈又说："哭，哭，有什么好哭的？"慑于威力，孩子表面上听话了，但情绪却被压抑了，甚至在心里埋下逆反的种子。

我们小时候，和小朋友争玩具时，如果妈妈在旁边，大多时候是被制止并被教育说："要懂得礼貌，应该互相谦让。"然后，不管我们有多么不高兴，手里的玩具还是被妈妈送到了对方的手里。这是常见的场面，包括有的妈妈也经常这样教育孩子。

其实，孩子就是孩子，尤其是6岁以内的孩子，还不懂得礼让的含义，大道理的教育对他是很空泛的，而他看到的是妈妈不站在他的一边，自己没有了争取的权利，孩子的自尊心、自信心就有可能受到打击。如果孩子长久被教育成这样"谦让"的小大人，不敢率性地去争取自己想要的东西，长大之后很有可能不知如何维护自己合理的权益。

所以，在孩子成长的过程里，妈妈要懂得认同孩子的负面情绪，耐心地引导孩子合理宣泄，不要有太多的训斥、责难、说大道理，让孩子有机会独自处理自己的情绪。孩子只对自己有体验的事物才有感觉，在不快乐中学习处理不快乐，在愤怒中控制调适自己的心情，在沮丧中学习振奋自己。父母要给孩子留出自由的时间和空间，不要急于参与处理孩子的情绪。妈妈不要一看孩子不高兴了，愤怒了，沮丧了，就去干预。只要孩子的发泄没有伤害自己和他人，也没有损坏东西，哭，就让他哭；怒，就让他怒；忧，就让他忧……让他自己有一个自由释放的空间和时间，在体验中学习管理和宣泄情绪。当然这不是完全让孩子的情绪失控，合理宣泄，也包括让孩子在体验中学会适度控制和调节情绪。

当孩子出现不良情绪时，不要把小孩子当大人来要求，要允许孩子公开自由地表达自己的真实情绪，不要强行让孩子自我压抑，更不能用体罚或者变相体罚的方式，让孩子"忍气吞声"。心理学家发现，很多孩子的强迫行为、攻击行为、破坏行为，很多时候都和他内心的紧张情绪得不到及时合理的宣泄有关。

让我们心平气和地接纳孩子各种情绪的自然流露，允许这些情绪的存在，化解它，而不是压抑它。伤心时，让他哭出来；愤怒时，引导他找到合理的宣泄渠道。当然，这区别于孩子以哭闹为手段去达到自己的某种需求,后者是要规训的。

女性是比较容易情绪化的,做妈妈的尤其不要把负面情绪带给孩子。我们经常会听见一些母亲对孩子说:"我们那么辛苦地工作,都是为了你,想让你好好学习,过舒服的日子,才会工作得这么累。"还有的妈妈和孩子在一起走路,突然就对孩子大声吼:"你不会快点吗?"孩子愣着,不知道妈妈为什么突然发怒。这是妈妈给孩子的"情绪垃圾",孩子别无选择,照单全收,因为他没有处理"垃圾"的能力。这个妈妈在小时候也许就是这样接受了来自她母亲的"情绪垃圾"。埋下了"炸弹",一件事情、一个人或者一个环境就可能引爆。

所以,父母需要提醒自己,留意在我们的家庭生活中是不是经常存在否定和压抑感情的现象。在反省中,帮助我们的孩子在感情发展上得到正常的舒张,而不是过分地压抑和伤害。

4. 读懂孩子与孩子共情

在一次心理成长课上,老师问到一个问题:"假如人生能够倒转,在你小时候感到害怕、担心或紧张时,你希望周围的大人怎么对待?"大多数人想了想,很坚定地说:"我很希望父母在那时把我抱起来,轻轻拍着我的背,说'不要怕,爸爸妈妈在这里'。"

做妈妈的要试着去了解尊重孩子的情感需要,理解孩子的感觉,愿意从孩子身上学着了解感情的本质,因为孩子比成人更能坦然地体验强烈的情感而不矫饰。

记得我们小时候,感到害怕或者担心时,大人一般都会说:"没事,勇敢些,看我们家宝宝是一个勇敢的孩子。"幼小的生命就在妈妈的鼓励之下,克服着内心的紧张、恐惧,做着被大人们夸赞的"勇敢小孩"。

很多家庭里,母亲经常闹情绪或者抱怨身体不舒服,孩子内心就会担心、恐惧或者内疚。他不知道妈妈的情绪下一步将会变得怎样。这个时候,孩子其实根本无暇照顾自己的感觉,他的精神处于警戒状态,这就可能埋下"情绪炸弹"。

经常听到妈妈对孩子说"不能生气啊,会把肺气坏的",男孩被教导"男儿有泪不轻弹"。有时孩子们正玩得高兴,妈妈却说:"哎呀,我都烦死了,你们还在这里撒欢儿。"小女孩的仓鼠死了,哭得很伤心,妈妈却说:"别哭了,不就是只老鼠吗?"孩子的快乐不能长久,悲伤无法宣泄,为了符合妈妈的要求,孩子封闭了自己真实的感情,这些不被接纳的愤怒、哀伤就会转为"地下活动"。

(二)发现儿童情绪变化及时调整指导

家长在和孩子平时的相处中,关注孩子情绪的变化,并及时做好调整或指导,对孩子的情绪健康的成长其实是更重要的。专家建议并列出以下这10个儿童常见情绪问题,如果你的孩子占3种以上,就要及时对孩子进行情绪教育。

(1)对于陌生环境会哭闹不止。当孩子对于平时不熟悉的环境和人表现出了很抗拒,当陌生的事物靠近时就会表现得很抗拒、易焦虑、烦躁的话,甚至不停地打闹、哭叫等激烈的情绪变化。

（2）莫名地就想在地下打滚。很多时候是和家庭的教育方式有关，或许造成了孩子性格很任性的一面，在得不到支持、应许的时候，就会采取更为粗蛮的动作来胁迫家长。

（3）着急时就会满脸通红。在生活中，有的人是性子蛮急的个性。特别是在很想做好却没有做好的时候，就会表现出满脸通红，一下子疏解不掉糟糕、急迫的情绪。适当给孩子一个正确看待事物、解决问题的良好办法很重要。

（4）出现丢摔东西的表现。到了一定的年龄段，孩子会时常表现出拒绝做家长安排的所有事，当得到做家长的强硬对待时，就会采取过激的破坏东西的做法来发泄情绪。

（5）画画时常用大力弄坏纸笔。儿童的很多情绪表达并非像成人一样顺畅，蛮多时候是可以通过绘画的形式表达出来。当孩子在使用画笔和画纸时会情绪激烈地猛戳，就要引起注意了。

（6）对话时不能直视对方。孩子内心焦灼、极度缺乏安全感时，就会很不自然地躲避和其他人对视的机会，因此在孩子出现这样的情况时就要引起注意了。

（7）不停打扰着周围的人。在家里的时候，若周围家长在干什么事情，孩子不能够一个人待着先玩耍，而是总想着来问问家长这个那个的，孩子内心更渴望有人陪伴，而不是自己孤独地玩着。

（8）喜欢争抢别人的东西。当做家长的表达哪个小朋友哪方面表现得好时，会很容易让孩子心中感觉嫉妒对方，于是也就很容易出现孩想争抢别人的物品的现象。于是，先多从鼓励孩子、肯定孩子的正面行为出发。

（9）无法一个人入睡。平时在生活中，由于做家长的言语上会说起夜里睡觉会出现可怕的事，或者看了什么恐怖的场景这类的，都会使得孩子在夜里表现得很缺乏安全感，会出现情绪很紧张、出了很多汗的情况。

（10）很不合群。当孩子和别的小朋友在一起的时候，就会很想躲在一旁自己单独玩，和小朋友在一起找不到自己的位置、存在感，有小朋友出现时就会吵着想离开。

孩子的情绪发展是有自己的成长规律的，做家长的也需要多些这方面的了解，在孩子出现一些情绪上的异样时，也好及时地开展情绪教育、舒缓孩子的情绪问题。切记不能够以讥讽、反感、冷落的态度对待。

四、重视儿童心理卫生

1. 儿童心理健康越早关注越好

国外有个育婴院，保育人员少，采取自动化喂奶的方法，一按电钮就往孩子嘴里灌奶。结果孩子情绪很坏，患病率和死亡率很高。后来增加保育人员，并规定抱起来让孩子自由地吃奶，还规定每天要抱起来逗着孩子玩玩，结果情况大变。

有人还研究，即使同样让孩子吃母奶，母亲的态度不同对孩子的影响也不一样。如果母亲把喂奶当任务,孩子吃着奶,自己想别的,忙别的,这不利于孩子的情感发展;如果把孩子抱在怀里,孩子一边吃奶,妈妈一边微笑着、拍着、抚摸着,孩子就不仅吸进乳汁,而且饱尝了母爱,有利于健康情绪的发展。同时,乳儿吃奶要定时定量,每天喂几次奶,什么时候喂奶,都要有规律,不可孩子一哭就用奶头堵嘴里。据研究,一个成人良好的习惯,有规律的生活方式,往往与乳儿时期吃奶时的习惯有关。

从心理卫生的角度说,孩子对情感的需要与吃奶的需要同等重要,因为乳儿正是情绪急剧分化、丰富、发展的重要时期,这时如能多加关照,对培养健康的情绪具有重要的意义。所以,孩子的环境要优美,经常更换不同色彩的纸带、气球或其他玩具,经常听优雅轻快的乐曲,要经常逗逗孩子,要经常抱抱孩子。有人说孩子不能抱,抱惯了放不下。这是可能的,但不能因小失大。因为经常抱抱孩子,不仅体肤接触,让孩子享受爱抚,有利于培养发展良好的情绪,而且对促进孩子的智力发展也有重要意义。孩子一旦被抱起来,视野就会豁然开阔,绚丽多姿的外界信息就会大量映入眼帘,这对促进孩子的智力发展是有好处的。还有,乳儿从6个月起到1周岁,是心理活动急剧发展的时期,同时也是建立"母子依恋"的关键时期,如果这个时期能让孩子多和母亲接触,孩子容易培养良好的情绪;反之,如果让孩子长期得不到母爱,孩子就会夜惊、拒食,导致消化系统的功能紊乱,甚至造成发育缓慢。有人还认为,缺乏母爱和长大成人以后患神经症、精神病、心身症和病态人格都有关系。

随着社会的发展和医学的进步,医学模式从单纯的生物医学模式向生物-心理-社会医学模式转变。人类疾病谱亦发生巨大的变化,心理卫生问题越来越凸显出来。作为脆弱群体的儿童正处于心身发育成长过程中,面对新旧观念剧烈冲突,生活节奏加快,社会激烈竞争等种种压力,更容易出现心理失衡,导致心理卫生问题。

儿童时期是人一生中变化最快的时期,他们的心理活动随着年龄的增长而逐渐丰富、复杂。他们需要家长提供各种各样的信息,给以情感上的支持和行为上的帮助。他们有自尊,需要理解。如果家长不能满足孩子们心理上的需要,对他们心理上的需要漠不关心,那么即使他们的物质生活条件非常优越,他们也会感到不满、苦恼,甚至产生各种各样的心理问题。家长应首先理解儿童心理卫生的重要意义,掌握正确的教育方法。

2. 普及儿童心理健康知识

幼儿不仅仅需要注意身体上的保健,心灵上的保健也同样重要。针对心理,也有幼儿的保健常识。研究表明,幼儿中存在不同程度心理问题的占5%～15%,有必要了解一些关乎心理健康的幼儿保健常识,有效地帮助孩子纠正以下常见的心理问题。

（1）抗拒入园

刚上幼儿园的幼儿因不熟悉幼儿园的环境,对幼儿园的一切感到陌生。加上有些家长平时的溺爱或娇纵,对外交往过少,短时间内难以适应群体生活等,都会使幼儿对入园感到陌生和不适应,甚至有些幼儿会对新环境感到恐惧。这些问题只要家、园之间相互配合,采取相应的措施便不难解决。

(2) 孤独

现在的孩子大多数都是独生子女,部分幼儿有可能因为自小缺少玩伴而养成喜欢独处的习惯。防止孤独的方法是采取教育训练,越早越好。自幼培养儿童参加集体活动的兴趣,通过与周围小伙伴广泛交往来纠正孤独的性格。幼儿园是辅助治疗幼儿孤独症、培养群体生活的最好场所。

(3) 咬指甲

经常咬指甲可使被啃咬的指甲短小变形,个别指甲有可能发生出血或感染。这可能是幼儿发泄内心紧张的一种方式,大多是因为父母或老师要求过高,对幼儿批评过多,态度粗暴所致,致使幼儿只好用咬指甲来减轻内心的压抑。对这种现象可以采用行为治疗,让幼儿意识到咬指甲的害处,培养和强化良性行为,增加幼儿自我控制能力。转移注意力的办法最有效,可以在孩子咬指甲的时候,以更新颖的事物或活动,把孩子吸引过来,让他自己没有了咬指甲的兴趣。

(4) 任性

主要表现为以自我为中心、难于克制自己。纠正方法:以心理治疗为主,改进教育方法,坚持正面教育,对孩子既要关怀体贴,又要严格要求。

(5) 进食问题

主要表现为偏食、挑食、厌食以及进食行为异常。进食行为不良可以直接影响幼儿对营养的吸收和身体的正常生长发育。纠正方法:改变幼儿错误的饮食习惯,培养幼儿正确的进食技巧,建立科学的饮食习惯。

(6) 注意力不集中

主要表现为注意力不集中,爱动,难于安静下来做好一件比较简单的事。可以采用转移注意力、培养幼儿精细动作发展等方法来培养幼儿注意力。如果幼儿多动症状过分明显,有可能是体内微量元素失调,必要时到医院做进一步检查,接受相应的有关治疗。

"三岁看大七岁看老"健全的人格,健康的心理,越早重视越有成效。重视幼儿心理保健,学习幼儿保健常识,对幼儿智力发展和健康人格的形成,塑造良好的心理素质和灵活的社会环境适应能力,提高儿童整体健康水平有着巨大的帮助。

3. 儿童心理发育问题应尽早干预

深圳罗湖区妇幼保健院儿童保健科在2013年3～6月,对罗湖区范围内2.25万的3～6岁学龄前儿童进行了免费的神经心理发育调查。通过问卷分析发现,有7.39%的儿童不同程度地存在神经心理发育问题。按照检出率的高低排序,位于前五位的分别是:感觉统合失调、动作问题、注意缺陷、沟通障碍、孤独行为。

流行病学调查显示,以儿童孤独症为代表的儿童神经障碍给家庭、社会带来沉重负担,严重影响了人口素质的提高。儿童神经发育障碍包括注意缺陷/多动障碍、智力发育障碍、孤独症谱系障碍、沟通障碍、动作障碍等疾病。然而很多年轻的父母面对孩子出现的异常行为往往感到疑惑,不知道是否该求教神经心理专科医生。

不管孩子多大,只要是发现孩子出现行为异常、睡眠障碍、性格缺陷、情感障碍、社交不良、性角色偏差等情况,都应该及时带孩子去儿童心理门诊、小儿神经内科,请儿童神经心理专科医生和你一起关注孩子的神经心理发育,帮助孩子健康成长。儿童神经发育障碍干预的时机和方法选择是影响干预效果的关键因素。目前针对儿童神经发育障碍的医学干预主要是采用综合性康复治疗,包括心理治疗、康复治疗和临床治疗。儿童神经发育障碍越早干预效果越好。

6岁以下孩子常见的神经心理发育问题或障碍主要有:

(1) 言语发育延迟。儿童口头语言出现较同龄正常儿童迟缓,发展也比正常儿童缓慢。一般认为18个月不会讲单词,30个月不会讲短句者均属于言语发育延迟。

(2) 口吃。说话时言语中断、重复、不流畅的状态,是儿童期常见的语言障碍。约有半数口吃的儿童在5岁前发病。

(3) 注意障碍。儿童常常不能注意细节,或在做功课和其他活动中出现漫不经心的错误;别人对他(她)讲话时常常显得没在听;常常无法始终遵守指令,无法完成功课、日常杂务;在日常活动中常常忘事。

(4) 多动障碍。儿童双手或双足常常不安稳,或坐着时蠕动;在课堂或其他要求保持座位的场合离开位子;游戏时常常不适当地喧哗;活动过分,社会环境或别人的要求无法使患儿显著改观;常常说话过多。

(5) 抽动症。指局限于身体某一部位的一组肌肉或两组肌肉出现抽动。表现为眨眼、挤眉、皱额、咂嘴、伸脖、摇头、咬唇和模仿怪相等,多见于5岁以上的儿童。

(6) 孤独症。一类以严重孤独、缺乏情感反应、语言发育障碍、刻板重复动作和对环境奇特反应为特征的疾病,多见于男孩。

(7) 咬指甲。儿童时期很常见的不良行为,男女儿童均可发生。

孩子的这些心理问题都是因为早期的儿童心理卫生重视不够所致,家长发现得越早,干预得越早,效果也越好。从预防的角度来说,就是要强化儿童心理卫生意识,普及儿童心理卫生知识,认真做好儿童心理卫生工作,确保儿童身心健康发育和成长。

第五节　成人情绪问题及调控

一、成人情绪问题

1. 成人情绪概述

在成年人的世界,似乎有一条不成文的规定:"你必须要冷静、淡定、克制,不能有情绪,这样才显得自己状态好、情商高。一个微笑的背后,是无数咽不下找不到出口的情绪。"古时有"圣人":不以物喜,不以己悲,荣辱不惊,喜怒不形于色,大事淡然。今日则是"成年人":该是个没有情绪的人,即便有,也应当克制。

年少时,我们都期盼着能够快快长大,能够见识更广阔的天空,能够不受拘束自在游玩;成年人没有作业,没有考试……真的到了成年,成年人却希望着能够回到那无忧无虑的童年,可以自由哭闹发泄,挥洒自己的真性情,对世界充满好奇。

成年人极少能够真正地发泄情绪,多数情绪只能默默消化,虽说表面上看起来极其正常,会说、会笑、会社交、会打闹,表面平静,然而内心大概已崩溃得一塌糊涂。

尼采在《善恶的彼岸》中说过:"如果情绪总是处于失控状态,就会被感情牵着鼻子走,丧失自由。"

成年人应当明白,作为一个成年人,保持情绪稳定是一项必要的修行。只有学会管理自己的情绪,对照自己的内心,你才可以真的变得足够强大,绽放出属于自己的光彩。道理是这样的没错,很多时候我们开心、放松、满足,可是也会有难过的时候。表达或发泄自己的情绪,成年人的方式是一定要忍吗?成年人还是该宣泄一下情绪。

有人说过这样一段话:"说来奇怪,小时候的不开心,宣泄情绪的方式往往是大哭大闹。十几岁的时候难过,会拉着朋友倾诉,写大段的文字发表在自己的微信群里。而成年人难过的表达方式只有一种,那就是沉默。"那是一种什么样的感觉呢?我想大概就像那一刻,你的心里有一场海啸,可你表面上却是一副风平浪静,丝毫无恙的样子。

是的,成年人只能用一些微不足道的方式发泄着自己的情绪。很多话是不能够说出来的,毕竟你是个成年人啊。有人说,在微信群里换头像、换聊天背景、换朋友圈封面、换签名,把这些全都换成新的感觉,心情也可以变新。

有人说,可以设置朋友圈三天可见,可以消失一个月,不爱笑,不爱讲话,可以一个人发呆,一个人去散步、跑步,一个人在家里躺着一天,听一天的歌。

还有人建议,你特别烦的时候,先保持冷静,或者看一部开心的电影,或者喝一大杯水。不要试图跟朋友聊天,朋友是跟你分享快乐的人,而不是分享你痛苦的人。不要做一个唠唠叨叨的抱怨者,从现在起,要学会自己去化解,去承受。于是,大多数的人大概是想去找人倾诉,又发现大家活得都很艰难,于是一个人在夜里默默地失眠到天亮。

于是,听歌、吃东西、换头像之类的方式就成了大多数人发泄情绪的方式。而哭呢,哭也是一个人偷偷地哭。成年人只能在朋友圈发那条"我太难了"的视频或玩笑一般来发泄自己的情绪。很多人都知道哭泣不是成年人解决问题的生活方式,但是情绪到的时候,总是想用这种方式发泄情绪。在失恋或是失望的时候,在自己犯错或是生活没有变化的时候,在生病或是失眠的时候,偷偷在自己的小世界放声大哭,然后明日依旧,也只能安慰自己,当今世界,谁还没点压力,没有情绪。

年纪大了,需要考虑的东西太多,发泄情绪方式不当,也会导致发生其他不好的事。所以,成年人应该学会取悦自己,路还是要自己走,泪还是得自己擦,苦还是要自己吃,成长还是要自己来。

成人的情感情绪同样需要表达、需要调适、需要管控,但因为已经是成人,自然与儿童时代不一样,有成人的特点。主要是表现在成人的成熟,屈从于文化,屈从于意识和理性,强迫自己接纳的所谓的意志力。我们在前面也分析过,男人外显的成熟度强过女人,所以实际上受到的伤害更多。有人甚至认为这也是男人平均寿命比女人短的原因。可见成人的情感情绪的调理也是心理健康的重要方面。

2. 正确识别情绪

情绪是人内心需要表达的信使,当人的内部需要没有满足,就会滋生各种各样的情,一系列的情就形成情感情绪。合理地表达情绪,可以通过情绪的信号功能、组织功能等,让我们和环境形成很好的互动,但如果不恰当的情绪,就会让自己身心健康受到影响,同时影响自我建设。所以,当我们老处在不合理的情绪中时,就要多观察情绪,了解情绪,包容情绪,和情绪友好相处,了解他的心声,从而满足内部的空洞,完成自我修复和建设。观察情绪必须经历以下过程:

(1) 态度。当我们有情绪时,无论是恐惧、悲伤还是抑郁或焦虑,都不要回避,更不要为此激发一些不良情绪,要和它们"亲",不排斥它们。

(2) 做一个界定。对激发自己这个情绪的外部刺激做一个简单的概括,即什么事引起了我这种不良体验。

(3) 性质的判断。看这个事情对我来说意味着什么,它怎么了就让我有这种不良反应,是侵害还是威胁等。

(4) 情绪分类。自己给这个情绪归个类定个名,是悲伤,还是恐惧,还是生气等。

(5) 反应和强度。面对这个情绪,观察自己所有身体上的反应,了解情绪在身体中的记忆,进行生理上的唤醒。

(6) 体验。看看身体上的这些反应,它们强度有多少,紧张度和快乐度有多少,体会自己的主观体验。

(7) 寻根找源。浸泡在这种身体感受里,尝试成为这些感受,看如果要说一句话,它们会表达什么,从而了解身体想表达什么,这往往是内部在早年未满足的需要,找到内部需要和动机,就会明白这些身体上的信息在向我们表达什么。

(8) 可能的结果。最后启动一个高我,面对这个格局,说一句话,这样会让自己有机会破这个局,实现情绪的到达和离开,从而完成一次修正性情绪体验,这样一次完整的情绪观察就做完了。

观察情绪是为了认识情绪,了解情绪的基本特征,才能掌握情绪的管理技巧和方法,不仅可以进行自我剖析,而且还能做到善解人意,具备同情心和同理心,明确自我的感觉质量和别人的情绪反应。

3. 健康的情绪标志

根据中国人的七情,可以把情绪也分为相应的七种:喜、怒、哀、忧、思、悲、恐、惊。这七种情绪何为正常,何为问题,何为障碍?是认识情绪,特别是调适情绪的重要的前提。从自身的角度,还是从咨询师、心理师的角度都需要有这方面的知识。首先我们要有健康情绪的标准:

(1) 情绪稳定是原则

心理学强调人格稳定是人心理健康的前提。情绪稳定表明一个人的中枢神经系统活动处于相对的平衡状态,也反映了中枢神经系统活动的协调。一般来说,情绪反应开始时比较强烈,随着时间的推移,反应逐渐减弱。如果反应时强时弱,变化莫测,经常处于不稳定状态,则是情绪不健康的表现。

(2) 自我管控有能力

健康的人是完全有自控能力的。健康的情绪是受自我调节和控制的。情绪健康的人,应是情绪的主人,可把消极的情绪转化为积极的情绪,也可把激情转化为冷静。

(3) 情出有因能理解

心理学界定的正常行为就是大家认可的行为,同样,任何情感情绪的产生与发展必须由一定的原因引起。例如,可喜的现象引起欢乐的情绪;不幸的事件引起悲哀的情绪;挫折引起沮丧的情绪;等等。无缘无故的喜、怒、哀、乐,莫名其妙的悲伤、恐惧,就不是情绪健康的表现。

(4) 表现恰当不过分

一定的刺激会引起一定的情绪反应,反应和刺激应该相互吻合,例如因成功而喜悦,因失败而痛苦,该高兴就高兴,该悲哀就悲哀,但程度和持续时间都不过分。假如失去亲人还哈哈大笑,或者受到挫折反而高兴,受到尊敬反而愤怒,则是情绪不健康的表现。

(5) 反应适度少伤害

大家都知道,负面的情绪对自己对别人,甚至对家庭对社会都可能造成伤害。情绪表现的持续时间和强烈程度都应适当,不能无休无止地没完没了,也不能过分强烈或过于冷漠。刺激强度越大,情绪反应就越强烈;反之,情绪反应也就越弱。如果微弱的刺激引起强烈的情绪反应,则是情绪不健康的表现。情绪的伤害越大越广泛,这当然不是健康的情绪。

(6) 心情愉快是基础

以愉快的心境为主,积极情绪多于消极情绪。如果一个人经常情绪低落,愁眉苦脸,心情郁闷,则是心理不健康的表现。

4. 情绪问题和情绪障碍

心理学上对心理正常与心理异常(疾病)的划分有三个原则:一是人格要相对稳定,江山易改本性难移,人格随意改变则是病态;二是与环境协调一致,一人走进灵堂看众人都在悼念亡者,他却载歌载舞喜形于色,当然是病人所为;三是与刺激的原因相适应。像上面说的亲人去世反而哈哈大笑,显然是病态啦。情感情绪正常与疾病的划分同样遵循这三个原则。所谓的情感障碍或者称为情绪障碍就是病态,常见的情绪障碍有情感淡漠、情感高涨、情绪抑郁、情感倒错、情感爆发、病理性激情以及焦虑恐怖等等。

情感情绪方面的疾病属于精神医学研究的范畴,本节重点要讨论的是情感情绪问题。情感情绪问题属于心理问题,心理问题可以根据自我感觉不适的程度,持续时间的长短、对工作和社会功能影响的程度,确定为一般心理问题、严重心理问题和类神经症性心理问题。

情感情绪问题也可以参照心理问题的分类原则相应地分为三类,即一般情绪问题、较重情绪问题、极重情绪问题。一般情绪问题:生活中的平常事情,一般的怒、哀、忧、思、悲、恐、惊,对睡眠、日常生活、上班工作影响轻微,时间短,恢复比较快。较重情绪问题:事情比较突发,例如失恋、吵架、工作失误等等,自我的负面感觉比较重,对睡眠、日常生活、工作影响比较大一些,持续时间一周左右。极重情绪问题:生活事件、工作严重失误等等导致自我负面情绪偏重,有躯体化的一些症状,对日常生活和工作以及社会能力影响比较明显,持续一周以上,自我感觉已是"病态"。

具体可以根据上面的健康的情绪标志逐条对照,即可判明情感情绪问题的是否存在,初步确定严重程度,予以相应的处置。

二、成人情绪与儿时体验

1. 成人情绪问题源于儿时创伤

一位女孩出生半岁时妈妈就给她断了奶,把她送到外婆家,由外婆照顾,3岁后才回到妈妈身边。好长时间都难以融进妈妈的亲情中,见到妈妈总有那么一点生疏感,还特别小心翼翼,生怕自己做不好事情,惹妈妈生气,胆子也小,不敢大大方方地处人、做事,也很少与邻居、外人说话,更少与别的孩子一起玩耍。长大以后依然很孤僻,朋友少,话也不多,到哪都没有安全感,对环境特别警觉,大事小事都爱烦,常常为一些小事情焦虑。早上怕迟到,焦虑;上课担心听不懂,焦虑;考试,肯定焦虑;朋友一个脸色,她也焦虑;老师表扬了别人,她也焦虑……没完没了,除了焦虑,还是焦虑,几乎没有一天好日子。后来因为考试失败,她居然得了"焦虑症",同时伴有抑郁状态。正好放假,否则就要休学了。

她为何没完没了的焦虑啊？一岁半以前的她应该待在妈妈身边,她才会有安全感,到了外婆家,虽然外婆也是家人,但毕竟不是妈妈,妈妈凶一下孩子,孩子能承受,可婆婆骂孩子,孩子就会受到伤害。她在依恋期就受到伤害,自然影响她一生的健康,尤其是心理的健康。

2. 成年的情绪问题多跟早期的经历有关

做心理咨询时间长的人都知道中国古话所说"三岁看大,七岁看老"的道理,成人以后的很多事,特别是心理方面的很多事都跟童年的经历相关。比如,女孩子的性冷淡常常与从小的性肮脏的性教育有关;成人后交往困难与小时候"人言可畏"的教育过多有关;强迫性人格,跟小时候过于认真、刻板的要求或影响有关;成人仍然胆小,跟童年父母讲鬼怪故事或看惊恐影视片太多或有其他的恐怖经历有关;容易焦虑的人从小就有过很多没有安全感的时光;成人后怕这怕那自然跟从小的过度保护有关;恐惧症患者恐惧的对象从小就差不多"认识",怕狗者从小被狗吓(咬)过,怕水的人从小掉进过水中或者差点溺死,怕火的人小时挨火烫过;等等。

人小时候的记忆力特别好,会记住小时候的经历,或者储存于潜意识之中。小时候人的心理特别脆弱,较容易受伤害。人的早年经历,尤其是创伤体验成年后的再现,我们称其为"体验回归"。小时候的伤害性的体验,或者是特别深刻的体验,在现实中出现相似的场景时,会形成"时光隧道",回归过去的深刻体验,即所谓的"触景生情"。所以强调儿童心理卫生,儿童不要溺爱,不要过度保护,但要细心保护,努力减少童年的伤害,才能保证孩子一生的心理健康。

三、成人情绪的调适

1. 合理控制情绪

情绪调节是人适应社会生活的关键机制,对人的心理健康具有十分重要的意义。不同的心理学家对成人期的情绪进行了不同的阐述,如埃里克森、莱文森等普遍认为,成人存在生理机能下降与终身教育的迷思、工作与学习的混淆、工作与家庭生活的冲突等情绪困扰有关,需要成人增进自己的积极情绪体验,做情绪的主人,合理重构情绪以及建立自我支持系统,从而促进身心健康发展与事业的成功。

人们在各种不良情绪出现时,要采取相应措施进行调节,以保持情绪的稳定。当遇到特别高兴的事时,要立刻控制感情,使之不过分激动。当要动怒时,可立即离开当时的环境和现场,转移注意力,用"如此动怒犯不着"的想法压住怒火。当悲伤万分时,就干脆痛哭一场,让泪水尽情流淌……

成年人受到不公待遇,要自己扛;受到批评和排挤,要装作若无其事;犯了错被骂了,还依旧要笑脸相迎;只是心里的苦涩,只有自己知道而已。成年人就是这样,很多的情绪都没有办法去辩解,也没有办法向谁诉说,所有的不良情绪就只能告诉自己忍一下,然后就真的忍过去了。真正的成熟,不是没有情绪,是会合理地控制情绪。

控制情绪说起来是一件容易的事情,可是实际做起来,却是难之又难,但这是每个成年人的必修课。做一个情绪稳定的人,是我们在社会上生存的必备法则。因为忙碌的世界大家都忙碌,所以没有人有兴趣去迁就一个陌生人。我们能做的,就是自己好好地照顾好自己,不拖累别人,也不因为情绪而使我们错过人生中很多的机会与选择。

成年人的情绪自己调节,慢慢成长,一步一步地变得更好、更优秀、更坦然。这就是生活赋予每个成年人的意义吧!

2. 有效的情绪调适策略

研究认为,有半数以上的心理疾病或由心理疾病而导致的生理疾病,都是由不良情绪反应造成的。良好情绪的调适还能帮助成人更好地适应社会环境,维护满意的人际关系,是成人取得事业成功,保持家庭和睦的有效保证。

(1) 增进自己的积极情绪体验

增进自己的积极情绪体验是发展共同积极人格、积极力量和积极品质的一条最有效的途径。积极情绪就如良好的情绪调节,首先它能扩大个人在特定情景条件下瞬间的思想和行为指令系统,帮助个体建立起持久的个人发展资源,包括身体资源、治理资源和社会资源。这些资源从长远角度给个体巨大的帮助,如能使个体充分发挥自己的主动性,充分体验愉悦、满意、爱等积极情绪状态,促进个体积极健康地发展。其次,积极情绪具有消除人的心理紧张的作用。在一般情况下,每个人的人格中都存在一些弱势的因素,日常生活中出现一些消极情绪是不可避免的。增进自己的积极情绪体验就可以释放由消极情绪造成的心理紧张,使积极情绪体验的扩建作用得以实现。

(2) 做情绪的主人,接纳自己的情绪

要以平静的心态认识自己产生不良情绪的必然性。我跟别人一样,不可能天天都是好情绪,总会有情绪不好的时候。要学会承认,学会接纳,允许自己去感受去分析情绪的变化,学会适当地抒发,既不压抑,也不放纵。要认真思考,想到最坏的结局,对事情的发展有充分的心理准备。

(3) 合理情绪的重构

根据艾利斯的 ABC 理论,A 是事件,B 是认知、评价,C 是反应、行为。不合理的情绪产生于不合理的认知和评价,用正确的认知,积极现实的陈述抵抗不合理、消极的思想,通过积极的思想来控制消极的情绪。

(4) 建立自我支持系统

支持系统是成人面对压力与情绪困扰时，能适时获得亲人、朋友给予金钱、物质、精神或感情的倾诉、抚慰等。自我支持系统有家庭的支持，朋友的支持，单位同事的支持等等。

(5) 合理情绪技巧的学习

心理学认为情感和情绪的意义是相近的，可以互用。我们定义的情感和情绪，情绪是情感的表达，区别还是比较大的，情感是大脑对情能量的一种感知和体验，受早期形成的潜意识中的"内部工作模式"的影响，而产生相应的感觉和体验。情绪虽然主要以情感作为模板来表现，但是受文化、环境和个人价值观等理性的影响巨大，情绪的"虚假性、掩饰性"是一种表演的技巧，每个人在其社会化的过程中，很自然的都在学习这种合理情绪表演的技巧。学习的好坏体现一个人的成熟与否，也决定个体社会适应能力的强弱。

四、成人情健康追求

(一) 成人心理能力的提高

人的情绪管控能力是心理能力的一部分，心理能力强大者，情绪的管控能力也自然强大。所以从儿童时期开始就要强调心理能力的提高。

人从正常到反常再到异常，是长期的情绪积累的过程，最终从量变到质变，但最后造成的后果却在一念之间。也许有人会说人的脾气有暴躁有随和，不是教育的结果。是啊，人与人的体质、性格是有差别，但如果孩子在成长中积累的负面情绪少，孩提时代的"情绪地雷"在妈妈的爱心和耐心中被智慧地排除，就会很少有被引爆的可能。就像手枪没有子弹，再怎么扳动都不会造成杀伤。

我们会因为失去美好的东西哭泣，会因为得到满足而喜悦，会因为得不到满足而沮丧，还会因为受到羞辱而愤怒……这些五彩缤纷的感情，让我们的生命充满灵性和生机。

一个人的情绪特点可以说是心理健康状况的综合体现。情绪色彩指的是一个人常常体验的主要情绪是哪些，有的人以积极愉快的情绪为主，有的人以消极不安的情绪为主，有的人则具有更加复杂的情绪色彩。管理情绪的能力是情商的核心内容。能够适当地管理自己的情绪是心理健康水平较高的表现。而无法调控自己的情绪，可能会带来各种生活困扰。一个人的情绪特点受到很多先天、身心因素的影响，而管理自己情绪的能力是可以从小就进行培养的。受到各种因素的影响，有的人容易具有波动的、消极的情绪，导致情绪调控比较困难，这些人当然更需要培训自己管理情绪的能力。

情绪有消极的和积极的。我们的生活离不开情绪，它是我们对外面世界正常的心理反应，我们所必须做的只是不能让自己成为情绪的奴隶，不能让那些消极的心境左右我们的生活。情绪也可以渗透到人们的思维过程,影响决断。过度激烈的情绪反应对个人的工作、身心也有不良的后果。因此,懂得调节和驾驭情绪,也是情绪智能的重要组成部分。实际上也就是要不断提高我们的心理能力,促进我们人格的不断成长,豁达、坚强,面对生活中的一切变故,享受人生,享受快乐。

(二) 情绪与身心健康相关

思想和情绪会影响我们的健康,这已经不是什么新闻了。在近几十年间,身心医学已经从"旁门左道"差不多进化成"陈腔滥调"了。不过,情感与健康之间的关系,比我们大多数人想象的更加有趣,也更加重要。通过 21 世纪的科学研究,我们知道焦虑、孤僻和绝望不仅是一些感觉,爱、平静和乐观也不是说它们就像肥胖症或一般的身体健康问题一样,都只是影响我们健康的生理状态而已。而是的的确确影响到我们整个身体的状态,通过心身互动的机制,非健康的心理状态引起不健康的生理状态,以致产生疾病。

世界卫生组织指出:"健康不仅是没有病和不虚弱,而且是身体、心理、社会三方面的完满状态。"为此每个人要想身体健康,必须要具有健康的心理,良好的情绪。良好的健康情绪体现在日常生活与工作之中,如"人逢喜事精神爽""笑一笑,十年少"等,这都是对良好情绪功能的肯定。若遇事过于悲伤,甚至产生"敷衍"地活下去的情绪,这种生活态度或情绪是有害的。所以说,人应该学会"自作多情""自得其乐",这同人体健康密切相关。因此有人提出贵在"七乐",即:宽以为乐、动中取乐、静中得乐、爱好多乐、知足常乐、天伦之乐、健康是乐。这"七乐"做到了就有利于健康。

而非良性的情,如喜、怒、忧、思、悲、惊、恐等以及相应的情绪就有损健康。如过喜情绪会伤心,这是因为过喜,如突然大笑则有可能使心脏病患者引起心脏停止而死亡;久思情绪会伤脾,是因为久思使人气血阻滞、饮食难消、胸闷等;暴怒情绪会伤肝,是因为发怒时交感神经兴奋,使血压升高,而副交感神经受到抑制,影响消化功能,则会出现头晕、头痛或胸闷、肋痛等;悲、忧情绪会伤肺,因为悲忧使人气魄不足,情绪低落、胸闷、气短、乏力;惊、恐情绪会伤肾,因惊恐使人肾气不固,心肾不交,甚至大小便失禁或是内心空虚、神无所附而慌乱失措。所以说健康的身体与健康的情绪有密切关系。

(三) 努力追求情绪健康

1. 美化环境营造好心情

健康和谐的氛围能促进中学生良好情绪情感的发展,家庭和睦,老师和蔼,同学合作,社会和谐,使中学生有适当的机会表达愉快的情绪,宣泄不良情绪,培养抵抗挫折的能力。外界环境也会引起情绪的变化。素雅整洁的房间,光线明亮、色彩柔和的环境,使人产生恬静、舒畅的心情。相反,阴暗、狭窄、肮脏的环境,给人带来憋气和不快的情绪。拥挤、繁乱、嘈杂的环境会使人紧张心烦,阴森、陌生、孤寂的环境会使人惊恐不安,而优美的田园风光、湖光山色则令人神采飞扬,美好的环境自然营造着人的好心情。

2. 脑的健康和功能正常

情绪稳定与心情愉快是心理健康的重要标志，它表明一个人的大脑和中枢神经系统处于相对的平衡状态，意味着机体功能的协调。如果一个人经常愁眉苦脸，灰心绝望，喜怒无常，则是心理不健康的表现。人生活在社会中，就要善于与人友好相处，助人为乐，建立良好的人际关系。人的交往活动能反映人的心理健康状态，人与人之间正常的友好的交往不仅是维持心理健康的必备条件，也是获得心理健康的重要方法。

大脑是人体最复杂的器官，各种情绪由大脑的不同部位控制，在所有部位协调运转的时候，就能让我们保持情绪健康和稳定，倘若发生故障也会给我们带来严重的情绪问题。大脑中的杏仁核、眶额叶皮质、脑岛及外侧前额叶皮层区域参与到了情绪的加工过程。

人体功能在大脑皮质上有定位关系，如感觉区、运动区等在大脑皮质上都有对应位置，实现大脑皮质的感觉功能和调节躯体运动等功能。大脑健康功能完善能准确地接受各种信息，进行科学的综合分析，对各种信息产生适宜的反应，并准确传递给效应器官，产生相应的活动，让自己表现恰当，反应适度。

3. 对情和情感的调适能力

（1）修正认知

正常的心理过程是认知、态度、意志、行为。根据艾利斯的 ABC 理论，不合理的情绪产生于不合理的认知和评价，用正确的或者是积极的认知，抵抗不合理、消极的评价，既能通过积极的思想来控制消极的情绪，也能带来正能量，获得积极情绪。

人与人相处，尤其是朋友相处，常常会出现误解。一个人对自己的情的感知是不会错的，自己不喜欢对方而产生的负能量的情感，自然不会产生出正能量的情感来。比较难的是对对方传递过来的情，产生的情感准确的程度就不一定了。特别是有误解成分的干扰，就可能出现错误，比较多的是把人家的好意理解成了坏心，相应的情感，伴随的情绪都成了消极的负能量，对自己，对别人，尤其是对朋友的友情造成伤害。实际生活中这样的事情常有发生。

坚持用好心、用善良去对待人，不要老是警觉性很高，总是认为别人是坏心眼、使坏主意，这样的话误解的事情自然会多。有些时候可能别人传递过来的情看起来是负能量的，但把它看得正一点，或者就直接看成是正能量，结果呢，大家也都得到正能量，至少也避免了负能量消极因素的伤害，这有何不好？

（2）调理情感和情绪

心理学家常常说，调理修正情感和情绪是情感情绪管控的积极方面，而且修正情感比修正情绪更积极，因为真的到了情绪需要修正的时候，情感已经伤害过自己了。事实上我们在前面说了那么多情绪管控，没有说什么情感管控的事，其实在一般人的心目中，情绪和情感并没有分得很清楚，而且其他学科对情感和情绪的定义与我们的定义也不同。许多地方都要求表达得非常明确还有一定的困难。

本书中对情感的定义仅指对情能量的一种感觉和体验,这种感觉更多的是源于幼年的经验,多半是潜意识层面的感觉,几乎是不需要意识参与的心理过程。要管控本书定义的情感是几乎不可能的,只能管控情绪。

想要过上积极向上的生活,就要学会了解自己的情绪。另外,想要让人生更加精彩,你就必须学会不断调整、完善自己的情绪。心情的舒畅与豁达是自己创造的,美好的人生也是靠自己努力得到的。只有更好地读懂情绪,才能让人生的道路更加光明。

(3) 追求丰满的情和爱

追求丰满的情和爱是每个人毕生的目标,是人们实现对幸福生活向往的最主要的内容。具体而言,就是亲爱、亲情、性爱、情爱、心爱、友爱、友情、人爱、人情等等,诸情诸爱都圆满。

第八章 情学教育和健康情文化

与人需要终身教育一样,我们提倡性也要终身教育,爱情也要终身教育,情也要终身教育。为了人们一辈子的健康和幸福,从小甚至从孕前开始就需要健康教育。中国人在古代就已经提出胎教,现代人也都相信,孕时妈妈和胎儿之间已经有丰富的情感交流,尤其是孕后期,母亲情绪的变化对胎儿的影响已经是众所周知。可见从孕期开始,母亲的健康尤其是母亲的性、爱、情的健康能在一定程度上决定着孩子的一生,尤其是孩子一生的性、爱、情的健康和幸福。所以,一生科学的情学教育及早实施何等重要。母亲开始对孩子的情学教育、家庭的情学教育、社会的情学教育,对孩子一生拥有健康的情和情感生活十分重要。母亲具有情学知识,家庭拥有科学的情文化氛围,自然就形成了全社会科学的情文化。

普及科学的情学知识,加强情学的科学研究,全社会努力缔造科学的情的文化,也是促进社会文明建设、满足人们对幸福生活的向往的一件大事。

第一节 胎教和早教

一、孕期胎教

1. 中国是世界胎教最早的国家

中国古代胎教学说是中国教育宝库中的一颗璀璨明珠,中国是世界胎教学说的策源地。远在3000多年前的殷商时期,中国就有有关胎教的记载;春秋战国时期有众多先哲对胎教理论进行过探讨;汉代是我国胎教思想的发展时期,其丰富的胎教思想对后世中国胎教思想与人口结构的发展变化产生了深远的影响,为我国优生学的发展做出了重要贡献,其中德育胎教、环境胎教与重男轻女的胎教观对中国后世胎教思想与人口结构的发展变化产生了深远的影响。

中国胎教的观点也得到外国著名学者的首肯。中国古代胎教学说具有毋庸置疑的科学内涵和科学机制,胎教学说的理论基础"外象内感"理论是无可辩驳的科学哲理。将胎教与养胎、护胎有机地结合在一起是中国古代胎教学说的一大特色。中国古代胎教学说对于当今的优生优育工作具有可借鉴的价值。

胎教作为一门历史悠久的学说,千百年来一直受到包括医学、教育学、哲学、文学等众多领域研究者的关注。国内外大量的胎教观察和实验研究已经证实,胎儿对胎外的刺激具有规律性的或躁动或平稳的胎动现象,这就为孕妇对胎儿进行胎教提供了有力的科学依据。随着早期教育越来越受到重视,许多准父母在胎教方面进行了不同程度的尝试与探索。

中医胎教是中医学的重要组成部分,有着悠久的发展历史,逐月养胎方是一套完整的胎教体系,不仅是古代中医胎教的精华,而且给现代产前健康教育以很多启示。中医胎教的基本理论概况为慎始正本、协调平衡、外象内感等三个方面,从心性修养、饮食调理、起居调摄、审施针药等四个方面进行系统总结,以期提出一些指导性的建议,对国民的优生优育观念和方法进行完善。

2. 胎教及对胎儿的作用

胎教,其实就是指孕妇对自己的身心进行调节,使之达到一个健康和舒畅的标准,从而使胎儿在母体中健康良好地生长发育。国内外大量科学研究为孕期胎教提供了一定的理论基础。随着医学模式的不断转换,医学理念也在不断向多元化方向发展,为现代科学合理化胎教提供了新的灵感与思路,即以孕期检查、孕期营养、孕期心理为基础胎教,以孕期适时给予胎儿感觉系统适宜刺激为感觉胎教,以孕期知识的摄取、文化的熏陶为思维联想胎教。这样多元化的胎教方案,将会为促进母儿身心健康,提高出生人口素质做出贡献。

胎教是优生学的一个重要环节,优生就是指通过改善人类的遗传素质,生育优质的后代,即生一个健康、聪明的孩子。胎教和优生有一定的区别和联系,胎教是优生的一种手段,优生是胎教的目的。

为探讨胎教调节母体的内外环境,促进胎儿发育,提高人类素质,达到优生,有研究对50名孕妇实施胎教。方法:孕前进行胎教知识宣传,孕期、围产期施行胎教并进行整个孕期的监护。采用胎教与饮食结构、分娩方式、产科并发症、产后喂养情况、新生儿体重以及儿童动作、语言发育等项分组比较。结果:50名妇女中有40名在胎教时胎动增加,50名在听胎教音乐时感到心情舒畅,有30名生产后的新生儿当日至1个月在哭闹时听到胎教音乐哭声停止能安静入睡或吃奶,胎教可以减少产科并发症的发生,提高新生儿体重($P<0.01$),胎教儿较对照组儿童爱唱、爱跳,易于接受他人。结论:孕期进行胎教可以减少产科并发症的发生,提高新生儿体重,可以刺激胎儿感觉器官的发育,特别是音乐胎教能使婴儿在出生时就具备良好的感觉功能。

一项科研利用四维彩色多普勒超声探讨胎教对胎儿血流及行为活动的影响,方法:选取孕期体检的89例孕龄在23周以上的健康胎儿,所有胎儿均进行胎教,采用四维彩超评价胎儿胎教前后大脑中动脉、脐动脉、主动脉及心输出量等血流动力学变化,并对其行为活动进行评分。结果:胎教后胎儿胎动例数及胎动强度明显强于胎教前($P<0.05$)。胎教后动脉阻力指数(RI)及收缩期/舒张期流速比(S/D)均明显下降($P<0.05$),胎教后心输出量较胎教前显著增加($P<0.05$),胎教前胎儿平均生理评分为(7.18 ± 1.51)分,显著低于胎教后评分的平均值(8.41 ± 1.91)分($P<0.05$)。结论:23周孕龄及以上健康胎儿行综合胎教可明显改善胎儿血循环,增加心脑血流量,促进胎儿发育。

另一项科研评价胎教对新生儿神经行为的影响,结果证实孕期进行胎教可以刺激胎儿的感觉器官,促进胎儿神经系统的发育,使婴幼儿发育商提高。

在探讨胎教音乐对孕母的健康和胎儿生理和智力发育影响的一项研究中,得到这样的结论:胎教音乐能使孕妇产生平静、放松的情绪反应,伴随着情绪活动发生一系列的生理变化,胎儿胎盘循环阻力下降,灌注胎盘的血液量增加,这样的血液动力学改变有利于增加对胎儿的营养物质和氧气供应。胎教音乐无论是对孕母的健康,还是对胎儿生理和智力上的发育都是有益的。胎教音乐可以使胎动时间延长,并证明在胎儿后期即存在条件反射;胎儿出生后能够再认胎教音乐,说明在胎儿后期已经存在听觉记忆;胎儿的性别及神经活动类型是影响其对音乐反应的重要因素。

再一项研究的目的是探讨母亲孕期胎教情况与学龄前儿童行为问题的关系,研究证实,母亲孕期进行胎教,尤其是音乐胎教和语言胎教,有利于减少学龄前儿童不良行为问题的发生。胎教对成人行为效果则差异显著,表明胎教的远期效果是存在的。

还有一项研究探讨了孤独症儿童的人口学特征、孕期分娩状况及不同胎教方式的差异及对孤独症谱系障碍（ASD）的影响，结果表明，音乐胎教、语言胎教、抚摸胎教和光照胎教来看，健康儿童的胎教开始时间均早于孤独症儿童（$P<0.05$）。提示孤独症具有遗传易感性，外部环境如胎教可能会对其发生产生影响，因此要关注孕期胎教，可以减少孤独症的发生。

3. 胎教是亲子依恋关系的基础

母亲满怀积极期待的心理，怀了自己十分想要的孩子，从一开始就能与孩子建立良好的情感联系。在整个孕期，母子之间通过胎教都能保持一种积极的情感互动，随着胎儿的发育长大，母亲与孩子之间的依恋关系逐步建立，并保持越来越频繁的交流和相互的感应，尤其是随着胎儿的长大，大脑和神经发育得越来越完善，对母亲的爱和情的感知能力越来越有效，母子的情感互动越来越频繁，为出生后的母子关系，尤其是亲子依恋打下良好基础。

人们通常认为母亲和胎儿才有沟通和相互影响，事实上准父亲对胎儿的影响也很大。研究认为亲人间的脑活动是能够相互影响的，尤其在妊娠后阶段，母亲能影响胎儿，准父亲的心理活动也能影响胎儿。这种影响可以是直接的，也可以通过对母亲心理状态的影响间接影响胎儿。准父亲与母亲一道时刻关注胎儿，积极实施胎教和"娩教"。尤其在分娩时若能始终和妻子一道关注胎儿，会促进生理产程，减少分娩的困难，并使母亲和胎儿获得良好的分娩体验，会更有利于日后胎儿心理的健康发展，有利于日后母子依恋关系的建立和发展。

二、分娩中的娩教

产妇心理状态稳定是良好分娩过程的基础。

1. 分娩时的母子依恋

分娩时关注胎儿是很重要的事，是母子依恋关系得以发展的关键时刻。现实中即使是孕时深爱孩子的母亲，分娩时也会把孩子忘到一边，而只注意分娩是否顺利、产程是否安全、分娩中自己是否痛苦等等，所以必须由医护人员或陪同人员（尤其是产妇的丈夫）不断提醒产妇从一开始就去注意胎儿，设想产程中母亲与胎儿的每一次合作，密切关注胎儿的安全，用意念鼓励胎儿经受考验，用意念引导胎儿做出主动的配合。孕期母子之间已经建立了心理上的联系，进入产程以后，母子心理上的联系不要中断。这对母子都很重要，双方能互相影响、互相配合、互相鼓励，在一定程度上促进产程的顺利，也有利于产后母子关系的顺利发展。产妇的注意力全部集中于胎儿、集中于产道，不仅能调动胎儿的积极性，也能充分发挥自身产道的生理功能，改善局部血流和产道状态，同时也能消除了产妇自我紧张和恐惧心理，从多方面促进产程顺利进展。

2. 做好产妇的心理卫生

1）认知法

对产妇进行产前指导，给她们讲解必要的产科知识，如：妊娠过程和产前各项检查的情况、分娩过程中各产程的要点、产妇如何与医生相互配合、如何使用正确的分娩技巧等等。必要时亦可请有经验的产妇给她们说说自己的分娩体验。向产妇介绍现代产科技术，证实分娩过程的安全性，纠正产妇对分娩过程的不正确认识。例如有人受"生孩子是女人的鬼门关"等意识的影响，会很自然地产生惧怕心理，所以要做好解释工作，使她们认识到那是对科学技术落后时代而言，已不适用于有先进产科技术的今天……

2）松弛训练

产前进行松弛训练，使产妇产前就学会放松自己，包括身体的放松和情绪的放松。身体的放松和情绪的放松都可以缓解紧张。因为分娩时的紧张和不安往往使心率加快，呼吸急促，并通过中枢神经系统而抑制子宫收缩，使子宫收缩无力，产程延长。情绪紧张会引起交感-肾上腺系统兴奋，导致体内儿茶酚胺大量释放，使血管外周阻力增加，血压增高，胎儿发生缺血缺氧，宫内窘迫，影响正常分娩。经过松弛训练的产妇，临产时就会知道怎样去放松情绪和身体。产程之中，助接产人员还可与产妇不断交流信息，充分利用生物反馈的原理，指导产妇怎样松弛，怎样收缩、用劲，以完成产程的良好配合，顺利分娩。

3）优化分娩环境

分娩场所应为产妇提供各种适宜的感觉信息，如优美的音乐旋律，鲜艳的色彩，亲人的耳语、厮磨和爱抚，产妇与亲人间、与助接人员间的感情交流等等。良好丰富的分娩环境可以振奋产妇的身心状态，转移产妇对分娩过程的过分注意。丈夫陪伴产妇会有很好的效果，能给产妇很大的心理支持。

分娩时不要给产妇各种不良刺激，诸如"公婆希望你生个男孩子""某某是剖宫产生的，你要不要做剖宫产"等等。另外，亲人过分的关注，丈夫和母亲等亲人的担忧、紧张等，也会给产妇造成巨大的心理压力，均需注意克服。

4）正面暗示

分娩室气氛活泼，亲人、朋友、助接产人员轻松随和，经常注意给产妇提供一些良好信息。陪伴人员和助接人员不要交头接耳，神色慌张，即使遇到紧急情况，也要镇定，不得人为地给产妇制造紧张气氛。分娩时产妇会以全部注意力，捕捉着环境中的一切信息，正常信息对她们有正向的心理暗示作用，而轻微的不良信息即可激起产妇严重的负向暗示效果，导致产妇紧张和恐惧。尤其医务人员更不可言语轻率，举止粗暴，不宜当着产妇讨论病情，分析后果，设想各种意外情况；不宜当着产妇的面向家属交代病情，或要求备血，或手术签字等等。

5）鼓励宣泄

对待分娩的紧张、恐惧和产妇心理上的压力，各有不同的宣泄方式。有些妇女遇到困难时喜欢丈夫的搂抱、亲吻、爱抚；有些妇女喜欢从她所喜爱的乐曲中得到慰藉；有些妇女喜欢吃上几口爱吃的食品，或者从其他的特殊嗜好中得到安慰；有些妇女喜欢哭上一阵，使情绪得以平静；也有的喜欢大喊大叫，甚至骂人、撕物，来发泄自己的苦闷。如此等等，各位产妇情况不一，宣泄方式形形色色。家属和医务人员必须了解这些情况，这些并不是产妇们有意胡闹，而是她们希望通过各种独特的方式来恢复自己的心理平衡，减少自己的痛苦。正常人应该理解和宽容她们。助接产人员在不妨碍其他产妇的情况下，应尽可能对产妇们各自奇特的宣泄方式予以容忍，甚至给予鼓励。

6）无痛分娩的培训

包括端正对分娩过程的科学认知，积极期待新生命的到来，孕期催眠、气功、静坐、冥想、放松等等相关训练，临产前进行无痛分娩的强化训练，对无痛分娩产生强烈期待，让分娩过程真正的顺利、无痛。

无痛分娩的心理学干预其实就是要重新返回它的自然过程，分娩有痛是心理暗示造成的，是人类的"生孩子必痛"文化造成的，重新使用心理干预的技巧，消除前面的负面的暗示，可以是正暗示，或者是重建科学认知，或者给予巨大心理支持，强化自然分娩无痛的信心。

三、出生后的亲人影响

出生以后母子关系就是孩子的整个世界，对孩子太重要了。一位英国福斯特医生做过试验，他对6 000例母婴进行两年的观察研究，发现那些出生后立即交给母亲怀抱的新生儿比没有这样做的其他婴儿哭得少、睡得好，哺养更顺利，孩子的精神也比较安定。他认为刚出生的那几分钟和几小时对于促进孩子与父母建立情感联系是最为理想的"敏感期"。此期父母对孩子高度关注，让父母与子女尽早接触，建立情感联系，能产生长远影响。

与成人相比，孩子显得那么弱小、稚嫩。孩子依偎在妈妈怀里，贴在妈妈的左胸前，在妈妈温暖的怀抱中，聆听着妈妈规则的心搏节拍，追忆那幸福的宫内时光，憧憬着未来的生活。只有再听到爸爸那洪钟般的嗓音，吮含着妈妈的乳头，由妈妈紧紧地拥着，才能安然地睡去。

人类的新生儿是很娇弱的，虽然不能像动物那样一生下来就有行动的能力，但孩子感觉器官和神经系统已经发育得相当好，对外部的许多刺激已能感知并做出反应；已经有进行独立的生理活动，如呼吸、营养和排泄的功能；出现了大脑皮层下中枢的本能反射活动，如食物反射、吞咽反射、定向反射、防御反射以及抓握反射、惊跳反射、强直性颈反射、巴彬斯基反射等十几种无条件反射。正是依靠这些反射来进行体内生理活动和对外环境的最初适应，并在外界刺激的影响下很快与周围环境建立新的联系，逐步出现了条件反射。条件反射是大脑皮层的活动，生后2周左右即可建立条件反射。随着大脑皮层细胞的逐渐成熟和外界刺激的不断增加,出现的条件反射不断增多,范围也越来越广。条件反射的形成是人行为模式建立的基础,其范围愈广、数量愈多,对孩子日后的心理发育和智力发展就越是有利。妈妈自然应该知道这些道理,想方设法这样去做,为孩子提供尽可能多的各方面刺激(信息)并积极鼓励孩子努力去做出反应。只要是孩子清醒的时候,妈妈与爸爸一道陪孩子、逗孩子,在父母和孩子亲密的接触和相处之中,一方面增加母子之间的亲密感,另一方面也在无形中为孩子提供了视听嗅味、触痛温凉各种感觉的方方面面的信息,有效地促进孩子相应感觉器官和功能的发育,帮助孩子建立更多的条件反射,在促进大脑和神经系统功能的同时,大大丰富着孩子的知识和对外界做出反应的能力。

出生没多久的孩子对一切事物都是用感觉来感受并用身体来记忆的。此外,这个时期的孩子是分不清自己和妈妈的,他会认为妈妈就是自己,自己就是妈妈。当妈妈情绪不好时,孩子也会不高兴;当妈妈开心时,孩子也会快乐。因此,妈妈始终要面带笑容、言语温存地对待孩子。只有这样,孩子才能信任妈妈,认为这个世界是安全、温暖的地方,也才能够健康成长。

如果妈妈是上班族,孩子更喜欢主要抚养人才正常。很多妈妈在孩子出生不久后就必须返回工作岗位,只好把孩子交给奶奶或保姆来看护。此时,孩子的主要抚养人就从妈妈变成了其他人。当把孩子交给别人看护的时候,最重要的是要有一个人自始至终地照顾孩子。看护孩子的人经常变更或按时轮换会使得孩子在气味、声音等感觉方面得不到规律性的刺激,不利于情绪发育,也不利于孩子爱恋关系的确定。

在孩子一岁半之前,孩子的依恋中,依恋的对象最好还是自己的生母,利于确定一生良好的母子关系,尤其是男孩,对母亲的依恋情感对他一生的情感生活有重要影响。孩子虽然有很多时间不是妈妈带,但妈妈一定要尽可能多地照看孩子,尤其是晚上尽可能与孩子睡在一起,多跟孩子亲热一些。自然而又科学的父母之爱和浓郁的亲情是孩子一生最重要的情学教育,现代的父母更是忽视不得。

四、儿童早期教育

婚姻是一个人的终身大事,人们对一生幸福的期盼几乎都与婚姻有缘。至于婚姻更涉及后代,而许多夫妻还缺少足够的关注。

俗话说"江山易改,本性难移",心理学也有类似的定律:人格相对稳定。中国人有个说法叫"三岁看大,七岁看老",我们还加上一句"十四岁看来世"。对人脑发育的研究证实,三岁是脑发育的关键期,也是儿童心理发育的关键年龄,一个人各种能力发展的关键期都在三岁左右。

我们做心理咨询几十年,接访来访者数以万计,发现他们的困惑和痛苦都跟他们的早期生活和家庭的影响、父母的婚姻、父母的教育密切相关。一位女性化的男人会有一位强势的妈妈或者是显著的女性环境;一位没完没了焦虑的女人,常常会有依恋期(1.5岁前)母女分离的经历,或者是常有父母吵架、打架等遭受惊吓的经历;一位缺乏自信的来访者,与父母从小的否定和批评过多相关;一位胆小的人士,常有经受儿童期虐待或抚养人苛刻对待的体验等等。

人们都知道,父母没有好婚姻,儿女将来的婚姻也别想有幸福;父母离婚,儿女常常也会离婚;父亲对女儿的严厉或虐待,拒绝或打骂,或者她从小就听惯妈妈奚落、谩骂自己的父亲,导致女儿从小对父亲就缺少尊重、缺少爱慕,对以后择偶会带来困难,婚后也很难幸福。

社会的教育、学校的教育,远远不若家庭的影响更为重要。父母是孩子的缔造者,既决定了孩子的遗传基础,也决定着孩子成长的早期环境和科学教育。父母除了自身素质、态度行为和教育方式对孩子的影响外,夫妻关系和婚姻质量也是影响孩子成长的关键因素。夫妻关系是家庭的轴心,更是决定孩子的人格和命运的关键因素。可以说,优秀的孩子只出生于幸福的家庭,也可以说婚姻质量的提高既可以满足人们的幸福追求,也是提高民族素质的根本。

多简单的逻辑啊!真爱、真情、真心相爱的夫妻建构幸福的婚姻,组成美满的家庭,出生更多优秀的孩子,将来才有更多更优秀的父母,民族素质才会一代一代提高。每对父母都想有更优秀的后代,每个国家都想更加富裕和强大,可见帮助更多的人建立好婚姻、努力提高全民的婚姻质量,永远是最重要的民生工程!

要培养出一个有健全人格的好孩子,父母的遗传是基础,父母和父母的婚姻所缔造的家庭环境起决定作用,早期的(家庭)教育起主导作用。笔者强调对孩子的爱的教育和情的教育更要尽早进行。

第二节 终生的性和爱情教育

一、终身的性教育

提出一生都需要性教育的理由就是因为人的一生都有性。自1905年弗洛伊德提出儿童性欲学说以来,学术界对儿童存在性欲和性行为应无异议。

(一)儿童性欲的相关论述

早在1879年,布达佩斯一位名叫林德纳的儿科专家,首先从科学角度观察幼儿吮吸拇指的现象,他把这一现象理解为性满足,并描述了它向其他更高级的性行为形式过渡的过程。这一阶段儿童的另一种性满足是生殖器的手淫行为,这种满足对成年后的生活仍具有影响。

弗洛伊德总结了学者们对儿童性行为的观察,提出儿童性欲学说。他认为儿童的性本能是由一系列因素构成的,可以分解为来源不相同的许多部分,主要来源是身体某些对刺激特别敏感的部位出现的适当亢奋状况,这些部位有口腔、肛门、尿道以及皮肤等感官表层和生殖器。弗洛伊德将儿童的性心理发展划分为五个阶段,即:口欲期(0~8月),肛门期(1~3、4岁);男根期(3、4岁~6、7岁);潜伏期(6、7岁~11、12岁);生殖期(12岁以后至成人)。前面我们已提及儿童性心理发育七阶段的分期。

(二) 各年龄阶段的性现象

1. 儿童手淫和其他性现象

如弗洛伊德所说,吮指也是性行为,婴儿期吮指占90%以上;男女儿童对外生殖器官的手淫也是时有发生。在12岁前手淫的儿童中,5岁前手淫的儿童占一半以上。儿童期性想象、性幻想、性梦和性游戏行为等等也颇常见。

2. 初恋的震撼

确切地解释初恋,可以这么说:对个人而言,真正有感情投入的、对非父母或抚养人表达的第一次爱恋之情,是在人的性器官原欲与发育成熟的生殖器官交媾欲,共同确立性器官性欲的霸权地位之后,在雄性激素激励之下第一次向非亲人异性表达的爱恋。其中绝大多数属于单向的恋情表达,或者是一方强力而主动,另一方不够强力但又欣然自愿或被动接受;少数是相互一见钟情,互为初恋。

人类乱伦禁忌的文化和道德的屏障作用,使孩子恋父母或亲人的激情遭到重创,但他们原欲的冲动、更强势的生殖器官交媾欲的冲动势不可挡,迫使他们在同龄人中寻找原欲对象的替代、亲情恋情的替代,于是有了初恋。

人们普遍认为初恋是刻骨铭心的,是震撼一生的,是单纯的爱、纯洁的情。有人会为初恋去力争到底,有人只能迫不得已地分开,现实中真正能走向婚姻的只是少数,绝大多数的初恋都是以失败告终。初恋对许多人而言是一生一世都忘不了的一种情感,很多人由于初恋的挫折而带来以后婚姻的困难,甚至影响一辈子的情感生活。

3. 成年之恋,多事之秋

传统的观念认为人类的两性关系、爱情生活仅仅是指成年以后的性活动和爱情关系,甚至仅仅是指在性激素引导之下的、以生殖器官交媾为主要行为的,以生殖繁衍为主要目标的两性关系。由此常常给人们造成一个印象:性和爱情是成年人的专利。

成年后,太多的人是以"门当户对""郎才女貌"来缔结婚姻的,说到爱情那肯定是"平平淡淡",既无挚爱,也无深情。有些社会学家常常鼓吹要像培养革命感情一样培养夫妻之间平淡的爱情,无爱情的婚姻也就变成了法律制度、伦理道德、责任义务的代名词。婚姻矛盾、分居、离婚等等司空见惯,许多人在婚姻中享受不到爱情,甚至更多是困惑和痛苦。

4. 黄昏恋的忽视

黄昏恋承受的压力更多,老人有性需求,但由于传统观念的影响,很多人都羞于启齿。随着社会和科技的发展,许多人开始重视晚年的婚姻生活,黄昏恋也逐渐得到社会的关注。现实中,年老而有正常性生活者比比皆是,黄昏恋的真实存在是性伴终生的有力证明。旧文化对黄昏恋的无情压抑是人类文明的一种倒退,是人类的无知和虚伪,也是对人性的扼杀。对于老年人的黄昏恋,社会和子女家庭应给予鼓励,老年人也要通过自己的努力重塑积极的人生态度,安排好自己的黄昏恋,享受幸福的晚年生活。

(三) 各年龄阶段的性欲内涵

从精子、卵子、受精卵到胚胎、胎儿,到儿童,到成人,到老年,伴随人一生的是原欲。要说原欲或力比多,是卵子、精子之间的一种吸引力。精子射入阴道后穿窿奋力游向卵子并钻进去,完成雌雄染色体的结合,形成受精卵;受精卵与子宫之间也有特别的吸引力,受精卵被一种力量送进了子宫;胚胎种植在子宫黏膜,发育成的胎儿以附着于母体子宫的胎盘与母体连成一体;胎儿与母亲虽然隔着羊水,但母子联系密切,相互的影响也众所周知。可以说,胚胎或胎儿的原欲投向了子宫,为日后恋母情感的形成打下了基础;新生儿带着性本能和性一起降生;他(她)经过一个重要的、可分作许多阶段的发育发展过程,形成我们所知道的正常男人或女人的性(原)欲。

根据弗洛伊德的原欲学说和现代的性学方面的研究,我们认为人一生的性欲随着年龄的变化有其相应的不同的内涵。儿童性欲发育的不同阶段,性欲的内涵是以不同进化或发育阶段的原欲满足的形式为主,例如出生前胎儿以获得皮肤和听觉的刺激为主,应该说是皮肤和听觉的原欲;新生儿口腔、鼻腔和视觉需要上升为主导地位,同时仍有皮肤和听觉需要;待到肛门尿道需要上升为主导地位以后,皮肤和视觉、听觉、口腔、鼻腔需要仍然存在;直到青春期发育完成,性器官的原欲和生殖器官交媾的欲望上升为主导地位或霸权地位,其他的原欲则处于从属地位;待到中年或更年期生殖器官交媾的欲望下降或消失之后,性器官原欲和其他的原欲依次重现其主要地位(生命轮回中的性轮回),而延续至生命结束。由此可见,原欲伴随一生,是性欲的重要组成。生命之欲和原性之欲既可分亦不可分,这也是性与命同在的一个证明吧。

认真比较儿童期、成年期和更年期、老年期性欲、性行为和性高潮、性体验多样性的内涵,就能明确各年龄阶段性欲内涵的区别,为实施不同年龄段科学性教育打下基础。

(四) 生物性进化和个体性发育

1. 生物性的系统进化

在宇宙大进化的蓝图中,现代五彩缤纷的生物世界向我们展示了生命进化的纷繁历程,在进化顶峰的人类个体的复杂结构和完善的机能中,同样包含了从生命最原始的形式开始的各个进化历程,人类性相关的方方面面的多元化现象就是证明。性欲也是一样,其不同进化层次都可能在个体中表达,性欲表达维度的差异又必然导致性欲满足层次的多样性内涵。

我们每个人都不是完全生活在现代的时空维度之中,在个体的复杂结构和完善的机能中,包含了生命各个进化历程,就是说生命进化的各个阶段被有次序地组织在个体的系统之中。不同维度(时间的、空间的,甚至更多维度的)生命的结构、运行的机制等等,也随着个体发育的过程,在不断地重演、复制或变异,直到将来或永远。进化是循序渐进的,原始的是基础,后来的是进化,生命的不同的进化层次又仍然包含在进化的个体层次之中。个体每一个单元,或者是进化中的每一个层次既可以在不同发育时期呈现,也可以在不同的发育维度固着或变异,这对每一个单元或自组织层次乃至整个生物个体而言,从最原始到最进化均可呈现一个谱系现象。这无疑造就了同一种群千差万别的个体,构成了纷繁的生物世界。人类的发育过程也同样,即使在能成活的个体中,系统进化序列仍然呈现谱系的表达,从而构成个体的千差万别。

人类从精子和卵子的结合开始以至一生,都有性,有性欲,有性行为。人的一生都在享受性欲的满足。不同的年龄,即使是到了成人阶段,性欲的满足仍然是有不同的层次。虽然受文化、环境等各种因素的影响,但缘于自身的因素仍然是最主要的,尤其多见的是个体发育中,性欲表达和性行为模式在重演其系统发生的过程中常常会发生停滞或者发生畸变,从而表现出形形色色的超越常态的行为,极端者常常构成相关的性变态。

此前我们撰写了数篇论文,阐述了人类性的方方面面的多元化现象,首先提出把人类性器官分为主要性器官、次级性器官和辅助性器官三个层次。主要性器官的交媾不仅能感受性快感,得到性高潮,还能完成生殖功能;次级性器官的交媾或接触可以感受性快感,也能达到性高潮,但不能完成生殖功能;辅助性器官只能感受一般的性愉悦,常人不能达到性高潮,当然不能完成生殖功能。

对成人性欲多元化内涵的初步研究,提出成人性欲是由生殖器官交媾欲、原欲(包括性器官原欲)、脑性欲和情(心)性欲组成,从生物性进化的视角论证人类性的组织结构、性欲构成、性欲表达(性行为)和性欲满足的不同层次,特别强调性欲表达维度与性欲满足层次密切相关,造成了性高潮内涵的多样性和性欲满足层次的谱系现象。

人类性多元化的研究,对性欲满足层次与性欲表达维度相关性的研究,对提高人们性高潮体验、提高性生活和婚姻质量、促进家庭和谐、加速和谐社会建设意义深远。

2. 个体的性发育是性进化历程的重现

对人类性发育的观察和研究发现,儿童性欲、性心理发育要经历从皮肤依恋期到性心理成熟期7个阶段后,才进入人类性的成熟阶段。个体性发育过程也可理解为生物性(原)欲的系统进化的过程,即经由皮肤、口腔、鼻腔、肛门、尿道、性器官原欲发育的过程自然反映了生物性进化的历程。可以说人类性的发育重演了也包含了生物性进化的历程及其不同层次的内涵。

对人类性方方面面多元化现象的讨论和探索,既证明人类性方方面面多元化现象的客观存在,证明人类的性包含了生物性进化的全部历程,包含不同的时空维度的变化,也证明在个体性发育时,在重演性系统发生的过程中,会发生停滞、固结、畸变等不同的情况,而发生相应维度的性欲表达模式,从而导致个体性欲满足层次的下移。

倘若个体在发育的过程中有发育阻滞的因素,造成不同程度的固着在某一个欲期,成年后对这一欲期满足的行为就相对张扬。例如,口腔欲的不同程度的固着,接吻和口交的刺激相对强烈,但一般不超过生殖器官交媾欲的强度,基本保持生殖器官交媾欲的主导地位,但若生殖器官交媾欲和原欲的表达受阻,口腔需要有可能会上升为主要地位,从而发生口淫癖之性变态。

人的一生不同年龄的性欲的内涵正反映了性的系统发育和个体发育的进程,或者说,人一生的性是生物性进化和个体性发育的活档案。也正因为人类的性包含了生物性进化和个体性发育的全部过程,所以人类的性才突出地表达为多元化的现象。

(五) 人类需要终生性教育

1. 强化一生都需要性教育的认识

过去的性教育是基于性腺体发育、性激素急剧增加引导了身体生殖器官的快速发育,在生殖器官原欲的基础上,生殖器官交媾欲愈益强烈,逐步形成性器欲的霸权地位。性冲动特别强烈,自制力和心理成熟度不够,特别需要性教育以帮助孩子适应青春期的到来。许多父母担心暴风骤雨一般的青春期的到来,总是希望给孩子巨大的压抑,宁愿"熄火",不能"爆发"。有些孩子最终会习惯于同性交往,要么性冷淡,要么对谈恋爱很淡漠等等,一生缺如人类爱情的极致体验。

我们提倡与生命同在的一生的性教育,旨在管好人一生的性。除了青春期的性,青年期、中年期的性,还有老年期的性,更要有少儿早期的性,甚至胎儿的性,精子、卵子的性等等,都要管好。保证一个人的一生既有命的福祉,也享受到性的福祉。所以性教育必须从孩子出生前就开始,青春发育期前的性教育更重要。

青春期的或青壮年的性教育,其目标也不仅仅是与生殖器官相关的性保健问题,与主要性器官相关的原欲和生殖器官交媾欲满足的问题,而且有更为广泛的性教育内涵。更显然的区别是,青少年和成年期的性教育是胚胎期、新生儿期、婴儿期和儿童阶段性教育的延续和发展。个体间的差异是很大的,不能千篇一律。成人的性也是多元化的存在,性教育应该包含所有的性元素,不宜偏废。

2. 少儿早期性教育

性教育不能只局限在青春发育期,而是要早到孕期、孕前,甚至更早。青春发育期前的性教育怎么教？教什么？由谁来教？诸多的问题都需要好好研究。原则仍然是根据性欲、性心理发育的不同时期，科学促进性生理和性欲性心理的健康发育，既不放纵，也不压抑。放纵了以后形成高欲望状态，甚至自己也难以自制，这样不好；但压抑呢？我们觉得更不好，在我们实际的情感咨询过程中，发现最多的是性冷淡、性高潮缺乏等等，大多起因于早期"性肮脏""性行为丑陋"等等教育，以致一生无以弥补。

为了提倡少儿早期性教育，我们在 1987 年撰写了《少儿早期性教育》的书稿，后来有机会送到我国著名的泌尿外科专家吴阶平教授手上，由他全文审校，亲笔题词推荐，由中国科学技术文献出版社于 1997 年 5 月出版发行。下面引用《少儿早期性教育》书上的两段话来重申青春发育期前科学性教育的重要性：

"在人类性欲性心理发育过程中，任何一个时期发育上的障碍，都能导致性心理障碍。性学家认为成人的性心理障碍植根于儿童，是儿童期性欲的反映，婴儿时期的性抑制，或者某一个欲期的过分刺激都会导致性心理问题而影响孩子的一生。"

"儿童从出生时起，个性心理状态就要在所处的环境中接受熏陶，完成性角色的认同，形成自身的性准则和性观念，儿童早期形成的性准则和性观念是成年人高度明确的概念和信念的基础，是影响成年性行为的主要因素，也是成人各种性问题和心理症状的基础。重视儿童发育期性教育旨在帮助和促进孩子性欲和性心理的正常发育，避免不良环境和各种不利因素的影响，并及时矫正性欲性心理发育的偏异，保证孩子性心理的健康发展。"

儿童性教育如何实施，性教育的内容、方法，性教育与年龄和性别的相关性，性教育与家庭、社会文化的适应性等等，都是需要注意的问题，尤其是对孩子的各种原欲的培养，既不放纵，也不压抑，促进健康发展是总的原则。在这个过程中还要注意把握好发育迟滞或系统进化有返祖迹象的有效干预，例如适当应用促进性器官原欲发育的措施或方法，可以避免原始原欲的固着或动物性行为方式的保留。

3. 青年期、中年期的性教育

性教育的目标已经不是一味地强调控制、压抑，而是如何提高，追求极致的性高潮体验，追求人类爱情的极致体验。为实现这一目标，在成年人的性教育需要注意些什么呢？

根据成年人性多元化现象，科学实施性教育，即是在原有性教育的基础上增加与成年人性多元化相适应的性教育内容。例如性器官、性别、性取向、性行为、性的调节和影响因素，尤其是对性高潮性体验多样性的内涵及其与性欲表达维度相关性的知识的学习，与性多元化相适应的性行为方式和性技巧的学习和应用，以及性高潮性体验和爱情体验及它们之间相互影响的评价知识的学习和能力的提高等等。

4. 老年期的性教育

老年期的性教育也应该受到更多关注，强调老年健康、人生幸福，关注老人的黄昏恋是一件挺重要的事情。

人到老年,虽说不再生育,但同样需要性爱。研究表明,除了某些特殊疾病之外,高龄男子可以将某种方式的性生活保持到70～80岁,60岁以上的男子有性欲者达90.4%,其中54.7%有强烈的性要求。性爱不是单纯为了繁殖后代,而是人类感情的需要,它可以给人以幸福、快乐与满足。不少性专家认为,人类的性行为并不受年龄的限制。男性和女性随着年龄的增加都可能失去若干性欲,两性性交的次数都随着年龄的增加而或有减少,但这大多数是由于对自己的性能力缺少期望、日久生厌和旧文化压迫的结果。

男女经历更年期到老年期,虽然生殖器官交媾欲减弱甚至失去,但原欲仍存在,身体和其他器官接触欲望相对高涨,体现原欲回归的一种趋向。原欲的存在,加上大脑功能,所以还能维持性生活。

俗话说"少年夫妻老来伴",对年长者而言,一般更多需要的是拥抱、抚摸、接吻等身体的接触,促进相关原欲的满足,同时也要注意通过亲情的发掘和培植来提升爱情的体验,更多一点体贴、关爱、尊重、互助等深厚的情感表达,爱情的体验才会更加的丰满和深邃。社会要大力鼓励黄昏恋,努力减少旧文化对老人性生活的负面影响,给他们科学的性知识,端正他们的性态度,让他们知道和谐的性生活有益于老年人的心身健康,其性要求和性行为如果受到不恰当的抑制、得不到应有的满足,就会引起精神上的烦恼和身体上的不适。老年人性生活的次数、时间和体位一般不应有限制,应让老人们享尽天伦之乐,体验人类的爱情生活。愿人类性多元化理念为老年人的黄昏恋幸福带来希望。

5. 残疾人的性教育

建议残疾人能读一读秦云峰、陈伟两位专家撰写的、1999年1月由中国社会出版社出版的《残疾人性生活和性健康》,这本书主要讲述了残疾和性残疾的种类、残疾人的婚恋、残疾人的性康复方法等内容。对各种残疾人的正常性生活的建立很有指导意义,残疾人都应该有自己的"性福",都应该为自己的正常性体验的恢复做出努力。

尤其是与性相关的残疾人,需要付出的努力会更大。他们因为性器官的外伤、疾病,或者是脊瘫及其他疾病,性交无能或性交时的感觉不能上传,都给残疾人尤其是性残疾人造成无"性福"的生活。已经有实验证明,脊瘫病人经过半年多的训练,就可以通过情色视听觉刺激、接吻、拥抱、抚摸乳房或其他敏感区域,获得相对满意的性高潮和性体验,使他们拥有正常性生活。这一事实说明由于神经阻断使感觉不能上传或组织结构及生理功能障碍而使主要性器官的生殖器官交媾欲和原欲完全失去以后,次级性器官的原欲经过训练得以提升,可以在一定程度上替代主要性器官的功能,获得次级性器官的性高潮。经过一定时间次级性器官原欲提升的训练以后,性高潮的体验质量越来越好,越接近正常性生活。人类性多元化的理念是残疾人性教育的理论指导,为残疾人的生活带来曙光。

二、终身的爱情教育

（一）天长地久情感生活的追求

真正人类意义上的爱情，情爱的体验更为深刻。动物重性、人类重情，已是人们的共识。一见钟情的现实证明了真正的爱情不仅包含现实强烈的恋情，更包含了潜意识层面强烈的亲情。替代的亲情和恋情的叠加构成了一见钟情的深刻体验。对人类爱情中情爱的追求，最关键的是追寻与原欲对象之间的亲情和恋情的重新体验。

儿童选择性对象的捷径无疑是以他童年期间那具体微妙的原欲爱恋对象为其对象。孩童与任何照料者之间的交往，除了给他们带来日益浓郁的亲情，还会源源不断地带给他性的激动以及原欲的满足。每个人潜意识层面对亲情的需要延续终身，尤其是与性欲牢固结合的亲情，或者说是性欲满足必不可少的条件——亲情的满足，何以替代呢？于是提出寻找能替代亲人的原欲对象的替代，从他（她）那儿得到亲情的替代。若是能互为原欲对象的替代，又同时都能得到替代的亲情，让童年的体验重现，即同时能体验性爱和情爱带来的巨大快乐，则必能享受最完满的人类爱情。

情感的配合默契是保证爱情持续婚姻美满的重要条件。俗话说"夫唱妇随"，就是要两个人配合默契，协调一致。两人之间情感的付出和情感的接纳完满契合，一方付出的正好是另一方需要的。双方的长期的契合就是一种缘分，是持久爱情的最有力的一种保障。例如，父亲和女儿型、哥哥和妹妹型、母亲和儿子型、姐姐和弟弟型等等情感类型的配合，都是更容易获得情感配合默契的配对模式。

完满的性高潮是人们对爱情生活的普遍的一种追求，人们通过性行为享受性爱给双方带来的巨大的身心愉悦，享受那灵肉结合的、欲神欲仙的极乐体验。然而人们对爱情的真正追求还不仅仅是做爱时那几分几秒享受性爱的快乐和满足，朝夕相处、长相厮守，长达几十年的爱情生活，更应该是人类最为重要的一种追求。享受婚姻、享受爱情、享受天伦之乐，人类更注重于情感生活，更偏重于情爱满足的追求，女性更是如此。

亲情和恋情既可互相转化，也可相互结合要找到真正的恋人，情的满足最重要的指标就是跟原欲对象在一起时的那种亲密无间的感觉，换句话说，就是让亲情更浓郁。

（二）童恋的回归和心爱的追求

亲情是亲密之情，幼年时代的母子相依、肤体融融、心心相印、息息相通，再有那原欲性欲相互的满足，合二为一，生命融融，性也融融，才真正地其乐融融。母子情深，一生何处寻觅如此极致，何时回归如此美妙……

一生一世的努力，毕生的追求，虽然有替代的亲情、恋情的升华，间接亲情的培植，但均无法与童年的亲情、恋情比较，更无以超越。自然，幼年的亲情（童恋）成为人一生的追求，极致体验的标准。

虽说何处无芳草，但也真是芳草难寻觅。人们都以童年亲情（童恋）的标准寻觅能替代母亲的女人，谈何容易？但这也自然，因为那已是经历。人们看到，男人在幼儿时代受到其母亲或其他女性照顾时的情爱，总会出现于恋爱时那不可自制的特点，这正是其童年（童恋）影响的持续。也正是有过童年（童恋）体验的高标准，才有日后爱情寻觅的艰辛。

亲子之间永远有一种一分为二、合二为一的特别的感觉：我是从妈妈的身体里分出来的（一分为二），我和妈妈本来也就是一个人（合二为一）。对真像妈妈的恋人也有如此之感觉，那就是真正的爱情。

孩子的生存与成长过程得到父母浓郁的亲情，父母在与孩子频繁接触、悉心照料中，满足了孩子的原欲、感情和爱的渴求，培养了孩子对父母的强烈的依恋情结（童恋），父母是孩子心目中的偶像、原欲对象。孩子成年后，面对乱伦禁忌的戒律，他们只能极力寻觅年轻父母的替身，以召回亲情和恋情，并在童年（童恋）的幸福体验中，追求成年人爱情生活的极致满足。

爱是双向的，既有得到，也有付出，而且也常常附着于情。如母亲的爱和母子之间浓郁的亲情常常合二而一，无以分辨，对异性之爱常常附着于恋情，又恋又爱。事实上没有爱，谈不上恋，没有爱，也说不上情，没有爱的性只是发泄，只是罪孽，顶多也只是像动物一样。爱的接纳和付出的需要如何表达，双向爱的满足又有什么样的标准？目前还没有人做过这方面的研究。就一般情况而言，爱是一种感觉，是一种主观的体验，精确度量确实不易，谁的表达、以什么方式表达都是相对的。

爱情是真情和真爱的契合，这种爱和情的吸引力、凝聚力把夫妻牢牢地链接在一起，我们就称这种力为"真链"。爱情是性爱和情爱的一种链接，一种契合；是男人和女人的一种凝聚，一种熔融。

现实生活中，只有性的男女在一起，我们说那是性交往、是嫖娼、是动物发情；若是有情而在一起，但没有性，我们说那是柏拉图；若是有情也有性，有性的时候也能激情似火，没性的时候仅是一般般的朋友，所谓的平平淡淡才是真，这是比一般动物性关系略高一点的低俗婚姻，至少是缺少人类爱情的婚姻。性爱和情爱有一种特别的链接，能配合默契、持久互动、协同提升。这种链接不仅把性爱和情爱联结在一起，使性和情交融在一起，也把男人和女人凝聚在一起，把他们的心串在一起。这链是否就是人们常说的缘分，是我们说的心爱？总之它是一种吸引力，是什么样的因素决定了它如此强大，值得研究。

很多人受斯腾伯格爱情理论的影响，认为这链就是"承诺"，多指责任、义务、奉献、给予等等理性的东西，我们认为真链与真情真爱一样都是潜意识层面的，本来就有那么一个缘分，源自父母的，源自童恋的，源自心理深层的那么一个缘分，绝不是想要就能要到的。

（三）爱情体验的完满

爱情是人身心灵极致体验的追求。

人毕竟是人,人类的爱情不能归结为生殖本能。真正的爱情绝不是单纯的、盲目的性欲表现,而是恋人之间自然的交往形式。人类寻求爱情,不单纯是为了性欲的满足,而是要建立一种特殊亲密、温馨的人际关系;这也正是人的爱情和动物的性冲动的本质区别。在动物界,只要是异性,一般都能导致性的关系。但是,人类绝不是对任何异性都可以产生爱情的。人的爱情对象有多种条件,不但有生物学特征(年龄、面貌、身材、健康等)的选择,更有其潜意识需求满足的追求;现时性爱、情爱、心爱体验的极致满足,还有心理的,社会、文化的,方方面面的投缘。人类对择偶的考虑说明,性爱是爱情的基础,而情爱又是性爱的必要前提;只有情爱、心爱与性爱的完备结合,才可能产生名副其实的爱情。恋人之间的情爱是一种复杂的感受,它既包括与性本能和感觉紧密联系的简单感情,也包含与道德感、理智感、美感和人的其他精神生活相联系的高尚的社会性情感的丰富内容。所以,情爱包含多种高级情感体验,更是既包含又发展的亲情体验,并在此基础上由于肉体接近和性和谐结合的高潮,汇集而成的极致情感体验,高尚的真爱的情绪。

相爱的男人和女人,身心状态最好,又是在最佳的做爱条件下,在完美的生理性爱满足的基础上,更有脑性爱和情(心)性爱的满足,这是人类原性欲的最高满足。尤其是性高潮达到极致的愉悦体验,加上美妙之极的性爱美感,又同时实现了幼年潜意识中的和现时心理的、心灵的最大满足的时候,性交往才能促成人类爱情的最高满足状态,使人进入一种似神似仙在云里雾里飘飘然的美好体验,甚至是一种濒死的、灵魂出窍的奇异快感之中。身体融合的快乐,心理融合的满足,超越身心直达心灵层面的无法以语言表达清楚的一种绝妙心境、极乐体验,这才是人类真正的性爱、情爱和心爱的高潮体验,是人类爱情的真实境界。

性和爱相融,情和爱相融,性爱和情爱相融,你我相融,白头偕老(爱情与时间相融),获得多维度的爱情体验的极致满足。

第三节　终生的情学教育

一、胎教就是情学的早教

1. 胎教是亲情的传递

胎儿在大约2个月的时候,脊柱就已经形成,而且皮肤也开始有了"感觉";大约在4个月的时候,胎儿的听觉器官就已经成形,可以听见子宫外的声音并做出反应;大约在6个月的时候,胎儿就已经有了开闭眼睑的能力。特别是在孕期最后几周,胎儿已经可以运用自己的视觉器官感觉光的刺激了。因此孕妇可以根据不同的时期,对胎儿实施相应的胎教类型。

胎教包括生态胎教、信息胎教、情绪胎教、环境胎教、营养胎教、音乐胎教、语言胎教等内容。母亲感觉最方便,使用频率最高的是语言、音乐、信息和抚摸胎教,实践影响大的应该是情绪胎教。母亲对胎儿的高度期待,对胎儿方方面面的赞美,对胎儿最良好的祝愿,与胎儿交流时愉悦、兴奋的心情,时时刻刻都在想到保护胎儿,都包含着母亲对孩子的浓郁的亲情。

事实上,在整个的孕期,即使没有做什么形式胎教的,母亲对胎儿的影响时时刻刻都存在,这本身就是广义的胎教。可以说孕期是母子亲情产生的源头,开始主要是来自母亲。几个月以后,胎儿也会相应地传递给母亲亲情,母亲和胎儿从孕期开始就是心连心的关系,情感的连接一辈子断不了的关系。倘若再加上各种类型的胎教模式,亲情的交流沟通发展更快。尤其是抚摸型的胎教,2月龄左右的胎儿就能感知压力的变化,随着胎儿的长大,对抚摸的感觉会越来越敏感,效果很好;经常跟孩子说话,效果也挺好。有母亲自己说,咽喉部位的震动直接传递给胎儿,比从外面传递进去效果更好。

2. 胎教是母爱的传递

有爱肯定有情,正能量的情有爱,亲情和亲爱前面加了亲字,是特指亲人之间的情和爱。亲人之间的情叫亲情,不可能是飘忽不定的,甚至是负能量的。所以母亲和胎儿之间的亲情和亲爱无须推敲,有多少亲爱就有多少亲情。上面说的胎教是亲情的传递,同样胎教也是亲爱的传递。广义的胎教存在于整个孕期,同样整个孕期也是母爱的传递,尤其是在实施各种类型胎教的过程中,母爱的传递更浓郁。在整个的孕期,母子之间的亲爱和亲情,为他们一生浓郁的母子亲爱和亲情打下坚实的基础。几乎没有任何力量可以战胜之。

3. 胎教是恋母情感的培养

不管胎儿的性别是男是女,都有一定的恋母情感,尤其是男孩,恋母情感会更明显。对男孩成年以后顺利地把爱转移至同龄女性,完成恋爱成婚,组织家庭更有利。2个月左右的胎儿皮肤已经能感知抚摸,妈妈身体的活动,特别是舞蹈胎教,羊水对胎儿身体洗涤,胎动时活动肢体与羊水和子宫壁的摩擦,母亲抚摸胎教不同的动作和部位,胎儿口鼻腔对羊水的吞吐、吸进和呼出,胎儿的皮肤欲、口鼻腔欲都能得到满足。光的胎教使视觉欲得以满足,音乐胎教、说话胎教使听觉得到满足。胎儿原始性欲的适度满足,促进胎儿与母体子宫的依恋关系,并逐渐演绎为胎儿对母亲的一种依恋的情感。

4. 胎教是美学情愫的培养

为加强现代美学和现代医学的横向联系,把审美的触角伸向孕妇和胎儿的生态环境、精神世界,从审美心理和审美教育角度,研究胎教的原理和特点,并首次提出审美胎教的概念和方法。审美胎教具有一定的科学根据,符合孕妇妊娠过程和胎儿身心发育的需要。在优生优育优教方面具有特殊的功能,也有助于传统胎教的继承和现代胎教的发展。

胎教作为一种教育,具有重要的美学意义。胎教是以美育开启人生之门,胎教的一些主要方法都是美育的体现。传统中医十分重视孕妇"外象内感"的作用,这实际上揭示了胎教的美育原理。从美育角度看,重视胎教的"外象内感",就是重视外界真、善、美事物对胎儿的良好影响。通过人为的干预,让胎儿更好地感受美、接受美。审美胎教是一种在良好遗传的基础上,配合常规的安胎、养胎、护胎,运用美育的原理和方法,改善民族素质、提高人口质量的重要举措。它包括生态胎教、信息胎教、情绪胎教、环境胎教、营养胎教、音乐胎教、语言胎教等现代胎教的所有内容。

二、依恋期的情学教育

1. 儿童依恋理论

依恋理论首先由英国精神病学家 John Bowlby 提出,1944 年他进行了一项关于 44 名少年小偷的研究,首次激发了他研究母子关系的兴趣。随后,他开展了一系列"母亲剥夺"的研究并指出:在个人生活的最初几年里,延长在公共机构内照料的时间和(或)经常变换主要养育者,对人格发展有不良影响。1969 年,Bowlby 的关于依恋的三部重要著作的第一部问世,它阐述了婴儿与照顾者之间的联系,该观点具有划时代的意义:依恋并非来自母亲的喂食行为及人类性的驱动力,它是生命系统的一部分。虽然它在整个生命过程中都存在,但在儿童早期最明显,儿童只有把父母作为安全基地才能有效地探索其周围环境。假如婴儿不寻求并维持与照顾者的亲近,这无助的人类婴儿就会死亡。

依恋是个体对某一个特定个体(或群体)的长久的持续的情感联结。我们通常把婴幼儿对父母寻求接近,并在父母身边感到安全的现象称为依恋。据观察,所有婴儿到 1 岁时都依恋母亲,依恋分为三种类型。第一类是安全依恋型:婴儿只要母亲在身旁,便能自在地玩玩具,友善地对待陌生人。而当母亲离开时,他们表现出明显的不安和苦恼,以目光寻找母亲,并大哭大闹。当母亲返回后,婴儿立即趋向母亲,被母亲抱起后,他们就能平静下来,并继续玩。第二类是不安全依恋型:这类婴儿当母亲在身旁时,很少注意母亲。而当母亲离开时,似乎也不哭吵,即使有哭吵,也很容易被陌生人安慰,就像对待母亲的安慰一样。当母亲返回后,婴儿不予理睬或短暂接近一下又走开,表现出忽视及躲避行为。这类儿童接受陌生人的安慰与母亲的安慰没有差别。第三类是不安全依恋-矛盾型(insecure-ambivalent)。此类儿童对母亲的离去表示强烈反抗,母亲回来,寻求与母亲的接触,但同时又显示出反抗,甚至发怒,不能再去玩游戏。然而,在实际工作中还发现一些儿童的行为不符合以上三种类型的任何一种,且这些儿童曾有被虐待与被忽视的经历,于是,Crittenden提出另一依恋类型:不安全依恋-破裂型(insecure-disorganized)。此类儿童对母亲展现出冷漠。

在Ainsworth的最初研究中发现,安全依恋型儿童约占65%,不安全依恋-回避型占21%,反抗型占14%。后来,在8个国家2 000名儿童中进行的39个有关依恋类型的研究,虽然有一些文化的差异,却发现依恋类型的分布几乎与Ainsworth的研究相同。不安全依恋破裂型约占4%。Bowlby认为,不安全依恋类型是相对稳定并长期保存的,但是,它可随周围环境的变化而变化。

目前,关于早期亲子依恋模式的影响作用是依恋研究的热点问题。早期亲子依恋模式的差异导致了个体内部工作模式的差异,内部工作模式一旦建立就相对持久,会对以后的生活继续产生影响。对人的影响主要集中在两个方面:对人格的影响和对人际关系的影响。这些影响暗示着早期依恋模式具有重要的心理病理学意义。从关于早期依恋的影响作用的研究中可以看出,如何纠正错误的内部工作模式,对早期不良依恋进行干预,将成为依恋心理学家比较重视的问题,这也是依恋研究的发展趋势。依恋研究对我们还有重要的启示,提示人们应关注早期家庭教育,努力让孩子在早期形成安全的依恋类型。

2. 依恋理论重要概念

(1) 依恋行为系统

依恋行为系统(attachment behavior system)是依恋理论中的重要概念。在鲍尔比看来,依恋系统在实质上是要"询问"这样一些根本性问题:"所依恋的对象在附近吗?""他接受我吗?""他关注我吗?"如果孩子察觉这个问题的答案为"是",则孩子会感到被爱、安全、自信,并会从事探索周围环境、与他人玩耍以及交际的行为。但是,如果孩子察觉到这个问题的答案为"否",则孩子会体验到焦虑,并且表现出各种依恋行为:从用眼睛搜寻到主动跟随和呼喊。这些行为会一直持续下去,直到孩子重新建立与所依恋对象的足够的身体或心理亲近水平,或者直到孩子"精疲力竭",后者会出现在长时间的与母亲分离或母亲"失踪"的情境中。鲍尔比相信,在这种无助的情境中孩子会体验到失望和抑郁。

(2) 依恋策略

所谓的依恋策略,就是个体在寻求依恋关系时,会采取什么样的方式方法。依恋策略的方式主要有初级依恋策略和次级依恋策略。

初级依恋策略主要是一个个体在遭遇问题或者需要有协助时,能够主动地去寻求帮助。例如,我们可以寻找自己朋友的帮助,以获得更好的适应。如当我们心情抑郁时,我们可找个朋友谈谈,获得他的支持等等。

次级依恋策略则是当初级依恋策略不再有效时,或者当个体的依恋启动时,依恋对象没有反应时,个体就不得不去寻找其他的依恋策略。例如,一个不敏感的母亲,对于个体依恋策略的形成就可能是有问题的;这时候儿童往往表现出两种依恋反应方式:一种是过激依恋方式,也就是个体不放弃其依恋寻求亲密的企图,反而更加猛烈地强化接近这一企图,直到获得依恋对象的关心或回应为止;另一种则是不激活的依恋方式,也就是个体最终放弃寻求依恋的企图,并以转移注意力等消极防御来逃避依恋对象。从现实的研究来看,这可能是每个人身上都可能产生的,唯一的不同是有的人会更多地习惯采取后种方式,这样才构成其生活中人际关系的困境。这一习惯的养成和其童年的经历直接有关。

(3) 安全基地

依恋理论认为,我们心理的稳定和健康发展取决于我们的心理结构中心是否有一个安全基地。正如前面所说,人们都有依附的需要,这个可以依附的对象必须是可以信任的并且能够提供给我们支持和保护的重要他人。而在我们很小的时候,这个安全基地更多的是由妈妈来承担的。如果妈妈是个"足够好"的妈妈,这个妈妈所担任的安全基地就会内化为孩子心中的安全基地,孩子长大后就有了内在的安全感。如果没有"足够好"的妈妈呢?那么在孩提时代就开始表现出某些特征,比如索性不要妈妈,妈妈回来了也会懒得理她;或者表现得很矛盾,好像要靠近妈妈,但妈妈靠近了要拥抱他们了,又挣扎着要离开,对妈妈好像有很多怒气,情感摇摆,缺乏理性。所有这一切都是因为他们没有从母亲那获得安全基础,所以或者发展成一种强迫性的自我依靠,或者又想要母亲又不信任母亲,持续于一种矛盾状态。

(4) 内部工作模式

鲍尔比认为,婴儿会形成一种人际关系的"内部工作模式"。如果孩子在早期的关系中体验到爱和信任,他就会觉得自己是可爱的、值得信赖的。然而,如果孩子的依恋需要没得到满足,他就会对自己形成一个不好的印象。一个不受欢迎的孩子不只觉得自己不受父母欢迎,而且相信自己基本上不被任何人欢迎;相反,一个得到爱的孩子长大后不仅相信父母爱他,而且相信别人也觉得他可爱。"

个体早期形成的"内部工作模式",在建立亲密关系的行为中起主导作用。婴儿的母亲或者养护者有不同的对待婴儿的方式,比如对婴儿的需求的敏感与否,忽视与否等,都会在无形中对婴儿的心理产生某种影响。婴儿每天就是在与养护者的这种相互作用中形成了对成人的预期,这种预期渐渐发展为一种"内部工作模式",这种模型内化了对依恋对象和自己以及两者关系的内在表征,最后转变为一种无意识、自动化的运作。这种行为模式一旦形成,就具有了很强的保持自我稳定的倾向,并且会在行为主体(婴儿)的潜意识中起作用。这种行为模式将对儿童的各种社会人际关系(如母子关系、师生关系、同伴关系等)都产生影响,更会对其成年以后的人际关系和婚恋关系都产生长期的影响。所以说,"内部工作模式",其实质是儿童对自我、重要他人以及人际关系的一种稳定认知。这种"内部工作模式"主要以无意识方式运行,并且一旦建立起来就倾向于永久，它决定着儿童的行为方式，并成为未来人际关系的参照系。随着年龄的增长，个体倾向于用已有的"内部工作模式"去理解新的信息，早期经验就是这样对个体日后的发展起作用的，它会引导个体去思考自己应该得到何种对待和关注、给他人怎样的信任和支持、对他人的需要给以怎样的关注，以及在亲密关系中的交往策略等。

现在，研究者普遍认为，依恋是人类适应生存能力和健全人格构建的一个重要方面，因为它不仅提高婴儿生存的可能性，而且建构了婴儿终生适应的特点，并帮助婴儿终生向更好适应生存的方向发展。

三、儿童的情学教育

孩子的爱和孩子的情的发育良好、能力强、健康水平高，对孩子将来的一生是有很大影响的。孩子的爱和情的健康发育和父母相互的爱、相互的情，父母和孩子之间相互的爱和相互的情，家人之间相互的爱和相互的情，也就是和全家的爱和情的健康是密切相关的。夫妻之间没有真情真爱，婚姻问题、婚姻矛盾层出不穷，家庭哪会有和谐和爱？父母经常吵架甚至打架的家庭，孩子会有一生都焦虑的生活，甚至不敢与人相处，遇事战战兢兢，不敢爱，不敢恨，不敢有感情，既找不到朋友，更难寻觅恋人。父母之间没有情没有爱，对孩子则可能偏爱或者溺爱，不可能有双性别爱均衡的影响。例如女儿从小就缺少了父亲的爱，长大了就有可能不会爱男人等等。

溺爱更是害孩子，这是很多人都懂的道理，尤其是独生子女比较多的现代社会，对孩子的溺爱非常普遍，尤其是对男孩子的溺爱更普遍。其实，父母自己也知道溺爱是伤害孩子的，但是在实际与孩子相处的过程中，父母实在做不到不溺爱孩子。

孩子越小，爱和情的教育越重要、效果越好，所以特别要强调家庭和幼儿园的情和爱的健康教育。

1. 依恋期以后的情学教育

要根据孩子的心理发育的特点给予科学的情教育，1岁半以后孩子开始探索周围的世界，对什么都有强烈的好奇心，孩子常常喜欢生活在自己的世界里，自得其乐地玩耍，自己有什么决定还比较固执，甚至有危险的活动，也不愿意听大人的劝告。成人要尊重孩子的独立性，并教给他规则，保证安全，有些活动需要成人陪伴，或者一起参与。

在1岁半以后，很多宝宝进入了"可怕的两岁"阶段！这个阶段最大的特点就是：希望自己能独立完成自己的事，"不要不要"时常挂在嘴边，开始有了自己的小脾气。就拿宝宝吃饭来说，他不让你喂，你喂他就生气，自己吃却又吃不稳当。这体现了宝宝既依赖着妈妈的安全感，又渴望独立的矛盾心理。

这个时候，怎样帮宝宝培养安全感呢？主要是要尊重宝宝的独立性，他要自己做就让自己做吧，妈妈不要主动帮忙。但他回头看看寻找我们时，我们要在他的视线内，需要帮忙时，我们也要帮他解决。

再有,这个时候一定要教给孩子规则!如果父母对孩子百依百顺,孩子反而没有安全感,因为他没有界限感,不知道该做什么不该做什么,心里没底。孩子需要必要的管制、约束和限制规则,这才是安全感的最好朋友。一手安全感一手规则,两手都要硬。

对 2 岁半至 3 岁的孩子,成人要接纳宝宝的情绪,教给宝宝安全知识。这时候宝宝自己探索的半径更大了。这时候一方面妈妈要维持稳定的情绪,让宝宝在玩累了、害怕了的时候知道妈妈随时都在;另一方面要教他一些安全知识,比如火是不可以碰的,电源是不可以摸的,必须和开水保持一定的距离等,让他学会自我保护,逐渐代替父母保护。

对待宝宝哭泣,要平静地接纳,告诉他"妈妈知道你很伤心"。千万不可以说"再哭就不是好孩子了"。宝宝感到委屈或者孤立无援的时候,适当的哭泣是一种很好的宣泄方式,能及时排解负面情绪。孩子知道自己的情绪被接纳才会哭,能哭出来的孩子才是有安全感的孩子。

如果用一个圆来形容宝宝的成长,宝宝的独立能力在不断扩大,圆周是宝宝面对的未知,而圆心就是妈妈永远的支持。爸爸妈妈在他需要的时候总会出现,会关注他,会帮助他,他的安全感才慢慢建立,才有力量面对圆周的未知。爸爸妈妈们,就做一个让宝宝有安全感的圆心吧!

依恋期以后的孩子,身体方方面面的发育都比较好,肢体的活动在所有活动中占的比例最高。此时期的孩子对外部世界非常好奇,也非常敏感,特感兴趣,愿意去做一些探索,但又没有很好的安全感。希望离开母亲,又担心和害怕。此时要既鼓励,又加大保护的力度。鼓励孩子离开,但不要离开太远。

在依恋期母子的亲人之爱和亲情都非常浓郁,两个人都有一个人的感觉,想分开也分不开。依恋期过去了正好是该分开了,及时分开对孩子的成长有好处。所以,逐渐分开、有安全保障分开、孩子又能逐渐适应地分开的,是很重要的情学教育。

2. 幼儿园的情学教育

一岁半开始让孩子慢慢适应与妈妈的逐渐分离,为孩子完全投入幼儿园的生活打下基础。现实中有很多孩子上幼儿园时哭闹的不行,适应期特别长,就是因为没有做好依恋期以后的逐渐与母亲分离的工作,子母甚至母子继续处于依恋期的状态,甚至依恋越来越深,差不多粘着在一起了。真的上幼儿园了,相当于强制性地把他们拆开了,对孩子来说,压力挺大,甚至会有一些伤害。上了幼儿园的孩子要根据孩子的心理发育特点,施以科学的情学教育。

(1) 3~4 岁孩子的心理发育特点

孩子 3 岁以后,在生活和活动上发生了很大的变化。进入幼儿园这个新的环境,对于多数孩子来说是个重大的变化,3 岁是他们生活上的一个转折年龄。正是从 3 岁起,孩子才开始离开父母进入幼儿园,过起了集体生活,这需要有一个适应过程。

如何使孩子更快地适应集体生活,其中最关键的因素是保育员与孩子之间要建立感情,因为这一时期孩子突出的特点是情绪性强。

①行为受情绪支配:幼儿期孩子的行动常常受情绪的支配,例如,高兴时听话,不高兴时说什么也不爱听;常常为一件小事哭个不停;不喜欢大灰狼,就把图书上所有大灰狼的眼镜都戳成洞洞;喜欢哪位老师,那位老师组织的活动就特别爱参加。他们情绪很不稳定,很容易受到外界环境的影响,也很容易受周围人的感染。看见别的孩子哭了,自己也莫名其妙地哭起来,老师拿来玩具,又马上破涕为笑。每年开学初,小班教师都面临一个接待新入园幼儿的问题。对大多数初次离开妈妈的孩子,刚入园的几天总爱哭。有经验的老师一边用亲切的态度对待每个孩子,稳定他们的情绪;一边用新鲜事物(如新奇的玩具、儿童喜爱的小动物等)吸引他们的注意,使他们不知不觉地加入伙伴的行列。老师若能预先了解每个孩子的喜好,则能做得更好。

②爱模仿:小班幼儿的独立性差、模仿性很强,看见别人玩什么,自己就玩什么,看见别人有什么,自己就要什么。玩娃娃搬家时,看见别人当妈妈,自己也要当妈妈,他们才不管一个家里有几个妈妈呢!因此小班玩具的种类不宜太多,但同样的玩具要多准备几套。在教育过程中,多为孩子树立模仿的对象。例如,当着全班孩子的面,表扬某位小朋友,"看小明坐得多直呀!"马上全班孩子都挺起了小胸脯。如果需要集中孩子的注意力,可以说,"优优小朋友学习最认真了,眼睛使劲看着老师呢!"如果老师说,"小朋友,不要看外面了,外面没什么好看的!"则反而会引起更多小朋友看外面。

③思维带有直觉行动性:依靠动作和视觉进行思维,是3岁前幼儿的典型特点。小班孩子保留着这个特点。例如让他们说出手中小汽车的个数,他们只会指点着小汽车数才会数清,而不会像大班孩子那样在心里默数。

小班孩子不会计划自己的行动,只能先做后想,或者边做边想。例如,在画画之前往往说不出自己要画什么,而常常是在画出某位形象后,才突然有所发现地说,"我画的是太阳""是饼干"。

小班孩子的思维很具体,很直接,他们只会从表面去理解事物,因此对小班孩子更要注意正面教育,而不能讲反话。例如,在教学活动时,有一个孩子要上厕所,其他孩子也要上厕所,教师就不高兴了,就说:"都去都去",结果果真孩子们都去了。此外,对小班孩子提要求也要具体,因为他们不容易接受一般性的抽象性的要求。

(2) 4~5岁孩子心理发展的特点

中班孩子已经适应了幼儿园的生活,加上身心方面的发展,显得非常活泼好动。与小班相比,中班孩子比较突出的特点如下:

①爱玩、会玩:幼儿都喜欢游戏。但小班孩子虽然爱玩却不大会玩。大班孩子爱玩,也会玩,但由于学习兴趣日益浓厚,游戏的时间相对少了一些。中班属于典型的游戏年龄阶段,是角色游戏的高峰期。中班孩子已能计划游戏的内容和情节,会自己安排

角色。怎么玩,有什么规则,不遵守规则应怎么处理,基本都能商量,但游戏过程中产生的矛盾还需要保育员帮助解决。

②活泼好动:正常的孩子都是活泼好动的,他们总是手脚不停地变化姿势和活动方式。如果要求他们安静坐一会儿,很快就会有疲倦的表现;如果此时让他们自由活动,一个个立即又生龙活虎一般。

活泼好动的特点在中班孩子身上表现得特别突出,甚至表现为顽皮、淘气。不少保育员都反映"中班的孩子最难带"。与中班相比,小班孩子还不大熟悉和习惯幼儿园的集体生活,有些还"怯生生的",加上动作、语言的速度相对慢些,头脑里的主意也不多,所以比较"乖";而大班的孩子懂得道理比较多,兴趣比较稳定,自我控制的能力也有所增强,对自己喜欢的事能比较长时间地集中注意,因此显得比较懂事。中班的孩子既不像小班那样乖巧听话,又不像大班那样懂事,但他们的可爱之处恰恰在于他们的"活泼好动"。因为活泼好动锻炼了他们的身体,增强了他们的活动能力,扩展了他们的视野。不少研究发现,中班是孩子许多心理品质(当然也包括情和情感品质)发展最快的时期。

③思维具体形象:中班孩子的思维可以说是典型的幼儿思维。他们在解决简单问题时,可以不再依赖实际的常识性动作,但却必须借助于实物的形象。事物的形象常常影响他们的思维和对问题的理解。比如,在他们的头脑中,"儿子"的形象是小孩或年轻人,而长胡子并满脸皱纹的人是"爷爷"的特点,因此,当听说某个符合爷爷特点的人是某某儿子时,常常感到不解。他们理解,"能吃苦"的意思就是"能吃掉很多带苦味的东西。"

(3)5~6岁孩子心理发展的特点

①好学、好稳、好探究:好奇是孩子的共同特点,小、中班孩子的好奇心多表现在事物表面的兴趣上,看见什么都想去摸摸,去摆弄摆弄。他们常常向成人提问题,但问题多半停留在"这是什么""那是什么"上。大班孩子不光问"是什么",还要问"为什么"。问题的范围也很广,上至天文地理,下至花鸟鱼虫,无所不有。他们不仅希望成人帮助解答,同时也通过自己实际的尝试、实验,发现问题,寻求答案的主动性、积极性更加提高。

好学、好问是求知欲的表现,甚至一些淘气行为也反映了孩子的求知欲。这个年龄的孩子特别喜欢拆拆家,他们把玩具汽车拆开,是为了看看它里面有什么,它为什么会动,为什么会发音,想拆收音机是想找里面说话的阿姨。所以教师应该保护孩子的求知欲,不因嫌麻烦而拒绝回答孩子的问题。对类似拆坏玩具的行为也不要简单地训斥了事,而应该加以正面引导:为孩子提供一些可以自由摆弄的材料,支持他们的研究行为。对探究事物过程中的失误应该采取宽容的态度,并实时地教给他们一些科学的探究方法。

②抽象概括能力开始发展:大班孩子的思维仍然是具体形象的,但已有了抽象概括

的萌芽。例如,他们已经开始掌握一些比较抽象的概念(如左、右概念),能对熟悉的物体进行简单的分类(白菜、西红柿、茄子都是蔬菜,苹果、橘子、香蕉都是水果);也能初步理解事物的因果关系(针是铁做的,所以沉到水底去了;火柴是木头做的,所以能浮上来)。由于大班幼儿的抽象概括能力开始萌芽,所以可以也应该进行简单的科学教育,引导他们去发现事物间的各种内在联系,促进其智力的发展。

③个性开始形成:大班儿童初步形成了比较稳定的心理特征。他们开始能够控制自己,做事也不再"随波逐流",显得比较有"主见"。对人、对己、对事开始有了相对稳定的态度和行为方式:有的热情大方,有的胆小害羞,有的活泼,有的文静,有的自尊心很强,有的有强烈的责任感,有的爱好唱歌跳舞,有的表现出绘画才能……

对于孩子最初的个性特征,成人应当给予充分的注意。幼儿园保育员在面向全体儿童进行教育的同时,还应该针对每个人的特点因材施教,使孩子全面地、健康地发展。

在幼儿园要有良好的幼儿园文化,既要把孩子融进幼儿园的群体,愉悦快乐地参加幼儿园的集体生活,跟大家一起游戏、一起唱歌、一起活动,愉快地和同伴相处,和老师相处,学会团结,学会尊重,学好知识,天天进步,天天向上。自觉接受幼儿园文化的熏陶,有次序地完成小班、中班、大班的学习任务。同时在与阿姨、老师和同龄的男女同学、朋友的愉快的相处中,去体验人与人之间的大爱,师生之情,同学、朋友之情,促进自己情的健康成长,愉快走完自己的人生成长中最重要的历程。

3. 小学的情教育

小学还是情和爱健康教育的重要阵地,由于思维能力的提高,自我意识的增强,爱和情能力的发育加速,更趋向于成熟。对同伴、对群体、对社会更多的了解,对自己、对他人评价能力的增长,培养孩子爱自己、爱同学、爱家人、爱老师、爱学校、爱国家。爱和情感的付出、接纳和适宜的表达,对自己情绪的管控能力的培养,适度宣泄不良情绪的学习等等,都是在小学阶段进行情和爱健康教育的重要方面。根据小学各年龄段孩子的心理特点,把情和爱的健康教育结合在孩子健全人格的培养和德智体美劳的全面教育过程中。

(1) 7~12岁儿童的心理行为特点

7岁儿童心理及行为特点:开始能从他人的角度做出价值判断;期盼与同伴发展更亲密的人际关系;寻求脱离成人独立,但仍需要温馨和安全的感觉;受到压力时可能会和家人相处不和谐或反抗;对男女之间的差异感到好奇。

8岁儿童心理及行为特点:在意老师的赞许,喜欢与其他孩子玩,凡事想力求第一;注意力广度增加,喜欢比较长的故事;开始受同学团体的影响;有绝对的对错观念。

9岁儿童心理及行为特点:记忆力进步;想法变得社会化;阅读技巧快速进步,同龄间个别阅读能力的差异大。

10岁儿童心理及行为特点:对遥远的或是不可能的情境产生恐惧;深受同学影响,

对父母顺从度降低;发展对群体的归属感;在意别人对自己的观感。

11岁儿童心理及行为特点:会因为做不好而产生自卑和不信任;对性别角色有强烈的期望;对死亡议题存有惧怕心理;会运用逻辑规则和推理思考来解决抽象问题。

12岁儿童心理及行为特点:重视独立的人格特质;无论男女皆可接受异性身份;接受两性的角色差异和社会期望的不同;了解过去事件的时间顺序和观点。

(2)小学生的智力和情商培养

常听说许多人在幼年时期资质聪颖,长大后却表现普通;而也有些人在幼年时才华虽不突出,但随着环境与后天的努力,长大后反而成就非凡。这关键在于孩子成长过程中,父母和老师是否持续营造和提供给孩子刺激大脑活动的环境,建构健康与密集的神经网络。在学龄前阶段,可以多给孩子简单字词的练习,一至三年级的孩子开始大量识字,是"学习去阅读"的阶段,四年级以后则进入"从阅读中学习"的阶段。应适时科学引导阅读,积极发挥孩子的潜能,促进孩子全面发展。

孩子有好奇心和探索精神,对周围的一切感到好奇,都想尝试去看看、摸摸,甚至会把玩具拆得七零八碎。如果家长什么都不让孩子动,不但使他失去了学习的机会,也会扼杀了他的积极性,将来你想让他有兴趣干点什么事,他也懒得动了。家长对孩子感兴趣的事,应耐心地给以讲解,注意培养孩子的求知欲。

7～12岁的小学时期被称为"正在凝固的水泥"阶段。这时,孩子85%～90%的性格都已经形成了。此阶段,学业压力日益繁重,学习习惯正在养成。孩子又急于尝试独立,试图从思想上逐渐挣脱父母的束缚,更容易受到同伴的影响。此期在儿童教育中注意给予适度的挫折教育,对提高孩子的情商十分重要。有些孩子性格孤僻、怪异、不易合作、自卑、脆弱、不能面对挫折、急躁、固执、自负,情绪不稳定等等,这都是情商不足的表现。情商是一个人获得成功的关键,也是影响一生情感生活质量的重要因素。

(3)注意培养忍耐力和自制力

如果孩子从小办事虎头蛇尾,缺乏意志和耐性,长大以后事业上也少有成功。那么怎样培养孩子的忍耐力呢?比如,幼小的孩子急于喝奶时,不要马上满足他,忍耐时间逐渐加长,从几秒到几分钟。孩子遇到困难,家长不要马上给他帮助,而是鼓励他坚持一下,忍受挫折带来的不愉快,很快就会成功的。培养自信心和面对挫折的承受能力,例如一个在体操方面很有前途的12岁小孩来见教练,教练没有当即让她表演体操,而是给了她4个飞镖,要她投射到办公室对面的靶子上。那个小女孩胆怯地说:"要是投不中呢?"教练告诉她:"你应该想到怎样成功,而不是失败。"小女孩反复练习,终于获得成功。因此,在生活中,你应该告诉孩子:做任何一件事心里首先要想到成功,而不是失败,相信自己成功的人才能取得成功。有忍耐力和自制力对自我情感和情绪的调节、管控自然不成问题。

保护孩子的自尊心和自信心。孩子做错事或弄坏东西在所难免,不要老是数落孩子:"你怎么这样不听话!""这个不能动,那个不能动。"这会伤害孩子的自信心和自尊心,不要怕孩子淘气给你添麻烦,而要多考虑什么有益于孩子的心理成长,因为幼儿的心理健康主要是指其合理的需要和愿望得到满足之后,情绪和社会化等方面所表现出来的一种良好的心理状态。家长也要克制自己简单和粗暴的教育方式。如果真是不让孩子玩某样东西,可以用转移注意力的方式把孩子的兴趣转移开。

(4) 培养团结友爱和合作意识

做任何一件事情光靠一个人单枪匹马的奋斗是不可能实现的,必须依靠群体的力量,这就要学会与不同的人打交道,并能取长补短。父母必须培养孩子的团队意识,增加孩子的合作能力。要教孩子学会尊重他人,并善于团结和自己意见不同的人。学会爱别人,与更多的人处朋友,体验友谊,忠诚友情。

小学后期的孩子进入青春发育期的已经大有人在,及早实施青春期相关教育,尤其是性教育、爱情教育等等已经刻不容缓。

四、初(早)恋的情学教育

1. 初恋源自童恋的激情迸发

1) 初恋具有美妙而又珍贵的几个发展时期

一是快速进入的迷醉期。这是被倾慕对象的形象、言行、品格、才能等肉体与精神的魅力突然地深深吸引而迷醉的阶段,此时会出现一种被对象所吸引的近乎幻觉性的思念情绪,对方的形象时时在脑海中萦绕,并产生综合效应。心灵战栗恐慌、幻觉、羞涩、急盼等情绪重叠着占据身心,使其陷入强烈而又无理智的恍惚中,有一种难以捉摸的亲近欲与冲动大有相见恨晚的感觉。

二是因真怕假的怀疑期。因为被恋人迷醉,拼命地在对方面前显示自我,向她(他)进言,以微妙的眼神和动作来示意,引起对方注意。但"他(她)对我有意吗? 看得起我吗?"确信是真爱但又疑虑不止,一方稍有不慎或可疑举动都会引起另一方的不安与烦恼。这其实是过敏性思维所致,往往自寻烦恼。感觉和理性常常处于矛盾状态。

三是不能平静的非我期。当终于知道对方也在爱着自己的时候,就进入了非我期。相见时很是激动,情感体验强烈,常举止失控、声音颤抖、脸色紧张,没有以前那种"镇静自若"的形象,不像平时的"我"了,故称"非我"。这个阶段时间虽短,但很重要,在此可判断出爱的深度与强烈性。

四是晕轮效应的美化期。这时,恋者在心里总是把对方融为一体,你我不分了。无论是学习、工作、生活还是穿戴等活动,常从对方角度考虑,一举一动首先会想到"她(他)会喜欢吗?"以对方的苦为苦,乐为乐。对恋人的一切进行感情升华的审美效应,产生美化感,会不同程度地把对方理想化,所谓"情人眼里出西施"。恋人常常依照对方的价值尺度来改造自己,提高自己,塑造自己。

2）初恋双方的感情活动特点

第一，单纯性。初恋是第一次向温柔人异性敞开爱，感情往往单一、纯真，只求与所爱的对象接触、谈心，在一起就满足了，自我感觉是"童恋"的继续，很少考虑感情之外的社会因素。

第二，强烈性。初恋是童年爱情积聚的爆发，常出现强烈的亲近欲与排山倒海的行为驱力。对爱情勇往直前地追求，但也因爱而排除正常情感与思维，出现异常行为，甚至在别人看来"不可理喻"。

第三，持久性。初恋，对心灵有强烈的震撼。因而，初恋对人的情感影响是旷日持久的，人们长存着初恋的感情记忆，并影响以后对爱情的认识与评价。许多人婚姻的不幸，都与初恋的失败密切相关。

3）初恋心理特点

迷醉心理：由对方的相貌、气质、风度、谈吐、才华等组成的魅力所激发的一种近乎幻觉性的思念情绪，引起的是战栗、恐慌、急盼、幻念等综合性心理效应。初恋者陷入强烈的激动之中，自以为重回"童恋"，表现出不可抑制的亲近冲动。

羞怯心理：这是初恋男女对接触和亲昵的不安和遮掩，表现为既想与对方接触，又不敢主动行动，特别是在两性问题上的拘谨态度。羞怯心理一方面有利于建立纯洁的恋爱关系，唤醒理性和精神的作用；另一方面容易导致过多的优柔寡断，错过恋情发展的机会。

晕轮心理：这是将恋人的属性偶像化和完美化的心理倾向。产生光环效应，突显了恋人的长处和优点，掩盖了短处和缺点。初恋者不仅夸大和装饰对方的美，而且也依照对方的尺度来提高和塑造自己。

疑惑心理：这是对恋人的感情关注所导致的一种过敏性思虑。对双方恋爱活动的细节十分敏感，对恋人的一举一动，尤其是对对方与异性正常交往，都有可能引发无休止的想象和无尽的猜疑。过分的敏感会使恋爱双方疑心重重，从而自寻烦恼，"童恋"的潜意识与现实的矛盾让人将信将疑。

4）初恋者心理的特别表现

第一个感觉就是神秘感。一位初恋者这样说："初恋时我们不懂爱情，直觉告诉我们那就是爱了。"也正因如此，爱情才更具有神秘感，更加让人神往。初恋是我们开始了解爱情的一个必经阶段，也是最重要的阶段。神秘的爱情由于初恋而向我们打开一扇门，让人看到里面的美好。

而由于对将来的不确定，自己的羞怯和初恋者年龄比较小等原因，大部分人是要向父母、老师、朋友以及长辈保密的，这就更加加深了初恋的神秘感。幸福感有了那个"他"或"她"，会感到格外的兴奋和幸福。只要一想到"他"或"她"就会情不自禁地微笑，整天笑意盈盈，感觉快乐、幸福，只想在一起。

第二感觉是急切感。双方都会急切地想知道自己在对方眼里究竟是什么样的,对方究竟把自己放在什么位置上,并希望更多地了解对方。对方的兴趣、爱好、喜欢什么样的异性等等都是关心的内容,以便把自己改造得更加令对方喜欢,投其所好。

第三感觉是冲动感。初恋的时候会经常有冲动的感觉。想要尝试着拉对方的手,并和对方有亲密行为。由于这是双方都不了解的领域,又比较不理智,并不容易控制自己的冲动而任凭感情驰骋,所以有时会做出一些过分的行为,反而为两人的感情和将来埋下隐患。

2. 初恋的震撼和影响深远

刚刚才16岁的初中学生小王认识了一位大学生小李,小王对小李一见钟情,居然就爱上了他,痴情地追求他。后来他毕业了,走了,小王失落、痛苦,甚至多次自杀,均未成功。

小王从此便不再谈恋爱的事,从高中读到大学,从读书到工作,多少年过去了,家人开始着急了。亲朋好友也多出面帮忙,小王也不反对,有人介绍,也都赴约见面,包括自己的同学、同事,差不多快有两打男孩子介绍过了,却没相中谁。她也说不清,为什么竟没有一个男孩子能重新燃起她对小李的那种情愫、那种热恋。

后来在小王30岁时才在家人的撮合下,勉强与一位并不相爱的男人结了婚。婚后生活平平淡淡,小王虽然也能在与丈夫的性交往中得到一些高潮体验,但也多半是把丈夫想象成小李,才能有最好的体验,否则体验也很一般。要说丈夫有什么缺点,小王也说不上来,夫妻相处也还说得过去。但婚姻就是没有那份感觉,从不卿卿我我、相亲相爱、难舍难分,而是平淡无味、分合无忌。谈爱情没有,说亲情平淡,不死不活的一种婚姻。

人的初恋尤其是女性的初恋,虽然是朦胧的,单纯的,大多数又是没有结果的,但是感情的投入是很深沉的、巨大的。初恋的激情、初恋的震撼,能影响人一生的爱情生活。初恋的情感是纯真的、强烈的,它的强烈性足以使恋爱者按照对方的期望来改造自己的个性和人格特点。也正是因为它的强烈,一旦失恋,会形成心理上的强烈反差,导致严重的失落感和不正常心态,它对人的情感的影响可能是旷日持久的,会像一个驱不散抹不去的阴影,影响着日后的婚姻生活。

我们见过许多年轻时是初恋情人几十年后又相遇的情形,双方的感情依旧,甚至有情不自禁抱在一起的例子,挺让人揪心,也可怜,就差那么一步,葬送了一辈子真正的爱情生活。当然也有更多的人告诉我们,初恋只是学习,那时的当事人都不成熟,差不多都是以失败告终的,极少数结婚的结果也都不看好。其实我们主张应该很看重初恋,那是出自潜意识的冲动,是真爱,是这世上真爱的一个信号。如果双方冷静下来以后,感觉越来越平淡了,那才能证明不是真爱。如果经历相当长时间,初恋的感觉有增无减,那肯定就是真爱了。到那以后再考虑结婚事宜,婚姻肯定美满啊!

初恋情感爆发的根源在于童恋。孩提时代开始，人类的乱伦禁忌的文化强有力地压抑了童恋。一直到孩子的青春发育后期，在性器官性欲的巨大冲击之下，正好又遭遇原欲对象的替代或亲情替代的机遇，心理的不成熟无力管控童恋爆发的冲击，一见钟情的欲望升格为完全掌控的力量，因为它是一种震撼的力量。所以初恋会对以后的婚姻情感生活有很大影响。

3. 初恋失败的主要原因

为什么大家对初恋都不看好呢？这就是文化的影响。初恋大部分都是十几岁的孩子，家长、老师和全社会所有的人都不赞同，从理性上当事人也不会支持自己的初恋，所以，初恋只是给人们带来一生一世的痛苦和遗憾。这就跟我们前面说的，没有一位临产的孕妇会坚信分娩时胎儿经历产道的时候是女人第二次享受性（高潮）快乐的时机，而在分娩中会十分痛快，并无痛苦。为何几乎百分百的产妇分娩时痛苦难耐，甚至大喊大叫呢？归功于"分娩时子宫强烈收缩，必有剧烈的疼痛"的产前文化的影响。每位待产妇都有分娩剧痛的心理准备，怎么会有"无痛分娩"的事儿发生？

"分娩必痛"和"初恋必败"一样成了文化，大家都信，这是最难办的事情，所以初恋的情学教育既重要、也挺棘手。最难是大家不信，必然没人听你的。再说，前面的"文化"差不多都入了人的骨髓，进入了潜意识层面。我们说要鼓励人们的初恋，因为初恋是一个人真爱的提示，轻而易举弄丢了，也许这一辈子再没有了机会，遗憾一辈子，如果坚持一下，看是不是真的，不是真的话，再分也不迟啊！

4. 初恋的情学教育

我们一直认为初恋是童恋向成人恋的一种过渡，成年后的恋情必须建立在童恋的基础之上。而事实上，绝大多数人的初恋是以失败而告终，成人恋则无法建立在童恋的基础上。这就注定了成年后的婚姻只是接近于动物的两性关系而已，谈不上恋，更谈不上人类爱情。所以初恋的正确对待，事关孩子一生的情感生活，大多数人都是由于初恋的伤害导致一生平淡的情感生活。

该怎样去驾驭初恋呢？婚姻分析学家告诫说，经历初恋而能成眷属的很少，而且付出的又很多。但是初恋却是一个重要的学习过程，不仅是学会跟异性交往，学会对异性爱恰如其分地回报，还要学会如何与异性相恋相爱。性别心理研究表明，女性是情感的载体，所以女性在初恋中投入更深，可以说初恋对女性又是情感和心理成熟的一次考验和锻炼。

对确实属于爱情关系的初恋，我们会建议他们在婚恋专家的指导下，维持最好的朋友关系一直到适于谈恋爱的年龄，再正式转化为恋爱关系。这个过程比较长，又都是感情上的问题，当事人又都年轻，心理成熟度不够，所以必须要专家专项指导，事实上也是情学的专业教育。这个虽然难度大，但对初恋当事人而言实在是太重要了。

初恋时期的情学教育与青春期的性教育要有机结合。虽然我们说的情学教育与世俗的性教育观念上有很多差异，但目标是比较一致的，配合得当对当事人来说还是非常有利的。至于爱情教育，更是完全可以与情学教育结合在一起进行，效果会更好。

这里我们把初恋的方方面面介绍得比较多，就是希望大家在发现孩子初恋并实施情学教育的时候，能有更多这方面的知识，能恰如其分地根据孩子的具体情况，对孩子进行科学的引导，帮助孩子顺利度过这情感经历中的大事，接受初恋的考验，更要在初恋中学习，提高自己的情健康水平，提高自己对情和情感情绪的管控调节能力，也为自己将来成人恋的幸福美满打下良好的基础。

五、成人恋的情学教育

1. 成人恋情学教育要点

对成年人教育而言，除了实施情学的系统教育以外，还要做好与情学教育相关的例如爱情教育、性教育、婚姻教育和家庭教育等等。爱情教育和婚姻教育以上都有专门讨论的内容，婚姻教育方面我们写了《婚姻分析学》《幸福婚姻我做主》《婚姻异化现象解析》等书，都可以作为教材；家庭教育方面，我们认为最主要的还是取决于夫妻，夫妻是家庭的轴心，夫妻又是孩子的父母，婚姻美满才有家庭和谐，夫妻之间有真情真爱几乎决定着一切。所以夫妻间有真正的爱情事关重大。夫妻间有真情真爱既决定了夫妻一生生活的幸福、爱和情体验的满足，也决定着一家人的幸福，尤其是孩子未来一生的幸福。真情真爱是前提，是基础，还要是"绝配"，一生一世配合默契，事事都和谐，真正地心心相印，白头偕老，一生忠实伴侣。

我们强调真正的爱情要具备三个元素，提出了爱情三元素理论，除了有真情真爱，要走向婚姻还要找到绝配，特别强调情感类型、依恋类型和童恋体验的相互配合的默契。有爱情基础又是绝配，才是最好的婚姻。

2. 成人依恋类型影响婚姻情感

研究认为，儿童期孩子身上表现出来的依恋特征，成年以后仍然会显露出来，所以成年人也应该具有和儿童一样的依恋类型分类。

A——安全型：具有安全型的人与别人亲密并不难，并能安心地依赖于别人和让别人依赖。从不担心被别人抛弃，也不担心别人与其关系太亲密。在人群中约占60%。

B——回避型：该类型的人自信心强，但很难完全相信和依靠别人。当别人与其太亲密时会紧张，如果别人想更加亲密一点，会感到很不自在。常常显得我行我素，喜欢独来独往。在人群中约占20%。

C——焦虑型：这一类型的人信赖别人，自信心缺乏，希望依赖别人，得到别人的帮助。经常担心自己的伴侣并不真爱自己或不想与自己在一起，担心自己安危，而常常处在焦虑之中。在人群中少于20%。

D——矛盾型：这类人会过于沉迷在自己的回忆中，表现得郁郁寡欢，自卑感极强，对自己缺乏信心,也不信赖别人,常常无所适从。这个类型发生比例较少。

这四种类型的成人比例与儿童依恋的安全型、回避型和焦虑型、矛盾型的比例分配非常匹配。这个研究也支持了新弗洛伊德理论的观点:从成人的行为中能找到他童年经历的痕迹。实际上也就是早年形成的"内部工作模式"的表达。

成人依恋是指成年人与目前同伴或群体形成的长久的持续的情感联结。成人依恋包括两个维度——依恋回避与依恋焦虑。成人依恋目前是国际的新兴热点研究问题,成人依恋在个体与伴侣、与不同性别好友中起到的作用是研究学者普遍承认的。相对于国外对成人依恋理论的研究,国内关于成人依恋的研究还很缺乏,成人依恋与其他方面理论的相关研究还较少。目前主要集中在成人依恋与婚姻质量、教养方式、幸福感、人格特质这四个方面。

根据以往的研究表明,父母的婚姻质量会影响幼儿的个性发展,教养方式也对幼儿个性发展有影响,因此成人依恋与幼儿个性有潜在的相关关系。

成人依恋源于童年,影响一生的婚姻和情感生活的幸福,还会再影响下一代。如何从源头上缔造更多的安全型依恋,也是我们崇尚情、爱和爱情健康的宗旨和目标。

3. 真心做好成人的情感维护工作

大家都记忆犹新,在我国早就有一批热心人开辟了"维护情感"的新行业,通过伦理道德的提倡、责任义务的强调、法律法规的手段,解决婚姻矛盾,调整婚姻状况,强化婚姻结构,企求社会稳定。但就实质而论,这仅仅是通过一种文化的影响,借助于法律强制的手段,保家卫婚,强行维护感情,强迫牵手"爱情"。符合社会学家的意愿,迎合社会的需求。

我们做情学研究,倒是觉得真正的真情是一个好东西,是每个人的一生都需要的,是否是真情只有我自己有数。我们的原则是想去帮助人们去维护自己的真情,就跟我们希望维护孩子们初恋的情感一样,不遗余力。当然有人会说"婚外的都是不好的,哪会有什么真情?都必须绳之以法的呀!"的确!有人为钱,有人为权,也有人为性,等等,都是该处罚的呀!当然我们也不会为这些人说什么,我们只是想说,该有一种健康的维情导向的问题。情学研究的任务就是怎样去帮助人们找回这真情。法律无情,做情学的人就要讲情,就要提高人们的情健康水平,就要提高人们情感生活的质量。

六、黄昏恋的情学教育

根据我们提出的性多元化的理念,更年期以后,人类还必须要有正常性生活。其实人们早已确定性是一辈子的生活,曰为性生活。是的,人们确定的生活有物质生活、精神生活、文化生活,还有就是性生活、夫妻生活、情感生活、婚姻生活,等等。其实,婚姻、情感、夫妻生活的主要内容还是性生活呀!可见人们把性相关的体验、感受,提高为日常的生活之需要,很客观,也很科学。不回避性是生物最重要的功能,我国的老祖宗早就确定了性和命的规则,定死了是"性命",而非"命性",是性比命重要,有性才有命,没有性自然也就没有命。受精卵有命当然有性;胎儿有命,当然也有性;孩子有命,当然也有性;成人有性有命,无人会说成人没有性没有命。更年期以后又该怎么说,命还有啊!性就还有!

我们认为人的一生都有生存的权利,都有享受自由的权利,享受生命、享受天伦之乐的权利,都有接受教育的权利。我们提倡性的终身教育、爱情的终身教育、情学的终身教育,有始有终,不会因为更年期了,因为人老了而停止;我们支持黄昏恋,甚至提倡弥留恋,恋到最后,留恋我们的生命,留恋人类的爱情,留恋人世间的美好,留恋我们一辈子得到的付出的所有的情,所有的爱,陪伴我们走向永远……

第四节 特殊人群的情学教育

对正常人群,情学教育的目标是提高他们情健康的水平,提高他们情感生活和精神生活的质量,满足人们对幸福生活的向往。对特殊人群的情学教育的目标相对就比较低了,主要根据他们的具体的情况来决定,例如单亲家庭、单身人士、残疾人士、应激事件相关人士,都需要及时的情学干预,或者是长时间的情学教育。

一、单亲家庭孩子的情学教育

1. 单亲家庭孩子的心理特点

单亲家庭的男女孩的影响取决于很多因素,例如导致父母离婚的是哪一方的因素,单亲时孩子多大,长住的是否同性别,相伴的亲人是否能适应自己的单身生活,相伴亲人的人格影响,家庭环境和教育影响等等。一般而言单亲家庭的孩子跟母亲一起生活的多,所以主要是缺少父亲而以母亲为主家庭的影响更多。随着社会的发展,离婚随意,单身族人士剧增,单亲儿童也呈越来越多之势,单亲儿童的情学教育也突显重要。

1) 单亲家庭女孩的心理特点

缺乏安全感。女孩面对的最大问题是她缺乏安全感。原本对女孩子来说,最真实的安全感来自她父亲的双臂和宽阔的胸怀,而她的父母离异,也让她失去了父亲最有力的保护,从此她很难再有安全感,从此她对她的父亲又爱又恨,对男人缺乏信任,甚至因恨而回避男人。

更加坚强。妈妈一个人带着孩子那么多年相当不容易,应该是属于比较要强的女人,女孩性格会跟妈妈比较像。但也可能因为妈妈强势而受压抑,更软弱。

叛逆。单亲家庭是个矛盾集中的地方,家庭成员间的关系更加复杂,容易助长女孩的叛逆心理。

自我保护意识和自尊心强。单亲女孩非常怕受到伤害,她的自尊心、自我保护意识很强,她的戒备心很深,别人不容易走近她的内心。

容易产生自卑心理。表面的乐观、开朗,其实是深深的孤独和封闭、自卑。

容易滋生妒忌心理。与健全家庭的女孩比较,她们的心理就容易从最初的羡慕演变成妒忌、憎恨。在心理上他们会表现出对父母一方特别依恋。

2) 单亲家庭男孩的心理特点

性格女性化。完全是妈妈或加上婆婆的女性环境和女性人格的控制和教育影响。

恋母情感深重。敬佩母亲,怜悯母亲,亲近母亲,为母亲的恋子情感慑服,于是回报母亲更多爱恋。

胆小怕事。不勇敢,害怕受伤害,谨小慎微,不敢做大事。

认真,追求完美。做事刻板,要求高,不马虎,不随和。

缺乏坚韧和坚持性。容易见难而退。

吝啬,小心眼。不大方,不豁达,缺少野性,真诚不够。

2. 单亲家庭孩子最容易发生的心理问题

1) 自闭

孩子由于被父或母所疏远而产生抑郁。不愿与人接触,对周围的人常有戒备,认为别人都瞧不起自己,便自我封闭,不愿与人打交道,表现为孤独、内向。

2) 自卑

面对家庭的突然破裂,无法适应无父或无母的环境。孩子的心理没有成熟,一旦受到冲击,就会不知所措,无所适从。

3) 焦虑

他们在父母亲离婚的过程中看到的是人与人之间的互相攻击,学习到的是讨价还价、相互敌视,因此,他们对交往缺乏信心,时常感到焦虑,缺乏安全感。

4) 逆反

由于单亲家庭孩子在"孩子圈"中地位不高,容易成为被奚落和欺负的对象。他们常刻意表现与众不同,喜欢"顶牛角,对着干",以逆反显示自身的存在价值。

3. 单亲家庭孩子在处理两性关系时容易出现的问题

1) 依恋模式的改变。前面我们说了,孩子在3岁前是儿童依恋期,比较多的情况是父母离婚后妈妈抚养孩子的机会更多,女孩子自然就没有父亲了。但许多家庭有舅舅或者外公,或者年龄比较大的堂哥、表哥,这些对象一定程度上可以代替父亲。只要和他们建立了良好的依恋模式,则当事人以后也还是会比较健康。反之,如果生活中没有出现比较好的可以依恋的对象,当事人没有习得健康的依恋模式,成年后便可能不擅长和人交往和建立亲密关系。

2）家庭范本的遗失。孩子从小看到的父母就是吵架打架的男女，知道了婚姻就是这个样子，夫妻就会吵吵闹闹；结过婚的人吵吵架之后再离婚……他们从一开始就没有看到过夫妻恩恩爱爱，缺少婚姻、家庭范本的具体影响，自然不知道自己在两性关系中该是一个什么样的角色。成年后再学，过程就很艰难。所以他们也很难有幸福美满的婚姻情感生活，离婚的结局相对也比较高。

3）自我认知的错位。同样是离婚，不同年龄的孩子会产生的理解是不同的。如若在三岁以前，孩子容易产生"我是祸源"的自我认知；而学龄左右的孩子则会产生"我没价值"的认知；再大点到初中则容易产生"成人都是坏蛋"之类的想法。不同年龄的孩子面对父母离婚会导致不同的认知和态度，他们成年后出现的问题也不同。比如学龄型的，容易自卑退缩，而初中型的，则可能容易暴怒。当事人看到的原生家庭角色定位，对其后来在家庭中扮演的角色也会有很大影响。

4. 单亲儿童的情学教育要点

1）渲染关注儿童幸福成长的理念

给孩子营造一个健康情文化的环境。每个人都应该拥有自己的快乐童年，单亲儿童更应该受到关注，得到关爱，幸福成长。学校、老师、班级、同学，大家都来渲染这么一个氛围，努力造就平等、互敬、互爱的同学关系和师生关系，帮助单亲家庭的孩子自觉地融入班级的群体中，学校的群体中，用这种集体的爱和同学的情去感化单亲的孩子。让单亲的孩子充分感受到学校的、班级的大爱，师生情、同学情、朋友情，不再孤独，不再无助，不再悲观、苦闷，而有跟其他同学一样的学习和生活的健康环境。

2）理解、共情、巨大心理支持

学校老师和孩子的亲人朋友要了解单亲儿童的心理特点，与单亲儿童在心理上相互理解，相互信任，相互沟通，要设身处地用儿童的眼光去看他们的世界，体察他们的感受，体会他们的思想，进入他们的情绪和思维领域之中，去了解他们的心，也以他们的角度去思考事物。这样就能观察孩子的内心世界，体谅儿童的需要，与孩子共情。鼓励他们说出心里话，让他（她）们倾诉委屈和痛苦，通过引导和帮助，让儿童宣泄心中的苦闷，达到心理平衡，心情变得开朗起来。只有当孩子们觉得教师和家长是真正理解和体谅他们时，才会舒畅和愉快，把心中的秘密告诉你，并且认真地倾听你的心声，从而接受教师和家长的教育，与孩子的沟通才会取得显著效果。面对单亲的孩子心理上的不成熟，可以在给予巨大心理支持的前提下，积极引导鼓励孩子不断进步。

学校、教师、家长在日常言行中一定要注意维护单亲儿童的自尊，要强调他们做得好的方面，不要过分夸大他们的错误，要多鼓励。他们学习或其他事情失败时，更要少说泄气话，鼓励要及时。父母不能因为太忙、太累而顾不上关心孩子，也不要以大人的标准来要求孩子做一些力所不能及的事。

3) 双性别亲情缺失的补充

孩子需要双性别的爱(父亲的、母亲的)和双性别亲情(父、母)的影响,孩子的爱和情的发育才完满,缺一不可。一般的单亲孩子以父亲的爱和情的缺失为多数,解决的办法最好是动员妈妈找男朋友,在成为一般朋友的时候就可以让孩子介入,决定是否是真正的男朋友,孩子的接纳也是一个条件。若是准备再婚,最好要等孩子能悦纳对方才好。妈妈的普通异性朋友,或是同学、同事、同乡都可以介绍给孩子。当然找一位孩子能悦纳的继父应该是最理想的解决办法。

妈妈实在找不到能相爱的男朋友,可以在家人当中选择例如舅舅、叔叔、伯伯,甚至更长一点的男性亲人,或者略长一点的孩子的堂哥、表哥等等,作为女孩依恋对象的替代或补充。找到男孩学习模仿的成熟男性的替代或补充,也同样的重要。具体如何去做,需要对妈妈进行专门的辅导。

二、单身人士的情学教育

1. 单身族在增加

2018 年的统计显示,我国的单身人士有 2.4 亿。有人统计全世界的结婚率已经低于 50%,单身族越来越多。为什么人们喜欢单身?有人分析可能有以下的一些原因:

• 女人不想过早结婚。好多女人觉得嫁人风险太大,比起男人那点彩礼,结婚生孩子代价太大,遇到难产简直就是在鬼门关前走了一回。

• 碰到好男人的概率太小。他也不会珍惜你,如果遇到出轨、家暴,甚至是冷战,倒霉的都是女人。

• 女人很现实。现实中很多女人当贤妻良母,付出了一切,最后却活得很悲惨凄凉,而且在最关键的时候被男的抛弃。很多男人发达后都会另寻新欢。现在的女人看得越来越透,干脆不结婚。

• 被动单身。优质的剩女,各个方面的条件都太好,反而嫁不出去。

• 自身能力不够。很多男人都知道自己的能力,连养自己都费劲,根本就养不起一个家庭,所以是不会把喜欢的女人拖下水的。

• 文化的影响。离婚又带孩子的女人,再婚困难极大。

• 婚姻平平淡淡,没有爱情,吸引不了人,男女差异,特别是情感差异太大,一起生活矛盾多,婚姻中获利少,失去的多。

自然而然,崇尚单身生活的人有越来越多之势。

2. 单身人士情学教育要点

1) 对单身生活要有心理准备

人类的文化尤其是中国的文化更崇尚男大当婚、女大当嫁,生儿育女、天经地义。家庭观念特重,有家才有国,家和万事兴,还特别喜欢大家庭,几世同堂,人丁兴旺,才觉得幸福美满。单身人士不仅遭来家人的询问,更有邻居、同事的议论,也会给自己带来一些不愉快。确定单身就要做好这些心理准备,尤其是最难的确定:不生孩子。家人、族人还真的要做好工作,免得他们想不通,而质问或埋怨、责备,影响家人的和谐。

2)单身生活科学安排

每天有规律地生活,自己做自己感兴趣的工作,学习、娱乐合理安排;常与家人见面,常有朋友喝茶、聊天;打球、跳舞,同学、同事聚会;写字、绘画、阅读、艺术欣赏,网聊、电视也常看,还不时有宠物相伴好时光。看看自己的日子过得也还不错。还算得上自由自在又潇洒、浪漫,美满充实又安逸、恬静。

3)爱情欲望的追求

要说情和爱方面的生活,自然也要有个科学安排。家人有个亲爱和亲情,好友有友爱和友情,同事有人情和人爱,还有性情性爱、恋情恋爱、钟情钟爱等等,如何科学安排?

找异性群体中的单身族做朋友,或者谈恋爱,在自愿、文明、健康的前提下,给对方也给自己情和爱的补充和享受。

随着社会的发展和科学的进步,单身族越来越壮大。既然决定单身,就应该有正常人的生活,物质生活、性生活、情感生活、精神生活等等。既然叫生活,就像要吃饭,要穿衣服一样,不能少的呀!精神生活说起来还好办一点,娱乐活动也多,网聊也很普遍,再找点兴趣爱好尽量乐一乐,还说得过去。情感生活,可以跟亲人生活在一起,或者找朋友,或者谈恋爱,找情人,网上的、现实中的都行啊!最难的是性生活,怎么解决?前些年因有大批农民进城打工,社会学家便呼吁人们对"一夜情"行为多持一点宽容态度,引起了不少争议。所以要很好地解决这个难题,需要我们大家一起努力,共同来营造一种更科学更健康的文化,才能从根本上多给单身族一点帮助。

三、残疾人的情学教育

1. 残疾人需要心理支持

1)科学对待坚持训练

帮助残疾人了解残疾的类型和原因,从残疾的根源上探讨摆脱残疾或者减轻残疾的可能性。尤其是对还有哪怕是一线希望治愈或好转的残疾,都可能唤起残疾人无限的希望和信心,会化作无尽的心理力量,让他们以真诚而又科学的态度,接受残疾的现实,接受"残疾人"的社会角色,并以此角色适应自己的生活。

鼓励他们坚持长期训练,不仅强化残疾者对残缺功能的恢复或部分恢复的心理期望,而且训练本身对残疾人普遍具有积极的心理作用。不仅鼓励他们生活的信心,是一种心理支持,也是一种身心互动的治疗模式,更是指导残疾人摆脱负性心理的积极形式。

2)帮助残疾人克服负性心理

强烈的自卑心理。因为残疾而自认为不如别人,被人瞧不起,因而离群、胆怯,心甘情愿成为弱者,生活无信心。

抱怨自己的不幸。抱怨父母,抱怨上苍,抱怨自己的命运或者抱怨领导,抱怨单位,甚至抱怨一生,而怨天尤人。

持久的挫折感。尤其是人为事故造成的残疾,受挫感特别强烈,特别持久。

自暴自弃。在经历长时间训练和其他康复治疗,残疾无明显改善的残疾人,经常滋生对生活无望、前途迷茫,常表现悲观厌世的情绪。

自杀意念。自暴自弃严重者常有自杀的念头,有人甚至考虑过怎样自杀,有人甚至有过自杀的尝试或自杀未遂。

3)强化补偿心理、鼓励补偿行为

心理学家阿德勒指出,凡是成对的器官,如果其中之一受到损伤,另一器官就可能有超常的发展,甚至不同的器官也有相互补偿的作用。因此,患有残疾的人不应当灰心丧气,不要自卑,应当相信躯体各个器官功能通过努力训练可以在一定程度上得到补偿。例如盲人的听、触觉会特别的灵敏。

残疾的补偿作用大约可分为两类,一是补偿心理,二是补偿行为。补偿行为取决于补偿心理,产生于补偿心理的基础上。

在补偿心理的驱使下,人们力求克服自身低能的努力就是一种补偿性行为。这种补偿性行为如果发展到极端,使尚保留完好的肢体器官的功能得到超水平的发展,甚至缺陷也可以转化为特长,低能可以转化为高超的技艺。因此,残疾人不应丧失对生活的信心,而应当在正确认识人体补偿功能的基础上奋起,为功能补偿进行顽强训练,在补偿中克服残疾造成的种种困难。

家长和教育工作者要逐步引导残疾人,使其认识到缺陷在很大程度上是可以补偿的。

4)家庭和社会心理环境对残疾人的支持

家庭和社会对残疾人的偏见是挫伤其自尊、形成自卑感的重要原因,应大力宣扬和呼吁家庭与社会端正认识,充分理解残疾人,形成良好的社会心理环境,鼓励残疾人就业,创造有利于残疾人工作生活的良好条件。家庭和社会要给残疾人更多一点关爱,更多一点温暖,让他们和正常人一样生活得更健康、更愉快。

2. 残疾人情学教育要点

1)亲人态度的决定作用

亲人特别是有血缘关系的主要亲人,对残疾人的影响是决定性的。主要是亲人对残疾人的态度,对他们残疾的态度,对残疾人心理的影响巨大,甚至决定着残疾人的人生态度。我们强调对残疾本身的科学认知和科学态度,实际上主要是对残疾人的主要亲人而言,亲人能持科学态度,对残疾人而言就是巨大的鼓舞和坚强的信念支撑,决定着残疾人的生活,甚至左右了残疾人的生死。

2）情和爱是生的希望

亲人对残疾人的心理作用巨大，就是中介于情和爱的作用。若是没有了主要亲人的亲情和心爱，残疾人就会被负性心理完全征服，无心抗争，拒绝训练，沮丧、颓废、自暴自弃，甚至自杀。亲人的情，亲人的爱，既是一种鼓舞，也是一种责任，一种希望，只能坚强，只能坚持，刻苦训练，追求补偿，刻不容缓。亲人的情和爱就是命令，也是动力，决定信念，拼命而为之，努力生活，还要活得更好。情和爱是生的希望，是生活的动力。

3）性爱享受的巨大鼓舞

有成效地帮助残疾人，尤其是性方面或者与性有关方面的残疾人获得性或情欲高潮，得到性爱或爱情极致体验的享受。努力让他们能有跟正常人一样的感觉，他们就会对生活更充满信心，更坚持训练，坚定信念，更热爱生命，热爱家人和给予他们情和爱的人，给予他们帮助的人。他们就会活得更健康，更幸福。

四、应激人士的情学教育

1. 应激和应激反应

1）应激的概念

应激行为是指人在心理、生理上不能有效应对自身由于各种突如其来的并给人的心理或生理带来重大影响的事件，例如战争、火灾、水灾、地震、传染病流行、重大交通事故等灾难发生所导致的各种心理生理反应。应激行为也叫应激相关障碍，主要包括急性应激反应、创伤后应激障碍、适应障碍三大类。

2）急性应激反应

急性应激反应是在应激灾难事件发生之后最早出现的生理心理反应，典型表现包括三个方面。

意识的改变。出现得最早，主要表现为茫然，出现定向障碍，不知自己身在何处，对时间和周围事物不能清晰感知。

行为改变。可表现为行为明显减少或增多并带有盲目性。或不主动与家人说话，家人跟其说话也不予理睬。或说话多，自言自语。或言语内容零乱，没有逻辑性。

情绪的改变。主要表现为恐慌、麻木、震惊、茫然、愤怒、恐惧、悲伤、绝望、内疚，对于突如其来的灾难感到无所适从、无法应对。

3）创伤后应激障碍

创伤后应激障碍比急性应激反应的发生要晚，而持续时间要长得多，往往要持续一个月以上。表现为难以控制地重新体验创伤性事件发生时的各种场景以及当时的情绪；回避或不愿意提及创伤性事件，不愿意提及更不愿意看到事件发生的场所，甚至不愿意去跟事发场所类似的地方；情感麻木，回避与创伤有关的刺激；若长时间没有一个合适的发泄渠道，往往会引起更多的心理障碍或心身疾病。

4）适应性障碍

适应性障碍的主要表现是情绪障碍，伴有适应不良的行为或生理功能障碍，从而影响病人的社会适应能力，使学习、工作、生活及人际交往等受到局限或导致不正常。

2. 应激的心理干预

根据应激事件发生的强度、持续的时间、损害的程度，确定受害人应激反应的类型，有心理治疗师选择采取适当的心理疗法，实施心理干预及必要的其他治疗。

由心理咨询师尽力尽快帮助应激受害者离开应激事件现场，回避或逃避过强的心理应激源，如逃避引起吵架、愤怒的场所。保护好应激受害者，避免重复伤害。组织实施社会和心理支持，转移受害者对应激事件及受灾现场的注意。通过各种放松措施控制或转移负面情绪。要求受害者学会各种放松技术，如气功、生物反馈疗法、自我催眠、散步、白日梦等。鼓励受害者要心胸宽大，乐观地应对和处理负面生活事件。激励他们增强自身应对能力和耐受挫折的能力。

3. 应激人士的情学教育要点

动员应激受害者的社会支持系统，特别要取得亲人、家人、亲戚、朋友、单位领导、同事、邻人等广泛的社会支持和理解。尤其是最亲密的亲人或朋友守护在受害者身边，特别是至亲的，如父母、妻子、儿女等等，社会心理支持的作用更大。这个时候受害者最需要的就是最亲最爱的人，亲情和亲爱的支撑、激励的作用最有力也最强大，心理支持的效果最好。其他人提供的情和爱对受害者来说也都是重要的社会心理支持。

尤其是受害者患上了创伤后应激障碍，持续时间长，受害者痛苦大。为了减少受害者的痛苦，加速其恢复，社会心理支持，尤其是家人的情和爱的给予，家人关注的程度，精心照料时间的长短，真心的耐心的陪伴，积极的治疗和心理干预都是至关重要的。

第五节　健康情文化的缔造

一、母亲情的身教

1. 办好母亲学校

就像社会要教育好孩子们要办幼儿师范学校，要教育好小学、中学的孩子要办师范专科学校、师范学院、师范大学等等，还要办相关教育的培训机构，教育学的研究机构，等等，政府、国家还要制定相关的教育政策法规，对一层一级的教育机构和人员进行有效的管理，确保全国的教育工作不偏离国家制定的教育目标和教学大纲。

"三岁看大,七岁看老"是我国人民上下五千年总结出来的宝贵经验,说明什么呢?人的教育始于家庭,重在家庭,关键在于家庭,人的一生最重要的老师是父母,父母最重要的老师还是父母。只可惜现今社会还没有国家办的"父母学校",更没有"父母大学"等等教育父母的机构,也没有"父母教育"的专门教材和相关的目标、大纲等等。

社会对幼儿教育的重视程度让人吃惊,祖宗们千年训导,几乎是无人问津,可惜可叹!

我们呼吁社会重视幼儿教育,重视父母教育,重视婚前培训和教育,全力普及科学寻爱,科学择偶,科学结婚,优生优育相关知识,所有的准妈妈都要接受婚前培训,孕前要上父母学校,孕期要接受孕育培训和孕期指导、胎教指导、无痛分娩培训,还要学习儿童心理卫生知识、儿童早期教育知识,学习影响儿童成长的方方面面的知识。既要做好孩子的抚养人、监护人,也要做好孩子合格的第一任老师,真正的从一开始就能给予孩子最良好的成长环境,教育条件,让孩子既有健康的体魄,又有健全的人格,还有良好的爱和情能力。

其实,一个和睦的家庭,对孩子而言就是最好的情学教育的基地,父母恩恩爱爱,丰满的爱,甜蜜的情,父母之间、父母与孩子之间,他们和全家人之间的亲人关系,家人和亲友之间,家人和邻居之间,家人和陌生人之间,等等,从人爱、人情、友爱、友情、宗爱、宗情,到亲爱、亲情,都是情学的无声的教育和影响。假如父母之间没有真正的爱情,夫妻关系就不容易相处,家庭就不会非常和谐。这是大部分孩子所处的家庭环境,在这样的家庭里,孩子的早期环境和教育难度就会比较大,情学教育相应也会比较困难。更难的是父母关系很糟糕的家庭,父母经常吵架甚至打架,孩子整天担惊受怕,人格都很难有健全的发育,爱和情的健康发育的难度更大。夫妻关系是家庭的轴心,夫妻关系不良,家庭就和睦不了,孩子的成长环境和教育条件不良,均需要社会力量的相助。情学教育在这些家庭也非常困难,在社会相助的同时,还要注意孩子情学教育条件的改善。

这些家庭的准妈妈若能参加母亲学校学习,不仅对改善她自己生活,改善夫妻和家人关系,更对她的孩子能有一个相对更好一些的成长发育环境和早期教育条件,无疑会有更积极的帮助。一个人情的源头来源于母亲,父母是孩子的第一任老师,也是最重要最关键的一任老师,自然也是孩子情健康教育的最主要的老师,他们和家庭的情教育决定着孩子一辈子的情健康。

2. 母亲对孩子一生的影响

我们做了几十年的心理咨询,发现绝大部分的来访者心理问题或心理障碍,跟父母的职业密切相关。我们调查过来访者母亲的职业,发现她们中最多从事的职业是财务工作和小学、中学老师。这两种职业的妈妈们有什么特点呢,特别认真,要求特别的高,自尊心特别强,追求完美,这些妈妈智商一般比较高,特别敏感,许多人也特别容易焦虑。一般人家,孩子7岁上学前,基本上都是跟妈在一起。除了一岁半以前的依恋期受妈的影响最大，其他的时间也基本上是跟妈妈黏在一起的。前人规定女人的任务是相夫教子，妈妈既管孩子的生活，也管孩子的教育，什么都管，孩子自然就什么事都找妈妈，也就什么事都听妈了。所以很多很多的家庭，孩子受妈妈的影响大。如果是位好妈妈，她会带出个好女儿来，倘若是位不好的妈妈，女儿也不一定好到哪儿去。即使是位好妈妈，带了儿子7年，儿子会咋样？将来会成长为一位男子汉？妈妈成天跟儿子待一起，如此的情学教育会有怎样的结果？

当然不管是什么样的家庭，妈妈为主的家庭还是很普遍，所以家庭对孩子的情学影响和情学教育，实际上最主要的还是由母亲的身教所决定的。所以也有人过分形容妈的作用，说一个妈就决定了这个家，也决定着孩子们的一生一世，更不要说他们日后的情感生活了。

二、家庭情文化

俗话说"家和万事兴"，一家人都是亲人，相互之间是亲人互爱的关系，是亲情相互陪伴的关系，每个人从家里面得到真诚的爱，完满的情，家是每个成员幸福的港湾。家可以是三个人的家，也可以是几代同堂的大家，关键是爱得真诚，情义深重，才会是一个和睦的家庭，情文化正气的家庭。

正因为夫妻关系是家庭的轴心，夫妻关系很糟糕的家庭，夫妻经常吵嘴打架，孩子整天担惊受怕，人格都很难有健全的发育。夫妻关系不良，家庭就和睦不了，家庭的情文化自然也很糟糕，孩子的爱和情的健康发育难度更大。更多的家庭既好不到哪儿去，也坏不到最糟糕的境界，只能说是一般的和睦，或者说不太和睦。这些家庭要加强家庭的和谐建设，其中最主要的是夫妻的婚姻建设，请专家做婚姻分析，接受科学的婚姻指导，提高婚姻质量。夫妻关系改善了，家庭就会更加和睦，家庭的情文化自然得以改善。

三、社会情文化

社会科学情文化的缔造不是一个轻而易举的事情，需要一个漫长的过程。而且是与社会的发展，人类文明的进程息息相关，尤其是和谐社会的建设就是健康情文化缔造的过程。家庭是社会的基础，人又是构成家庭的细胞，人类文化和文明水平的提高，有利于建立更多和谐家庭，有利于构建人类健康情文化的进程。

根据我们几十年对婚恋家庭的深入研究，我们清楚地看到，家庭不和谐的根源在于夫妻，夫妻不和谐的根源在于婚姻质量不高，婚姻质量不高的根源在于夫妻之间没有爱情。婚姻没有爱情的原因是传统择偶的标准："郎才女貌，门当户对"，标准里面就没有爱情；传统婚介模式是："父母之命，媒妁之言"，根本就没有当事人参与，爱情哪来？

我们经过近20年的探索、研究，设计了"婚恋关系测试系统"软件，在上万的大样本中寻找相互有真爱真情的男女，又以十二个量表测试进行与婚姻相关的主要因素的数据化比对,找到既有真正的爱情基础,又是"绝配"的好对子,结合成高质量的好婚姻,从婚姻的源头上提高夫妻真正相爱的程度,从而为家庭和睦打下基础。努力从家庭的健康情文化的建设开始,一步一步构建社会的健康情文化。

当然在这个过程中,媒体的作用不可忽视,文化必须传播,特别是好的健康的文化更需要媒体去传播,尤其是当今已经是进入5G时代,传媒对社会文化的影响力量之大,出于常人想象。

华夏上下五千年,中国是世界有名的文明古国,只可惜封建统治的时代太长,封建文化传承上千年,对人们的影响太深刻,影响人们对新的事物的接受。就像我们在前面说的要人们接受新的爱情观,接受新的婚姻文化,提倡人们寻找有爱情基础又是绝配的好婚姻,可惜人们头脑里全是"郎才女貌,门当户对",全是房子、车子、金钱、地位等等,实际上还是在进行利益婚姻,或者是蒙着头,稀里糊涂听由"父母之命,媒妁之言",结婚生子,传宗接代,一辈子过着平平淡淡的没有爱情的婚姻生活,心甘情愿。学者调查成千对的夫妻,真正说自己有爱情的也只有二三十个人。所以有人说,现代人们的婚姻还是很低俗的,基本上还是封建时代的婚姻模式,基本上是没有爱情的两性关系。

家庭文化是社会文化的反映,简单说就是什么样的社会文化决定了家庭文化,从提倡新的有爱情的婚姻文化的无比艰难,想象要创建健康的社会情文化难度会有多大。

其实我们中国人对情学的关注和研究也是有很长的历史了,但至今也没有形成专门的学科,也未提倡人们强调情健康,享受情的快乐。我们出版《人类爱情学》鼓励人们大胆地追求人类爱情,编写《人类情学研究》是希望大家重视心理健康的同时,追求情的健康,提高一辈子爱和情的享受,提高自己情感生活质量,重视儿童心理卫生工作,重视儿童从小的情健康教育,提高儿童情健康的水平,让他们这一辈子拥有比父母更快乐的情感生活。

四、人类情文化

人们对好东西的追求和向往是不会停止的,就像共产主义人类最美好的社会形式,最终要为人类全面接受一样,最文明最健康的人类情文化也终将为全人类接纳。

当然,人类情文化的建立并不是写了这本书就能成就的,这仅仅是一个开头,需要经过更长时期的艰难的奋斗,才能慢慢渲染,吸引越来越多的人关注,越来越多的人参与,关注的人,研究的人越来越多,就会逐步形成一种文化,更多人的一种共识,才会引起社会的重视,引起社会的组织者和学术界的重视。众所周知我国自"五四运动"提倡自由恋爱以来都已经百年,封建的婚姻文化依然盛行,差不多的人都知道婚姻不能买卖,一定要有爱情作为基础,没有爱情的婚姻是不道德的婚姻。可是在现实生活中,人们依然是崇尚房子、车子、金钱、地位等等,许多夫妻能在婚姻中有点性高潮体验就已经感激不尽了,认为就是爱情的享受了。吵架、打架,司空见惯!千万亿的婚姻只总结出来"平平淡淡才是真",可见要扭转这个观念谈何容易!

阻力是很大,因为文化是深入人心的,深深插进人的潜意识的深层,绝不是一代人就能解决的事情,到了5G时代了,甚至还有越来越多的人相信这平平淡淡。现时代有更多的青年人不愿结婚,甚至恐惧婚姻,单身族越来越庞大,许多人在期盼婚姻消亡,或者主张婚姻革命,不愿意循规蹈矩,传承那平平淡淡,很想大胆地试一试,去追求一下真正的人类爱情。

我们写书的初衷就是想为人类缔造更文明、更健康的爱和情的愉悦体验和快乐享受,从而满足全人类对幸福生活,尤其是对美好情感生活的向往,让每个人都能享尽天伦之乐。

第九章 情学理论和研究展望

　　人类的情和情感是生物情进化的顶峰,是人类区别于动物的最显著的标志之一,爱情又是人类有文明以来歌颂不衰的主题,中国有世界有名的十大爱情经典。从古至今,中华民族是最讲情讲义的民族,在人们的一生中,在与家人、与亲友、与同事、与邻居,与他人等等的一切相处之中,时时处处,无不充满着情和爱。可以说在人类的社会中,在每个人的一生中,爱和情完全空白的时间和空间是没有的。如此和人类密切相关的,和每个人的生活生存密切相关的事物,至今还没有一本专著,尚未形成一门学科,尚无独立学科体系,可真是无法理解。文学歌颂爱情已数千年,却至今仍有许多人都还没有真正的爱情生活的享受,好悲凉!

　　我们继创立人类爱情学学科理论的努力之后,又撰写本书,提出创立人类情学的学科体系,希望人类能够更多一点关注人类自身,既帮助更多人经济脱贫,也帮助全民"情感脱贫",让更多人在充分的爱和情的享受中,满足自己对幸福生活的向往。这也正是人类情学研究的永恒的主题和目标。

第一节　中国人的情学

一、中文情字的意义和应用

(一) 字典上情字的含义

情,由竖心和青组成。

竖心:竖,站立、直立,不是趴着,也不是睡着,浑身有病的形态;心,一个物质的中心器官,象征着思维。竖心——站立的、能承载社会功能的,有能力转动和一定容量的思维。

竖心是情的左极设置。首先,情是在一个活人身上,竖立的人…… 一个有活力的人,可能情感更旺盛;一个伟大的人,可能爱着一个民族,"博爱"是否就是一个伟人的情怀呢? 反之,躺在病床上的人,也是有情的…… 但,"情"刻画出她的要素:情是一种活力,一种欲望,一种扑向对方和前行的兴致。心,竖着向前走,才可能有"情";卧在床上的心,虽也专情,但相比之下已情力渐低。

情的右旁是青。青:青年、成长期,全过程的不成熟阶段。情,好像是年轻人的事,或者是"人老心不老"的人的事,我们叫"年轻人的心"。情,不主要属于衰老阶段了,但情感丰富的老人,心地还肯定年轻……

青年,尚不成熟,不稳定。多属于青年的情,也带有青年人的特性——热烈而嬗变,贬为"朝秦暮楚"。青年人是进步的,体验到了真正的"情",为何不弃"旧恋"呢?

情,是一种活力的东西,不属于衰落;是心中的思绪,影响着情商、智商、社商;是幸福的、美好的,也会带着残酷;是进步的,也可能伴着伤害和移情。

情,一个神奇、伟大、实在而又是虚无的幻境……

我国的词典对情有以下不同层次的解释。

1. 基本释义

感情:热~|有~|无~|温~。

情面:人~|讲~|托~|求~。

爱情:~书|~话|谈~。

情欲;性欲:春~|催~|发~期。

情形;情况:病~|军~|实~|灾~。

情理;道理:合~合理|不~之请。

2. 详细释义

情,读音 qíng。汉字基本字义:①因外界事物所引起的喜、怒、爱、憎、哀、惧等心理状态:感情,情绪,情怀,情操,情谊,情义,情致,情趣,情韵,情性,性情,情愫,真情实意,情投意合,情景交融。②专指男女相爱的心理状态及有关的事物:爱情,情人,情书,情侣,情诗,殉情,情窦初开(形容少女、少男初懂爱情)。③对异性的欲望,性欲:情欲,发情期。④私意:情面,说情。⑤状况:实情,事情,国情,情形,情势,情节,情况。

3. 有记载的情字的详细释义

(1) 本义:感情

(2) 同本义,文字上有如下记载:

问世间情是何物。——《摸鱼儿·雁丘词》

情,人之阴气,有欲者也。——《说文》

何谓人情?喜怒哀惧爱恶欲,七者,弗学而能。——《礼记·礼运》

情伪相感。——《易·系辞》,虞注:"情阳也。"

情者,阴之化也。——《白虎通义·情形》

情者,性之质也。——《荀子·正名》

天若有情天亦老。——[唐]李贺《金铜仙人辞汉歌》

览物之情。——[宋]范仲淹《岳阳楼记》

公(袁可立子)性情胆略,流露尽于此矣。——[明]陈继儒《袁伯应诗集序》

情所欲居。——[清]黄宗羲《原君》

又如:情熟(亲密);情款(情意诚挚融洽);情悃(情意;感情真挚,诚心诚意);情热(感情深厚);情肠(感情;情意);情愫(情愫;感情,本心;真情实意);无情(没有感情,不留情);友情(朋友的感情,友谊);情交(情感相通);情好(情谊,交情);情志(情感志趣);情思(思念之情);情切(感情真切)。

(3) 本性

情,性也。——《吕氏春秋·上德》

夫物之不齐,物之情也。——《孟子·滕文公上》

又如:情性(天赋的本性);情心(本性;性情);情尚(性情与爱好);情品(性格);情愫(真情;本心);情行(犹品行)。

(4) 情欲,性欲(lust; sexual passion)

如:情天欲海(情大如天,欲深如海);色情(性欲方面表现出来的情绪);发情期;情尘(指情爱,情欲)。

(5) 爱情(love)

唯将旧物表深情。——[唐]白居易《长恨歌》

落日故人情。——[唐]李白《送友人》

愿天下有情人都成眷属。——[清]林觉民《与妻书》

巾短情长。

又如：情窦（爱情的萌芽）；情谈款叙（慢慢地谈情说爱）；情天（爱情的境界）；情田（播种爱情之田）。

(6) 实情，情况(the state of affairs; circumstance; condition)

情，谓情实。——《周礼注疏》

虚则知实之情。——《韩非子·主道》

今人主不掩其情。——《韩非子·二柄》

俱以情告。——《世说新语·自新》

中藏隐情不可致，诘公（袁可立）一览，立得籍甚。——[明]董其昌《节寰袁公行状》

犹夫人之情。——[清]黄宗羲《原君》

又如：情词（有关罪情的供词）；情真（真情；事实）；内情（内部情况）；详情（详细的情形）。

(7) 私情，人情，情分(human feeling; kindness)

不戴其情。——《淮南子·缪称训》。注："诚也。"

执法而不求其情。——[宋]苏洵《上韩枢密书》

要以风义交情，皎如白日，知公（袁可立）者宜莫如昌。——[明]董其昌《节寰袁公行状》

又如：情势（人情关系）；情常（常情）；情义（人情道义）；人情（情面，人之常情）；求情（请求对方答应或宽恕）；情曲（心曲，心里事）。

(8) 情趣，兴趣(Interest)

鸟啄灵雏恋落晖，村情山趣顿忘机。——段成式《观山灯献徐尚书》

又如：情兴。

(9) 思想，精神(thinking; spirit)。

如：情物（指思想内容）；情抱（情怀，胸襟）；情神（精神，神情）。

(10) 道理，情理(reason)

兵之情主速，乘人之不及。——《孙子兵法·九地》

缘物之情。——《吕氏春秋·慎行论》

又如：情款（情由）；情因（情由）；情本（事情的根由）；情旨（犹情由）；情纪（情理法纪）。

(11) 形态，情态，姿态(mode; posture)

含娇含态情非一。——[唐]卢照邻《长安古意》

又如：情儿（态度）；情迹（情状）；情首（谓出首自白其情状）；情踪（犹情状）。

(12) 通"诚"，真诚，真实(cordial; earnest; genuine; real; true)

民之情伪,尽知之矣。——《左传·僖公二十八年》

力极者赏厚,情尽者名立。——《韩非子·守道》

(13) 心愿(desire;wish)

夫求祸而辞福,岂人之情也哉？——[宋]苏轼《超然台记》

(14) 通"请"。《荀子·成相》："听之经,明其请。"

《史记·礼书》中徐广注："古情字或假借作请,请、情同义。"——黄现璠《古书解读初探》

(15) 情者,喜怒哀乐忧思惧好恶爱憎欲也。

喜,指高兴、欢喜;怒,指发怒、愤怒;哀,指哀伤、悲哀、悲伤、哀痛、伤心;乐,指快乐、欢乐、愉快、愉悦;忧,指忧虑、忧愁、忧伤、担忧、担心、焦虑;思,指沉思、思考、思索、思虑、思念;惧,指恐惧、害怕、惧怕;好,指喜欢、爱好;恶,指厌恶、讨厌;爱,指喜爱、爱慕;憎,指憎恨、憎恶;欲,指欲望、欲念。

(二) 含有情的词语

情爱、情报、情操、情敌、情调、情分、情夫、情妇、情感、情歌、情话、情怀、情急、情节、情景、情境、情况、情郎、情理、情侣、情面、情趣、情人、情事、情势、情书、情态、情网、情味、情形、情绪、情义、情谊、情意、情由、情欲、情愿、情知、情致、情状、敢情、感情、寡情、国情、旱情、豪情、激情、讲情、交情、矫情、尽情、剧情、军情、表情、领情、留情、案情、病情、民情、内情、闹情绪、薄情、补情、求情、群情、热情、人情、任情、才情、容情、柔情、色情、商情、墒情、深情、神情、盛情、实情、世情、事情、抒情、抒情诗、水情、说情、私情、送情、讨情、同情、偷情、托情、忘情、温情、无情、物情、下情、常情、险情、详情、心情、行情、性情、徇情、殉情、艳情、陈情、疫情、隐情、幽情、友情、舆情、雨情、灾情、痴情、真情、知情、钟情、衷情、酌情、虫情、纵情、传情、春情、催情、道情、敌情、调情、动情、多情、恩情、发情、风情、爱情、够交情、拉交情、卖人情、难为情、送人情、套交情、托人情、行人情、鱼水情。

(三) 带情字的成语

"情"在首字:情不可却、情不自禁、情窦初开、情急智生、情见乎辞、情景交融、情深潭水、情随事迁、情天孽海、情同骨肉、情同手足、情投意合、情见势屈、情有可原、情至义尽。

"情"在第二字:有情有义、虚情假意、盛情难却、不情之请、打情骂俏、风情月债、高情远致、含情脉脉、豪情逸致、豪情壮志、红情绿意、矫情镇物、径情直遂、径情直行、来情去意、离情别绪、七情六欲、群情鼎沸、人情冷暖、人情世故、入情入理、上情下达、深情厚谊、声情并茂、诗情画意、陶情适性、通情达理、慰情胜无、温情脉脉、无情无义、闲情逸致、怡情悦性、揆情度理。

"情"在第三字:一往情深、儿女情长、甘心情愿、故剑情深、近乡情怯、伉俪情深、两相情愿、貌是情非、舐犊情深。

"情"在第四字：一见钟情、不近人情、淡水交情、睹景伤情、法不徇情、反哺之情、反面无情、风土人情、触景伤情、貌厚深情、怀土之情、即景生情、寄兴寓情、见景生情、流水无情、略迹原情、人之常情、首丘之情、手下留情、手足之情、水火无情、顺水人情、太上忘情、无理人情、望云之情、乌鸟私情、秀才人情。

二、七情六欲

1. 七情的内容和各家的理解

七情按儒家的说法是喜、怒、哀、惧、爱、恶、欲，按佛教的说法则是喜、怒、忧、惧、爱、憎、欲，而医家的七情是喜、怒、忧、思、悲、恐、惊。

最初，古人只说人有四种感情，就是在《中庸》里出现过的"喜、怒、哀、乐"。后人解释说，人遇到所喜好的就会"喜"，遇到所厌恶的就"怒"，得到所爱的就"乐"，失去所爱的就"哀"。

那么你肯定注意到了，"怒"因为"恶"而产生，"乐"因为"爱"而产生，所以在"喜、怒、哀、乐"之外，加上了"恶"与"爱"，情感就从四种细分为六种了。

祖先们对情感的划分，让人佩服得五体投地。按说六种不少了吧？可是古人说，人在"怒""哀"这两种情绪"将至而未至"——也就是情绪还没到"点儿上"的时候，还会产生"惧"，所以六种情感又被细分成了七种，这就是"七情"的由来了。

细心的朋友一定会问，刚才不是说七情里有"欲"吗？为什么解释的时候，没有提到"欲"，反而提到了"乐"？

古人早有解释。"乐"和"欲"是相通的。那么这个"欲"，是什么意思呢？古人说，是贪欲。"贪欲"这个词，在这里并不全是贬义，它指的是本能的需求，比如眼睛需要看到东西，耳朵需要听到声音——《礼记》里说，七情是"弗学而能"。什么意思呢？就是不用学就会，是本能。

《礼记·礼运》："何谓人情？喜、怒、哀、惧、爱、恶、欲，七者弗学而能。"

《三字经》："曰喜怒，曰哀惧，爱恶欲，七情具。"

2. 中医理论中的七情

中医理论中，七情指"喜、怒、忧、思、悲、恐、惊"七种情志，这七种情志激动过度，就可能导致阴阳失调、气血不周而引发各种疾病。令人深思的是，中医学不把"欲"列入七情之中。

（1）七情与内脏精气的关系

情志活动由脏腑精气应答外在环境因素的作用所产生，脏腑精气是情志活动产生的内在生理学基础。由于人体是以五脏为中心的有机整体，故情志活动与五脏精气的关系最为密切。《素问·阴阳应象大论》说："人有五脏化五气，以生喜怒悲忧恐。"

五脏藏精，精化为气，气的运动应答外界环境而产生情志活动。因而五脏精气可产生相应的情志活动,如《素问·阴阳应象大论》所说:"肝在志为怒,心在志为喜,脾在志为思,肺在志为忧,肾在志为恐。"

五脏精气的盛衰及其藏泄运动的协调,气血运行的通畅,在情志的产生变化中发挥着基础性作用。若五脏精气阴阳出现虚实变化及功能紊乱,气血运行失调,则可出现情志的异常变化。如《灵枢·本神》说:"肝气虚则恐,实则怒……心气虚则悲,实则笑不休。"

《素问·调经论》说:"血有余则怒,不足则恐。"另一方面,外在环境的变化过于强烈,情志过激或持续不解,又可导致脏腑精气阴阳的功能失常,气血运行失调。如大喜大惊伤心,大怒郁怒伤肝,过度思虑伤脾,过度恐惧伤肾等。

在情志活动的产生和变化中,心与肝发挥着更为重要的作用。心藏神而为五脏六腑之大主,主宰和调控着机体的一切生理机能和心理活动。各种情志活动的产生,都是在心神的统帅下,各脏腑精气阴阳协调作用的结果。

各种环境因素作用于人体,能影响脏腑精气及其功能的,也可影响心神而产生相应的情志活动。如《类经·疾病类·情志九气》说:"心为五脏六腑之大主,而总统魂魄,兼该志意。故忧动于心则肺应,思动于心则脾应,怒动于心则肝应,恐动于心则肾应,此所以五志惟心所使也。"

正常情志活动的产生依赖于五脏精气充盛及气血运行的畅达,而肝主疏泄,调畅气机,促进和调节气血运行,因而在调节情志活动,保持心情舒畅方面,发挥着重要作用。

(2) 七情的治病特点

七情外发,首先扰乱气机:外因刺激诱发情志病变,首先扰乱五脏气机,导致气机逆乱,发生病变。

七情内发,精气先虚:内因发生情志病变,以脏、精、气、血、阴、阳亏虚,神气失藏,或郁邪内扰神气,发生病变。

七情发病,首伤属脏:情志发病,首伤属脏或属脏先伤发病。临床上,不同的情绪刺激,可影响不同的神脏。

七情发病,有反复性:情志病在临床上有较强的反复性,如忧郁情绪(精神抑郁证),稍不如意,病即复发。

七情发病,有兼夹性:七情的各项致病因素在发病过程中往往都是很难截然分开的,常是两种或两种以上情绪纠合在一起发病。

七情发病,有周期性:七情致病,有较强的周期性,如男性在八八之年,女性在七七之年(更年期),肝肾精气亏耗,易出现情志病变。

七情发病,与气候相关:自然气候的变化直接影响人体情绪,发生病变。

七情发病,有传变规律:七情发病,每种情绪在传变上都有一定的规律性。如大怒伤肝,肝怒传子,《灵枢·本神》说:"盛怒者,迷惑而不治。"肝怒传母,《灵枢·本神》说:

"肾盛怒不止则伤志。"肝怒乘土,《素问·玉机真脏》说:"怒则肝气乘矣。"肝怒侮金,《素问·宣明五气》说:"精气并于肺则悲。"因此《素问·玉机真脏》说:"故病有五,五五二十五变,及其传化。"指出了情志病的传变规律。

七情发病,淫情交错:七情致病与六淫致病往往有很密切的联系。

七情发病,郁情不离:七情发病与郁证关系非常密切,在情绪不快时,往往导致气机郁滞发病;而在气机郁滞(气、血、痰、火、食、湿)时,亦易扰乱五脏,导致五神不宁,发生情志病变;七情亦可与郁证同时发病为患,故陈无择说:"郁不离七情。"

七情发病极其广泛,还可以加重痼疾,七情之间可相互转化。

(3) 六欲的内容和各家的理解

六欲,按《吕氏春秋》指由生、死、耳、目、口、鼻所生的欲望,佛教认为是色欲、形貌欲、威仪姿态欲、言语声音欲、细滑欲、人想欲,也有说法是求生欲、求知欲、表达欲、表现欲、舒适欲、情欲。

《吕氏春秋·贵生》首先提出六欲的概念:"所谓全生者,六欲皆得其宜者。"这话的意思就是,"全生"的人,"六欲"都是得到了适当的满足的。所谓"全生",是人修养身心的最高境界。东汉哲人高诱对此做了注释:"六欲,生、死、耳、目、口、鼻也。"后人将六欲概括为:见欲(视觉)、听欲(听觉)、香欲(嗅觉)、味欲(味觉)、触欲(触觉)、意欲。

《大智度论》认为六欲是指色欲、形貌欲、威仪姿态欲、言语音声欲、细滑欲、人想欲,基本上把"六欲"定位于俗人对异性天生的六种欲望,也就是现代人常说的"情欲"。

(4) 现代心理学对七情六欲的解释

一般来说,"七情"指的是人们感情的表现,也可以说是人们的心理活动。一般体现为喜、怒、忧、思、悲、恐、惊。几乎每个人每天都会有这七种心理反应。如今我们把这"七情"简化为"喜、怒、哀、乐"。在我们的认知里,世界是客观存在的,不能够被人为改变。而事实上并不是如此,人是一种很主观的动物,无时无刻不受到情绪的影响。

心理学上认为,人的痛苦来源于他的情绪,也就是七情。想要减轻痛苦,关键不在于外在物质的多少,而是他能够消除内心的负面情绪,让自己的心态保持平和。

同理,六欲也是有心理学解释的,指的是感觉引起的欲望,它的基础是需要感受器官。因为欲望的存在,人才会有心理动机,才会有所行动。在原始社会,人类因为有了食欲,才会有动力去捕猎,填饱自己的肚子,而食欲满足之后就会有性欲,人类才会有繁衍后代的动力。可想而知,欲望对人类社会的发展起到推动作用。不过欲望也会有它的弊端,过多的欲望会超出人类的承受限度,最终导致痛苦。

人的情感自然丰满,也很丰富多彩,但千万不要泛滥;而人的欲望往往也是无穷尽,呈现一种"一山还比一山高"的状态,可不要忘了人痛苦的根源是人内心的欲望,所以有"欲"可以,但也不要过于膨胀。

"六欲"是指人身体的眼睛、耳朵、鼻子、舌头、身体、意识(思想)所产生的生理需要和各种欲望。就好比,看到美好的事物就会多看一眼,闻到香味会多闻一会儿,吃到好吃的东西多尝一些,听到好听的音乐会多听一下,这些欲望都是与生俱来的,是人性的基础,不用别人教都会。

当然,对于看破红尘,六根清净的佛家来说,"六欲"指的是"情欲"。佛家是不允许有"情欲"的,只有俗人才会拥有"情欲"。但是,现如今的社会,那么的精彩丰富,又那么的多姿多彩,不禁让人产生"七情六欲",而这些"七情六欲"又让我们的生活变得更加精彩绝伦。

当然啦,每个人的"七情六欲"的表现都不相同,但它却是人们最基本的生理需要和心理动态。所以,对生活我们还是要有一定的欲望和追求。

说到七情必须得提一提佛教的"七情"。其实佛教的"七情"与儒家的"七情"大同小异,指的是"喜、怒、忧、惧、爱、憎、欲"七种情愫。

不同的学术、门派、宗教对七情六欲的定义稍有不同。但是所有的说法都承认七情六欲是不可避免的。通常的说法为:六欲,色、声、香、味、触、法;七情,喜、怒、哀、惧、爱、恶、欲。

还有一种说法是:七情,即七种情绪:喜、怒、哀、惧、爱、恨、怜;六欲,即六种欲望:求生欲、求知欲、表达欲、表现欲、舒适欲、情欲。人的所有情绪,都可归纳为上述七情;人的所有欲望,都可归纳或分解为上述六欲。

三、中国的情学经典

1. 中国古代十大情诗

《江城子》 苏 轼

十年生死两茫茫。不思量,自难忘。
千里孤坟,无处话凄凉。
纵使相逢应不识,尘满面,鬓如霜。
夜来幽梦忽还乡,小轩窗,正梳妆。
相顾无言,惟有泪千行。
料得年年肠断处:明月夜,短松冈。

《卜算子》 李之仪

我住长江头,君住长江尾。
日日思君不见君,共饮长江水。
此水几时休,此恨何时已。
只愿君心似我心,定不负相思意。

《诗经·邶风·击鼓》（佚名）

击鼓其镗,踊跃用兵。土国城漕,我独南行。
从孙子仲,平陈与宋。不我以归,忧心有忡。
爰居爰处?爰丧其马?于以求之?于林之下。
死生契阔,与子成说。执子之手,与子偕老。
于嗟阔兮,不我活兮。于嗟洵兮,不我信兮。

《上邪》（佚名）

上邪!我欲与君相知,长命无绝衰。
山无棱,江水为竭,冬雷震震,夏雨雪,天地合,乃敢与君绝!

《行行重行行》（佚名）

行行重行行,与君生别离。相去万余里,各在天一涯。道路阻且长,会面安可知。
胡马依北风,越鸟巢南枝。相去日已远,衣带日已缓。浮云蔽白日,游子不顾返。
思君令人老,岁月忽已晚。弃捐勿复道,努力加餐饭。

《鹊桥仙》 秦 观

纤云弄巧,飞星传恨,银汉迢迢暗度。金风玉露一相逢,便胜却人间无数。
柔情似水,佳期如梦,忍顾鹊桥归路。两情若是久长时,又岂在朝朝暮暮!

七是《雁丘词》 元好问

问世间情是何物,直教生死相许。
天南地北双飞客,老翅几回寒暑。
欢乐趣,离别苦,就中更有痴儿女。
君应有语:渺万里层云,千山暮雪,只影向谁去?
横汾路,寂寞当年箫鼓,荒烟依旧平楚。
招魂楚些何嗟及,山鬼暗啼风雨。
天也妒,未信与,莺儿燕子俱黄土。
千秋万古,为留待骚人,狂歌痛饮,来访雁丘处。

唐代歌谣《君生我未生,我生君已老》

君生我未生,我生君已老。
君恨我生迟,我恨君生早。
君生我未生,我生君已老。
恨不生同时,日日与君好。

我生君未生，君生我已老。
我离君天涯，君隔我海角。
我生君未生，君生我已老。
化蝶去寻花，夜夜栖芳草。

《离思五首·其四》（元　稹）
曾经沧海难为水，除却巫山不是云。
取次花丛懒回顾，半缘修道半缘君。

《蝶恋花》　柳　永
伫倚危楼风细细，望极春愁，黯黯生天际。草色烟光残照里，无言谁会凭阑意。拟把疏狂图一醉，对酒当歌，强乐还无味。衣带渐宽终不悔，为伊消得人憔悴。

2. 中国十大爱情故事

刻骨铭心的爱情是我们每个人都非常向往的，有的爱情是默默守候的，有的爱情是激情四射、天崩地裂的，然而每一种爱情都有它的意义。曾有不少儿女情长之人感叹："问世间情为何物？"好像至今都没有人能够确切解答，但是千古以来，流传着著名的十大爱情故事！

（1）《梁祝化蝶》。这是一个美丽、凄婉、动人的爱情故事，讲述的是青年学子梁山伯辞家攻读，途遇女扮男装的学子祝英台，两人一见如故，志趣相投，遂于草桥结拜为兄弟，后同到红罗山书院就读。在书院两人朝夕相处，感情日深。三年后，英台返家，山伯十八里相送，二人依依惜别。山伯经师母指点，带上英台留下的蝴蝶玉扇坠到祝家求婚遭拒绝，回家后悲愤交加，一病不起，不治身亡。英台闻山伯为己而死，悲痛欲绝。不久，马家前来迎娶，英台被迫含愤上轿。花轿绕道至梁山伯坟前，英台执意下轿，哭拜亡灵，因过度悲痛而死亡，后被葬在山伯墓东侧；祭拜时，惊雷裂墓，英台入坟。梁祝化蝶双舞。这个故事多少年以来就流传在上虞的曹娥江畔、流传在俊美的龙山脚下，成为一段美好的爱情佳话。

（2）《牛郎织女》。可以说是中国最有名的一个民间传说，是中国人民最早关于星的故事。是由牵牛星和织女星的星名演化而来，相信很多朋友们都在电视里接触过，每年的七夕节就是传说中牛郎和织女在鹊桥上相见的日子。虽然牛郎当时用老牛的触角追赶王母娘娘押解的织女马上要追上了，但奈于王母娘娘用金钗变成的波涛滚滚的银河阻挡，他们始终是不能相见，但他们的爱情感动了喜鹊，喜鹊每年都会为他们搭建一座跨越天河的彩桥，这才有了如今的七夕节。

（3）《白蛇传》。中国古代"四大民间传说"之一，起源于一千多年前的北宋时期，讲的是许仙和白娘子忠贞不渝却被法海处处阻挡的故事，至今被演绎成唯美动人的爱情故事，翻拍成了电视剧和电影，也是人们非常熟悉的一个爱情故事了。

(4)《长恨歌》。《长恨歌》是中国唐朝诗人白居易的一首长篇叙事诗。全诗形象地叙述了唐玄宗与杨贵妃的爱情悲剧。都说自古帝王多情又无情,但唐玄宗和杨玉环的爱情就打破了这一说法,他们的爱情惊天动地。唐玄宗作为一代帝王,拥有后宫佳丽三千,却仅钟情于杨玉环一人,都说是因为杨玉环长得漂亮,但如果没有爱情,就算长得再好看,都会被时光抹去。他们至死也不舍对方,就算唐玄宗被逼杀掉了杨玉环,但他却在她死后以泪洗面,欲随她而去。这样的爱情怎不叫人感动,叫人为之动容呢?

(5)《西厢记》。最早起源于唐代元稹的传奇小说《莺莺传》,叙述书生张珙与同时寓居在普救寺的已故相国之女崔莺莺相爱,在婢女红娘的帮助下,两人在西厢约会,莺莺终于以身相许。后来张珙赴京应试,得了高官,却抛弃了莺莺,酿成爱情悲剧,其包含了人们对美好爱情的向往,对"愿普天下有情人都成眷属"这一美好的愿望的祝福。

(6)《凤求凰》。传说是汉代文学家司马相如的古琴曲,演义了司马相如与卓文君的爱情故事。卓文君,一个美丽又赋有才情的女子,虽然在年轻时就不幸守寡,但她敢爱敢恨,敢于冲破各种阻碍去追求自己的幸福,最终她赢得了胜利,和爱人相守在一起。虽然日子艰苦,但她一点也不后悔。当司马相如飞黄腾达,官场得意,欲弃妻纳妾时,她没有一哭二闹三上吊,而是凭借着自己的才情,对爱情的忠贞挽回了这段爱情,让这段情得以千古流传。

(7)《孔雀东南飞》。这是我们中学期间就接触过的爱情故事,具体内容相信大家也都有所了解。刘兰芝与焦仲卿本是恩爱夫妻却被家中之人硬生生地拆散,落得个各赴黄泉的结果,通过这个爱情悲剧,控诉了封建礼教、家长统治和门阀观念的罪恶,表达了青年男女要求婚姻爱情自主的合理愿望。女主人公刘兰芝对爱情忠贞不二,她对封建势力和封建礼教所做的不妥协的斗争,使她成为文学史上富有叛逆色彩的妇女形象,为后来的青年男女所传颂。

(8)《天仙配》。讲的是董永卖身葬父,玉帝的第七女(七仙女)深为同情,私自下凡,在槐树下与董永结为夫妇。一百日后,玉帝派托塔天王和四大金刚逼迫七仙女返回天庭,夫妻在槐树下忍痛分别。歌颂了一个美好的爱情故事,虽然不是以美好结局,但却包含了人们对爱情的追求与向往。

(9)《嫦娥奔月》。我国十大古代爱情故事之一。嫦娥为保护不死药不被逄蒙盗走而吞下了不死药,但又不忍离开后羿,于是决定留在距后羿进的广寒宫,让吴刚砍伐桂树,让玉兔捣药,想炼成飞升之药,快点与后羿团聚。这个故事虽然不浪漫却很真情,有着非比寻常的意义。

(10)《红楼梦》。本是一部长篇爱情小说,以情写事,用林黛玉和贾宝玉的爱情悲剧写出了封建王朝的腐朽与黑暗,写出了人们对社会黑暗的不满和对美好事物的向往。《红楼梦》是中国四大文学经典巨作之一,也是一篇非常长的小说,作者是曹雪芹。《红楼梦》中发生的点点滴滴,反映了封建社会人的世故以及心态,以及当时社会没有办法解决的问题和矛盾。大观园由盛到衰,反映了封建时代的贵族生活,以及当时老百姓的生活方式。

其实有很多爱情故事,是民间传说,是无法证实的虚拟故事,但是千百年来,人们都愿意去相信,愿意去歌颂,愿意去为了这样的爱情赴汤蹈火,这又是为什么呢?我想这就是因为心中对美好的向往吧!喜欢一首诗:"彼岸花,开彼岸,花开不见叶,见叶不开花,花叶不相见,生生相错。"爱情不管在什么时候都是无比美好的。即使有很多爱情悲剧,也不能磨灭美好爱情的存在。不管何时何地,人就是要心存对美好事物的向往,对美好爱情的期盼,因为我们首先是一个人。

以下三个爱情故事也颇负盛名:

《桃花扇》。《桃花扇》是清初作家孔尚任用了10年多的时间创作出来的,这是一个非常传奇的剧本。然而在这个剧本中,围绕这4个字:离合之情。从这个故事中也能够看出作者内心的破败感、失落感以及焦躁感伤的情怀。

《柳毅传书》。柳毅传书是一个非常悲情的故事,演绎了悲欢离合。柳毅先后娶了两位夫人,但非常不幸的是她们都去世了。然而故事中的龙女始终没有忘记他的救命之恩,反而化作女子来到人间跟柳毅终成眷属,从此两个人过上了幸福美满的生活。整个故事非常有灵性,故事情节也非常新颖,具有很高的创造力。

《牡丹亭》。《牡丹亭》是明代作家汤显祖的代表作,给我们一种温婉流长而又有些泼辣的感觉,讲述了穿越时空的生死之旅,绵延不舍,给人一种在苍茫中寻找爱恋的感觉。这种感情是很多人崇尚而又没法得到的。

四、中国是重情重义之邦

1. 中国人自古钟"情"

关于中国人是什么样,中国人的情和情感有些什么样的特点,许许多多的古今中外的文人墨客都做过长篇短篇、形形色色的描述或报告,不妨借用一些写好的文字来看看我们自己这个民族情和情感的韵律。

中国人大部分还是蛮重感情的,情感属于你敬我一尺,我敬你一丈,呈一条直线。有些人把感情看得很重要,就像是江湖上的侠义心肠之人,有情有义,这是普遍中国人的情感特点。中国有五十六个民族,来自大江南北以及五湖四海的朋友们,都有着各自的情感和血脉。

伟大的中国之所以伟大是因为地大物博,中国人民也是全世界最伟大的人民,同时中国人民深受的苦难也是世界上最重的。上下五千年的文明史造就了中国人民的勤劳与宽容。中国人民不分地域待人接物也是世界上最讲究文明礼数的。我为自己是中国人而感到无比自豪,也无比幸福!

情感,是灵魂吟唱的韵律,是生命燃烧的火焰。不竭的心泉激荡回转,激起阵阵如痴如醉、如梦如幻的情感涟漪。人与生俱来的情感素质，是生命最美好的菁华；人的喜怒哀乐的情感变异，是生命流动的表现。中国人造字，"情"从心从青，而"青"字在中国的文字学中，是美好的意思。日之美者谓晴，人之美者谓倩，水之美者谓清，草之美者谓菁，言之美者谓请，心之美者就是情。

情，是人生快乐的一大源泉。中国人自古以来同一个"情"字结下了不解之缘，慈祥的高堂，敦厚的兄长，温柔的妻子，娇嗔的情人，还有淘气的儿女和无话不谈的朋友，这是人生须臾不可缺少的温情；蔚蓝的天空，寂静的山谷，落日的余晖，含苞的花蕾，还有呢喃的春燕等，它们也是人生抒发和寄托情感的亲密伙伴。中国人追求一种抒情的人生，不仅将自我生命的意义存放在情感的体验中，并且面对亲人、朋友、乡土、家国、先祖、历史乃至自然之物，也无不用情感来协调和维系。中国的文化，从根本上说，是一种情的文化；从这种意义上说，中国的文化史，就是一部充满各种感情的情史。"时日曷丧？予及汝皆亡。"这是怨诅之情。"关关雎鸠，在河之洲。"这是爱慕之情。"采菊东篱下，悠然见南山。"这是隐逸之情。

中国人用一双情眼看待世界，自然事事有情，处处动情。天虽无言，但四时行焉，百物生焉，无处不是天情的流露。鸟兽之有情自不待言，就算无知的草木也充满了感情。"离离原上草，一岁一枯荣。野火烧不尽，春风吹又生。"这是草木脆弱而顽强的生命存在的拟人感情。人同草木相互交融感通，便产生了由物及人的感情升华："远芳侵古道，晴翠接荒城。又送王孙去，萋萋满别情。"中国人选择了用感情来认识、交流和维系整个外部世界，不免或多或少地拒绝了纯理性的人生作用。透过理性的目光看待世界，尽管可以很深刻、很精确、很科学，却往往缺少人情味，同时显得过于复杂和机械。人的一切自然情感经过理性的加工和模铸，十分容易破坏许多真纯的意义。中国人用心灵直接作用于世界，就能在一种情感的共鸣中很好地处理人与人、人与物以及人与自然的关系。这样的生活体验往往是主观的、个体的、即时的和模糊的，同理性知觉的客观性、类别性、递进性和准确性恰好相反。这样的结果就是当中国人用情感处理人与人之间的关系时，就产生了中国人以情感为基础的道德文化，当中国人用情感来看待人与物之间的关系时，便发展出了丰富多彩的艺术文化。因此说，中国人的生活既是伦理的，又是艺术的，原因就在于中国人的人生是感情化的。相反，西方人处事以理性对待人与物，于是便产生了以法律和科学为内容的理性文化。在这样的文化中，人的情感隶属于法律和科学。这是中西文化的重要差异所在。

凡事都倾注感情的因素，自然会对任何事都很敏感。一事一物、一草一木，都可见得拟人的真情。见物思人，触景生情，这是中国人最常见的情感表达方式。如王维的《相思》，先是见物："红豆生南国，春来发几枝。"然后突发恋情："愿君多采撷，此物最相思。"又像马致远的《秋思》也是先见景："枯藤老树昏鸦，小桥流水人家，古道西风瘦马。"面对这样一幅图景，自然勾起人的伤感，从而便有了"夕阳西下，断肠人在天涯"。在人与人、人与物的情感交融中,类比或隐喻是十分好的通感方式。因而情感无法用理性和逻辑来表达和理解,人非躬自置身于此景,很难生出此情。故唯有通过类比和借喻,将人引入另一种熟知情景中,去体会相似的情感。通过比兴借喻而不是直接说明,由人自己去意会。因此在中国古代的小说中极少有心理的描写。情感只能产生于人独立的精神世界里,不可能像一种概念那样可以由外输入。别人只能描述一种最像,或说出一个类比,至于可以体会到什么,则是你自己的事情了。

细腻的情感常常比较脆弱,对生活过于敏感免不了时常遭受起伏跌宕的情感折磨。中国人知道自己感情丰富这个特点,所以懂得对自己多情善感的心灵应予悉心的保护。这样的结果,便是中国人在情感生活中显得格外矜持、含蓄。矜持无论是对于一个人还是对于一种文化来说都是内在丰富成熟的表现。小孩子最不知道掩饰自己的情感和欲求,情之所动,常常赤裸裸、急匆匆地表现出来。饱经世故风霜的人处世变得圆熟,情感变得深沉;在表达情感时,行动多于言辞,暗示多于露骨,间接多于直接。有些西方人不理会中国人感情的特点,所以在印象中好像中国人总是麻木冷漠。其实,中国人有自己的情感表达方式,一个深切的眼神,远胜过一个长长的接吻;一个淡淡的微笑,代替了滔滔不绝的表白。话说得太多太明白,经常犯画蛇添足的毛病,感情表露得太直接太过分,更有大煞风景的意味。并不是只有三角恋爱、骑士抒情诗以及摇滚乐、现代舞才算是感情丰富。感情是神奇的,微妙的,与其直截了当地表露,不如使别人自己细细地去体会,去品味。假如说,古印度人的情感好比冷峻沉闷的冬夜,那么西方人的情感恰类似炎烈迫人的夏日,而中国人的情感则宛若清淡幽雅的秋天。秋代表成熟,它没有冬的阴沉枯槁,可是对于春媚夏艳,却已经是过来人了,再不属于那些浅薄狂躁的热情和冲动。

人既然对肉体的裸露觉得害羞,何以与肉体一样属于自己独有的情感世界就可以随便袒露无遗呢?情感的表达应符合恰到好处的规律。既不必像阿拉伯妇女那样一件长袍从头裹到脚,只露出两只眼睛,也不必像西方女人那样袒胸露腹,一览无余。一个聪明的女人懂得如何确定适当的隐露分寸,叫别人看起来既不致索然无味,又不会坐立不安。常言道:"细水长流,细吃常有。"婉转含蓄地流露情感绝对是一种风轻云淡、细水长流的艺术,较之以排山倒海、惊天动地的感情更经久、更耐人寻味。老子说:"飘风不终朝,骤雨不终日。"天若有情天亦老,天地尚且不能久,而况于人乎?

在多情善感与矜持含蓄的平衡中,中国人替自己确立了一种中和的感情标准。喜怒哀乐之未发谓之中,发而皆中节谓之和。这里的"节",不是人为而定的规范,而是顺乎人情自然的结果。譬如对父母的孝情,自然而然便会有"三年之丧"的礼节,并不是外人强加于己。其他仁、义、悌、礼、忠、信等伦理情感也都是如此。这种发于情止乎礼,喜怒哀乐发而皆中节的人,就是中国人理想的君子人格和圣人人品。晋人王弼有一段精辟的情论,他说:"圣人茂于人者,神明也;同于人者,五情也。神明茂,故能体冲和以通无;五情同,故不能无哀乐以应物。然则圣人之情,应物而无累于物者也。"王弼的意思是凡人都有情,圣人也不例外,可是圣人有情而无累。人是情感的发动者,又是情感的承担者,因此人应该做情感的主人而不是奴隶,不能让感情牵着自己走。物有物累,情有情累,物累来自外部,情累源于自身:一个人假如任情驱使,必定会造成许多苦恼,遭受更多折磨,此所谓多情反被多情恼。有情而无累,既不累己,也不累人。由于人是生活在社会人群中,人的大多数情感都难免要与人分享,因此应避免以情累人,这也就是君子风度。

中国人欣赏温文尔雅、含而不露,不喜欢一有情感便表现得率直露骨,如火山爆发,一副死去活来的样子。在这一点上,中国人的情感很有点女性化的味道。心中尽管感情浓郁,表面上仍显得含蓄淡然,它对于避免产生过多的烦恼纠缠确有裨益。轰轰烈烈的情感爆发必定大起大落,虽一时有登峰造极、排山倒海之快慰,总难免有一落千丈、源枯泉竭之苦恼。

人的情感就如饮一杯烈酒,西方人习惯于一饮而尽,印度人宁愿弃而不喝,中国人则喜欢兑一些水冲淡了后再慢慢地啜饮品味,这样不仅更好喝,更耐喝,并且不伤脾胃、有益健康。生活中,凡是淡淡的,总是意味深长的。

其实、有许多事情总是在经历过以后才会懂得,感情痛过了才会懂得如何保护自己,傻过了才会懂得适时的坚持与放弃,在得到与失去中我们慢慢地认识了自己。其实生活并不需要这些无所谓的执着,没有什么不能割舍。学会放弃,生活会更容易;学会放弃,在落泪以前转身离去,留下简单的身影;学会放弃,将昨天埋在心底,留下美好的回忆;学会放弃,让彼此都能有个更轻松的开始。遍体鳞伤的爱不一定就刻骨铭心,一程走过来情深情浅已经不容易,轻轻地抽出手说一声再见,不必让自己受到的伤害更深。每一份感激都是很美的,每一份相伴都是很令人迷醉的。是不是不能拥有就倍感遗憾,是不是思念就让我们更觉留恋,感情是没有答案的问卷,苦苦的追求并不能让生活更加圆满。也许一点遗憾,一丝伤感,会让这份答卷更久远。收起心情走吧,错过花你将收获雨,谁说喜欢一样东西就一定要拥有,有时候,有些人为了得到他想要的东西,费尽心机不择手段走向极端,也许他是得到了,但是在追逐的过程中,失去的东西也是无法计算的,付出的代价也是无法弥补的,也许那些代价是沉重的。

这些语言对我们中国人的重情和情感的特点的描述确实很是到位,人们对情和情感追求的一个基本态度也合情合理。无论是喜欢一样东西也好,喜欢一个人也罢,与其让自己负累,还不如轻松地放弃和面对。喜欢一样东西,就要学会欣赏它,珍惜它,使它更弥足珍贵。喜欢一个人,就要让她快乐,让她幸福,使那份感情更诚挚。如果你做不到,那就放手吧,学会放弃,因为放弃也是一种美丽。

2. 情是中国人的普遍追求

情于心,看不见摸不着,但能感受其中,将心比心。

原始社会只停留在欲上,为的是传宗接代!情是文明社会的一种体现,我们人类可以说现在更好地诠释了这个"情"字。家人靠亲情维系,朋友靠友情维系,恋人靠爱情维系……我们都被各种各样的"情"所感动,而且无一人能置身事外。我们的生活因为有"情"而变得更加丰富多彩!也随"情"生出了许多"酸甜苦辣"!这就是百味人生的写照吧。

太多太多的美妙文字用来形容情字当头的男女恋情。你难道从没为此而心动?你没有过期盼?期盼那种美好感觉发生在你身上?为什么会有"轰轰烈烈",为什么会有"平淡如水",为什么会有"海誓山盟",为什么会有"生死相许",为什么会有"海枯石烂"……也太多了,中国的文字真的是美妙!

爱是相互欣赏,相互怜惜,相互包容,相互体谅,相互鼓励,相互扶持……大家都希望有完美的爱情,理想的家庭,幸福的生活。可这仅仅是希望,有的人会为这种美好的希望而去不停地选择、放弃、开始、结束;有的人会为拥有其一而知足常乐;有的人抱定宁缺毋滥;有的人觉得有一足矣。生活态度的不同,注定命运、结局不同。眼里的风景也不同,百人百样,正因为都不一样,世界才像一个万花筒,美妙而神奇。

人生没有情和爱,就不是完整的人生,那就是思想还停留在原始社会。也许你觉得平平淡淡才是真,但也有人觉得轰轰烈烈才是人生。人生也才不过一世,快快乐乐多好!

亲情、友情、爱情,问不出个所以然的,自己经历之后,不管是成功还是失败,自己都会有一些感悟。每个人的感情都不一样。

有人也希望把情看得淡漠一点,他们认为情是人类情感世界中最难弄通弄懂的,所以不要试着看清,不要去全部弄懂。我们要珍惜每一段情,珍惜身边的每一个人就可以了。当不再爱了,也不要恨,云淡风轻,才是最高境界。

每个人都有每个人的理解,不同的理解也就注定了不同的感受。作为当事人,很难看清。用心对待即可,做到问心无愧这就是最好的。

情,对于每一个人,一天也不能少,拥有的越多越好。

3. 现代中国人的情和情感需求

感觉很重要,很多人会这样说。那么,我们究竟在千万人中寻找一个什么样的情人、爱人?

最新出炉的情感观大调查,收集到 16 856 位 70 后、34 203 位 80 后、12 806 位 90 后的观点,并邀请知名情感作家和心理专家,深入探讨中国人的情和情感需求,得出结论如下:①忠诚和坦率;②家庭责任;③沟通交流;④经济支持;⑤美满的性生活。忠诚第一,性爱第五。

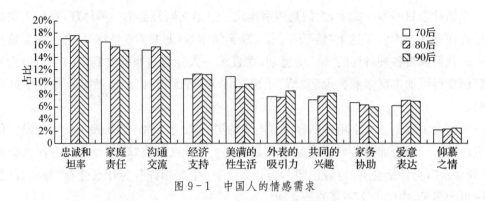

图 9-1 中国人的情感需求

我们发现,无论年龄怎么变化,成长年代怎么改变,有些东西是不随着时间而改变的,而其中一种,就是中国人最看重的两性关系中的情感需求——70、80 和 90 后有着三项完全相同的最重要情感需求都是:忠诚和坦率、家庭责任、沟通交流。无论对于哪个年龄,忠诚都位于情感需求的第一位。

经济支持、美满的性生活都没能进入中国人最重要情感需求的前三名中。但与 80 后、90 后不同的是,70 后对性生活的重视程度略高于经济支持。

人最重要的三项情感需求是什么?且听听 70 后、80 后、90 后三个不同年代的人是怎么说的。

70 后的人认为:被追求、照顾、呵护的被爱需求,不顾一切想要付出和奉献的去爱的需求,在此基础上要求灵魂共鸣的需求最重要。

80 后的人认为:安全感、认同感、付出感最重要。安全感:浮世飘萍需要抓住点什么,或者依靠点什么,最容易从父母那里得到,有良好的家庭关系这种感觉会强烈很多。认同感:惺惺相惜一路同行,酒逢知己千杯太少,必须有这样的朋友或者伴侣,才不会太孤独。付出感:总会碰到一个人,让你心甘情愿付出所有,这事很奇怪,就因为有这个,所以人才变得不理智。

90 后的人认为:尊重、开心、沟通最重要。在外人面前,女性应该给足男性面子,不相信一个男人会喜欢一个总是在外人面前贬低自己的女性。

我们曾做过一项调查,有 63 865 人参与,可谓是一次大样本的调查。调查的结果是:忠诚和坦率、家庭责任、沟通交流位列需求前三。无论对于哪个年龄段,忠诚都位于情感需求的第一位。说明什么呢?人们对两性关系(婚姻)的第一位的要求是安全,需要相互的忠诚和坦率,也需要双方的一种责任。就跟友情一样,需要一个比较硬的办法捆扎,那就是结帮,不管仪式多么隆重,力量多么雄厚,结帮说到底仍然是出于对友情稳固性的不信任,因此要以血誓重罚来杜绝背离。结帮把友情异化为一种组织暴力,正好与友情自由自主的本义南辕北辙。我们说的爱情类似于父母对儿女的情和爱,爱情一旦靠承诺或责任来维持,实际上也就没有爱情了。其实,爱情和友情一样,一旦被捆扎就已开始变质,也就没有了。要靠家庭责任,甚至法律、义务去维护,还谈什么爱情?参与调查的6万多人，竟然没有人强调爱情的价值，正好是证明我们对中国人婚姻现状的判断，上下五千年，中国人受封建婚恋旧文化的影响根深蒂固，可怜也可惜。人家早就说了"生命诚可贵，爱情价更高"，我们却还在努力学道学，学儒学。讲情感个个都想要，一般人认为情感就是婚姻，就是家庭。婚姻家庭就是责任义务，真正懂爱情的人，想找爱情的人太少啦。

马斯洛说的人类需要的五个层次，我们说的人类情欲的六种需求，当然都必须在生存安全的基础之上才能有上一层次的需求。以上调查结果也只能说明现时期的中国人还只是在维护原始的两性关系（家庭）的安全，尚未到达追求爱情的时代。文化的滞后只是感叹而已吧！这也正是我们创建情学学科，拓开情学研究大门的宗旨和任务。

当然，还有另一种理解！两人之间有了真正的牢不可破的爱情关系，就像母子关系、父女关系一样，今生今世还要担心爱的变化、情的变化？还要没完没了地强调相互的忠诚和坦率、家庭的责任义务、情感的沟通交流和性的和谐等等吗？所以也可以说大样本的现代中国人的情感需求调查证明，中国人普遍在追求真情真爱的婚姻生活呀！调查结果只是说明更多的人还没有爱情呀！

真正有挚爱和伴侣情的夫妻，恩恩爱爱，白头偕老，幸幸福福，快快乐乐一辈子，才是人们真正的追求啊！

第二节　情学学科体系的建立

一、情和情感是生物进化的顶峰

有人认为"情"其实包含有这两种不同的涵义：一是动物性的生理本能自然生成的情绪，二是"人化"了的情绪即情感。情绪乃人兽所共有，而情感则专属于人。这个区分，可以说是承续了儒学强调的人兽之分、人禽之别，而现代心理学和社会生物学以及所谓"生理学进路的伦理学研究"等，则忽视甚至抹杀这一区分，当然，这些还有待争论。

我们不希望把情感和情绪看成是人和动物的区别。本书说的情绪只是情感外显的一种表达，离开相应的情感，情绪是不存在的。既然确定情感就是人才有，动物是没有的，那为什么动物又和人一样有情绪呢？说动物就完全没有一点情感，也没有根据呀！情绪是情感的表达，动物有情绪，也就反过来证明它们也是有情感的呀！只是因为情感主要还是感性层面的，是内部的，是只有自己才能证明、才能体验到它的存在。目前也没有办法去证明动物没有情感的事。我们只喜欢说人类的所有都是从动物进化而来，情和情感自然也是如此。人类的情和情感是生物情进化的巅峰，人类的情和情感与动物情和情感既有共同的基础,又有进化的质的飞跃。所以本书说的情学实际上仅指生物学、心理学范畴而言。情字非常多意,其他领域中的"情"不在本书讨论的范围。

  目前,人们都还没有一个情学的概念,心理学大辞典也只有情感情绪的概念,大家都还不知道情学是什么,所以撰写这本书的目的就是要让人们都知道、要关注,要研究跟每个人都相关的情,跟每个人的一生都相关的情,这可是全人类的一件大事情啊!过去中国人就说婚姻是人的终身大事,婚姻里面没有爱,没有情叫什么婚姻啊!婚姻里面有爱,家庭里面有爱,有爱的地方肯定会有情。若婚姻里面没有爱和情,只能是动物的性关系,对人而言,就是低级,耻辱。是啊!有爱有情,才能体现人类是生物进化的巅峰,只有人类才会有真情真爱的表达,并作为婚姻的或者是亲人关系的基础。可见人类发展到今天,自身这么大的事情都没有专门的学科体系来讨论和研究,实在是一个误区。所以要撰写情学的专著,还要尽快建立人类情学的专门学科,刻不容缓。

  人类情学应该是心理学领域,而非社会学,或人类学、人文学的领域,人类的爱和人类的情都应该是心理学层面的现象,而且对人类的心理健康影响甚大。人类的一生有爱和情的心理满足,就应该是很不错的人生。促进人类心理健康,让每个人都能有一生的爱和一生情的满足,就是我们建立人类情学的宗旨和目标。

二、情学充斥于我们的生活

  情充斥于我们的生活,伴随着我们每一个人的时时刻刻,情也充斥于人与人之间,你不给他情,同样你也会感觉到他给你的情,情无时无刻不在人与人之间传递,从无休止。是啊!爱情中有情,婚姻中有情,亲人中有情,家人中有情,情人中有情,朋友中有情,同事、邻居有情,人与人中也有情,人与宠物有情,人与社会、国家有情,与祖国的大好河山有情,人与艺术品、宝物有情,人与一切的美好有情……是啊!情充满着我们的生活,无时无刻我们都传递出去情,也在感受传递给我们的情。情是一个能量场,我们都处在这爱和情的场中,你不想体验也无法逃避。就像我们处在大自然中一样,无法逃避自然界的各种改变,情(场)差不多和自然界的磁场、气压场、温度场一样,每时每刻都充斥于我们的生活。这就是我们要建立情学学科体系,提倡对情学的关注、讨论和进行情学研究的理由。与人类关系如此密切的情学一直处于无人关注,无人问津,更无人研究的状态,实在也是人类的悲哀。

  概括而言,情感的重要作用主要表现在五个方面:情感是人适应生存的心理工具,能激发心理活动和行为的动机,是心理活动的组织者,也是人际通信交流的重要手段,情感还是对自我的或外来的情能量的一种衡量和判断。从生物进化的角度我们可以把人的情绪分为基本情绪和复杂情绪。基本情绪是先天的,具有独立的神经生理机制、内部体验和外部表现,以及不同的适应功能。人有五种基本情绪,它们分别是当前目标取得进展时的快乐,自我保护的目标受到威胁时的焦虑,当前目标不能实现时的悲伤,当前目标受挫或遭遇阻碍时的愤怒，以及与味觉（味道）目标相违背的厌恶。而复杂情绪则是由基本情绪的不同组合派生出来的。

什么是感情，有人觉得感情就是一种美好的虚拟事物，说不出来是什么，但是感情永远是好的一种象征。一旦人没有了感情，那么人的生活就会枯燥无味。说到感情那就必须提及到情感，如果说感情是恋爱、婚姻、交往的最终目的，那么情感就是生活用于感情上的一种枷锁。之所以人们会感觉到苦恼烦躁，那不是感情问题，是情感问题，如我们所说感情本身是好的，比如说婚姻中的爱情、亲情，朋友之间的友情，老师同学间的师生情，这些都是感情，它们本身是一种好的象征。可是情感不同，情感是建立在"感情"和"生活"共同基础上的一种虚幻的物质，一旦两者不协调，就会出现朋友闹得不愉快，家庭不和谐，等等之类的问题。说这些，我们只是需要先肯定一个东西，那就是感情本身是好的，不好的方面不是感情而是情感的引导出了问题。

生活这个话题特别大，因为事实上生活的类型本身就挺大的。生活就是生活，这就是生活的本质。可能应该换一个说法，那就是生活的本质就是一个人所在的生活具备的所有条件与人本身所需要的所有条件的重合，那就是生活的基本需求。什么是生活的基本需求？不仅仅是柴米油盐酱醋茶，还有情和情感，和行动范围，这就是我们所理解的生活的本质。当然这也是我们用来解决情和情感问题的一个基础。

我们生活的空间主要是家庭、群体、单位、社区、社会等等，家庭对个人而言是情感生活最重要的场所，与父母，与恋人，与儿女，与家人，顶级的爱（亲爱、情爱、性爱、心爱、挚爱等等），顶级的情（亲情、恋情、性情、伴侣情等等）差不多都在家庭里面，所以中国人有牢固的家庭观念，在家庭里充分享受这些人世间最浓郁的真情真爱。在其他的场合还有方方面面的情和爱，对于我们也是很重要的生活内容。

在我们生活的分分秒秒、过去、将来的时间维度上，情和爱也都不会离开我们。甚至也可以说在我们存在的所有的维度上，情和爱都是少不了的。是啊！不仅是我与亲人、情人、朋友、同事、陌生人，还有宠物、宝物、艺术品、植物、大自然、大宇宙，甚至雨、风、雪等等，情和爱与宇宙之间所有的物质一样无处不在。

三、情欲是人类幸福的追求

我们在前面已经提出了新的六种情欲需求，它们是：信息欲、物质欲、安康欲、尊重欲、爱情欲、成就欲。在马斯洛人类需要五个层次的基础上，进行适当的修订，沿用我国七情六欲的历史，确定了新的六欲的内容。

新的六欲是一个人正常生存所必需。人已经超越于动物，不只需要物质生活的保障，人已经更加需要情感生活，精神生活的条件，享受人类需要的更高的层次。特别是尊重与爱的需要，婚姻和情感生活的需要，自我实现的需要，等等。我国早已经提出政府的工作重视满足人民对幸福生活的向往。我们撰写情学的专著，要求建立情学的学科体系,提出重视情学的相关研究,就是在提醒社会重视人们的情感生活,提高人们对爱和情的享受,提高人们的爱情和婚姻生活质量,全面满足人们对幸福生活的追求。

众所周知,古代人提出来的七情六欲中的六欲为:色、声、香、味、触、法。也有人主张:生、死、耳、目、口、鼻。后人将"六欲"概括为:见欲(视觉)、听欲(听觉)、香欲(嗅觉)、味欲(味觉)、触欲(触觉)、意欲;还有人把"六欲"定位于俗人对异性天生的六种欲望,即指色欲、形貌欲、威仪姿态欲、言语音声欲、细滑欲、人想欲。我们认为不管是感觉器官对信息的需要(也包含了对性的需要),还是对生和死的需要等等,也都包含在我们提出来的"新六欲"的框架之内,差不多就是人生在世的所有的需求。包含了生存的需求,安全健康的需求,尊重和爱的需求,性和情的需求,自我实现的需求,等等,可以说情欲的满足就是人生所有需求的满足。

情欲的任何一项不满足,都会产生负面的情,负面的情感,负面的情绪,影响生活质量,甚至危害健康、威胁生存。例如无饮食,无氧气,信息全无,几乎不能生存。无性,无爱,无情,无亲人,无尊重,只是牢狱一般的生活,谁能过?有性,有亲人,有朋友,但是没有找到爱情,只是原始人(动物)的生活。什么都有了,事业大成,得到社会的高度赞扬,什么梦想都实现了,就是没有找到人类的爱情,成为并不幸福的成功人士。初恋就是终身的真爱,情投意合,贴心相伴,白头偕老,方方面面心满意足,快活人生,才可谓最成功人士。

六欲的满足少一个都不行,但对每个人而言全达到也难。爱情这缘分就是很难碰到,碰不到,或者找一辈子就是没找到,这一辈子就不能算是完满啊!怎么找到真爱又有真情的这么一位异性,还真是挺难。古人就说过"有缘千里来相会",缘分在千里之外,如何找到?所以绝大部分的人注定是找不到的,也就只能有一个平平淡淡的婚姻而已。现在已经到了5G时代,找到千里之外的"缘分"应该不成问题了,来个大数据,万里挑一,应该好找的呀!

其实,在我们说的情欲里面,真正能自我实现的成功者只有20%,大部分人士都是非成功人士。所以对大多数人而言,最最重要的事情,是努力去找到自己的爱情。找到了就是你和她的幸运,否则倒霉的是两个人。你辛辛苦苦找到了她,既是你的幸运,也是她的幸运,你一辈子不倒霉,她也一辈子不倒霉,大善事啊!找恋人,找缘分,不要光看到是为自己,也是在为别人啊!

四、情学学科体系的建立

盘古至今,几乎没有哪个朝代,没有哪位文人,不知道说情、用情,不知道人情世故,甚至也可以说,没有过哪一个人一辈子没有情和爱的需求,没有情感生活的感受。情和爱一样是与每个人的一辈子息息相关,几乎是伴随着我们的生命而来,哪怕到了弥留之际,它还依依不舍,一定要随命而终。如此与人类密切相关的,与人类生命的质量更是密切相关的情却至今无人问津。正如我们中国人说的全体人民的终身大事婚姻没有专业的"婚姻学"。人类歌颂千年,又是婚姻基础的人类爱情,同样既没有专业的学科,也没有专门的研究。人类的智商是生物界进化的巅峰,这世上还有什么事情没有专门的学科或者专业的教育? 就只有这些与人类终身最相关的事情反而没有专门的学科和专业的教育。是应该痛斥人类的统治者们,或者嘲笑历代的文化人,还是叹息人类自己的愚昧?

我们仅仅出于普通人的责任,于 2010 年编写并出版了《婚姻分析学》,建议建立婚姻学科;2017 年编写并出版了《人类爱情学》,建议建立爱情学科;经过许多年的准备,现在编写的这本《人类情学研究》,是为建立情学的学科体系提出我们的具体构想。

1. 提出情学作为学科的名称

我们在以上的章节里面已经把爱和情的概念的方方面面都做了分析。它们之间有很多的相似性,可以放在一起讨论。中文这两个字放在一起就是爱情,研究爱情我们主张称为爱情学;研究爱我们觉得就叫爱学;同样,研究情,我们就叫情学。假如前面都冠以"中国",也没有多大的意义,中国人也是人类大家庭中的一员,虽然不同的国家或民族有文化上的差异。撰写本书的时候,特别考虑到我们中国是全世界有名的文明古国,有上下五千年的文化影响,又是我们第一家提出要建立这么一个学科,所以原打算用"中国情学"的书名,后来采纳了许多朋友的建议,改用了现书名。

2. 提出本学科的基本理论框架

编写《人类情学研究》和出版仅仅是一个开头,是向人类社会提出这么一个问题,与每个人的一生的时时刻刻都相关的健康问题,必须重视、必须讨论、必须研究。必须建立这么一个新的学科,以便组织现有的资源和学术成果,致力于这方面的讨论、研究和相关知识的普及教育,努力构建健康的情文化,实施健康的情学教育,提高全民情健康的水平,让更多的人有更好的情感生活的享受。

3. 设计制定情的测量工具

讨论情,研究情,衡量情健康与否,自然需要一个标准,这就涉及情和情感的测量的问题。一是沿用心理测量的原理,设计"情的自评测试问卷",以与情和情感最相关的几个因子,设计几十个自我评定问卷,量化处理。设计的问卷经过信度、效度检测,符合要求,即可实际应用。情和情感的计算机测试前景很好,主要用于人机交互。适当的时候直接用于人的情和情感测量,科学性可能更好。

以量子或场理论进行情学研究或测量,则是更复杂的事情了。

当然不同种类的情和情感还应该有其相应的测量方法,这是情学的学科体系建立以后需要进一步讨论和细化的问题。

4. 鼓励情学研究和情知识的普及工作

情说起来虽然已经有数千年,但从未受到社会的关注和学术界的重视,所以至今没有一套完整的理论,更说不上有什么科学的研究。现在我们提出了情学的学科的理论问题,首先就是要科学地收集我国已经有的情学方面的资料,加以整理研究和发掘;再引进国外的资料和研究成果,结合现代科技手段,在心理学坚实的基础上开拓情学研究的新篇章。

在建立了情学的学科体系,组织了情学的过去、现在和将来的系统的科学研究工作的同时,还要大力做好情和情感方面的科学知识的普及工作,为开展科学的情健康教育,为从家庭、学校到全社会不同层面缔造健康情文化打下基础。

5. 建议在小学初中开展相关的爱和情学教育

其实在家庭中,由父母实施科学的情健康教育是最重要的。但是因为大家都缺乏科学的情学知识,在全社会还没有一点健康情文化的时候,就跟父母谈情健康教育,父母是不会接受的。从幼儿园、小学、初中率先开始情的健康教育可能比较容易,中学、大学推行科学的爱情教育可能更实际。总之要想一切办法去宣传,去普及,去推行各个层面的情的健康教育。努力渲染,积极缔造全社会的健康情文化。

6. 大学开设"爱情学"选修课程

大学生在校学习期间必须完成社会化,具备社会人的基本技能,例如人际交往的能力、爱的交往、情和情感的交往、性能力和性的交往、获得爱情的能力和恋爱婚姻、生育子女的知识和能力等等。我们很早就建议在大学设立关于这方面知识的选修课,尤其是与爱、情、性和爱情相关知识的学习课程,以期对大学生们走上社会以后一生的生活质量产生影响。

7. 心理咨询师要经历相关情感咨询技能的训练;

近年我们国家对心理工作非常重视,经历十七八年的努力,培养了大批的心理咨询师和婚姻家庭咨询师,他们遍布全国,或者在相应的机构,或者自己开业,从事心理咨询或婚姻家庭咨询工作。从事这些工作的同道都应该非常清楚,影响一个人心理健康的最大最持久的因素就是婚恋和情感生活。尤其是女性,情感生活的影响更大,因为女人是情感生活的载体。其实,在人群中的心理卫生问题,女性也偏多呀!心理咨询师和婚姻家庭咨询师如果缺少科学的情学知识,来访者就很难得到健康的情和情感生活的指导,既解决不了他们的情或情感困扰,更不可能引导他们获得情健康和美妙的情感生活的享受。相应的,如果他们接受过这些培训,不仅能让来访者们迅速恢复心身健康,而且能有爱情的美满和情感生活的极致享受。

8. 努力缔造家庭、社区、全社会的爱和情的文化氛围

大家都知道,家庭是社会的细胞,构建和谐家庭是构建和谐社会的基础。夫妻是家庭的轴心,爱情又是婚姻的基础,可见讲爱、讲情、讲爱情,是缔结恩爱夫妻的条件,是构建和谐家庭的基础,也是构建和谐社会的根本。简而言之,是否讲爱、讲情、讲爱

情,不仅决定着做夫妻的两位当事人一辈子是否有爱和情的享受,有美满的爱情生活,也决定着双方的家人是否有和睦的生活。尤其是决定着是否生出优秀的孩子以及孩子的一生是否有幸福的生活。影响人数之多,影响的范围之广,程度之深,价值之可观,很多人实在未想过。"男大当婚、女大当嫁","结婚生子、天经地义",婚姻法也只是规定双方自愿,没有说一定要有爱情才能结婚呀!这世上也只有恩格斯说过"没有爱情的婚姻是不道德的婚姻",可惜现行的法律并没有强调一定要有爱情才是合法的婚姻,事实上似乎是在保护婚姻的"不道德"。只有在大家都能理解这些事实真相以后,才能自觉地去主持公道。需要到什么时候呢?要等到家庭、社区、全社会都有浓郁的爱和情的文化氛围以后,人们自然地就有一种共识,如果不懂爱和情,根本没有爱情的婚姻是不道德的、是坑人的、是有害于社会的。到那时,当事人、双方的家人、左邻右舍、同学、同事,有谁还会去支持这种婚姻?就算法律也肯定不会强制保护这种不道德婚姻了吧。但现在还没有这种文化和认识,你能咋办?

第三节 情学测量

一、情学测量概述

1. 情学的概念

情、情感、情绪、情欲以及相关的生理心理体验和相应的生理心理变化,应该都是我们情学研究的范畴,和我们在《人类爱情学》里面说的爱一样,爱、爱感、爱绪、爱欲,作为爱和情的叠加:爱情、爱情的感受、爱情感受的表达……同样也都是心理的过程。

2. 情学测量的概念

这些身心的状态如何测量?按照心理测试的惯例,设计自评问卷,并进行信度、效度测试以后即可使用。现今由于计算机的发展尤其是对人工智能的研究发展很快,情感的计算机测量受到科学界的重视。前面我们也说了,情、爱、爱情只是导致相应情感情绪等心理过程和后续的相应生理心理改变的内、外部的刺激因素,实质上属于生物电磁波或者是一种能量场,有人也主张用相关的场理论的计算程序来测量。

二、情的自评测试问卷

1. 情的自评测试

本书主张把情分为情源、情感、情绪、情欲四大类,每一大类又分成若干小类型,四大类型情况的综合,能大体反映一个人情的能力或者情的健康情况。测试的分值越高,我们就可以说其情的能力越好,或者情的健康程度高。

<h2 style="text-align:center">情的自评测试问卷</h2>

【指导语】请你看清题目,在适合的○内打上记号"＋",10分钟之内全部做完。谢谢您的合作!

1. 我有情有义,友善待人
   完全符合○　　符合○　　不定○　　不符合○　　完全不符合○

2. 我能感知自己对事对人的态度,评价自己的情感和爱意
   完全符合○　　符合○　　不定○　　不符合○　　完全不符合○

3. 别人与我真诚相处我能真实感知并也真诚相待
   完全符合○　　符合○　　不定○　　不符合○　　完全不符合○

4. 同事朋友评价我是平和、稳健之人
   完全符合○　　符合○　　不定○　　不符合○　　完全不符合○

5. 我不饥不渴,仍有欲望,视听嗅触都有追求
   完全符合○　　符合○　　不定○　　不符合○　　完全不符合○

6. 我情感丰富、充实、平稳
   完全符合○　　符合○　　不定○　　不符合○　　完全不符合○

7. 我遇到或想到自己成功的事,会不由地振奋
   完全符合○　　符合○　　不定○　　不符合○　　完全不符合○

8. 我能对哀、冤、苦、难者赋予共情而非抱怨
   完全符合○　　符合○　　不定○　　不符合○　　完全不符合○

9. 我从未体验过万念俱灰的时刻
   完全符合○　　符合○　　不定○　　不符合○　　完全不符合○

10. 我既有安全意识,也不乏健康理念
    完全符合○　　符合○　　不定○　　不符合○　　完全不符合○

11. 我乐观积极,不卑不亢
    完全符合○　　符合○　　不定○　　不符合○　　完全不符合○

12. 我遇到或想到那些不愉快的事也会感到沮丧
    完全符合○　　符合○　　不定○　　不符合○　　完全不符合○

13. 别人对我是真心相助,还是别有用心,我会判别无疑
    完全符合○　　符合○　　不定○　　不符合○　　完全不符合○

14. 我多大的喜事也未有过眉飞色舞、欣喜若狂
    完全符合○　　符合○　　不定○　　不符合○　　完全不符合○

15. 许多人对我全是善意和尊重,我心底里高兴
完全符合○　　符合○　　不定○　　不符合○　　完全不符合○

16. 我常有一种很舒适的感觉
完全符合○　　符合○　　不定○　　不符合○　　完全不符合○

17. 朋友特别开心的事情我也会比较开心
完全符合○　　符合○　　不定○　　不符合○　　完全不符合○

18. 我能灵敏觉察别人的表里不一和虚情假意
完全符合○　　符合○　　不定○　　不符合○　　完全不符合○

19. 我既不柔弱,也不暴烈
完全符合○　　符合○　　不定○　　不符合○　　完全不符合○

20. 我追真情,求真爱,幸福有向往
完全符合○　　符合○　　不定○　　不符合○　　完全不符合○

21. 我平常日子,正常心态,天天充实,未虚度时光
完全符合○　　符合○　　不定○　　不符合○　　完全不符合○

22. 父母对我的慈爱,朋友对我的真诚,我终生难忘
完全符合○　　符合○　　不定○　　不符合○　　完全不符合○

23. 我能区别别人的冲动还是敌意,并平静处之
完全符合○　　符合○　　不定○　　不符合○　　完全不符合○

24. 我能判断别人的惊恐和焦虑程度,并愿予扶持安慰
完全符合○　　符合○　　不定○　　不符合○　　完全不符合○

25. 我能实事求是不懈追求自己的价值
完全符合○　　符合○　　不定○　　不符合○　　完全不符合○

说明:本测试设5个因子,每个因子各设5个子因子,共25个子因子。5级计分,完全符合4分,符合3分,不定2分,不符合1分,完全不符合0分。总分越接近100分,测试者的情能力越强。

因子名称	子因子序号	因子得分
现时我的情态	1、6、11、16、21	
自我情的感知	2、7、12、17、22	
他人情的感知	3、8、13、18、23	
情的管控效果	4、9、14、19、24	
情欲的健康	5、10、15、20、25	
总分		

2. 各种具体的情能力或情健康情况的测试

情说起来是一个字,实际上的内涵十分的广泛而深邃。我们在第一章就分析了,单

单的情源就分了二十多种。是呀！一般的人情和爱情能是一回事吗？是单纯的程度上的差别吗？仇家的男女爱起来竟然会特别深沉,这仇情和爱情如何转换,好深奥？要研究这些问题少不了数据化的过程,当然现在说这些事还不是时候。但至少能说明这些测量已经不是单纯的程度的问题,而是涉及多维度的问题了。

当单一的问题需要做情相关的研究时,设计相应的情能力和情健康情况的问卷应该是可行的。例如一个人就是交不了朋友,是否是其友情的能力和健康状况不好呢？母子两人就是亲热不起来,是谁的亲情能力或健康出了问题？爱情等等情况更复杂,也更需要这方面的一些测试问卷或其他手段。

情学测量在将来的情学研究中肯定会备受重视,成为热门话题。

三、情和情感的计算机测量

1. 什么是情和情感计算？

情和情感计算就是赋予计算机像人一样的观察、理解和表达各种情感特征的能力,最终使计算机能与人进行自然、亲切和生动的情和情感的交互。情和情感计算及其在人机交互系统中的应用必将成为未来人工智能的一个重要研究方向。

有关人类情和情感(以下简称"情感")的深入研究,早在 19 世纪末就进行了。然而,除了科幻小说当中,过去极少有人将"感情"和无生命的机器联系在一起。让计算机具有情感能力是由美国麻省理工学院(MIT)Minsky 在 1985 年提出的,问题不在于智能机器能否有任何情感,而在于机器实现智能时怎么能够没有情感。从此,赋予计算机情感能力并让计算机能够理解和表达情感的研究、探讨引起了计算机界许多人士的兴趣。美国 MIT 媒体实验室 Picard 教授提出情感计算一词 Affective Computing 并给出了定义,即情感计算是关于情感、情感产生以及影响情感方面的计算。让机器(计算机)也具备"感情",从感知信号中提取情感特征,分析人的情感与各种感知信号的关联,是国际上近几年刚刚兴起的研究方向。

欧洲和美国的各大信息技术实验室正加紧进行情感计算系统的研究。剑桥大学、MIT、飞利浦公司等通过实施"环境智能""环境识别""智能家庭"等科研项目来开辟这一领域。例如,MIT 媒体实验室的情感计算小组研制的情感计算系统,通过记录人面部表情的摄像机和连接在人身体上的生物传感器来收集数据,然后由一个"情感助理"来调节程序以识别人的情感。如果你对电视讲座的一段内容表现出困惑,情感助理会重放该片段或者给予解释。MIT"氧工程"的研究人员和比利时 IMEC 的一个工作小组认为,开发出一种整合各种应用技术的"瑞士军刀"可能是提供移动情感计算服务的关键。而目前国内的情感计算研究重点在于,通过各种传感器获取由人的情感所引起的生理及行为特征信号,建立"情感模型",从而创建个人情感计算系统。研究内容主要包括脸部表情处理、情感计算建模方法、情感语音处理、姿态处理、情感分析、自然人机界面、情感机器人等。

科学研究表明:情和情感是智能的一部分,而不是与智能相分离的,因此人工智能领域的下一个突破可能在于赋予计算机情感能力。情感能力对于计算机与人的自然交往至关重要。传统的人机交互,主要通过键盘、鼠标、屏幕等方式进行,只追求便利和准确,无法理解和适应人的情绪或心境。而如果缺乏这种情感理解和表达能力,就很难指望计算机具有类似人一样的智能,也很难期望人机交互做到真正的和谐与自然。由于人类之间的沟通与交流是自然而富有感情的,因此,在人机交互的过程中,人们也很自然地期望计算机具有情感能力。情感计算就是要赋予计算机类似于人一样的观察、理解和生成各种情感特征的能力,最终使计算机像人一样能进行自然、亲切和生动的情和情感的交互。

迄今为止,有关研究已在人脸表情、姿态分析、语音的情感识别和表达方面取得了一定进展。

2. 情和情感测量的原理

心理学和认知科学对情感计算的发展起了很大的促进作用。心理学研究表明,情感是人与环境之间某种关系的维持或改变,当外界环境的发展与人的需求及愿望符合时会引起人积极肯定的情感,反之则会引起人消极否定的情感。情感是人态度在生理上一种较复杂而又稳定的生理评价和体验,在生理反应上的反映包括喜、怒、忧、思、悲、恐、惊七种基本情感。

情感计算是一门综合性很强的技术,是人工智能情感化的关键一步。情感计算的主要研究内容包括:分析情和情感的机制,主要是情和情感状态判定及与生理和行为之间的关系;利用多种传感器获取人当前情感状态下的行为特征与生理变化信息,如语音信号、面部表情、身体姿态等体态语以及脉搏、皮肤电、脑电等生理指标;通过对情感信号的分析与处理,构建情感模型将情感量化,使机器人具有感知、识别并理解人情感状态的能力,从而使情感更加容易表达;根据情感分析与决策的结果,机器人能够针对人的情感状态进行情感表达,并做出行为反应。

情和情感是人与环境之间某种关系的维持或改变,正能量的良性的情会引起人积极肯定的情感,负能量的非良性的情则会引起人消极否定的情感。同样,别人传达给我们的情也会让我们产生相应的情感,对方的情是正能量,我们就会产生良性的情感,对方的情是负能量,我们就会产生非良性的情感。不管是自身的情源产生的情,还是别人传递过来的情,产生的相应的情感也都是可以量化的。

情感和情绪具有三种成分:(1) 主观体验,即个体对不同情的自我感受。(2) 外部表现,即表情,在情感状态发生时身体各部分的动作量化形式。表情包括面部表情(面部肌肉变化所组成的模式)、姿态表情(身体其他部分的表情动作)和语调表情(言语的声调、节奏、速度等方面的变化)。(3) 生理唤醒,即情感产生的生理反应,是一种生理的激活水平,具有不同的反应模式。

情感测量包括对情感维度、表情和生理指标三种成分的测量。例如,我们要确定一个人的焦虑水平,可以使用问卷测量其主观感受,通过记录和分析面部肌肉活动测量其面部表情,并用血压计测量血压,对血液样本进行化验,检测血液中肾上腺素水平等。

确定情感维度对情感测量有重要意义,因为只有确定了情感维度,才能对情感体验做出较为准确的评估。情感维度具有两极性,例如,情感的激动性可分为激动和平静两极,激动指的是一种强烈的、外显的情感状态,而平静指的是一种平稳安静的情感状态。心理学的情感维度理论认为,几个维度组成的空间包括了人类所有的情感。但是,情感究竟是二维、三维,还是四维,研究者们并未达成共识。情感的二维理论认为,情感有两个重要维度:(1)愉悦度(也有人提出用趋近-逃避来代替愉悦度);(2)激活度,即与情感状态相联系的机体能量的程度。研究发现,惊反射可用作测量愉悦度的生理指标,而皮肤电反应可用作测量唤醒度的生理指标。

情感计算研究的重点就在于通过各种传感器获取由人的情感所引起的生理及行为特征信号,建立"情感模型",从而创建感知、识别和理解人类情感的能力,并能针对用户的情感做出智能、灵敏、友好反应的个人计算系统,缩短人机之间的距离,营造真正和谐的人机环境。

在人机交互研究中已使用过很多种生理指标,例如,皮质醇水平、心率、血压、呼吸、皮肤电活动、掌汗、瞳孔直径、事件相关电位、脑电图等。生理指标的记录需要特定的设备和技术,在进行测量时,研究者有时很难分离各种混淆因素对所记录的生理指标的影响。情感计算研究的内容包括三维空间中动态情感信息的实时获取与建模,基于多模态和动态时序特征的情感识别与理解,及其信息融合的理论与方法,情感的自动生成理论及面向多模态的情感表达,以及基于生理和行为特征的大规模动态情感数据资源库的建立等。

3. 情感识别现状

情感识别是通过对情感信号的特征提取,得到能最大限度地表征人类情感的情感特征数据,据此进行建模,找出情感的外在表象数据与内在情感状态的映射关系,从而将人类当前的内在情感类型识别出来。在情感计算中,情感识别是最重要的研究内容之一。情感识别的研究主要包括语音情感识别、人脸表情识别和生理信号情感识别等。

(1)语音情感识别

MIT媒体实验室Picard教授带领的情感计算研究团队在1997年就开始了对于语音情感的研究。在语音情感识别方面,该团队的成员Fernandez等开发了汽车驾驶语音情感识别系统,通过语音对司机的情感状态进行分析,有效减少了车辆行驶过程中因不好情感状态而引起的危险。

(2)人脸表情识别

人脸表情识别是情感识别中非常关键的一部分。在人类交流过程中,有55%是通过面部表情来完成情感传递的。20世纪70年代,美国心理学家Ekman和Friesen对现代人脸表情识别做了开创性的工作。Ekman定义了人类的6种基本表情:高兴、生气、吃惊、恐惧、厌恶和悲伤,确定了识别对象的类别;建立了面部动作编码系统(Facial Action Coding System,FACS),使研究者能够按照系统划分的一系列人脸动作单元来描述人脸面部动作,根据人脸运动与表情的关系,检测人脸面部细微表情。随后,Suwa等对人脸视频动画进行了人脸表情识别的最初尝试。随着模式识别与图像处理技术的发展,人脸表情识别技术得到迅猛发展与广泛的应用。目前,大多数情感机器人(如MIT的Kismet机器人、日本的AHI机器人等)都具有较好的人脸表情识别能力。

(3) 生理信号情感识别

MIT媒体实验室情感计算研究团队最早对生理信号的情感识别进行研究,同时也证明了生理信号运用到情感识别中是可行的。Picard教授在最初的实验中采用肌电、皮肤电、呼吸和血容量搏动4种生理信号,并提取它们的24维统计特征对这4种情感状态进行识别。德国奥格斯堡大学计算机学院的Wagner等对心电、肌电、皮肤电和呼吸4种生理信号进行分析来识别高兴、生气、喜悦和悲伤4种情绪,取得了较好的效果。韩国的Kim等研究发现通过测量心脏心率、皮肤导电率、体温等生理信号可以有效地识别人的情感状态,他们与三星公司合作开发了一种基于多生理信号短时监控的情感识别系统。

4. 情感合成与表达现状

机器除了识别、理解人的情感之外,还需要进行情感的反馈,即机器的情感合成与表达。人类的情感很难用指标量化,机器则恰恰相反,一堆冷冰冰的零部件被组装起来,把看不见摸不着的"情感"量化成机器可理解、表达的数据产物。与人类的情感表达方式类似,机器的情感表达可以通过语音、面部表情和手势等多模态信息进行传递,因此机器的情感合成可分为情感语音合成、面部表情合成和肢体语言合成。

(1) 情感语音合成

情感语音合成是将富有表现力的情感加入传统的语音合成技术。常用的方法有基于波形拼接的合成方法、基于韵律特征的合成方法和基于统计参数特征的合成方法。

基于波形拼接的合成方法是从事先建立的语音数据库中选择合适的语音单元,如半音节、音节、音素、字等,利用这些片段进行拼接处理得到想要的情感语音。基音同步叠加技术就是利用该方法实现的。

基于韵律特征的合成方法是将韵律学参数加入情感语音的合成中。He等提取基音频率、短时能量等韵律学参数建立韵律特征模板,合成了带有情感的语音信号。

(2) 面部表情合成

面部表情合成是利用计算机技术在屏幕上合成一张带有表情的人脸图像。常用的方法有4种,即基于物理肌肉模型的方法、基于样本统计的方法、基于伪肌肉模型的方法和基于运动向量分析的方法。

基于物理肌肉模型的方法模拟面部肌肉的弹性,通过弹性网格建立表情模型。基于样本统计的方法对采集好的表情数据库进行训练,建立人脸表情的合成模型。基于伪肌肉模型的方法采用样条曲线、张量、自由曲面变形等方法模拟肌肉弹性。基于运动向量分析的方法是对面部表情向量进行分析得到基向量,对这些基向量进行线性组合得到合成的表情。

荷兰数学和计算机科学中心的 Hendrix 等提出的 CharToon 系统通过对情感圆盘上的 7 种已知表情(中性、悲伤、高兴、生气、害怕、厌恶和惊讶)进行插值生成各种表情。荷兰特温特大学的 Bui 等实现了一个基于模糊规则的面部表情生成系统,可将动画 A-gent 的 7 种表情和 6 种基本情感混合的表情映射到不同的 3D 人脸肌肉模型上。我国西安交通大学的 Yang 等提出了一种交互式的利用局部约束的人脸素描表情生成方法。该方法通过样本表情图像获得面部形状和相关运动的预先信息,再结合统计人脸模型和用户输入的约束条件得到输出的表情素描。

(3) 肢体语言合成

肢体语言主要包括手势、头部等部位的姿态,其合成的技术是通过分析动作基元的特征,用运动单元之间的运动特征构造一个单元库,根据不同的需要选择所需的运动交互合成相应的动作。由于人体关节自由度较高,运动控制比较困难,为了丰富虚拟人运动合成细节,一些研究利用高层语义参数进行运动合成控制,运用各种控制技术实现合成运动的情感表达。

日本东京工业大学的 Amaya 等提出一种由中性无表情的运动产生情感动画的方法。该方法首先获取人的不同情感状态的运动情况,然后计算每一种情感的情感转变,即中性和情感运动的差异。Coulson 在 Ekman 的情感模型的基础上创造了 6 种基本情感的相应身体语言模型,将各种姿态的定性描述转化成用数据定量分析各种肢体语言。瑞士洛桑联邦理工学院的 Erden 根据 Coulson 情感运动模型、NAO 机器人的自由度和关节运动角度范围,设置了 NAO 机器人 6 种基本情感的姿态的不同肢体语言的关节角度,使得 NAO 机器人能够通过肢体语言表达相应的情感。

在我国,哈尔滨工业大学研发了多功能感知机,主要包括表情识别、人脸识别、人脸检测与跟踪、手语识别、手语合成、表情合成和唇读等功能,并与海尔公司合作研究服务机器人;清华大学进行了基于人工情感的机器人控制体系结构研究;北京交通大学进行了多功能感知和情感计算的融合研究;中国地质大学(武汉)研发了一套基于多模态情感计算的人机交互系统,采用多模态信息的交互方式,实现语音、面部表情和手势等多模态信息的情感交互。

虽然情感计算的研究已经取得了一定的成果,但是仍然面临很多挑战,如情感信息采集技术问题、情感识别算法、情感的理解与表达问题,以及多模态情感识别技术等。

另外,如何将情感识别技术运用到人性化和智能化的人机交互中也是一个值得深入研究的课题。显然,为了解决这些问题,我们需要理解人对环境感知以及情感和意图的产生与表达机理,研究智能信息采集设备来获取更加细致和准确的情感信息,需要从算法层面和建模层面进行深入钻研,使得机器能够高效、高精度地识别出人的情感状态并产生和表达相应的情感。

5. 情感计算关键技术

情感计算是一个高度综合化的技术领域。通过计算科学与心理科学、认知科学的结合,研究人与人交互、人与计算机交互过程中的情感特点,设计具有情感反馈的人机交互环境,将有可能实现人与计算机的情感交互。

情感计算中关键的两个技术环节是如何让机器能够识别人的情感、如何根据人的情感状态产生和表达机器的情感。虽然情感计算是一门新兴学科,但前期心理学、生理学、行为学和脑科学等相关学科的研究成果已经为情感计算的研究奠定了坚实的基础。目前,国内外关于情感计算的研究已经在情感识别和情感合成与表达方面,包括语音情感识别与合成表达、人脸表情识别与合成表达、生理信号情感识别、身体姿态情感识别与合成表达等,取得了初步成果。

情感计算的主要研究内容包括:

(1) 情和情感机理的研究。情感机理的研究主要是情感状态判定及与生理和行为之间的关系。涉及心理学、生理学、认知科学等,为情感计算提供理论基础。人类情感的研究已经是一个非常古老的话题,心理学家、生理学家已经在这方面做了大量的工作。任何一种情感状态都可能会伴随几种生理或行为特征的变化;而某些生理或行为特征也可能起因于数种情感状态。因此,确定情感状态与生理或行为特征之间的对应关系是情感计算理论的一个基本前提,这些对应关系目前还不十分明确,需要做进一步的探索和研究。

(2) 情和情感信号的获取。情感信号的获取研究主要是指各类有效传感器的研制,它是情感计算中极为重要的环节,没有有效的传感器,可以说就没有情感计算的研究,因为情感计算的所有研究都是基于传感器所获得的信号。各类传感器应具有如下的基本特征:使用过程中不应影响用户(如重量、体积、耐压性等),应该经过医学检验对用户无伤害;数据具有隐私性、安全性和可靠性;传感器价格低、易于制造等。MIT媒体实验室的传感器研制走在了前面,已研制出多种传感器,如脉压传感器、皮肤电流传感器、汗液传感器及肌电流传感器等。皮肤电流传感器可实时测量皮肤的导电系数,通过导电系数的变化可测量用户的紧张程度。脉压传感器可时刻监测由心动变化而引起的脉压变化。汗液传感器是一条带状物,可通过其伸缩的变化时刻监测呼吸与汗液的关系。肌电流传感器可以测得肌肉运动时的弱电压值。

(3) 情和情感信号的分析、建模与识别。一旦由各类有效传感器获得了情感信号,下一步的任务就是将情感信号与情感机理相应方面的内容对应起来,这里要对所获得的信号进行建模和识别。由于情感状态是一个隐含在多个生理和行为特征之中的不可直接观测的量,不易建模,部分可采用诸如隐马尔可夫模型、贝叶斯网络模式等数学模型。MIT媒体实验室给出了一个隐马尔可夫模型,可根据人类情感概率的变化推断得出相应的情感走向。研究如何度量人工情感的深度和强度的,定性和定量的情感度量的理论模型、指标体系、计算方法、测量技术。

(4) 情和情感理解。通过对情感的获取、分析与识别,计算机便可了解其所处的情感状态。情感计算的最终目的是使计算机在了解用户情感状态的基础上,做出适当反应,去适应用户情感的不断变化。因此,这部分主要研究如何根据情感信息的识别结果,对用户的情感变化做出最适宜的反应。在情感理解的模型建立和应用中,应注意以下事项:情感信号的跟踪应该是实时的和保持一定时间记录的;情感的表达是根据当前情感状态、适时的;情感模型是针对个人生活的并可在特定状态下进行编辑;情感模型具有自适应性;通过理解情况反馈调节识别模式。

(5) 情感表达。前面的研究是从生理或行为特征来推断情感状态。情感表达则是研究其反过程,即给定某一情感状态,研究如何使这一情感状态在一种或几种生理或行为特征中体现出来,例如如何在语音合成和面部表情合成中得以体现,使机器具有情感,能够与用户进行情感交流。情感的表达提供了情感交互和交流的可能,对于单个用户来讲,情感的交流主要包括人与人、人与机、人与自然和人类自己的交互、交流。

(6) 情感生成。在情感表达基础上,进一步研究如何在计算机或机器人中,模拟或生成情感模式,开发虚拟或实体的情感机器人或具有人工情感的计算机及其应用系统的机器情感生成理论、方法和技术。

到目前为止,有关研究已经在人脸表情、姿态分析、语音的情感识别和表达方面获得了一定的进展。

6. 情感计算的应用展望

情感计算有广泛的应用前景。计算机通过对人类的情感进行获取、分类、识别和响应,进而帮助使用者获得高效而又亲切的感觉,并有效减轻人们使用电脑的挫败感,甚至帮助人们理解自己和他人的情感世界。计算机的情感化设计能帮助我们增加使用设备的安全性,使经验人性化,使计算机作为媒介进行学习的功能达到最佳化。在信息检索中,通过情感分析的概念解析功能,可以提高智能信息检索的精度和效率。

展望现代科技的潜力,我们预期在未来的世界中将可能会充满运作良好、操作容易甚至具有情感特点的计算机。

随着情感计算技术的发展,相关的研究成果已经广泛应用于人机交互中。人机交互是人与机器之间通过媒体或手段进行交互。随着科学技术的不断进步和完善,传统的人机交互已经满足不了人们的需要。由于传统的人机交互主要通过生硬的机械化方式进行,注重交互过程的便利性和准确性,而忽略了人机之间的情感交流,无法理解和适应人的情绪或心境。如果缺乏情感理解和表达能力,机器就无法具有与人一样的智能,也很难实现自然和谐的人机交互,使得人机交互的应用受到局限。

由此可见,情感计算对于人机交互设计的重要性日益显著,将情感计算能力与计算设备有机结合能够帮助机器正确感知环境,理解用户的情感和意图,并做出合适反应。具有情感计算能力的人机交互系统已经应用到许多方面,如健康医疗、远程教育和安全驾驶等。

除了在人机交互方面的应用,情感计算还运用到人们的日常生活中,为人类提供更好的服务,甚至也包括少数人的情感服务,即所谓的爱情机器人。说到情感服务,很多人就认为是性服务,其实情感是一个广泛的概念,可能包含性爱和性情需要的满足。如果机器人与人的共情能力特强的话,人既有性爱、性情的满足,也会得到更多爱和情方方面面需求的满足。

在电子商务方面,系统可通过眼动仪追踪用户浏览设计方案时的眼睛轨迹、聚焦等参数,分析这些参数与客户关注度的关联,并记录客户对商品的兴趣,自动分析其偏好。另外有研究表明,不同的图像可以引起人不同的情绪。例如,蛇、蜘蛛和枪等图片能引起恐惧,而有大量金钱和黄金等的图片则可以让人兴奋和愉悦。如果电子商务网站在设计时考虑这些因素对客户情绪的影响,将对提升客流量产生非常积极的作用。

在家庭生活方面,在信息家电和智能仪器中增加自动感知人们情绪状态的功能,可提高人们的生活质量。

在信息检索方面,通过情感分析的概念解析功能,可以提高智能信息检索的精度和效率。

情感计算还可以应用在机器人、智能玩具和游戏等相关产业中,以构筑更加拟人化的风格。

相应的通过人机的情和情感互动,不仅让人了解自己的情和情感状态,努力做好自我的情感调适;同时也可以让机器人具有的积极情感,给予有消极情感的人更多的正能量,让机器人充当人类的情感咨询师。随着社会的快速发展,人类的观念和生活方式的不断革新,人们的心理障碍,尤其是情感困惑、情感障碍越来越普遍,如果能兼有这方面服务的机器人,肯定会很受欢迎。

情和情感计算机测量在情学和爱情学的相关研究中能发挥更好的作用,也为婚介工作和婚恋情感咨询实践提供科学依据。

第四节　情学研究的意义和展望

一、情学研究的意义

1. 研究情和爱仍是对人类自身的了解

情和爱是人类自身的属性。人类文明数千年，对人类自身的了解还是非常的欠缺。情和爱谁都熟悉，谁都体验过，可就是没人说得上来，究竟是什么？

问世间情为何物，有人为之生，有人为之死，有人为之癫狂，有人为之抑郁，有人为之铁窗寄身，有人为之成为僧尼，有人为之春风再度，有人为之消沉萎靡……可是情是什么呢？仍有各种各样的说法：

情者，性之质也；情是外界事物所引起的喜、怒、爱、憎、哀、惧等心理状态；情是对事物的无私关心和牵挂；情是一片风景，碧水蓝天青草地，有月相伴，有心相依……

情是什么，感动的音符触动心弦所引起的心灵的震颤，使人的理智一时无法左右，只有等他自然平静下来，或转移到别的人或事情上去。自然平静，要么随心所欲之后，要么经过时间的洗礼，岁月的涤荡，慢慢被淹没或深藏，方可平息。转移，谈何容易，人一旦为情所困，陷入情感的低谷，金刚铁手都不容易拉动，十个老牛也不能轻易拽走。要么自己痛定思痛后，咬咬牙，坚强地走出，要么有四两拨千斤的绕指柔帮衬，柔情似水，能覆舟也能载舟，它才把他从谷底托起，导入正途，使之重新走向希冀。

谁都知道，情只是心的感动和反应，物质上并不一定能直观地看得到。谁有情无情也只有自己心里知道，他人包括离自己最近的人，也是通过你的一系列言谈举止的表现，推测判断出你的情感而已。

正因为如此，有的人在听不到问候，看不到关心，淡去了的温柔举止中，就认为人家薄情寡义，不再对自己有情，于是就认为是自己受到了伤害，甚至有人还认为是情殇，寻死觅活，萎靡下去。其不知，这些人根本就是作茧自缚，没有擦亮自己的眼睛看个究竟：谁经历了情感都会留痕，哪有那么大的台风能把内心深处的情连根拔起，不留痕迹；抑或真的是连根拔起，也还会有深深的坑体存在那里，人，只是不说出或表现出来而已。

情本来就是一种看不见、摸不着的东西，就像空气，存在就行，何必非得抓到手里？抓到了手里的，又能停留多久？一不小心手掌一松动，又会在悄无声息中流失。我们在编写这本书的过程中也深深感觉到"情为何物，直教生死相许？"可也找不到最合适的答案啊！

2. 每个人都需要有情有爱的生活

每个人都需要有保障的物质生活,更需要有情有爱的情感生活和精神生活。每个人都需要生理健康,更需要心理健康,需要心灵层面、精神层面的美好的享受。情欲的满足,情和爱的健康,情感生活的美满,既是社会的追求,也是每个人的向往。

我们提倡从人一开始就要进行健康的情教育,努力构建健康的家庭情文化,努力构建学校的乃至全社会健康的情文化,就是在于努力提高人们情的健康水平。让更多的人在自己有限的生命里,实现自己对幸福生活的向往,尽情地享受充满着真情真爱的情感生活,享受一辈子真正的人类爱情生活。

3. 人们对情和爱的追求就是对幸福生活的向往

情和爱既包含在情感生活、爱情生活、家庭生活之中,也包含在社会生活的方方面面。社会的和谐,家庭的和睦,爱情的美满,就是人们对情和爱的追求。一个人情和爱的健康和美满,就是幸福无比的生活,就是人们对幸福生活的向往,也就是我们社会主义建设的最终的目标,让人民过上安全、幸福的好日子。

我国很快建成小康社会,马上在我们国家再也找不到贫困县,贫困乡,大家都脱贫了,物质生活都有了保障,有吃有穿。人们在不断提高物质生活水平的同时,更多的人主要的目标就是追求文化生活、精神生活,尤其是情感生活的质量啰。因为就目前的情况而言,人们的情感生活质量还是比较低的。不拿别的说,单就爱情而言,夫妻都认为有爱情的人仅仅是2%～3%,绝大部分的现代人还未体验过人类的爱情。只是看过几本爱情小说或影视剧,或者现实生活中听说谁跟谁一起殉情的故事,等等,若问他们爱情是什么,几乎没有人说得上来。有些人充能,说的也不像,因为没有亲身体验呀!连爱情都没有体验过,情感生活质量何来?

在我国人民经济上脱贫之后,下一个口号就应该是"情感上脱贫",也就是满足人们对幸福生活的向往。现在每个大都市差不多都有几十万甚至几百万的单身族,单身人士生活在现时的文化环境下会有怎样的幸福感受!几乎还不可能。其实,不管是已婚、未婚,还是年少、年老都存在情感脱贫的问题,这也是我国社会发展的趋向,建设和谐社会的一个基础。

4. 缔造健康的情文化

社会的和谐首先取决于健康的社会文化。文化的导向作用,文化对群体的影响是很大的。同样,健康的社会情文化对家庭的情文化,对每个人的影响也都是很大的。如何缔造最健康的情文化,需要全社会的关注和努力,也需要人类情学知识的普及和情学学术上的研究,不断深入探讨。

缔造一种文化既不是一朝一夕的事情,也不是轻而易举的事情,也肯定不是写出一本书来就能成就的事儿。要花大力气,经历许许多多人,甚至是几代人的努力才能慢慢地形成一种文化。不管多难,关键是要有人去做,去说,去宣传。

5. 引导人类走向文明和进化

所谓"人为财死,鸟为食亡",鸟儿没有食物则不能活;人无钱财,吃穿住行都成问题,自然也活不好,所以鸟要保护、人要脱贫,鸟儿有食和人类脱贫还都是为了生存。人类是生物进化的顶峰,与进化层次很低的鸟类相提并论,只是丑化自己。我们在前面说了,人类有六大情欲,其中信息欲、物质欲、安康欲只是生存和安全的基本需求,人类还有更高级别的需求,即尊重欲、爱情欲、成就欲的满足。简言之就是爱和情的需求以及自我实现的需求,也就是情感层面,精神层面的需求。脱贫还是物质层面的,当然物质是精神的基础,没有物质层面的丰富,人类也不可能有情感层面和精神层面的追求。在人类的生存和健康有了保证以后,作为文化,作为一门学科,就要努力引导人们注重情感生活的健康,精神生活的提高,重视对人类文明和更高的精神境界的追求,促进人类在文明文化进程上的持续发展,促进人类在生物进化征途上的不断飞跃和进步。

二、开展情学研究要做的工作

开展情学研究要做的工作很多,现在设想得太细,事实上也不可能。但我们还是非常相信人类的情学肯定会是一门独立的学科,人类社会或学术界肯定会重视这门学科的建设和发展。情学与健康的关系,情学与家庭建设,情学与社会的和谐建设,情健康对人们对幸福生活的向往,对生命质量的追求,意义均很重大。随着人类的不断进化,很快进入人机智能化的新时代,人类会逐渐脱离而更加超越动物时代,建设自己高度文明的,完全脱离战争和暴力的崭新的时代。到那个时候情和情感已经不仅是人与人之间的事情,而是人与人和人与机器人之间都存在的事情了。所以那个时候的情学研究已经不是单纯人类学者们的事情,而是人机联合进行研究的事情了。但不管怎么说,我们提出以下的诸多的工作还是需要去做好的。

1. 借鉴心理学的原理和方法,做好情学的研究

例如心理学的观察法、实验法等等,对情学研究都是很有用处的。尤其是在研究和确定情学的测量方法和标准时,设计情能力测试问卷,就是使用的心理测量的自评问卷测量的原理和方法。因为人机的情感连接方面的研究十分火热,将来可以在人机情和情感交流的过程中,直接由机器人向我们报告和它交往者的情和情感状况,当然更加准确而真实。

2. 鼓励情学的理论研究

既要总结前人的研究成果,也要重视外国的各个民族的情学的历史和现状,丰富和不断完善情学理论。在国内还要做大量的个案分析和社会调查。做好大量的基础工作,才能让情学理论有更坚实的学术基础,更广阔的发展空间,从而建立并逐步完善情

学的理论体系,为情学的发展和应用构建深厚的理论基础。

3. 编写情学知识和情健康知识普及教材

任何学术理论一方面是深入研究和探讨,不断完善其理论体系,不断深化和发展;另一方面就是相关知识的普及,尤其是情学这一类与每个人都密切相关的学术理论,相关知识的普及工作更是重要。人们学习了知识就会联系自己的实际生活,不断使用这些知识或理论,既发挥这些知识对人们情和情感生活的指导作用,也验证了这些理论或知识是否正确,是否适用。普及工作必须有统一的教材,普及知识的教材撰写起来要求更高,写过书的人都有这样的体会。

4. 建立相关级别、相关专业的情学研究机构

这也是很自然的事,建立了学科体系,教育方面的事情,普及知识的事情,都可以由其他的机构代办或代管。专业的研究恐怕还是有专业的研究机构来做更好。课题的申请,研究工作的组织实施,研究课题的总结,研究成果的应用,还有情学论文、著作的撰写等等,方方面面的事情都必须有专业机构管理。

5. 情学研究人员的培养

一个新建立起来的学科,需要人做理论,做教学,做研究,做普及,各个方面都需要专业人才。没有人才,事业做不了,研究做不了,学科也发展不了,道理很简单。本来就没有人才,不培养就永远没有。只有培养,不断地培养。现在培养这方面的人才,既没有专门的学校,也没有老师,更没有硕士生导师、博士生导师,难度挺大呀! 怎么办? 靠这本书,靠我们一起来读书,自己学,慢慢地人多起来,队伍壮大了,办班、办学就有可能啦!

6. 情学研究课题的设计和实施

新中国成立70年尤其是改革开放40多年,国家重视科学,在世界上也是科学大国。而且我国又是世界人口最多的国家,我国又是最关心民众生活的国家,在全民奔小康的同时,国家对民众实现对幸福生活的向往高度关注。改善人民的婚姻质量,提高人们对情感生活的享受,提倡家庭和谐建设,实现社会和谐的目标,刻不容缓。现在正是我们倡导情学和爱情学研究的大好时机,也是情学研究选题和实施的良好机遇。紧紧贴近社会发展和人们的需求,设计课题,实施研究,会有很好的发展势头。

7. 情学应用的研究

随着社会的快速发展,人们观念的变革和生活需求的革新,人们对爱和情的需求,对爱情极致体验的需求日益增加。这也就是我们情学和爱情学研究应运而发展的机会,尤其是应用方面的研究会更有市场。

8. 鼓励情学教育

根据我们的这本书,在情学概要的框架下,编写情学相关的教科书或教材,并争取

教育部门的支持,相关级别的机构增加情学或爱情学的选修课程,或者在婚姻或爱情学院开专业的情学课程,在相关的民办教育或培训机构授课等。

三、情学研究的展望

1. 更多人和全社会的重视

虽然人们在人工智能研究中对人类情感的关注和研究已经有了重视,但更多关于情感的概念大多局限在哲学的概念中,把情感和价值关系牢牢地捆在一起,无法从生物的,心理的层面去理解去研究情学,自然的就有一种局限性。比如说对己情感,哲学家认为,人对自己的情感取决于自身价值的变化方式和变化时态。根据自身价值的不同变化方式、变化时态,对己情感可分为八种具体形式。

表9-1 对己情感的八种具体形式

	价值增加	价值减少
过去	自豪	惭愧
过去完成	得意	自责
现在	开心	难堪
将来	自信	自卑

我们觉得人对自己的爱和情是无条件的,不会因为自己好就有爱有情,因为自己不好就无爱无情。

科学的情学知识普及了,大家也就不会全以哲学家说的情和情感的概念去理解人类的爱和情了。例如两个人真心相爱了,如何以价值概念去分析去理解真正的人类爱情中的爱和情啊!把人类的爱情用经济学的规律,用商人的唯利是图来比喻,实在是对人类是生物进化巅峰的地位的否定,是对人类的高贵品质的无知和污蔑。

2. 现代科技的有效支持

现代科技的高速发展,尤其是电脑、人工智能、5G技术等等高科技,对情学研究提供了非常有效的支持。计算机对人类情感的模拟,人与计算机的情感互动,无疑为研究人类情感塑造了模型,提供了方便。

3. 加速人类生活和社会发展的科学化进程

每个人除了物质生活以外,都需要情感生活,精神生活。本书的宗旨就是要提请人们关注情学,关注情健康,提高我们情感生活和精神生活的质量。

大家都感觉到现代社会虽然科技发达,生产力旺盛,但仍然还是金钱至上,物质第一。本书在马斯洛人类需要五个层次理论的基础上,提出了人类六大情欲的新理念。希望人类随着社会的快速发展,物质生活水平的不断提高,并在信息需求和安全健康的需求完全满足的基础上,致力于追求尊重需求、爱情需求和个人价值实现的成就感的满足。让人们的一生更有意义,更有价值;让人类的进化更精准,更飞跃;让人类社会的发展更加文明,更加文化,更加和谐、美满。

4. 促进人类爱情和婚姻生活质量的提高

人类情学是跟每个人都相关的学科,不管是从社会,从家庭,还是从个人,强调情的健康,爱的健康,都是好事情呀!如果认为情学隶属于心理学范畴,爱和情感就是影响人一辈子心理健康最大的因素。做好爱和情的健康,做好爱情的健康,对提高人们的生活质量,幸福感受,无疑是最重要的事情。

我们一直认为爱情生活对人一生的影响太大了。可惜上下五千年,众多的人民深受封建婚恋文化的深刻影响,坚持门当户对的择偶标准,遵循父母之命、媒妁之言的婚媒模式,过着平平淡淡并无爱情的两性生活。

我们在长达30多年婚恋情感咨询的实践和上万咨询案例分析的基础上,撰写理论著作《人类爱情学》《婚姻分析学》《婚恋异化现象解析》《幸福婚姻我做主》等,为我国初步建立了爱情学、婚姻学的理论基础。

经历十余年的研究编程了《婚恋关系测试系统》软件,经过反复试用,不断改进,反复证明了这项发明的价值。该软件是婚恋调理婚姻家庭咨询工作的有效工具,也是婚恋工作数据化智能化实施万里挑一寻真爱的有效手段。

本系统借用现代像素比对的科技成果,帮助人们在大样本中实施科学寻爱的探索和研究成为可能,取得很好的效果。在我们提出爱情三元素(性爱、情爱、心爱)理论以后,软件侧重以三元素比对的丰满程度推算爱情的浓郁程度。真正的帮人找到互相有浓郁爱情的群体,完成科学寻爱的过程。

帮人寻找"绝配",建立好婚姻,在影响婚姻质量的许多因素中,除了生理心理方面,如性功能、性取向、性格脾气、价值观念等等以外,我们发现情感类型、依恋类型和童年情感体验影响更大,软件中对影响大的12个方面尤其是影响最大的3个方面的因素都进行量化比对,选择最优化的配对,在他们一生的共同生活中,真正相互适应、心心相印、亲密无间、白头偕老。

已恋爱的人士做测试,对双方的方方面面进行数字化和比对,了解相互爱情浓郁的程度和匹配的优劣,对恋爱的前景做预测,对婚后的共同生活做指导;已婚人士做测试对他们的婚姻质量做评估,对他们可能存在的婚姻问题或矛盾,找到原因及有效的解决方法;分居或离婚人士做测试,帮助他们寻找婚姻失败的根源,吸取教训,获得成长经验,也为他们对婚姻取舍的决策提供理论依据。

5G时代了,数据化智能化成为各行各业的发展战略。我们做婚恋工作几十年,希望通过互联网、大数据帮助男人女人在万里挑一大数据里找到各自的真情真爱,再通过影响爱情主要因素的数据化比对,找到绝配,建立有真爱又是绝配的好婚姻,享受一辈子人类的真情真爱。

5. 人机交流促进人工智能的发展

计算机对人类情感的识别和模拟自然要建立在人类对人类情感的研究深入的基础上，人工智能的发展促进人类情学的深入研究，这是无疑的。现有的机器人对人类情感的识别和模拟还是很不够的，而且现代科技对人工智能的研究需求很大，全世界都非常重视人工智能的研究和开发，自然对情学研究也是一种巨大的促进。情学研究前途无量。

参考文献

[1] 周正猷. 人类爱情学[M]. 南京:河海大学出版社,2017.
[2] 周正猷. 婚姻分析学[M]. 南京:东南大学出版社,2010.
[3] 周正猷. 少儿早期性教育[M]. 北京:科学技术文献出版社,1997.
[4] 车文博. 心理咨询大百科全书[M]. 杭州:浙江科学技术出版社,2001.
[5] 上海社会科学院社会科学研究所. 社会学简明辞典[M]. 兰州:甘肃人民出版社,1984.
[6] 瓦西列夫. 情爱论[M]. 赵永穆,等译. 北京:当代世界出版社,2003.
[7] 弗洛伊德. 性学三论:爱情心理学[M]. 林克明,译. 西安:太白文艺出版社,2005.
[8] 中国性科学百科全书编辑委员会. 中国性科学百科全书[M]. 北京:中国大百科全书出版社,1998.
[9] 辞海编辑委员会. 辞海[M]. 上海:上海辞书出版社,1989.
[10] 周正猷,张载福. 咨询心理学[M]. 南京:东南大学出版社,2007.
[11] 戈尔曼. 情商[M]. 杨春晓,译. 北京:中信出版社,2010.
[12] 周正猷. 幸福婚姻我做主[M]. 南京:东南大学出版社,2011.
[13] 秦云峰,陈伟. 残疾人性生活和性健康[M]. 北京:中国社会出版社,1999.
[14] 艾岩,高松. 解读性吸引力的秘密[M]. 上海:上海画报出版社,2001.
[15] 张然. 人情学[M]. 北京:中国商业出版社,2010.
[16] 陈素娟. 幸福婚姻心理学[M]. 武汉:华中科技大学出版社,2018.
[17] 英炜. 人生情感哲学[M]. 北京:中华工商联合出版社,2007.
[18] 罗素. 性爱与婚姻[M]. 北京:中央编译出版社,2009.
[19] 徐纪敏,王烈. 爱情学[M]. 太原:山西教育出版社,1991.
[20] 特纳,斯戴兹. 情感社会学[M]. 孙俊才,文军,译. 上海:上海人民出版社,2007.
[21] 仇德辉. 统一价值论[M]. 北京:中国科学技术出版社,1998.
[22] 仇德辉. 数理情感学[M]. 长沙:湖南人民出版社,2001.
[23] 潘允康. 家庭社会学[M]. 重庆:重庆出版社,1986.
[24] 周正猷. 婚恋异化现象解析[M]. 南京:河海大学出版社,2014.
[25] 车文博. 弗洛伊德文集[M]. 长春:长春出版社,2004.

[26]弗洛伊德. 弗洛伊德性学经典[M]. 王秋阳,译. 武汉:武汉大学出版社,2012.

[27]宋专茂,陈伟. 心理健康测量[M]. 广州:暨南大学出版社,1999.

[28]费孝通. 生育制度[M]. 天津:天津人民出版社,1981.

[29]贝科夫. 海豚的微笑:奇妙的动物感情世界[M]. 史立群,王元青,译. 沈阳:辽宁教育出版社,2001.

[30]吴敏,刘振焘,陈略峰. 情感计算与情感机器人系统[M]. 北京:科学出版社,2018.

[31]周正猷,唐洁清. 爱情三元素理论的初步研究[J]. 中国性科学,2017,26(12):124-127.

[32]陆长富. 发育重演律与干细胞研究[J]. 自然杂志,2009,31(5):285-289.

[33]周正猷. 成人性欲多元化内涵的初步讨论[J]. 中国性科学,2016,25(3):138-141.

[34]周正猷,周峪锌,金宁宁. 一见钟情是人类爱情深层的基础[J]. 中国性科学,2014,23(2):104-107.

[35]周正猷,金宁宁,姜伟颖,等. 原欲理论雏析[J]. 中国性科学,2016,25(1):139-144.

[36]周正猷,金宁宁. 一见钟情初析[J]. 中国性科学,2008,17(7):27-29.

[37]周正猷. 从生物重演观点看儿童性欲和性心理发育[M]. 广州:广东人民出版社,1990.

[38]Wolman B B,Money J. Handbook of human sexuality[M]. London:Prentice-Hall,1980.

[39]Firestone S. The dialectic of sex[M]. New York:Farrar, Straus and Giroux, 2003.

[40]Fisher H E, Brown L L, Aron A, et al. Reward, addiction, and emotion regulation systems associated with rejection in love[J]. Journal of Neurophysiology, 2010,104(1):51-60.

[41]Fisher H E, Aron A, Brown L L. Romantic love: An fMRI study of a neural mechanism for mate choice.[J]. The Journal of Comparative Neurology, 2005(493):58-62.

[42]Sternberg R J. A triangular theory of Love[J]. Psychological Review, 1986, 93(2):119-135.

[43]The WHOQOL Group. The development of the world health organization quality of life assessment instrument (the WHOQOL)[EB/OL]. [2019-12-10]. https://link.springer.com/chapter/10.1007/978-3-642-79123-9_4.

[44]Ephron D. A Mom's Life[M]. New York:Viking penguin,1986.

编 后 记

因为世上还没有情学方面的专著,前人对这一问题还没有更多的关注,大家都不知道这情到底是什么,像什么。没有共识,要写得像大家心目中的情,要让大家都能接受我们所描述的情,真是挺难。我们在 2018 年 1 月就组织了一个由 18 位专家参加的编委会拟了 12 章节的编写提纲,分给每人 1~2 章,10 个月之后,都说写不出来,全体退出编委会。后来一位朋友又组建了新的编委会,分配他们写具体章节的时候,个个摇头,编委会自行解散……

只好决定写好了再组织编委会,让大家好好讨论讨论,写的东西能不能为大家所接受。其实,情是每个人都有、每个人都需要的;每个家庭,每个群体,大到民族、国家、整个人类都需要呀!说起情来,没有人不知道,但是要问大家情是什么,又确实没有人能回答。与每个人、与每个人的一生、与整个人类、与人类相伴永恒的情,竟至今都没有人研究,没有人说得清楚情的定义。遗憾之余,还是赶快把问题提出来,或者我们先做起来,抛砖引玉,吸引更多人的关注和研究。

随着 5G 时代的到来,中国人差不多都要在经济上脱贫了,不愁吃、不愁穿的人就会更注重于情感层面、精神层面的追求和对幸福生活的向往。为此,我们提出创建"婚恋和情感理论体系"。主张从当事人的立场对人类情学爱情学、婚姻学和人类的情感生活相关的知识和理论进行深入的研究,并设计编程了"婚恋关系测试系统",以促进我国婚恋工作数据化智能化进程,推行科学的婚恋文化,普及科学择偶知识,努力帮助人们从源头上建立更多有爱情基础的好婚姻;推行科学婚姻分析,普及科学婚恋指导,促进家庭和社会的和谐建设,让人们过上真正的小康社会的幸福生活。

现代人类的情感生活如何取向?越来越多的人对传统的情感生活模式趋于淡然,单身族在日益壮大。人类数千年的文明,永恒歌颂伟大的爱情,可惜连写爱情的作家真知爱情者也寥寥。更不要说广大的读者是否读懂了爱情:与每个人的每时每刻都相关,和恋人、亲人、和爱情更相关的情,也几乎没有人说得清、道得明呀!婚姻又是什么?是国家的法律,是围城!人们习惯于从社会学的视角,总是以伦理道德、责任义务、法律法规来管理人们的爱情、婚姻。婚姻家庭学就是社会学的理论。人们学习到现在,也不知道该怎么办。爱在何方？缘在何处？情在哪里？真情真爱何人？……我们主张从个体心理学，尤其是从婚恋当事人的视角来研究人类的爱情、婚姻和情感生活的方方面面。

许多人不知道爱，不知道情，不知道如何去恋，不知道如何能有个幸福美满的婚姻。对此，不仅个人要去学习，社会要去教育，更需要一个完整的理论体系。就是说要创建与人类的情感生活相关的一个完整的理论体系（婚恋和情感理论体系）。十多年前我们就在构思这个问题了，2010年我们出版《婚姻分析学》，呼吁实施婚恋情感的大学教育；2017年我们出版了《人类爱情学》，并编程"婚恋关系测试系统"；今年《人类情学研究》出版，为人类情感生活相关的情学、爱情学和婚姻学三个新的学科的创建和发展打下基础。前年我们在香港注册了中国婚恋文化传媒有限公司和中国婚恋家庭研究会，旨在汇聚学术界精英完善、研究和实践新创建的婚恋和情感理论体系，使其更好地为实现人们对幸福生活的向往和和睦家庭、和谐社会建设提供巨大支持。

本书只是开篇，相信书问世后肯定会有不少人持有不同意见，可以想象认识上还需要一定的时间，才会逐渐为更多人所接受。但我们充满信心，人类终有天会不惜任何代价，追求真情真爱的幸福生活。

我们欢迎更多的机构、更多的学者老师参与进来，为情学和爱情学的研究，为科学婚恋和情感知识的普及做出更多的努力。我们深信《人类情学研究》和爱情学、婚姻学等人类婚恋和情感生活的相关理论，终有一天会走进每个家庭，走向全世界，成为人类永恒探讨和研究的学科理论！

让我们热烈祝贺《人类情学研究》的顺利出版，热烈祝贺"婚恋和情感理论体系"的创立和完成！

周正猷
2020年5月1日于南京

中国婚恋家庭研究会简介

中国婚恋家庭研究会是本书主编周正猷教授于2018年在中国香港特别行政区申请注册成立的、专业从事婚恋情感理论和实践研究的学术团体。

众所周知,数据化智能化是我国各行各业发展的大趋势。人们生活的方方面面都受到社会以及科学界的重视和关注,尤其是衣食住行有关的方面都有专门的学科和专门的教育,但唯独婚恋情感生活方面,却奇迹般地缺少,全世界几乎没有正规的爱情学院、婚姻学院,更没有情学方面的教育和研究机构。在我国,全民脱贫已经步入小康社会,关心人民对幸福生活的向往,除了让人民有更富裕的物质生活,人们更需要努力追求幸福的情感生活和精神生活。这将是我国本世纪最大的民生工程。

周正猷教授从事婚恋家庭情感咨询实践近40年,在分析上万的各类情感咨询案例的基础上,前后撰写主编了婚恋、家庭、情感方面的著作10部,撰写论文及科普文章共500余万字数;他积极倡议要把与每个人都密切相关的情感生活提上议事日程,特别提出尚未为世人所重视的三个新的学科——情学、爱情学、婚姻分析学,应该更受关注。他分别撰写了这三个学科相应的理论专著,期望尽快构建三个新的学科的理论框架,以引起社会和学术界的普遍关注。

我们希望通过研究会的形式,把广大的专家们、学者们组织起来,共同努力,把周正猷教授提议创建的婚恋和情感理论体系中的三个新的学科真正地建立起来,结合当今所处的5G时代,充分运用高度发达的科技手段,充分发挥数据化、智能化时代的优势,努力倡导新的婚恋文化,积极传播科学的爱情、婚姻和情学知识,积极提倡并推行科学寻爱、科学择偶,建设幸福婚姻,实现人人幸福、家家和美、国富民强,早日实现伟大复兴的中国梦。这也是我们成立中国婚恋家庭研究会的宗旨和目标。

中国婚恋家庭研究会的具体工作任务：

1. 研究会下属的三个新学科委员会,即情学委员会、爱情学委员会和婚姻学委员会,其工作是努力构建各个新学科的理论框架,完善婚恋和情感理论体系建设；

2. 科学普及委员会的工作是对科学的婚恋和情学知识进行普及和宣传；

3. 研究和创新委员会的工作是对人类婚恋情感生活相关方面进行深入系统研究；

4. 数据化智能化委员会的工作是与有条件的单位协作,开发应用"婚恋关系测试系统",提供寻爱择偶和婚姻家庭咨询指导网络化服务,把研究成果服务于社会；

5. 外联委员会的工作是与国际、国内相关专业或学术机构联络,共同组织学术会议、活动、参观、培训、交流、互通。

热烈欢迎老师、朋友、同仁、同道,关心、参与、合作、指导研究会工作！

中国婚恋家庭研究会的支持机构：中国婚恋文化传媒有限公司

中国婚恋家庭研究会的境内联络单位：南京圆爱婚恋服务有限公司

联系电话：025-52254754　18905167096

中国婚恋家庭研究会秘书处
2020.5.